當代人力資源管理

Human Resource Management

沈介文　陳銘嘉　徐明儀　著

國家圖書館出版品預行編目資料

當代人力資源管理／沈介文,徐明儀,陳銘嘉著.——
初版三刷.——臺北市：三民，2010
面；　公分
ISBN 978-957-14-4118-4　(平裝)

1. 人事管理 2. 人力資源－管理

494.3　　　　93014770

著作人　沈介文　徐明儀　陳銘嘉
發行人　劉振強
著作財產權人　三民書局股份有限公司
臺北市復興北路386號
發行所　三民書局股份有限公司
地址／臺北市復興北路386號
電話／(02)25006600
郵撥／0009998-5
印刷所　三民書局股份有限公司
門市部　復北店／臺北市復興北路386號
重南店／臺北市重慶南路一段61號
初版一刷　2004年10月
初版三刷　2010年6月
編　號　S 493440
行政院新聞局登記證局版臺業字第〇二〇〇號

ISBN 978-957-14-4118-4　(平裝)

http://www.sanmin.com.tw　三民網路書店

自 序

層次分明‧與日俱新的人力資源管理

人類在每個世紀都會發展出不同的經濟面貌，而在二十世紀末所興起的知識經濟，也隨著新世紀的來臨，逐漸成為更普遍的經濟現象。因此，許多組織越來越重視員工的知識與創意，進而強調人力資源的管理與開發，甚至會以副總裁等級的高階主管，來負責組織的人力資源管理，明顯地將人力資源管理提升至與組織策略平行的位階中。

雖然人力資源管理的策略涵義越來越受到重視，但其本質上仍然是在對組織的「人」進行管理，而人與人之間可能有各種互動，包括彼此會合作產生「團結力量大」的效果，但也有可能發生「三個和尚沒水喝」的窘境。於是，如何發掘與留任適當人才，進而讓這些人才充分合作與成長，共同完成組織的任務及目標，就需要有一套層次分明的人力資源管理思維與措施，並隨著時代進步而與日俱新，才能夠讓人力資源管理在當代組織中，發揮加乘的效果。

本書就是根據以上想法，按部就班的來介紹當代人力資源管理，其內容除了一般的人力資源管理執行者應該熟悉的功能篇之外，也加入了高階主管也必須要知道的策略篇。同時，為了讓人力資源管理者能夠與時俱進、厚實紮根，本書最後的成長篇，將會討論一些越來越重要的趨勢或是人力資源管理者應具備的核心能耐，而在本書的各章節中，也會穿插一些重要的議題、必須補強的知識，以及一些個案討論，以協助讀者能夠更深入的思考與了解該章節的運用。

最後，非常感謝本書的所有作者、編者與出版社成員，雖然此篇序言由一人執筆，但全書卻要靠所有作者及其他人的辛勞與堅持才能完成，若沒有這些「人」的合作，就沒有這本書……因為只有人們一起做，才見事情有成就。

沈介文

民國九十三年八月五日於台北

Human Resource Management

Human Resource Management

當代人力資源管理 目 次

第十四章　知識管理

策略規劃篇

Human Resource Management

Human Resource Management
Human Resource Management

Human Resource Management

Human Resource Management

第一章　人力資源管理的角色

第一節　何謂人力資源管理

人力資源管理的定義

人力資源管理（Human Resource Management，簡稱 HRM）以前稱作人事管理，但隨著人的價值與重要性，在社會與各種組織中逐漸被肯定，於是人力資源管理此一名稱，早已取代了人事管理，並且越來越受到重視❶。至於人力資源管理的定義，乃是指一種有效管理組織人員的過程，其目的在使員工、組織及社會等等的利害關係人，均能蒙受其利❷。在這樣的定義之下，有以下三個重點值得注意，而表 1–1 則是人力資源管理的定義與意涵之彙整：

1. **有效管理包括效率與效果**

   所謂有效管理，不但是指有「效率」(Efficiency) 的管理，亦即以對的方式進行管理 (Do things right)，例如選擇適當的績效評估方式或是適當的招募過程等等；有效管理同時也是指有「效果」(Effectiveness) 的管理，也就是要方向正確的管理 (Do right things)，例如確認績效評估之目的與層次、確認是否有必要採用競爭性薪資水準（簡單來說，就是薪資水準高於同業平均水準）等等。

2. **各式各樣的員工**

   現代組織的員工，涵蓋層次相當廣泛，除了由基層員工至高層管理者之外，也包括了本國員工以及外國來的員工，或是外派人員 (Expatriate) 等等。另一方面，組織除了僱有正式的全職員工之外，有時候也需要將工作委外 (Outsourcing) 或是聘用臨時員工，而隨著組織彈性的要求、環境的變化、工作者工作方式的改變等等，針對這些非傳統員工的管理也就

---

❶ 吳美連、林俊毅 (2002)，《人力資源管理：理論與實務》（三版），臺北：智勝。

❷ Jackson, S. E. & Schuler, R. S. (2000), *Managing Human Resources: A Partnership Perspective*, Ohio: South-Western College Publishing.

益發重要。同時，由於組織員工的複雜組合，不但加深了現代人力資源管理的困難度，也使人力資源管理對於全球化、多元化、以及委外管理等等議題越發重視。

3. **與組織相互依賴與牽制的利害關係人**

現代組織往往需要面對許多不同的個人、團體或其他組織。這些對象若是與組織有不同程度的利害關係時，就稱為利害關係人 (Stakeholders)。這些利害關係人與組織的關係主要源自於彼此依賴或牽制，包括：(1)交易上的關係，例如與股東之間的營運與獲利之關係、與上下游廠商的原料貨品供需關係、與消費者之間的產品服務供需關係、與同業之間的競合關係等等；(2)生活上的關係，例如與社區居民和內部員工之間，在就業、福利與生活品質上的關係；(3)議題上的關係，例如因為廢棄物或其他原因，組織可能與環保團體之間產生關聯，或是因為「粉領條款」，也就是組織內部會有成文或不成文歧視女性之規定，例如女性懷孕就必須離職等等，於是與婦女團體之間產生彼此的互動關係；(4)社會秩序上的關係，例如政府基於社會秩序所訂的法令，往往也會約束或是影響各種組織的任務，像是政府一旦開放大陸投資之後，原本赴大陸投資的「違法」企業，也就變得合法了；(5)其他關係，例如與學界之間的合作關係等等。

表 1–1　人力資源管理的定義與意涵

人力資源管理的定義	一種有效管理組織人員的過程，其目的在使員工、組織及社會等等的利害關係人，均能蒙受其利
重要意涵	1. 有效管理包括效率與效果 2. 員工包括本國員工、外國員工、外派員工、全職或兼職員工、委外管理…… 3. 企業的利害關係人包括員工、社區、股東、上下游廠商、客戶、社區、非營利組織、政府、學界……

人力資源管理的演進

關於人力資源管理的演進，本書將其整理成圖 1–1 的流程。其中，就西方管理思想史來看，20 世紀初，泰勒 (Frederick W. Taylor) 的《科學管理》(*Scientific Management*) 一書，算是正式宣告管理是一門科學的里程碑❸。

雖然《科學管理》這本書，主要是針對如何提高生產效率加以論述，但泰勒也就組織中人員的管理，提出了二個重要觀點，包括他建議僱主應該要謹慎選才，然後訓練員工以順利執行任務，同時他還相信，高薪資有利於增加員工執行任務的動機❹。其中的第一個觀點，就現代人力資源管理來看，依然有效，而第二個觀點則需要做些修正，因為現代人力資源管理已經漸漸瞭解，員工動機的來源是相當多元化的，並不一定只有薪資能影響動機，而有的時候，薪資制度若是設計不當，甚至於高薪資也會產生低動機。例如，若根據上班與加班時間的長短來給付薪資，而且加班的薪資比正常上班薪資高出許多時，乍看之下是鼓勵大家多努力、肯加班，但也可能相對鼓勵大家正常上班時間不工作，工作都留待加班再做，反正可以順便避開下班車潮嘛！如此的加班高薪資設計，結果並未提高員工工作動機。

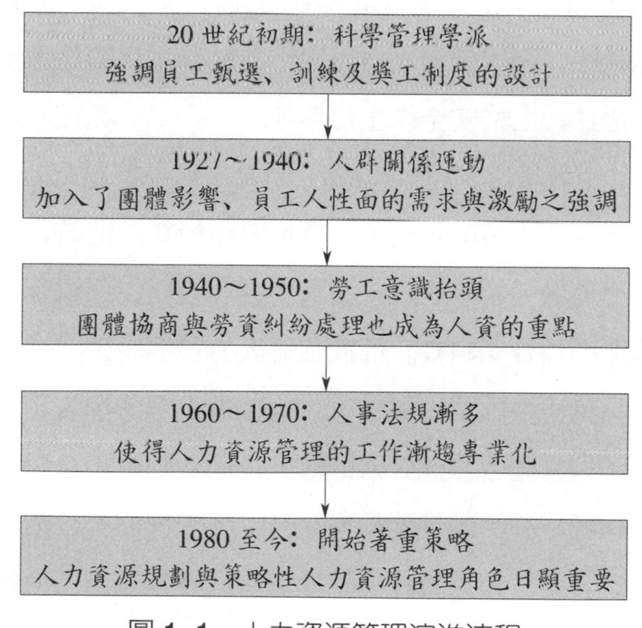

圖 1–1　人力資源管理演進流程

在泰勒時期的同時或之後幾年，一些產學專家，包括吉爾伯斯夫婦 (Mr. & Mrs. Gilbreths) 等人，也逐漸投入對管理的研究，他們主要還是以科

❸ Greenberg, J. (2002), *Managing Behavior in Organizations* (3rd Ed.), N. J.: Prentice-Hall.

❹ Taylor, F. W. (1947), *Scientific Management*, N. Y.: Harper & Row.

學管理的角度進行論述，重點包括如何進行員工的甄選、訓練以及設計獎工制度等等。到了 1927 年，梅育 (Elton Mayo) 在西方電器進行有名的霍桑研究 (Hawthorne Study)，開啟了組織對人員管理的新視野。霍桑研究發現，員工工作時會受到相關群體的互動影響，特別是受到群體規範的影響，因此組織在管理員工績效時，應該要注意到員工之間的人群關係。之後的一些學者，包括李文 (Kurt Lewin)、弗萊特女士 (Mary Parker Follett) 等等，也都相繼投入人群關係運動 (Human Relations Movement) 的研究中，此時產學專家對人力資源管理強調的是團體影響、員工人性面的需求與激勵等等。

接著大約在 1940～1950 年代，勞工意識開始抬頭，為了爭取縮短工時與增加工作福利，工人們結合在一起，透過工會的力量與資方談判，使得團體協商或勞資糾紛事件的處理，成為人力資源管理另一項重要的議題。至於 1960～1970 年代，由於逐漸增多的人事法規，使得人力資源管理的工作逐漸趨於專業化，而目前與人力資源管理最有關係的法律主要是勞動基準法、二性平權法、工業安全衛生法等等。

到了現代，也就是自 1980 年之後，因為策略發展越來越被重視，於是人力資源規劃也就成為策略規劃的一個重要環節❺。此時，人力資源管理已經蛻變為結合傳統人事管理、工業與組織心理學、組織行為、勞工安全與法律等等議題的綜合學科❻。因此使得人力資源管理者在實際處理人的問題時，需要具備更多的能力與知識，也使得人力資源管理除了客觀處理之外，也免不了有管理者主觀介入的部分，而管理者也必須對許多員工問題有所瞭解，包括：公平的就業機會、員工保健與安全、訴怨處理與勞工關係等等。同時，由於人力資源管理涵蓋層面越來越廣泛而深入，故其本質上與傳統的人事管理也有所不同，包括：

1. **人力資源管理需要高階支持**

真正有效的人力資源管理，往往需要高階主管的支持或主導。

2. **人力資源管理需要直線單位的參與**

---

❺ 吳美連、林俊毅 (2002)，《人力資源管理：理論與實務》(三版)，臺北：智勝。

❻ 李正綱、黃金印 (2001)，《人力資源管理：新世紀觀點》，臺北：前程企管。

傳統人事管理中的直線經理往往是被動參與，但現代人力資源管理中的直線經理則需要更主動積極。事實上，現代組織的許多人力資源管理功能，都已經轉由直線單位來執行，人資部門只從旁協助、輔導或提供專業諮商，例如由直線單位自行招募，人資部門則設定一般性的招募原則，並對直線部門進行招募訓練等等。

3. **人力資源管理強調組織與員工的一起成長**

傳統人事管理比較強調選用人才，而現代人力資源管理則更強調人力與組織的共同發展，屬於一種長期跨部門的團隊合作觀點。因此，現代人力資源管理相對重視員工的成長與整體工作生活品質，例如提供長期的訓練發展、針對未來績效進行評估以培養未來經理人、提供員工家庭照顧以減少其後顧之憂等等。

人力資源管理的重要性

要說明人力資源管理為何重要，事實上很簡單，那就是現代組織若要成功或是能夠克服環境的挑戰，往往需要優秀的人才，而如何管理這些優秀人才，包括對人才的選擇、任用、評估、獎勵等等，正是人力資源管理的任務，所以人力資源管理是很重要的。圖 1–2 列舉了一個組織成功所需要具備的一些條件，這些條件，基本上都是建立在人身上，例如宏碁在 1990 年左右，開始進行全球化時，其全球化能力主要是透過聘請來自於 IBM 的高階主管而建立，同時經由教育訓練與任務執行的學習，使原公司的相關人員也逐漸擁有了全球化能力，並轉化成組織持續的能力，而成為臺灣少數受國際認可的全球化企業。其次，圖 1–2 也列舉了現代組織面對環境的各種挑戰，而要克服這些挑戰，關鍵也是在人，例如面對他國廉美的勞工，組織能否透過人力資源管理，提高員工的附加價值，使員工的生產力更有競爭利基，也就相對重要。

組織成功需要的條件（越多越好）
・全球化能力 ・產品或服務能夠獨特創新 ・具有成本意識、實施全面品管 ・懂得顧客導向、重視企業倫理 ・組織扁平有彈性、執行力充分 ・能夠建立跨功能團隊 ・與他人或其他組織有合作網路

組織面對環境的挑戰（與時俱增）
・全球化競爭 ・他國眾多而廉美的勞工 ・小而創新的公司林立 ・科技 / 法律 / 政治的改變與進步 ・工作者的多元化與價值觀改變 ・消費者要求越來越高 ・各項管制的解禁

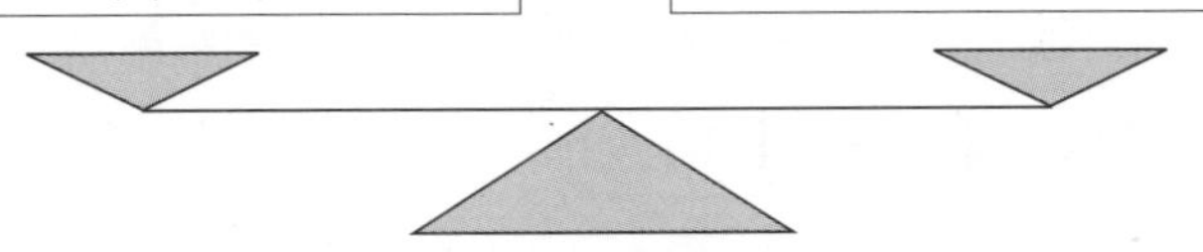

圖 1–2　組織成功條件 vs. 組織所面對環境的挑戰

第二節　人力資源管理的主要活動

人力資源管理所涵蓋的主要活動包括人力資源規劃（Human Resource Planning，簡稱 HRP）、招募任用 (Recruiting & Staffing)、績效評估 (Performance Appraisal，簡稱 PA)、薪酬制度 (Compensation System)、訓練發展 (Training & Development) 和勞資關係 (Labor Relations)。圖 1–3 所顯示的就是人力資源管理的相關活動彙整，而表 1–2 則是一份調查結果，顯示出各個活動負責部門的分布情形。

雖然現代的人力資源管理，許多功能已經轉由直線單位來執行，但人資部門仍然需要從旁協助、輔導或提供最新資訊與方法。因此，不管是直線部門主管或是人資部門人員，都需要對這六大活動有所瞭解，而人資部門的員工，更要對這六大活動有更深入的理解。

首先，在人力資源規劃方面，其主要任務是預測長短期的人力需求以及勞力市場供給情形，包括一些正式或非正式員工，同時也要考慮員工與組織的發展以及員工長期的教育訓練規劃等等。通常，必須先進行工作分析 (Job Analysis) 以獲得必要的資訊，才有利於人力資源規劃的進行。其次，在招募任用方面，可以說是人力資源管理執行層面的第一階段，而組織所欲招募的潛在員工 (Potential Employee)，將是以後與組織重要的互動者❼。

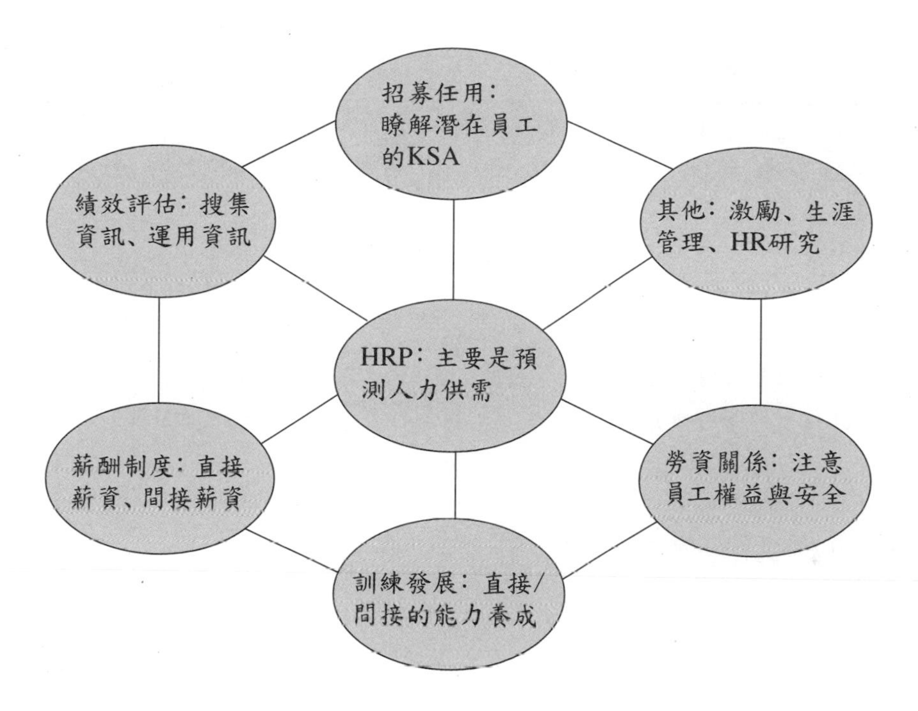

圖 1–3　人力資源管理的主要活動

因此，任何組織都應該謹慎地完成此一階段任務，除了盡可能地瞭解與評估潛在員工的知識、技術及態度 (Knowledge, Skill & Attitude, KSA) 之外，也該多瞭解潛在員工的需求❽，並且透過工作預視 (Job Preview) 或其他社會化 (Socialization) 的方法，例如新進員工的導引與訓練等等，讓潛在員工先行瞭解組織的特色，包括各種相關制度、文化或是人員之間的關係等等。

接著，在人員被任用之後，組織往往需要透過績效評估來瞭解員工的具體表現，除了可以作為薪資獎金的發放以及職位調整的參考之外，更可以透過績效評估的結果，進行教育訓練的設計或是修正原來的招募方式(例如原來以為高績效的潛在員工，招募之後，卻有許多人表現不佳，此時也許就需要對招募的評估指標進行檢討，是否因為招募過程的評量錯誤，造成員工的表現不如預期等等)。在執行績效評估時，首先需要搜集資訊，其

❼ 沈介文 (2001)，〈綠色招募之研究——潛在員工企業環境倫理認知與其求職傾向之關係〉，《人力資源管理學報》，第一卷，第 1 期，夏，頁 119–138。

❽ Shachter, M. (1999), "Filling the Void: Attracting New Engineers," *Consulting-Specifying Engineer*, 26 (3), 26–30.

表 1-2　人力資源管理的活動與負責部門分布

活動	活動職責的歸屬		
	僅人力資源部門	HR 與其他部門	僅其他部門
僱用與招募			
僱用面談	31%	65%	3%
訓練與發展			
領班訓練 / 管理人員的發展	45	48	7
績效評核（管理職）	36	52	12
績效評核（非管理職）	33	55	12
技能訓練（非管理職）	24	55	21
生涯規劃 / 發展	46	49	5
生產力 / 品質改善方案	12	55	33
薪　酬			
薪資帳冊管理	29	29	42
獎勵給付計畫	44	45	11
員工服務			
康樂 / 社交方案	41	45	14
員工與社區關係			
紀律處理程序	44	55	2
員工溝通 / 刊物出版	41	46	13
社區關係 / 捐獻方案	29	43	28
健康與安全			
安全訓練	31	42	27
安全檢測 /OSHA 承諾	29	40	31
策略規劃			
組織發展	37	56	7
合併與購併	42	47	11

資料來源：摘譯自 Bureau of National Affairs (BNA) (1997～1998), "SHRM-BNA Survey No.63: Human Resource Activities, Budgets, & States," *BNA Bulletin to Management*, pp. 2–3.

重點是建立評估標準以及評估程序，包括是否要對行為、結果或是工作內容進行評估，是否要對個人或團體進行評估，以及決定何種評估方式等等。其次，績效評估的資訊運用，除了可以用做後續處置的參考，包括決定獎金的高低以及是否得以升遷之外，組織還可以運用這些資訊進行績效回饋，包括進行員工績效面談、與員工共同參與績效改善、決定是否需要教育訓練等等。此時，主管平常的溝通能力訓練就相當重要。

由於績效考核與組織的薪酬制度息息相關，所以人力資源管理者，對於薪酬制度的規劃與執行，也要特別注意。一般來講，員工的薪酬包含二部分：直接薪資與間接薪資。其中，直接薪資又可分成固定薪資（通常就是本薪），以及變動薪資（例如績效獎金、紅利、津貼等等），至於間接薪資部分，往往指的就是組織所能提供的福利，包括交通、餐點、住宿、旅遊等等方面的免費提供或是較便宜的價格。同時，由於薪酬制度是吸引員工願意任職與留任的最主要原因，因此其設計就需要格外小心，考量重點除了薪資成本與合法性之外，往往還包括：以何種基礎給薪（工作表現、工作時間、能力或學歷等等）、是否具有競爭力（能否爭取到適任的員工）、是否公平、不同的組合方式（直接與間接、固定與變動薪資的不同組合）是否會更好等等。

績效考核除了與薪酬制度有關之外，也與訓練發展有關。因為績效未達理想的員工，除了在薪資上可能無法有較好的結果之外，同時也意味著當事人可能需要安排更多的訓練發展（績效好的，也需要訓練發展變得更好）。其中，所謂「訓練」，通常是指與工作內容較直接相關的能力養成，其應用範圍比較窄，但往往能於短期內看到績效的改善。相對地，所謂「發展」乃是指與工作間接相關而範圍比較廣泛之能力的養成，其重點著眼於長期的績效提升。至於訓練或發展計畫的擬定，需要注意的因素包括：受訓對象是針對個人或團體、是否允許受訓者參與訓練計畫的擬定、以及受訓者的參與程度如何等等。

最後，人力資源管理還有一項任務，就是要改善勞資關係，包括工作環境的改善、提升組織對員工權利的重視、訓練員工瞭解自己的基本權利義務、建立申訴管道與申訴制度。另一方面，雖然組織最好能夠平常就維持勞資和諧，以避免員工籌組工會，因為工會成立後的各種協商，即使只是花時間也都是成本。然而，組織很難確定員工會不會成立工會，因此有必要培養勞資協商的技巧，以及學習相關的法令知識，以面對工會的可能籌組與協商。

除了以上的六種具體活動之外，人力資源管理往往也與員工承諾的建立、生涯管理、激勵、潛能發揮等等有關，甚至需要進行人力資源的研究，例如閱讀最新理論或觀點、收集資料進行分析、重要的成功案例研討等等，以期發展出個別獨特的最佳人資管理模式 (Best Practice)。

第三節　人力資源管理部門的角色

大部分的組織裡面，人資部門的工作往往涵蓋三個層次（或是其中一個層面）：

1. **作業層**

主要是一些例行工作，例如支援性的打字、文書、接待等等，以及一些需要技術或比較專業的工作，可能是薪資、勞工相關、訓練發展、或是人員招募等等活動的執行。

2. **管理層**

屬於支配、綜合執行、中期規劃（通常是指 1～3 年）、或是制度設計等等的工作，例如建立績效效標 (Criteria)、設計訓練流程、與各部門協商人力供需等等。

3. **策略層**

是結合組織策略的長期人力供需調整規劃，以及各活動之間的整合，包括了資源分配、人力哲學的建立、提供與組織策略有關的人力資訊，同時也參與未來決策的制定。

這些不同層次的人資工作，往往會隨著組織規模的成長而改變，表 1–3 即為一項研究報告，其中可以看到，當組織越來越茁壯之後，其人資部門也就越來越專業，重點任務也會隨著組織的策略而發生變化。

其次，人資部門在幕僚功能方面，主要是一種協助角色，包括透過協調以使人力資源的目標、政策及程序，能為其他單位遵循與貫徹，同時並對直線經理提供服務與諮商，對員工提供支持等等。其中，不論是協助、協調、諮商、支持等等工作，人資部門都是以服務組織內的其他部門為主，所以人資部門的人應該秉持著顧客導向之精神，視所有服務的對象為顧客，盡力協助；同時，人資部門也應該透過標竿管理 (Benchmarking)，與其他優秀組織的人資部門進行比較，從而改善本身的人力資源管理。當然，所有的人力資源管理都需要直線部門的配合，而表 1–4 即是說明直線與人資部門之間，在人力資源管理職責上的劃分（僅就部分事例說明）。

表 1–3　人力資源功能的演進

時　期	創立期	茁壯期	穩定期	轉變期
資本額	100～500 萬元	3,000～9,000 萬元	1.1～1.99 億元	2 億元以上
人　數	20～30 人以下	80 人以下	100～150 人	超過 150 人
執行單位舉例	老闆或老闆娘	會計部 總務人員	管理部 人事總務課	‧總經理室人力資源組規劃 ‧管理部人事總務課執行
不同執行單位的理由	‧人數不多 ‧老闆娘兼會計，估算薪水容易 ‧薪水不能讓外人知道	‧會計部兼有管理部的功能，負責統計考勤、計算薪資 ‧薪水只可讓少數信任者知曉	‧降低會計部負擔 ‧薪水由管理部根據獎懲、績效及出勤狀況統計給會計部，由會計部來進行薪資變更，使薪水的情況不致於被員工知曉	‧上市、上櫃需要結構調整 ‧管理部無法將人力規劃與公司發展結合 ‧規劃與執行分離，以使組織變動最小 ‧管理部執行人事例行作業有其方便性
重點功能	‧出勤記錄 ‧計算薪資	‧獎懲扣薪 ‧試算獎金	‧勞基法規範因應 ‧人員招募 ‧教育訓練	‧人事制度的訂定 ‧高階與專業人員的招募 ‧福利制度的執行

資料來源：整理自吳美連、林俊毅 (2002)，《人力資源管理：理論與實務》（三版），臺北：智勝。

表 1-4 直線與人資部門間的人資職責劃分

	直線部門的職責	人資部門的職責
招募任用	說明所需僱用的人力資源需求與人才類型	・尋求合格應徵者 ・設計招募活動
訓練發展	評估部屬生涯歷程，並提供其有關生涯規劃的選擇方案	備妥訓練教材、設計訓練活動與內容
薪酬制度	決定獎勵方式與數量	進行工作評價，決定每項工作的相對價值
勞資關係	貫徹施行勞工協議的條款	提供訴怨處理的建議，並協助相關人員達成訴訟的協議
勞工安全與維護	教導員工，培養其工安習慣	調查意外事故、分析原因、提出建言，以及向職業安全與健康管理局提出必要的處理方式以供備查

資料來源：摘譯自 Dessler, G. (2000), *Human Resource Management* (8th Ed.), N. J.: Prentice-Hall.

第四節　人力資源管理的重要議題與趨勢

倫理議題

今日，許多組織對於自身的核心價值與倫理問題越來越關心[9]。所謂倫理 (Ethics)，指的是一種處理什麼是好與壞、對與錯，或道德上的責任義務之規範，至於組織所關心的倫理議題，通常會發生於組織與其利害關係人之間的互動中，例如對於員工的工作權保障、對於消費者的尊重、對於社區的貢獻、對於自然環境的保育等等。每天，人力資源管理者需要對許多與倫理有關的事件作出判斷，包括員工是否會因為單位主管的個人喜好或私人關係而被錄用、員工的性騷擾或性別歧視問題、單位主管是否會以非績效因素（例如私人交情）進行考核、員工洩密、偷竊與職場暴力的問題、員工的不當勾結（例如不當的抽取佣金）等等。

在倫理決策中，人力資源管理者第一而且最重要之挑戰，就是要教育以及影響組織的高階主管，使其願意將倫理政策列為優先考量。因為善盡

[9] Mondy, R. W., Noe, R. M. & Premeaux, S. R. (2002), *Human Resource Management* (8th Ed.), N. J.: Prentice-Hall.

倫理的組織，往往能夠為社會認同與接受，而塑造其在社會上的正當性，甚至因而具有對相關資訊或制度的影響力，進而能夠累積組織的無形資源[10]，最後也有助於提高組織包括財務指標等等方面的整體績效[11]。所以，思想進步的人力資源專家，必須時時要求本身及所處組織，能夠對倫理有承諾、願景、行為、成就及勇氣。

至於倫理標準，每個人或組織針對不同事情，往往有個別的差異，即使如此，也有越來越多的組織已經將一些一般性的倫理標準，建立成明文的倫理規範 (Code of Ethics)，並與員工溝通這些規範，透過行為改變的方法或是紀律的要求，促使大家遵守規範。同時，大部分的專業人員也有他們自己的一套規範，表 1–5 所列舉的即是美國人力資源管理學會 (The Society for Human Resource Management) 的部分倫理規範，對於人力資源工作者而言，透過這些規範，他們必須瞭解，有哪些作為是不被這個群體所接受的，並且應確保組織內的員工在人際互動中，也善盡倫理規範。

表 1–5　人力資源管理學會的專業倫理規範

身為人力資源管理學會的成員，我保證：
* 維持高水準的專業行為
* 致力於人力資源管理的個人專長
* 支持發展人力資源管理的專業目標
* 鼓勵我的僱主關注員工的公平與平等之對待
* 致力於使我的僱主享有財務上及管理實務上的效果
* 灌輸員工將僱主企圖隱瞞的行為公布於世的觀念
* 維持對僱主的忠誠度以及追求與公眾利益一致的目標
* 維護我的僱主所進行的活動皆能遵從相關法律規定
* 抑制自己透過公事上的職位（不管是正規或自願性）以取得私利
* 維護公司資訊的機密性
* 改善大家對於人力資源管理角色的理解

資料來源：摘譯自 The Society for Human Resource Management, (1992), *Who's Who in HR 1992 Directory*, Virginia: Author.

[10] 沈介文、徐木蘭 (2000)，〈企業綠牆效應與其組織情境之關聯性研究——以臺灣資訊電子業為主〉，《輔仁學誌－法 / 管理學院之部－》，第 30 期，頁 17–42。

[11] Russo, M. V. & Fouts, P. A. (1997), "A Resource-Based Perspective on Corporate Environmental Performance and Profitability," *Academy of Management Journal*, 40 (3), pp. 534–559.

委外議題

企業為了提高利潤、降低營運成本，經常會將各種工作的重要性重新定位，藉以尋求不同的人力資源取得方案。近年來，將非核心的人力資源業務委外，以減少人事成本支出，已是許多企業人力資源政策的發展趨勢。但企業除了基於成本考量之外，也有可能是基於策略互補的原因，而將一些產品或業務加以委外，因為這樣企業更能專心於主要的核心活動，而發揮整體策略的效果，進而使組織有更大的競爭優勢⓬。另外，企業也可能藉由業務委外，以提升組織的核心能力，例如經由軟體系統的委外製作，之後再進行技術移轉而培養出相關人員，或是透過委外設計，同時引進新的創意等等，以增加企業承受風險、保有彈性、提高創新的能力⓭。

雖然許多企業會在「成本考量」、「策略互補」、以及「提升能力」之間，進行是否要委外以及如何委外的選擇。但企業在施行人力委外時，通常會先保持核心人力，然後再善用外界資源，因為企業必須保持一定的組織核心人力，以維持技術的傳承與人力替換之需要。至於善用外界資源方面，許多企業會建立多元管道，例如透過各式各樣的派遣公司協助企業的人力需求、採取定期契約方式約聘員工、或是乾脆整體的業務委外等等，以這些不同方式來增加組織人力運用的彈性，並有效降低成本。有的時候，企業甚至可以透過委外項目的選擇，來搭配其人力運用，包括將不同的製作、研究、設計、訓練、諮詢服務、加工、交通、清潔、乃至於專業技術服務等等，都可以予以委外，端視企業的人力策略為何，以及人力供需情形而定。

知識管理

所謂知識管理，指的是組織對知識的取得、儲存、分享、轉移與活化過程之管理，而隨著許多組織的專業化程度加深，其核心人力往往是一群

⓬ Grunig, L. A. (1997), "Excellence in Public Relations," In C. L. Caywood (Ed.), *The Handbook of Strategic Public Relations and Integrated Communications*, pp. 286–300, N.Y.: McGraw-Hill.

⓭ 沈介文 (2000),〈臺灣科技產業公關策略之研究——以核心能力觀點探討其委外決策之形成〉,《2000 中華民國科技管理研討會——新經濟與科技管理論文集》，頁 1285–1294，新竹：交通大學科技管理研究所。

擁有專業知識的工作者，也因此增加對高勞動素質的需求。然而，組織究竟如何管理這群知識工作者的知識，使其能夠在組織內儲存、分享、轉移、與活化呢？這將是未來的人資人員必要之重責大任，特別是隨著人力資源概念的改變，人資部門的角色已經由執行面，越來越轉向為創新與協助，不再只是被動地完成某種功能或程序，而是要求主動對整體組織進行服務與專業指導，並強調執行的成果，包括創新、速度、品質、全球化、科技化、生產力等等。因此，人資部門在組織中，就更具有其策略地位，必須要能夠做到將組織中未來的短、中、長期人力資源規劃，以及將這些規劃與組織的知識管理策略縝密結合。其中所涉及的活動包括針對現階段組織能耐與知識庫存的盤點，除了應該要清楚組織中現有人力的狀況之外，還要能夠進一步建立具體可衡量的能力或知識指標，針對組織所擁有的知識與能耐進行盤點分類，並判斷哪些是有用的知識，同時對於現階段或未來所需要的關鍵知識，訂出取得知識的方案。

其次，在知識儲存與分享方面，人力資源資訊系統（Human Resource Information System，簡稱 HRIS）佔有很重要的地位[14]。HRIS 可以建立整合性的資料庫，儲存必要的人力與知識或能耐的相關資料，並與各個部門分享，而增加各部門間資料的互動和連繫[15]。同時，HRIS 的整合資料，也有助於改進組織發展與變革的技巧或學習能力，因為透過資訊系統，可以進行組織結構、工作設計、知識團隊建立的模擬，以預測不同情況下可能的結果[16]，而決策支援系統（Decision Support System，簡稱 DSS）、模擬系統、人工智慧（Artificial Intelligence，簡稱 AI）等等，也都可以幫助組織在知識管理方面的彈性、效能和速度。當然，透過網路的聯結，HRIS 也可以很容易地與外界接觸，將組織的知識管理結合外在環境資訊，而有利於分析與規劃組織長期的人力資源。最後，關於知識的轉移和活化過程，

[14] 沈介文、陳家聲 (1996)，〈資訊系統對人力資源管理之影響與衝擊〉，《中華人力資源會訊》，八月 / 九月，頁 6–8、5–6。

[15] Knapp, J. (1990), "Trends in HR Management Systems," *Personnel*, Apr: 56–61.

[16] Tinsley, D. B. (1990), "Future Flash: Computers Facilitate HR Function," *Personnel*, Feb: 32–35.

組織文化有很關鍵的影響[17]，組織可以藉由創始者的價值觀、員工的選擇、例規的建立等等方式，來創造組織文化，若創造出學習型的組織文化，則有利於知識轉移和活化[18]。所謂學習型的組織文化，通常具有以下幾點特色：

1. **夥伴式的領導風格、強調授權與合作。**
2. **組織結構傾向採用團隊式，而且重視策略聯盟或無疆界的組織型態。**
3. **習於大量掃描資訊、強調可衡量性。**

多樣化員工

未來勞動力的結構將變得更為多樣化，包括婦女、少數族群、年長的勞工等等，在各種組織中都將會越來越多。此外，員工之間的異質性也將越來越明顯，來自於不同種族、性別、年齡、價值觀及文化規範等等的員工，齊聚一堂的可能性大為增加。由於員工多樣化，基本上對組織而言是有好處的，包括可以增加組織與非傳統團體的接觸機會（例如有利於切入女性市場、肢體障礙者市場……）、塑造組織自由開放的形象、有助於組織產生創意與彈性(因為異質性高的團隊往往會相互刺激而產生不同的創意)等等。因此，現代有越來越多的組織願意招募多樣化員工，但也因為多樣化的管理不易，使得組織面臨二個相互矛盾的現實。首先，組織一方面企圖在工作場所尋求多樣化的優點，也期待這類多樣化員工的組合，能使生產力達到最大。然而，一般的人力資源系統卻僅適用於根據相似性而非多樣化勞動力的管理，例如採用同樣的招募、績效評估、薪資福利標準等等，由於無法滿足不同員工的需求，也因為主管或是人資人員，習於以自己過去成功的標準來看後進員工，所以最後留下來的，或是晉升的，往往還是齊質性很高的員工，而無法感受到多樣化員工的優點。

當然，即使組織願意為了員工的多樣化而努力，人力資源管理者仍然面臨許多成本、作法與想法改變的挑戰。例如，隨著勞動年齡層的提高，僱主必須花費較多的心力做好工作安全措施（一些一般人「以為」安全的

---

[17] Leonard-Barton, D. (1995), *Wellsprings of Knowledge*, Harvard Business School Press.

[18] 沈介文、陳銘嘉 (2001),〈組織導入管理知識之學習缺口初探性研究〉,《大葉學報》,第十卷，第 2 期，頁 15–29。

環境，可能對老年人就已經是高風險的了)，也要花費較多的金錢在醫療保健與退休金給付等等方面。同時，今日 X 世代（出生於 1963 年至 1981 年之間者）都比嬰兒潮世代（二次大戰後出生者）更重視自由與「彈性」上班的福利，於是組織能否有效的設計工作流程與內涵，就成為 X 世代員工選擇是否願意任職的因素之一。至於女性員工的增加，使得雙薪家庭的數目亦隨著增加，這將迫使僱主必須在公司或附近建立兒童照護場所，並為雙薪家庭的員工安排旅遊、休假及遷居等相關的福利。

全球化、科技進步與管制解禁

全球化 (Globalization) 意味著公司企圖將其銷售與製造等活動，擴展延伸至新的海外市場，而對全球各地的企業來說，全球化的速度有增無減是其共同現象[19]。其中，全球化經營與其競爭力，將成為未來數年人力資源管理的主要挑戰，其相關的影響最起碼包括：勞力來源的變化（全球各地存在豐富的技術性勞工新來源)、薪酬制度的挑戰（薪酬制度經要求能夠有助於提升全球勞動生產力，以及適合海外派遣員工)、跨文化的訓練、員工文化衝擊的管理、跨疆界的員工管理等等。

至於科技方面，因為改變了工作的本質，使得新一代員工接受過或必須接受的訓練，已遠非其上一代的人所能比較。同時，因為網路擴大了員工跨越組織界線的資訊交換，也使員工減少了實際的組織人際互動（都藏在電腦裡頭了)，所以造成員工對組織的承諾降低，而受外界的吸引增加，增加組織留住人才的困難度。於是，組織為了維持競爭力，對於工作與組織結構皆須重新設計，獎勵與薪酬計畫須重新修正，工作說明書亦須重新編製，而且員工的遴選、評估及訓練方案等亦須重新制定，以符合科技工作的特色與因應其所造成的衝擊，而這些都有賴於人資部門的協助。

另一方面，政府過去對許多產業的保護措施相關法規已逐漸消除，此一重大結果，將導致市場更形開放、競爭更為激烈。於是，許多公司將可能會採取「精簡與精質」(Lean And Mean) 的政策，以扁平的組織結構取代傳統的金字塔型組織結構，員工被要求授權等等。這些作法雖然有降低成

[19] Dessler, G. (2000), *Human Resource Management* (8th Ed.), N. J.: Prentice-Hall.

本的效果，但也可能產生員工抗拒，而員工被授權也需要先接受訓練，如此種種都需要人資部門的適當因應。

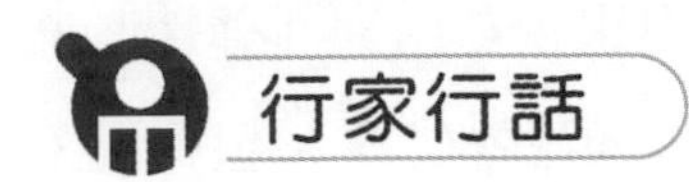

人力資源管理的新角色

資料來源：節錄整理自萬瑩屏 (2003.10.15)，〈人力資源管理的新趨勢與新角色〉，http://www.cmtc100.com.tw/newscontant.asp?Index=30。

隨著組織面臨的各種挑戰，包括如何「全球思考、在地行動」(Think Globally And Act Locally)、如何進行組織再造與學習、如何因應新科技與發展智慧資本、以及如何保護智慧財產等等，人力資源部門不該再侷限於傳統的召募、薪資、訓練等「活動」中，而應透過以下四種角色，引領組織追求卓越：

1. **組織策略夥伴 (Strategic Partner) 的角色**

   首先運用例如價值鍊與五力分析等等工具，定義出組織的經營模式、釐清組織的運作以及策略執行；其次要扮演組織稽核的角色，考慮所有組織要素的適合度，幫助組織定義出哪些要素的改變有助於策略執行；還要扮演策略合夥人的角色，提出、創造、討論策略執行的最佳方案；最後，必須定義出清楚的目標與優先次序，使行動與結果能相符合。

2. **組織行政專家 (Administrative Expert) 的角色**

   研究如何將行政工作做得更好、更快、更便宜，使自己成為內部顧問或提供共享式的行政服務 (Shared Service)。

3. **員工擁護者 (Employee Advocate) 的角色**

   藉由溝通、分析報告、問卷調查等等方式，來瞭解員工的滿意度，協助找出滿意度上升或下降的原因並提供建議；同時，必須要讓員工知道 HR 是代表員工的聲音，保障在決策過程中會站在員工觀點並支持員工的權利，以使員工對組織有高度的承諾並全心貢獻。

4. **組織變革觸媒 (Change Agent) 的角色**

   HR 應扮演變革觸媒的角色，幫助組織定義出變革的關鍵成功因素，找出在每個因素中，組織的強弱之處，以化解變革的抗拒、進行改變並建立新制度，使變革願景成真。

問 題

1. 這些角色是否有輕重之分？以及可能靠 HR 單獨完成嗎？還是需要哪些單位或是哪些職位的人來配合？
2. 你認同「所有的經理人都是人力資源經理」這句話嗎？若是，則專業的人力資源經理又該是什麼角色呢？

人力資源管理

人力資源視員工為組織的資產，因此需要為員工發展各種人力資源規劃與招募考選、薪資福利、教育訓練、職涯發展等服務功能，而非傳統侷限於人事行政的業務。一般而言，良好的人力資源管理，有助於為企業達到以下的目標： 1. 協助組織達成發展目標與願景。 2. 有效地運用人員的能力與技術專長。 3. 促使組織成員的工作士氣高昂且激發潛能。 4. 滿足組織成員的自我實現感與增加成員的工作成就感。 5. 發起且落實組織變革。 6. 提高組織成員的工作生活品質。 7. 協助企業負責人做出正確決策。

工作生活品質

工作生活品質 (Quality of Working Life) 強調組織應該對員工做「全人關懷」，幫助員工成長、增加其快樂感受及向心力。至於工作生活品質的主要範疇包括： 1. 提供身心靈的安定感受、 2. 提供安全衛生的工作環境、 3. 提供教育訓練與生涯發展的協助、 4. 提供決策參與、 5. 提供工作保障與福利、 6. 資訊分享與管理公開。

標竿管理

標竿管理 (Benchmarking) 是一種管理上的有效工具，以衡量組織相對於其他組織的績效，通常包括標準 (Standards)、流程 (Process) 以及結果

(Results) 的標竿衡量與比較。基本上，標竿管理認為大多數的企業流程（包括其人力資源管理流程）都有相通之處，因此可以藉著尋找與確定在某些活動、功能、流程等績效上，有「最佳表現」(Best Practice)、「足為楷模」(Exemplary Practice) 或「出類拔萃」(Business Excellence) 的頂尖公司，仔細研究其達成績效的原因，並將自己公司的績效表現與之相比，以擬定績效提升方案，並執行與監控該方案，希望組織能夠更客觀地評估績效、浮現缺失、瞭解其他組織的表現等等，進而改進缺點，迎頭趕上。值得注意的是，此一方法往往會以同行或同業的競爭者作為比較對象，但競爭者未必是優秀者，於是未必真的能夠達到見賢思齊的意義，發揮標竿管理的真正效果。

委外管理

所謂委外 (Outsourcing)，也有人稱作外包，是企業在專業分工考量下，為了維持其核心競爭力，同時因應組織人力不足的困境，而將非核心業務委託給外部專業公司，以降低成本、提高品質、集中人力資源、提高顧客滿意度的一個過程。由於委外具有增加公司靈活度、彈性與人力代替性等等的一些好處，所以愈來愈受到企業負責人的青睞，例如在企業行政業務中，盛行運用「人力派遣」的委外策略，將內部的季節性、突發性人力需求，委託人力派遣公司聘僱約聘人員、臨時人員、行政助理、專技人才等等，再派到公司上班，藉此節省人力成本與龐大的勞健保費用，其他包括公司的清潔工作、庶務性工作或編輯業務、收帳業務等等，亦可委外辦理。不過，也有人指出，在委外的過程中，組織有可能經由計畫中或不經意的與外部知識「分享與合作」（組織學習的核心重要觀念之一），學習到新的能力，進而提高或擴大其核心競爭力[20]，特別是透過專業人員或是高階人員的委外。例如，印尼有一家銀行集團，曾經將一些銀行資訊系統委外給臺灣公司進行，最後這家集團，透過學習而建立了自己的一群資訊人員，並

[20] 沈介文 (2000)，〈臺灣科技產業公關策略之研究——以核心能力觀點探討其委外決策之形成〉，《2000 中華民國科技管理研討會——新經濟與科技管理論文集》，頁 1285–1294，新竹：交通大學科技管理研究所。

進一步完成銀行系統的資訊化，能獨立開發與維護更新的資訊系統。至於高階經理人的委外個案，請見「當代個案」的高階經理人徵募與派遣部分。

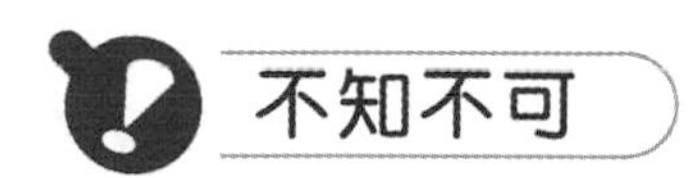

新世紀人才應具備的七種能力

資料來源：節錄整理自 2003.4.5 義守大學，資管系陳碧姬助理教授網頁 www.mis.isu.edu.tw/TeacherPage/pchen（其資源分享選項中的「新世紀人才應具四價值七能力」），原報導出自於《經濟日報》，鄭秋霜記錄台積電張忠謀的論述。

新世紀人才需要具有迎接新挑戰的七種能力：

1. 獨立思考的能力

人的智慧像金字塔一樣，一層一層的，最底層是資料 (Data)，是未經整理的東西，往上一層是資訊 (Information)，是經過整理、評判的資料，但更上一層的智慧，就必須靠獨立思考，也就是不輕信權威，下任何結論之前，盡量參考更多的資訊，幫助自己判斷。所以，獨立思考又叫批判性思考，也就是經常批判自己下的結論。

2. 創新能力

人都會自設框框，如果不創新地跳出思想的框框，框框就會越來越牢固，變成習慣。事實上，人常有機會創新，但通常有壓力才會開始創新。

3. 自動自發、積極進取的精神

人要有自動自發的精神，而有些人一開始會自動自發，但一遇到挫折就退縮，這則是不積極進取。積極進取就是創業家精神 (Entrepreneurship)，是一旦開始，就要想辦法把它做成功的態度。

4. 專業訓練加上商業知識

21 世紀是個商業世紀，每個人都不能不有商業知識，例如要看得懂資產負債表，而且要懂得其中巧妙，一頁的資產負債表，附錄可能就有 10 幾頁，巧妙就在這裡，要看其中是否「話後有話」、「話外有話」。

5. 溝通能力

溝通中的聽、說、讀、寫都很重要，通常聽是最不受重視，但也許是最重要的，有成就的人與別人最大的不同，就在於他聽的通常比別人來得多，所以聽是非常值得培養的能力，而至於讀、說、寫的能力也是必須的。

6. 英文

在地球村裡，英文還是強勢語言，如果英文不好，會損失很多資訊，會很吃虧。

7. 國際觀

這和英文能力息息相關，年輕人要有國際觀，還是得靠自己。

問　題

1. 這些新世紀人才應具備的七種能力，你認同嗎?
2. 你認為新世紀人才是否該具備什麼樣不同或更多的能力?

人力派遣/仲介個案

資料來源：節錄整理自黃世傑 (1999)，〈藝珂人事顧問公司——人力派遣與仲介業務個案〉，引自諸承明主編，《臺灣企業人力資源管理個案集》，臺北：華泰文化。

臺灣藝珂人事顧問公司於 1989 年設立，發展至 1999 年，除了總公司外，全臺共設八個分支機構，員工數約 163 人，其服務項目主要有：高階經理人、正職員工、臨時或契約員工、薪資袋式員工的徵募與派遣等等。

1. 高階經理人的徵募與派遣

(1)接受委託

依據企業對高階經理人的需求，在市場上蒐集相關符合條件的人員資料提供給業主。由於大多數候選人為其他公司的現職主管，因而尋覓人才的管道與一般人員不同。在此過程中，多透過公司顧問群的人際關係或親友介紹等方面側面調查。

(2)主動出擊

除了被動接受委託外，藝珂公司亦主動出擊，廣泛蒐集各種名單。其中具有開發潛力的名單，通常是各種專業經理人協會的名冊，例如「外商人事經理人協會」、「外商財務經理人協會」以及「新竹科學園區廠商人員名冊」等等，而經過公司與當事人主動洽談有意願後，納入人才資料庫。

⑶收費方式

可分為結案收費以及分段收費兩種，所謂結案收費，是以代尋職位的人選於委託公司完成聘用後，方才進行收費，以受聘者全年薪資的一定成數為原則，而成數多寡則依據當時雙方的契約內容而定。至於分段收費，是將徵募的流程切割成多個階段，每完成一個階段即收取一定費用。此種收費方式的精神在於該公司並不保證委託企業一定能找到所需人才，但對於委託企業本身亦有節省部分經費的效果。

2. **正職員工的徵募與派遣**

高階經理人以外的正職員工的徵募與派遣，是當委託企業提出需求之後，該公司便透過人才資料庫、其他國家的分公司、以及人際管道等方式，獲得適當人才名單，必要時進行面談。藝珂公司更長期培訓一批對產業極為瞭解之顧問群，以在短時間內提供企業上最佳的人選名單。

3. **臨時或契約員工**

臨時員工派遣，從甄選到聘用的整個過程皆由藝珂公司負責，也就是一般所稱的人才派遣業務。員工的薪資是由藝珂公司派發給員工，月底再向企業結帳請款，而如果業主不滿意該員工的表現，可向藝珂公司反應，更換人員。目前（1999 年）與藝珂公司合作的廠商甚多，包括康柏、德碁等大型企業。

4. **薪資袋式 (Payrolling Services) 員工派遣**

薪資袋式員工派遣業務與臨時員工派遣業務大致相同，其中最大的不同之處在於藝珂公司並不經手面試與任用的程序，而是委託企業自行負責。其餘日後的薪資及福利事項，仍都由藝珂公司負責，與臨時員工派遣完全相同。這種服務是因應部分企業要求能掌握員工的選擇權利而產生，同時也有部分企業本身對於人才的吸引力特強而不需要委外服務的。例如：臺灣積體電路公司每年都會收到幾千份的求職信，該公司既擁有完整的人才資料庫，便不需要再由藝珂公司提供人員名單，本身即可篩選出適任人員。

討論題綱

1. 請問企業利用人力派遣/仲介公司，協助辦理人才甄募作業，有何效益？其優缺點為何？與公司人事部門自行辦理有何差異之處？
2. 你認為人力派遣/仲介能為企業帶來哪些益處？
3. 你認為企業哪些工作適合由派遣或仲介來的人才擔任？在管理上有何特別需要注意之處？

第二章　策略人力資源管理

第一節　何謂策略人力資源管理

長久以來，許多組織認為，人力資源管理僅僅是一種幕僚與諮詢的功能，甚至有些人還會有意無意的認為它不是一項頂重要的功能；也有些人認為，人力資源管理只要「配合」公司的策略就好，屬於一種替公司策略背書與執行的角色。然而，因為近年來的環境變化快速、競爭激烈，包括全球化、管制解禁以及科技創新等等趨勢，使得組織必須要更好、更快和更有競爭力，而許多組織也越來越相信，員工的行為與績效應該是關鍵所在，因此也漸漸在策略發展的早期階段，就願意與人力資源管理者共同合作，以擬定一些可行的策略方案，而這種將人力資源管理視為策略規劃中的一個對等夥伴，並且共同參與的過程，就是策略人力資源管理的精神所在。

所謂策略人力資源管理 (Strategic Human Resource Management, SHRM)，大致上是指：藉由聯結人力資源管理與組織的策略規劃，有計畫地整合及運用組織人力資源與相關活動之過程，以改善組織績效，包括協助組織達成目標、發揮組織競爭優勢、發展出具創新和彈性的組織文化等等❶。在此一定義中，指出了策略人力資源管理的三個重點，第一個是 SHRM 之目的在於改善組織績效，至於人力資源管理與組織績效間的理論基礎，下一節會再說明。其次，透過 SHRM 的定義可以看到，SHRM 非常強調「整合」，包括整合各種人力資源管理的活動，以及試著讓工作團隊或部門，個別負責其人力資源管理活動，但由人資部門予以協助、建立或修正人力資源管理的基本架構，例如確認組織對於人力資源的基本哲學（將人力視為一種可輕易被取代的原料，或是視為一種珍貴的資源與資本等等），以及由人資專家協助擬定各種人力資源管理活動的原則，包括針對招募、績效評估、薪資福利等等活動的原則加以擬定，再交由各部門自行負

❶ Dessler, G. (2000), *Human Resource Management* (8th Ed.), N. J.: Prentice-Hall.

責實際的流程。唯有這樣透過人力資源管理的整合，組織的人力資源才能夠發揮綜效 (Synergy)，進而協助組織達成目標、發展良好組織文化等等。

最後，SHRM 指出，組織的人力資源管理需要配合策略規劃 (Strategic Planning)，所謂策略規劃，是指組織為了完成其目標，而擬定與執行的改變過程，組織並會評估其改變的效果❷。對於這種有計畫的改變，有學者建議組織應該抱持一些基本假設❸，包括：①策略規劃要相當慎重；②當組織目標出現缺口，不再被達成時，就該進行策略規劃；③組織有新的目標時，就需要有相對應的、新的策略規劃。通常，策略規劃可以用 SWOT 來分析，透過針對公司內部優勢 (Strength) 與弱勢 (Weakness)，以及外在機會 (Opportunity) 與威脅 (Threat)，進行廣泛深入的資料收集比較，以勾勒出公司未來可能的發展型態，包括其策略目標與人力資源管理政策等等，而其具體步驟如圖 2–1 所示。

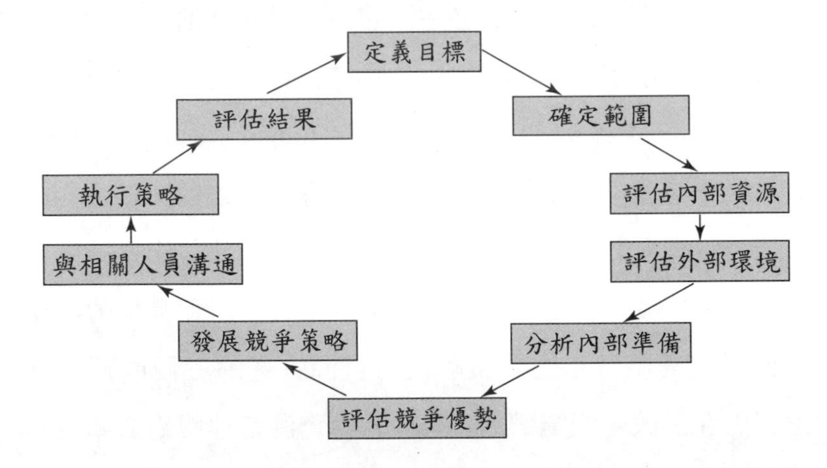

資料來源：摘譯自 Christensen, H. K. (1994), "Corporate Strategy: Managing A Set of Businesses," In Flahey, I. L. & Randall, R. M. (Ed.), *The Portable MBA in Strategy*, pp.53–83, N. Y.: John Wiley.

圖 2–1　策略規劃的步驟

在圖 2–1 中，提到了競爭優勢 (Competitive Advantage)，指的是任何足

❷ Greenberg, J. (2002), *Managing Behavior in Organizations* (*3rd Ed.*), N. J.: Prentice-Hall.

❸ Meade, R. (1998), *International Management* (*2nd Ed.*), Malden, MA: Blackwell.

以讓組織的產品或服務，和競爭者有所區隔之因素，例如高品質、低價格、特殊功能、快速服務等等。具有策略眼光的人力資源管理者，在此過程中，不但可以提供組織有關於環境掃描（也就是內外資源或環境評估）的資訊、競爭情報（包括競爭優勢資訊等等，而有利於發展競爭策略），也可以參與最後競爭策略的發展、協助人員溝通，以及協助策略的執行與評估等等。

第二節　人力資源管理與組織績效關係的理論基礎

正如前面所提到的，SHRM 主要目的就是改善組織績效，而一般認為，未來的明星產業，諸如微電子、生物科技、電傳視訊、電腦軟硬體等等，均屬腦力 (Brain Power) 產業❹。既然腦力是所有組織，包括企業的競爭優勢關鍵，於是組織能否有策略地吸引並留住優秀人才，也就成為組織未來能否成功的要素之一。研究也顯示，人力資源管理確實與企業的經營績效有關，例如 1992 年的一項研究發現，汽車廠商若使用「整合性」人力資源管理（策略人力資源管理的重點之一），搭配彈性製造系統，其生產速度與生產品質均明顯較高❺。美商惠悅企管顧問公司，在 2000 年針對四百餘家美國及加拿大公開上市公司所做的調查也顯示，高人力資產（人力資源管理措施較優者）之公司，1994 至 1999 年間的五年股東投資報酬率為 103%，但那些低人力資產的公司，其股東投資報酬率卻僅 53%❻。

雖然調查顯示，人力資源管理對組織績效有促進作用，但其原因為何？而透過對原因的瞭解，將有助於組織的 SHRM，包括組織應該考量或重視

❹ 黃同圳 (2002)，〈人力資源管理策略——企業競爭優勢之新器〉，引自李誠主編，《人力資源管理的十二堂課》，頁 21–52，臺北：天下文化。

❺ MacDuffie, J. P. & Krafcik, J. (1992), "Integrating Technology and Human Resources for High-Performance Manufacturing: Evidence from the International Auto Industry," In T. Kochan & M. Useem (Eds.), *Transforming Organizations*, 209–226, New York: Oxford University Press.

❻ Watson Wyatt (2000), The Human Capital Index: Linking Human Capital and Shareholder Value, Watson Wyatt Company.

哪些因素，以擬定其人力資源管理策略等等。因此，不同領域的學者試著提出各種觀念架構，以解釋人力資源管理措施與組織績效間的關係。其中，主要的四個理論為：一般系統理論 (General System Theory)、交易成本理論 (Transaction Cost Economics)、資源基礎理論 (Resource-based Theory)、以及人力資本理論 (Human Capital Theory)，茲分別敘述如下。

一般系統理論

Katz & Kahn 於 1978 年，出版了一本名為《組織社會心理》的書，其中將人力資源管理視為組織的一個子系統❼。後來的 Wright & Snell 在 1991 年，也用開放系統的觀點，來描繪組織的競爭力管理模型，在 Wright & Snell 的模型中，技術與能力被視為投入 (Input)，員工行為被視為轉換 (Throughput)，最後的員工滿意及工作績效則被視為產出 (Output)❽。

然而，究竟什麼是「系統」? 最早將系統理論引用於社會科學論述的，應該是 Bertalanffy 於 1969 年所發表的《一般系統理論》❾，其主要觀點如表 2–1 所列，認為任何系統都具有整體、有機、動態以及有序的特色，以下本節並就系統的各個特色加以說明。

1. **整體性**

   由於系統被定義為是一種「相互作用的各種元素之複合體」，所以系統內的各個元素之間，彼此會相互作用，而不是單獨成立或是透過加總以形成系統的。這種經由元素間共同運作、相互結合、影響、與聯繫等等過程，所形成的系統，就具有與元素之間的整體性，也就是任何一個元素的不存在或改變，就會產生系統的改變，或是產生一個新系統，而不再是原來的系統。

2. **有機性**

---

❼ Katz, D. & Kahn, R. L. (1978), *The Social Psychology of Organizations* (*2nd Ed.*), New York: Wiley.

❽ Wright, P. M. & Snell, S. A. (1991), "Toward an Integrated View of Strategic Human Resource Management," *Human Resource Management Review*, 1, 203–225.

❾ Bertalanffy, H. (1969), *General System Theory, Foundations, Development, Applications*, New York: George Braziller.

表 2-1 一般系統的特性

特 性	主要內涵
整體性	系統是所有元素共同組合與運作而成，缺一不可
有機性	所有系統都是開放系統，與其內外因素環環相扣
動態性	所有元素與系統都會隨時間而發生變化，包括： ・漸進分異化：相同來源卻分殊演進，進而形成互有歧異的不同系統 ・漸進中心化：又稱殊途同歸，個別變化的元素或系統，最後卻可能朝同一方向前進或是形成類似的狀態
有序性	任何系統都是更外層較大系統的子系統

資料來源：整理自顏澤賢 (1992),《現代系統理論》，臺北：遠流；江麗娥 (2001),〈企業電子化引發組織擴散變革與才能缺口管理之研究〉，大葉大學工業關係研究所碩士論文。

系統的有機性是各因素之間相互影響所造成的連動，也就是任何一個因素的改變會牽動其他因素的改變。其中包括兩方面，第一個是系統內部元素的有機關聯，另一方面為系統與外部環境各種因素的有機關聯，而也因為系統和外部環境之間的有機關聯，所以所有系統都是開放的，與系統外的因素息息相關（環境改變往往牽動系統改變）。

3. **動態性**

系統的有機關聯並不是靜態的，而是與時間有關，所以是動態的，並與其有機性，一起反映了系統不同的二個層面，有機性強調元素間某一時點的分布與互動，而動態性則強調元素與系統在時間上的變化，主要包括：

(1)漸進分異化 (Progressive Segregation)

系統可能由整體狀態，逐漸演變為各自獨立的狀態，由原始的單一系統，分裂為各自獨立的系統。也有人稱此現象為同根異果，指其為同一來源，最後的結果卻分殊演進，而形成互有歧異的不同系統。

(2)漸進中心化 (Progressive Centralization)

系統中某一元素逐漸產生支配作用，於是該元素的任何小變化，都可能導致系統整體的巨大改變，並使其他子系統或系統內的其他元素，都需要配合此一改變。也有人稱此現象為殊途同歸，指其雖然是個別變化，最後卻可能因為各種互動，而形成所有子系統或系統內的元素，皆朝同一方向前進或是形成類似的狀態。

4. **有序性**

系統理論相信，各個系統之間有其層級關係，由低次序性的子系統往高次序的系統組合而成，於是任何系統皆屬於較大系統的一部分，例如經濟部是行政院系統的一部分，行政院是政府系統的一部分，依此類推。

除了上述的系統特性之外，也有人認為，開放系統應該包含輸入、轉換、輸出及回饋 (Feedback) 四種過程❿。因為開放系統和環境息息相關，所以必須要有自我調整的能力，以平衡內部系統及環境間的不斷變動，此種自我調整仍需藉由回饋的過程完成，因此回饋對開放系統而言，是非常重要的。上述學者同時認為，組織中持有的各種「能量」(包括組織所採用或擁有的策略、結構、技術、設備、管理方式、法令規章、人力物力資源等等)，在實際運作的過程中，將會由可用的狀態轉變到不可用的狀態，必須再經由一定的回饋、輸入與轉換過程，才能再度成為組織可用的能量。簡單來說，就是組織中有些東西（例如績效評估的機制），用久了往往會失去效果（例如人們已經懂得如何「看起來」很有績效等等），於是需要新的刺激（回饋）、資源（輸入）以及處理方式（轉換），才會再度發揮效果。

由於系統理論著眼於「各種關係形態」，包括元素之間、系統之間、或是四種過程之間關係的研究，所以為組織理論與策略人力資源管理提供了一個良好的整合基礎⓫。根據系統理論的解釋，策略人力資源管理，可以透過圖 2–2 的規劃，包括針對組織需要進行人力取得（Input，例如招募任用）、人力運用留任與替換（Throughput，例如績效評估、薪資福利、訓練發展、勞資關係、退休安排）、內外部環境的回饋（Feedback，例如環境掃描或 SWOT 分析）等等，加以整合與規劃（例如透過人力資源規劃）之後，才能提升組織績效（Output，例如員工生產力或是後面將要提到的平衡計分卡各種指標等等）。此一策略人力資源管理系統，同時也具有一般系統的整體性（系統中的元素缺一不可）、有機性（系統是開放的，與其內外部因

---

❿ Kast, F. E. & Rosenzweig, J. E. (1979), *Organization and Management: A Systems and Contingency Approach* (*3rd Ed.*), N. Y.: McGraw-Hill.

⓫ 張火燦 (1989)，《人力資源發展方案的整合性評鑑模式之研究》，高雄：復文。

素息息相關)、動態性(系統會隨時間而變化)、以及有序性(任何系統外都還有更高層的系統存在)。

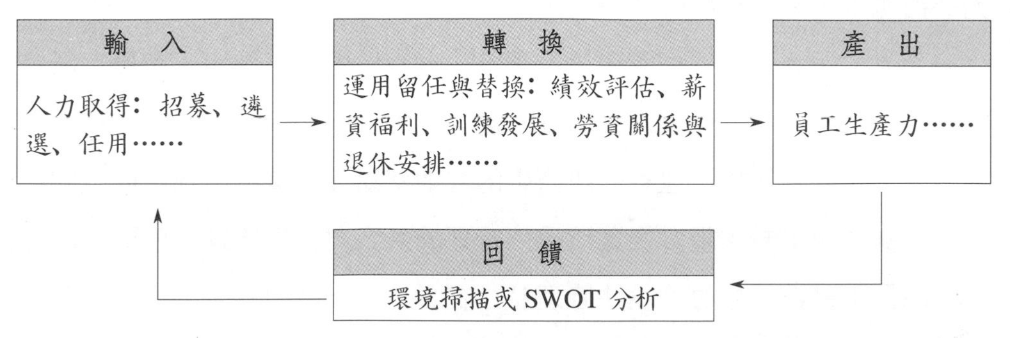

圖 2-2 策略人力資源管理與人力資源規劃之系統圖

交易成本理論

交易成本理論的基本論點在於:企業會選擇適當的管理結構,讓它在各種功能運作上,包括規劃、組織、領導、執行、監督、評估等等過程中,產生的交易成本(包括有形或無形的成本,例如進料、管理、法令風險、員工滿足感變化等等的成本,均可稱為交易成本)最小也最經濟化。例如,企業在功能管理方面(包括人力資源、生產或是公共關係的管理等等),可以選擇透過自製或委外產生(請見本書第一章的「委外管理」),而其主要的考量點就是,自製或委外的交易成本孰高孰低⓬。

有學者認為,減少人力資源的委外,有利於降低委外過程中的協商成本 (Bargaining Cost)、建立合理的內部薪資系統、鼓舞正式員工之間整合式的合作等等⓭。同時該學者認為,若就工作特異性 (Job Idiosyncrasy) 的觀點來看,許多員工是在被僱用期間,獲得工作上的特定相關之技巧與知識,因此僱用正式員工,有助於工作者樂於對工作的特異性進行學習投資(例

⓬ 沈介文 (2000),〈臺灣科技產業公關策略之研究——以核心能力觀點探討其委外決策之形成〉,《2000 中華民國科技管理研討會——新經濟與科技管理論文集》,頁 1285–1294,新竹:交通大學科技管理研究所。

⓭ Williamson, O. E. (1992), "Understanding the Employment Relation," In J. M. Shafritz & J. S. Ott (Eds.), *Classics of Organization Theory* (3rd Ed.), pp.379–395, CA:Brooks/Cole Publishing Co.

如願意花時間或金錢來學習特殊技能等等)。因此,該學者贊成透過正式的員工僱用,並減少人力資源管理的契約關係,也就是減少契約僱用或委外,如此將會降低人力僱用的交易成本。

然而,也有學者持相反意見,認為在真實世界中,僱用正式員工所產生的行政成本,包括管理成本、制度擬定成本、內部溝通成本、法律風險成本等等,往往大於透過委外所產生的其他交易成本⓮。目前,此一觀點較佔優勢,所以越來越多企業將委外管理納入人力資源管理的重要議題之一(請見本書第一章的「委外管理」),表 2–2 即比較組織人力資源的委外或正式僱用(自製)之優缺點,組織在進行人力資源的策略規劃可以將這些因素考慮進去。

表 2–2 以交易成本觀點比較人力資源委外與正式僱用之優缺點

正式人力資源僱用		人力資源委外僱用	
優 點	缺 點	優 點	缺 點
・減少因為委外契約所產生的協商成本 ・有利於建立合理的內部薪資系統 ・可鼓舞正式員工間的整合式合作 ・可鼓勵員工願意投資在工作上的學習	・人力運用比較沒有彈性 ・有行政成本,包括管理、制度擬定、內部溝通、法律風險等等的成本	・行政成本比較少 ・比較有彈性	・委外方式往往需要協商成本 ・員工比較不願意投資在工作上的學習,所以不易建立與其工作相關的特殊能力

資源基礎理論

資源基礎理論的前身,應該是 Pfeffer & Salancik 所提出來的資源依賴觀點 (Resource Dependence Perspective)⓯,他們認為,任何個體或組織都是一個開放系統,其本身並不能產生所有需要的資源,而必需與環境中其他

⓮ Robins, J. A. (1987), "Organizational Economics: Notes on the Use of Transaction-Cost Theory in the Study of Organizations," *Administrative Science Quarterly*, 32, 68–86.

⓯ Pfeffer, J. & Salancik, G. R. (1978), *The External Control of Organizations: A Resource Dependence Perspective*, N.Y.: Harper & Row.

組織互相流通資源，形成組織與外界相互依賴 (Interdependence) 的本質。其中，主要的影響因素是環境中資源對組織的意義，包括資源的關鍵性 (Resource Criticality)、支配資源團體的多寡、資源的替代性等等。若環境擁有對組織越關鍵的資源，則組織越依賴環境，若環境中有越多不同團體擁有對資源分配與使用的權力時，組織對單一團體的依賴性越少，或是資源的替代性越高以及替代品越多時，則組織對環境的依賴程度越低。

另一方面，由於組織對資源的依賴，所以組織會受到外在環境的限制與控制，而組織目標就是要減少環境的限制，包括減少對外在資源的依賴，或是尋找取得更多的外在資源以供使用等等。同時，組織可以運用不同策略對資源依賴進行管理，例如運用聲譽管理 (Reputation Management)，以良好的聲譽吸引消費者或供應商的資源，或是運用合作的方式，例如策略聯盟 (Strategic Alliances)、小股讓出 (Minority Ownership) 以及合資 (Joint Ventures) 的方式，以確保資源的取得，甚至可以直接購併 (Merge)，以百分之百的保證取得資源等等。至於表 2–3，則是針對資源依賴理論的相關整理。

表 2–3　資源依賴理論的整理

主要假設	・組織是一個開放系統 ・組織為求生存而依賴環境的資源 ・組織的目標是減少對外在資源的依賴，或聚集更多的可用資源
主要看法	・組織的資源依賴與分工和專業化有關（因為社會越專業分工，組織的一部分資源越仰賴別人產生） ・組織對資源的依賴受到資源的關鍵性、支配資源團體的多寡、資源的替代性所影響 ・組織會有不同的資源依賴管理策略（例如聲譽管理）

根據資源依賴理論而推展出來的資源基礎理論，其基本假設是：組織依賴外在環境的資源，而若組織能取得並保有其競爭優勢的資源，將是成功的組織。其中所謂的競爭優勢資源取得，有兩個基本前提：①資源是不同的（各有其獨特的關鍵性或替代性等等）；②資源是不可移動的（也就是不易取得），而組織有三種主要的資源，包括物質的（廠房、技術與設備、

地理位置)、人力的(員工的經驗與知識)、以及組織的(結構、制度、組織內外的社會關係)。最後,資源基礎理論認為,人力資源管理對人力與組織資源有相當重要的影響力,因此人力資源管理將成為組織取得競爭優勢的主要工具之一,而深具其策略意義,包括如何改善對外在人力資源的依賴等等,都可以作為人力規劃的考量[16]。

人力資本理論

在經濟學文獻中,人力資本 (Human Capital) 指的是員工的生產能力[17],但也有人認為,人力資本是由公司個別員工的能力、專業技術和聰明才智所匯聚而成[18],甚至有人認為,人力資本還應該包括公司的價值、文化、哲學及組織的創造力與創新能力等等[19]。不論何種看法,多數人都相信,員工如果擁有技術、知識及能力,則可為公司創造經濟價值,而高素質人力資本的取得方式,一般是透過適當的甄選程序及訓練計畫[20]。由於公司對員工訓練的投資,必須負擔直接費用與其他交易成本,所以只有在員工未來能提升生產力、回饋公司的情況下才有可能。因此,當員工愈有可能對公司帶來貢獻,公司就愈有可能在人力資本上做投資;反過來看,公司投資在員工身上愈多,經營績效也就愈可能提高。所以人力資本理論認為,人力資源管理的策略思考,應該考慮到如何運用人力資源管理措施(例如訓練與招募),來改善人力資本(包括員工的技術、知識及能力,以及組織的文化與創新等等),進而改善組織績效。

---

[16] 黃同圳 (2002),〈人力資源管理策略——企業競爭優勢之新器〉,引自李誠主編,《人力資源管理的十二堂課》,頁 21–52,臺北:天下文化。

[17] Becker, G. S. (1964), *Human Capital*, New York: Columbia University Press.

[18] Nerdrum, L. & Erikson, T. (2001), "Intellectual Capital: A Human Capital Perspective," *Journal of Intellectual Capital*, 2 (2), pp. 127–135.

[19] Edvinsson, L. & Malone, M. S. (1997), *Intellectual Capital*, New York: Harper Collins Publishers, Inc.

[20] Ulrich, D., Brockband, J. & Yeung, A. (1989), "Beyond Belief: A Benchmark for Human Resources," *Human Resource Management*, 28 (3), pp. 311–335.

第三節　創造競爭優勢的人力資源管理策略

黃同圳引用 Pfeffer 的觀點[21]，提出了一些有利於組織創造競爭優勢的人力資源管理策略，分別整理敘述如下。

鮮明的管理信念

在運用人力資源策略以創造組織競爭優勢之中，最重要也最不可或缺的就是，組織要有相當鮮明的管理信念，以將個別的管理措施，串連成一致的整體目標，並且讓員工在短期目標還無法達成前，能堅持不輟。再者，如果公司有很清楚的管理信念，能讓人很容易瞭解公司管理的方法和目標，也可幫助公司爭取組織內外的支持。其次要注意到的是，組織必須以長期的觀點來考量人力資源措施，因為許多策略往往需要長期才能顯現。

團隊式工作設計與培植多技能員工

將工作設計成團隊的形式，通常是基於個別員工的社會需求，以及生產技術的必要性兩個理由。就第一個理由來說，大多數的人是社會性動物，從團隊互動中可以產生愉悅感。另一方面，團隊對個人可以產生壓力，促使人達成特定的工作品質與數量。當然，團體也可能產生負面效果，例如集體對抗管理層的控制等。不過，在管理上如果能以團隊的工作計酬，讓工作團隊對工作環境有較大的自主決策權，也讓團隊成為組織網絡的一部分，都有助於發揮工作團隊的正面效果。經由團隊建立，以及工作的輪調、擴大化與豐富化、跨功能訓練等等方式，也有利於組織對員工的灌能 (Empowerment)，使員工逐漸能獨立完成任務，並進而培植出多技能的員工 (Multi-skill Worker)。當員工具有多種技能，除了可以讓組織的人力運用更具彈性之外，也可以使員工本身，經由歷練多樣化的工作環境之後，減少因固定工作而產生的單調感，也增加其工作挑戰性，同時也有助於員工「換種方式」思考其工作，進而可能提出創新以及有助於改善既有工作流程的建議。

---

[21] 黃同圳 (2002)，〈人力資源管理策略——企業競爭優勢之新器〉，引自李誠主編，《人力資源管理的十二堂課》，頁 21–52，臺北：天下文化。

精緻遴選計畫與競爭薪資政策

組織如果做好人才甄選，除了可以運用最好的人才之外，更具有象徵意涵，可以讓員工在經歷嚴密遴選過程之後，感受到他們即將加入的是一家卓越的機構。所以精緻遴選所傳達的不僅是組織對於高績效的期許，更代表對於新進人員的重視。至於薪資制度方面，比市場水平更高的薪資政策（競爭性的薪資政策），可吸引更多的應徵者，讓組織有更寬裕的遴選空間，有助於挑選出適合組織需求的員工。此外，較高的薪資也可有效降低員工流動率，減少員工流動的成本負擔（包括重新招募、遴選、訓練等重置成本，以及新舊員工交替其間的機會成本等等）。更重要的是，員工為保有比市場薪資高的工作，在工作上將會更努力。當然，競爭薪資可能造成勞動成本增加，但如因此能提升員工的職務品質和技術能力，又能鼓勵員工不斷地創新，就可利用利潤的增加來彌補其成本部分。

獎勵薪資制度與員工所有權

獎勵薪資制度 (Incentive Pay) 是指除了基本薪酬之外，組織也會依個人、團隊及全公司的績效表現，額外加給各種形式的獎勵薪資，包括年終獎金、績效獎金、久任獎金、目標達成獎金、創新獎金、團隊獎金、盈餘分享 (Gain Sharing)、利潤分紅 (Profit Sharing) 及配股等等。此一制度將組織、團隊以及個人的績效表現一併考量，且讓員工的薪酬適度與公司的經營風險結合，不僅讓員工認知報酬的公平性，也可以使員工與公司產生生命共同體的感受。另外，關於員工所有權，也就是員工持有公司股權，由於員工也具有股東身分，所以往往有助降低勞資間的對立、鼓勵員工以長遠觀點來看公司策略等等，而對於提高員工工作動機、提高生產力、以及降低員工離職率等等，也都有明顯幫助。

資訊分享以及參與賦權

最近相當流行公司治理 (Corporate Governance) 的觀念，所謂公司治理，強調的就是讓公司資訊透明化、引進外部監督等等。使得企業與員工及其利害關係人，得以共同分享各項經營資訊，包括經營政策、經營目標、營運成本、生產力和利潤分紅辦法等等。若就人力資源管理的角度來看，也唯有讓員工取得正確的營運資訊，公司所推動的計畫才有可能成功，也才能夠激起員工與公司榮辱一體的感受。另外，企業也可以運用參與管理，讓員工有充足的能力與興趣，參與企業各項活動與決策，例如參與產品或服務有關的問題解決等等，或是策略性地結合員工參與，來推動全面品質控制與管理。有時候員工實際的經驗，反而可以啟發許多新的理念與方法，而參與也可以給予員工在工作上，有發揮創造力的機會，增加他們的工作滿意度與工作動機，進而降低員工的離職與曠職率。

保障就業安全與內升優先原則

組織給予員工較長時期的就業安全保障，可以使員工更積極的投入，比較願意在工作中盡心盡力。同時，當勞僱關係愈持久，訓練投資愈有足夠的時間回收，於是根據人力資本的觀點，組織越願意進行訓練投資。當然，企業主可能會擔心保障就業可能使員工有怠惰心態(反正不會被資遣)，影響工作績效與態度。所以適當的就業安全保障往往需要相關的配套措施，例如採行績效薪資等等的誘因制度，或是運用團隊建立，透過同儕的監督壓力，來引導員工努力等等。其次，當組織職位出缺時，只要內部有優秀人才，宜採用內升優先原則，如此可以激勵員工努力表現，也有助於提升員工的學習意願。

第四節　策略人力資源管理所面臨的挑戰

挑戰一：留意快速解藥的陷阱

人們總是希望任何問題都有快速解決的特效藥，事實上想藉任何所謂的「捷徑」，以快速解決問題，其實並不容易。對於人力資源專業人員而言，也要小心避免快速解藥的引誘，有兩種陷阱會強化這種誘惑：標竿管理(Benchmarking) 和追隨時髦 (Frou-Frou)，關於標竿管理的意涵與其中盲點，請見本章的「行家行話」，至於追隨時髦的陷阱，指的是一些精明的、流行的、趕時髦的，卻不能創造長期價值的人力資源管理措施。人力資源專業者在擬定與執行策略時，必須小心避免落入此一陷阱，要切記流行的方法未必是正確的方法，最好先瞭解方法的理論、曾經有的研究及應用效果，才能適當地採用於組織之中，而許多時髦（但未必有用）的人力資源措施，通常有以下特性㉒，括號中是本書作者註解：

1. 簡單容易，卻又聲稱能解決複雜問題（但是，複雜問題通常不容易「簡單」處理）。
2. 聲稱適用於、有助於所有公司（一帖藥能治百病，很難想像）。
3. 未以任何已知、且廣為接受的理論為基礎（理論基礎有助於我們瞭解因果關係以及事件全貌，缺乏理論基礎往往使這些措施頭痛醫頭、腳痛醫腳，運用到最後，反而得不償失）。
4. 方法原創者在學術期刊或公開場合中，並不願意發表其論點（沒有經過公開討論與質疑的觀點，容易產生敝帚自珍，甚至用途有限的措施）。
5. 方法原創者無法告訴你應該如何實際操作(空中樓閣的想法永遠是美的，但是可行嗎?)
6. 方法原創者聲稱此方法改變了他們的組織，也可以改變你的組織（家家有本難唸的經，不要輕易相信某個成功經驗一定可以運用在你的身上）。
7. 這些方法的原創者聲稱，想真正瞭解此方法的唯一途徑是親身嘗試，無法用言詞解釋或說明（任何東西最好說清楚再做，至少要說清楚如何體驗才可能成功，再去體驗）。
8. 好到令人難以置信（天下沒有白吃的午餐，凡事都有代價的）。

挑戰二：不要讓策略束之高閣

有太多組織在發展其人力資源策略構想，並撰寫成計畫之後，最終的命運是束之高閣，被放在書架的檔案夾中 (Strategic Planning on Top Shelf, SPOTS)㉓，而未能轉化為實際行動。因此，組織的人力資源管理，需要一個有紀律、嚴格、完整的機制，足以將抱負轉化為行動，也就是所謂的執

㉒ 李芳齡譯 (2001)，《人力資源最佳實務》，臺北：商周。

㉓ Brockbank, J. W. & Ulrich, D. (1990), “Avoiding SPOTS: Creating Strategic Unity,” In H. Glass (Ed.) , *Handbook of Business Strategy*, N. Y.: Gorham, Lambert.

行力[24]。

基本上，執行力是一種紀律，包含於策略之中（也就是任何策略都需要「執行」），主要經由系統化的流程，嚴謹地探討出策略及其目標「是什麼」，以及「如何」完成策略目標，並透過質疑提出、不厭其煩地追蹤進度、確保權責分明等手段來完成策略。在這些流程中，領導者最主要的任務是：評估組織能力。例如，有些公司的策略會同時專注於產品製造、全球銷售、以及完成策略所須的重要能力，包括創新、管理、成本競爭力、技術專長、資訊科技、與組織成效等等。至於表 2–4（見下頁）則列出一般組織為了實行策略，可能或是需要具備的能力，我們可以自行勾選評估本身所在的組織能力。

除了組織能力的評估與改善之外，領導者還需要挑選執行者（例如各級主管）來完成策略，並且把策略與預定的執行者連結起來，讓這些人員和各項執行紀律能夠同步運作。此外，領導者還需要能夠瞭解組織與員工、建立實事求是的文化、設定明確目標與優先順序、進行後續追蹤、懂得論功行賞、願意傳授經驗以提升員工能力，以及瞭解自我。這些都有助於領導者實現其執行力，並推廣成為組織文化的一部分，讓策略不再是空中樓閣。

第五節　策略人力資源管理的重要議題與趨勢

不景氣時的人力資源管理策略

景氣循環是不可避免的，例如自 2000 年年底開始，全球景氣陷入谷底，企業面臨嚴酷考驗的寒冬。不過，大環境愈是不景氣，企業愈是要講究精兵政策，高生產力與高競爭力的人力資源愈顯得重要，尤其是在朝向知識經濟的時代，高素質的人力資源應是企業創造價值最重要的憑據。至於在不景氣之下，企業應採取哪些策略以提升競爭優勢呢？在一篇訪問報導中，《天下雜誌》綜合了許多專家及企業的作法提出如下四項策略[25]：

[24] 李明譯 (2003)，《執行力》，臺北：天下遠見。

[25] 黃同圳 (2002)，〈人力資源管理策略──企業競爭優勢之新器〉，引自李誠主編，《人力資源管理的十二堂課》，頁 21–52，臺北：天下文化。

表 2-4　組織完成策略所需要的重要能力

__績效評量配合策略優先要務	__擁有強力的配銷通路
__評估競爭者的能力	__擁有負責任的員工
__吸引及留住優秀人才	__公司全體具備全球化思考
__成為專業領域中的低成本生產者	__尋找及發展下一代領導人才
__成為專業領域中的技術領導者	__改進年生產力
__成為品質領導者	__改進年獲利力
__成為顧客服務領導者	__改進速度
__有創意	__增加現金流量
__彈性的工作流程	__有創新力
__決策的中央集權化	__學習速度比競爭對手快
__與政府合作	__具備長期眼光
__能在經濟景氣循環中競爭	__維持良好的投資人關係
__創造共享的未來策略願景	__實行財務管理制度
__發展共享心智	__快速進入新市場
__發展變革能力	__快速因應顧客需求
展現文化彈性	具有文化統一性
__展現創業精神	__實行參與式管理
__清楚地界定職責與結果	__提供持續學習之機會
__具備彈性	__縮短推出產品所需時間
__進行大規模轉型	__縮短依顧客需求訂做的時間
__建立領導者與員工之間的互信	__減少組織層級
__建立信心	__再造工作系統
__和其他組織組成聯盟	__分享資訊
__高生產力	__冒險
__多元化人力	__從全球角度思考與行動
__高品質的工程技術	__團隊合作
	__以無界線方式運作

資料來源：整理自李芳齡譯 (2001)，《人力資源最佳實務》，臺北：商周。

1. **進行組織與人力盤點**

美商惠悅企管顧問公司針對臺灣 82 家外商公司調查發現，大多數公司都利用這段業務比較清淡的時期，調整公司組織，改善作業流程，並減少附加價值低的工作。例如惠普公司發現其管理職比例相對同業為高，乃進行組織再造，以降低人力成本。宏碁電腦則發動員工進行「簡化總動員」，結果改善方案執行後幫公司省下一億多元之管理成本。

2. **更重視優秀人才，並給予適當獎酬、培育與發展**

人才的培養並非一朝一日可有效達成的，尤其是公司的核心幹部更是企業命脈所繫。故在不景氣時，如任意資遣人員，一旦景氣回春再回過頭來招兵買馬，則不僅緩不濟急，優秀人才也不太可能替你效命。故卓越的企業，在愈不景氣時愈應重視人才的培育與留任。例如臺灣 IBM 公司為留住核心幹部而提出「特別留任金」專案，即使面臨不景氣亦未因此而取消該項制度，其目的就是希望能留住好的人才。又如宏碁公司即使在不景氣的時候，仍然發出庫藏股，甚至還微幅調薪，在在都是希望留住優秀員工。

3. **多辦訓練，提供員工能力與視野，為未來做準備**

每當景氣不佳時，許多企業第一個刪減的都是訓練預算。不過，卓越的企業都是反其道而行的。例如面臨業務衰退的惠普公司，反而推出不少培訓計畫，因為惠普認為面臨不景氣，業務較清淡時，正是為成功作準備的最好時機。不只是惠普，像台積電這樣優秀的企業，也都趁產能利用率低的時候，利用空檔加強人員培訓。

4. **引進高績效的人力管理制度**

在不景氣時,引進高績效人力管理制度是許多優秀企業目前努力的方向。例如宏碁電腦就引進 5% 的淘汰制，要求主管每一季考核部屬，表現不好的給三個月時間,改善不了的就淘汰。該項制度台積電在 1999 年開始推行績效管理發展 (PMD) 制度時就開始實施,而這也正是台積電面臨這波不景氣時，沒有冗員的主因。同樣地，奧美廣告由於平常對人力盤點計畫做得相當完善，因此不僅沒有裁員，比較年輕的低階員工都還加了薪，中高階主管也未凍結加薪。

平衡計分卡

平衡計分卡 (Balanced Scorecard, BSC) 基本上是連結組織策略的一種績效衡量方式，源於 1990 年哈佛大學教授主導的一個產學研究計畫，該計畫認為企業過度依賴財務指標當作績效指標並不合宜，因為傳統的財務會計模式只能衡量過去發生的事項，而這是一種落後的結果因素，並無法評估企業前瞻性的投資，也就是衡量企業的領先驅動因素。因此，企業必須改用包括財務、顧客、內部流程、學習成長四個構面來衡量績效，一方面保留傳統上的財務指標，但也兼顧學習與成長等等的面向，同時也有助於尋找財務與非財務的衡量之間、短期與長期的目標之間、落後的與領先的指標之間、以及外部與內部績效之間的平衡。表 2–5 是前述計畫研究者於 1996 年發表，關於這些構面所涵蓋的內容說明，其基本邏輯在於企業有良好的學習成長，往往有助於其內部流程的改善，而後會影響顧客的忠誠度，並反應在財務指標的改善方面。

在決定了上述四個構面以衡量企業績效之後，自 1992 年起，哈佛管理評論 (Harvard Business Review, HBR) 就陸續刊登了他們的研究論文，以及一些其他有關於平衡計分卡的文章，並逐漸影響許多企業採用，此一概念甚至被哈佛大學商學院評為近 75 年來，最具影響力的管理概念之一[26]。於是，陸續有人以各種角度來進行研究，包括提出平衡計分卡的導入階段與主要任務（見表 2–6），以及提出平衡計分卡所面臨需要解決的問題，包括組織目標模糊、組織員工仍堅持原有衡量系統、投入時間與費用太多、衡量指標過多、指標之間的相對重要性不易評估、需要高度發展的資訊系統等等[27][28]。

雖然平衡計分卡的重點，在於衡量企業對其利害關係人 (Stakeholders) 所創造的價值，但也可以同時用以作為評量主管績效的指標。例如，AT&T（美國電話電報公司）就依據主管對每種利害關係人所創造的價值，為其績效的評量標準，包括經濟附加價值 (Economic Value-added, EVA)，指的是能否達成公司所期望的財務數字；顧客附加價值（Customer Value-added, CVA)，指的是能否達成顧客服務的目標；以及人員附加價值（People Value-added, PVA），指的是能否達成員工的期望[29]。

---

[26] 蔡文圳 (2002),〈升學補習教育業平衡計分卡之探索性設計——以某升四技二專補習班為例〉，中原大學會計研究所碩士論文。

[27] Lingle, J. H. & Schiemann, W. A. (1996), "From Balance Scorecard to Strategic Gauges: Is Measurement Worth It?" *Management Review*, 3: 56–61.

[28] Ittner, C. D. & Larcker, D. F. (1998), "Innovations in Performance Measurement: Trends and Research Implications," *Journal of Management Accounting Research*, 10: 205–238.

[29] 李芳齡譯 (2001),《人力資源最佳實務》，臺北：商周。

表 2–5　平衡計分卡績效四構面的內涵例舉

財務面	・主要內涵：營收與成長組合、成本降低 / 生產力改進、資產利用 ・可以包括的指標例如：員工平均收益、新產品佔營收百分比、投資佔營收百分比、成本下降率、單位成本、現金周轉期……
顧客面	・主要內涵：區隔目標顧客與市場、調整核心顧客的成長、辨明顧客價值主張 ・可以包括的指標例如：顧客滿意度、市場佔有率、顧客爭取率、顧客延續率、顧客獲利率……
內部流程面	・主要內涵：創新流程、營運流程、售後服務流程 ・可以包括的指標例如：市場辨別程度、產品服務創造程度、生產時間、減少浪費程度、遞交時間、程序品質指標……
學習成長面	・主要內涵：員工技能、科技基礎架構、組織氣候 ・可以包括的指標例如：員工培訓水準、員工技術發揮程度、員工滿意度、員工延續度、專屬軟體 / 專利 / 著作權、資料庫建立程度、授權程度、士氣、團隊意識、員工配合度、員工生產力、新產品數量與上市時間、與員工溝通所花的時間……

資料來源：摘譯自 Kaplan, R. S. & Norton, D. P. (1996), *The Balance Scorecard: Translating Strategy into Action*, Boston: Harvard Business Press.

表 2–6　平衡計分卡的導入階段與主要任務

階　段	主要任務
第一階段	・審視企業內外部資源 ・建立資源管控體系
第二階段	・界定衡量架構 ・挑選適當的組織單位，包括界定策略事業單位 (Strategic Business Unit, SBU)
第三階段	建立對策略目標的共識：透過訪問、綜合會議與檢討會議
第四階段	挑選及設計關鍵績效的衡量指標：透過子團隊會議與檢討會議
第五階段	・制定實施計畫 ・發展執行計畫 ・檢討會議 ・完成計畫

資料來源：整理自于泳泓 (2002)，〈從臺灣企業成功導入平衡計分卡實例談企業現狀剖析與導入架構檢核〉，《會計研究月刊》，第 198 期，頁 11。

此外，由於平衡計分卡基本上是企圖透過績效衡量的指標，引導企業策略的執行，故其基本架構如圖 2–3 所示，其中包括了二個重要意涵[30]：

[30] Kaplan, R. S. & Norton, D. P. (2000), *The Strategy Focused Organization*, Boston:

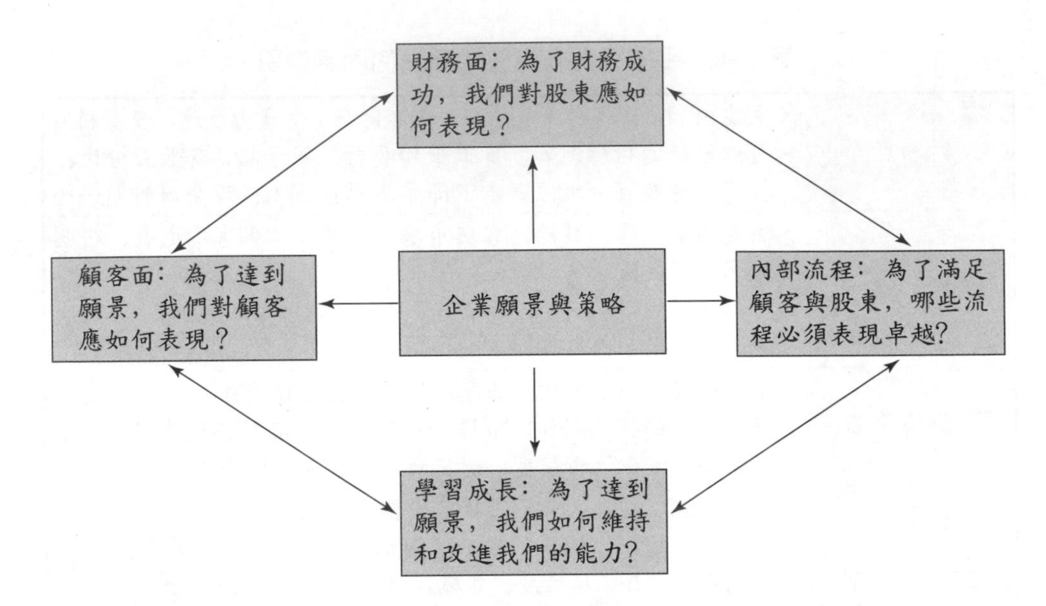

資料來源：摘譯自 Kaplan, R. S. & Norton, D. P. (1996), *The Balance Scorecard: Translating Strategy into Action*, Boston: Harvard Business Press.

圖 2–3　平衡計分卡與策略願景之關係

1. 策　略

透過平衡計分卡讓策略成為核心議題，使組織中的成員能透過工作進行來溝通與討論策略，而有助於澄清願景 (Vision)、取得共識、提供回饋、協助策略檢討等等。

2. 焦　點

透過平衡計分卡的引導，整合策略、行動和資源，使組織與人員們產生聚焦的效果，朝向策略執行與實現，包括能夠制定指標、建立行動方案以及分配資源等等。

3. 組　織

透過平衡計分卡，有助於對員工溝通教育的進行、以及將獎勵與績效結合等等，進而能夠動員全體組織，使策略貫徹整個組織，並使各單位產生新的策略連結關係。

由於傳統的人力資源管理系統，往往只重視現有企業程序的績效不彰部分，再加以監督及改進，但在平衡計分卡之下，則同時強調企業應該如何創造新程序（學習成長），以符合顧客與股東的要求。其次，在實施平衡

Harvard Business School Press.

計分卡的時候，組織必須要系統化的管理和執行，運用偵測與回饋，以達到策略行動與績效方向的一致化，並將公司的個人績效、部門績效及公司績效同步極大化。

因此，人力資源專業人員若想成為策略夥伴，必須從兩方面來吸收及應用平衡計分卡的觀念㉛。第一，他們必須同等重視平衡計分卡中的每個部分，而非只重視員工層面，例如 AT&T 的人力資源主管，也與公司其他主管一樣，以前述之三類得分為評量指標（經濟附加價值、顧客附加價值以及人員附加價值），而非只以人員附加價值得分作為評估標準。在這種評量方式之下，人力資源專業人員需要熟悉企業的財務與顧客事務，並瞭解它們對於達成企業目標的重要性。第二，人力資源專業人員必須在員工層面上，不只是考慮到員工的態度，還要考慮到包括組織流程、領導力、團隊合作、溝通、授權、共同價值、重視個人尊嚴的機制等等。

標竿管理的優勢與陷阱

資料來源：節錄整理自李芳齡譯 (2001)，《人力資源最佳實務》，臺北：商周。

標竿管理也就是學習業界的最佳實務 (Best Practices)，從最佳實務中，獲得一些極具價值的管理方法與原則，不但可以促成學習者有更廣泛的思考，以及增加學習者對變革的承諾（因為有成功案例），並建立適當的評估系統，而有利於提升組織的競爭力。

傳統上，標竿管理應用在較困難、屬於企業目標層面的事務上，例如技術、制度、財務比率、品質等等，而現在，愈來愈多的公司將標竿管理應用在偏向軟性的管理實務方面。例如，奇異公司曾經派遣一支資深管理團隊，檢視全世界管理最好的公司，參考它們的管理方法，從中找出有助於提高公司生產力的重要流程。這支團隊從觀摩中得出一套原則與方法，幫助奇異的事業部門提高生產力，而這些觀念最後則制度化為「生產力 / 最

㉛ 李芳齡譯 (2001)，《人力資源最佳實務》，臺北：商周。

佳實務」(Productivity/Best Practices) 的課程，許多奇異公司的經理人都曾經參加過此課程訓練。

另一個例子則是企業透過標竿管理，發現人力資源最佳實務不只是著重在某一種方法，而是一套概括性的原則，包括：1.找出公司的利基；2.專注於幾個有利於整體議題的策略方案，善用人力資源管理；3.以紀律和決心來達成整體議題及人力資源目標；4.各部門經理人能將人力資源管理視為他們的責任；5.各部門和人力資源管理階層都瞭解以及相信人力資源部門能為企業創造價值。

然而，標竿管理也有其陷阱，首先是當經理人選定「單一」實務（例如人員訓練）進行標竿管理，而未能同時考慮到其他議題時，便容易形成一種陷阱，使學習者只能進行局部的問題解決，而無法有整體的解決方案。至於另一種陷阱，則是學習者若只偏重那些「容易衡量」的事務，其好處也許是可以清楚的被仿效，卻也有可能因為失真而提供了錯誤的資訊，同時造成標竿管理的範圍過於狹窄。例如，若某公司的員工生產力（員工平均營收）很高，如果它是因為將許多活動外包，於是以較少的正職人員，產生較高的營收，則此一指標未必能反映該公司真正的組織能力（因為未將外包成本納入）。

問　題

1. 如果你是企業主，你會採用標竿管理嗎？為什麼？你如何平衡標竿管理的優缺點？
2. 如果你是人力資源管理經理，你會選擇何種指標進行標竿管理？為什麼？另外，你又會如何避免或減少標竿管理的缺點？

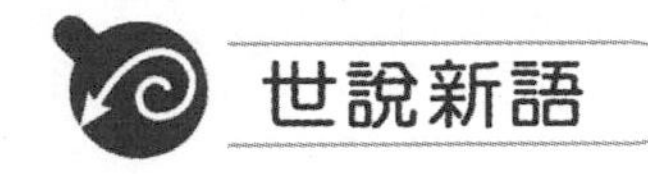

團隊建立

團隊建立 (Team Building) 主要是指建立一個高績效團隊。通常，團隊建立的過程中會經歷形成期、風暴期、規範期、表現期，每個階段都要通過不同的考驗，才能形成真正的團隊，而要建立高績效團隊，最好能先讓團隊成員參與相關練習，包括：角色定義的練習 (Role Definition Exercises)、目標設定的練習 (Goal Setting Exercises)、問題解決的練習 (Problem Solving Exercises)、人際互動的練習 (Interpersonal Process Exercises) 等等[32]。

灌　能

灌能 (Empowerment) 就是指導別人以獨立完成任務，而漸漸不必依賴你。在灌能之後，員工可以自在的做事，也願意為結果負責，而且做事時會覺得有意義、可選擇、有能力感以及進步感。至於如何做到灌能，可以先著手於：1. 讓同仁清楚地瞭解任務、目的、目標和角色；2. 持續發展團隊成員工作上所需的知識與技能；3. 學習有效的人際和團隊關係，以及領導技巧；4. 讓同仁能夠真正分享決策權和參與權；5. 激發團隊成員的活力；6. 尊重不同看法、能力和文化背景上的差異；7. 領導者給與每位成員適當表現的機會；8. 當團隊有成就時，鼓勵並感謝個人和小組的成就；9. 保持不斷創新的精神及掌握持續改善的機會。

人力盤點

人力盤點屬於人事資料規劃的一部分，主要是透過針對最新的員工個人人事資料檔案建立，然後據以設計替換的組織表。其中，在個人人事資料檔案方面，通常會包含姓名、職稱、部門、到職日、現職年資、年齡、婚姻家庭狀況、工作地點、目前工作內容及場所、學歷、訓練記錄、工作經歷（公司內及公司外）、技能專長、考核記錄、個人事業生涯規劃、興趣

[32] Sundstrom, E., DeMeuse, K. P. & Futrell, D. (1990), "Work Teams: Applications and Effectiveness," *American Psychologist*, 45, 128–137.

及休閒活動等等。然後運用此一最新人事資料，製作替換組織表。

人力政策有效提升員工生產力

資料來源：節錄整理自蔡芳季 (2003.03.28)，〈《全球人力資本調查報告》條列人力政策有效提升員工生產力〉，《工商時報》經營知識版。

人力資源策略究竟會帶給組織什麼價值？資誠會計師事務所全球聯盟所（以下簡稱 PwC），於 2002 年 4 月進行了全球人力資本調查，受訪者涵蓋全球四十七個國家，1,056 家企業，規模從二百名以下員工 (12%) 到五萬名以上 (2%) 都有，總共代表全球超過六百萬名的員工。此項調查的主要目的之一，就是從各組織蒐集資訊，協助證明哪些人力資源管理實務與財務表現有最高之關聯性。

PwC 的調查結果顯示，若要改善營運績效，組織需要有書面化的人力資源策略，並且能夠與營運策略相連結，然後有效予以落實執行。至於為何書面化人力資源策略的存在能為組織帶來效益？這是因為經過審慎規劃與諮詢所制定的人力資源策略，能協助組織、部門主管及人力資源部門釐清做事的優先順序與找出較具創意的新方法。研究顯示，具有書面化人力資源策略的公司，同時具有較高之員工生產力 (30%)、較低之員工缺工率 (12%) 以及較有效之績效管理與獎酬制度，但結果也指出，有五分之二的受訪者還沒有書面化人力資源策略，甚至在超過五萬名員工以上的大型公司中，此比例更攀升到二分之一。

其次，調查也發現，傳統的人力資源管理實務，仍然主導了包括招募、選才、敘薪，及教育訓練等等作為，例如在人員招募方面，平均不到 15% 是由網路求職者所填補。此外，儘管公司治理及行為準則近年已喊得滿天價響，仍有將近五分之一的高層主管是經由人際關係引薦而來。此結果提醒企業，如果管理團隊缺乏多元性（例如僅僅透過傳統方式招募），可能造成視野不夠寬廣，或是易與客戶、員工脫節。

至於在薪資制度方面，僅約 27% 的受訪者使用職能給薪制度 (Competency-based Pay)，大部分還是使用傳統的指標，例如績效 (50%) 與定額加薪 (40%)。此外，僅有三分之一的受訪者讓所有員工參與個人績效評估，12% 的公司根本沒有績效評估的程序。

此一調查，也針對人資部門的規模進行瞭解，與 2000 年相較，大致上沒有什麼改變，平均每位人力資源專業人員約服務六十二名員工；不過，花費在人事與薪資福利的行政工作時間從 2000 年的 38% 降到 2002 年的 30%。另外一些改變主要在於：越來越多企業使用委外服務 (Outsourcing)、共享式服務 (Shared Service) 及員工自助式服務 (Self-service)。72% 的受訪者將至少一項的業務外包，比起 2000 年的 48% 高出許多。有 40% 的受訪者使用員工自助式服務，尤以在澳洲 (55%)、亞洲國家 (51%) 及北美 (48%) 的企業較為普遍。

在調查中，人資部門自認對營運績效最重要而可衡量的貢獻，是藉由員工滿意度的增加、成本的控制及提供及時中肯的管理資訊達成。令人失望的是，僅有部分的受訪者會衡量這些部分的成果：43% 的受訪者會定期進行員工滿意度調查，55% 會定期報告勞動力成本。就此點來看，主管人力資源的人員或部門，應該深思如何衡量其人力資源管理實務的績效，以及在衡量全公司績效時，如何與其他部門做連結。

問　題

1. 以上資料，你認為傳遞了何種訊息?
2. 如果你是人力資源管理經理，你會將以上資料呈現給企業主看，並說服企業主進行擬定人力資源政策嗎?你會如何協助企業主擬定人力資源政策呢?

卓越企業的人力資源管理特色

資料來源：節錄整理自黃同圳 (2002)，〈人力資源管理策略——企業競爭優勢之新器〉，引自李誠主編，《人力資源管理的十二堂課》，頁 21–52，臺北：天下文化。

1996 年所進行的一項研究，針對臺灣 315 家企業人力資源管理工作者進行調查，以八個指標評估其組織績效。其中績效卓越的企業（167 家）、績效普通的企業（96 家）、以及績效較差的企業（52 家），分別在五類共十八項的人力資源管理作法上有明顯差異。

1. **人力資源政策與計畫部分**

   人力資源管理部門是否高度涉入策略性的決策、直線部門主管是否高度參與人力資源管理、人力資源管理部門是否訂有明確正式的計畫、人力資源計畫與企業計畫是否緊密結合、人力資源計畫是否傾向長期性的考量。

2. **任用管理部分**

   工作說明書是否有固定明確的界定、是否傾向比較廣泛的晉升管道、設計員工職涯發展計畫是否兼具全方位技能與專業化的考量。

3. **績效評估與管理部分**

   績效評估制度與其他人力資源管理功能是否緊密結合、績效評估是否傾向使用長期的效標 (Criteria)、績效評估的內容是否兼具個人與團體績效的考量。

4. **薪酬管理**

   是否比市場薪資水準為高的薪資政策、薪酬設計是否重視內部公平、是否運用獎勵薪資作為薪酬中重要的一部分、是否給予員工高度的就業保障。

5. **訓練與發展**

   是否重視訓練與發展的長期目標、是否讓直線部門充分參與訓練與發展的活動、是否重視並全力投入員工的訓練與發展活動

討論題綱

上述的這些特色，雖然並非是使企業出類拔萃的最終決定因素，但至少我們可以證明，卓越企業大致上都有這些特質，積極採行這些人力資源管理措施，對企業絕對有利無害，你覺得是嗎?

第三章　人力資源規劃

第一節　何謂人力資源規劃

人力資源規劃架構

所謂人力資源規劃 (Human Resource Planning，簡稱 HRP)，廣義而言，泛指組織針對所有人力資源活動的各種規劃。因此，基本上任何組織都會，也都需要有這樣的規劃過程，只是有些做得較為嚴謹而且也比較有效果，有些則可能只是在企業主的腦中運作。然而，本章將討論的是比較狹義的人力資源規劃，其架構如圖 3–1 所示，乃是組織透過一些方法，根據內外部環境的資訊，分析並指出未來人力資源在質與量方面的需求，也分析出組織內外部人力市場的供給程度，然後透過一些人力資源管理的措施，包括招募遴選（人力短缺時）或是各種遣退與人力精簡計畫（人力剩餘時）等等，使組織在一定時間內，將人力供需配合起來的一個過程。其目的主要包括：規劃組織中人力資源的發展、合理配置人力資源以適應組織任務的要求、以及降低組織的用人成本❶。

在圖 3–1 中，值得注意的是，對所有組織的人力資源規劃而言，確認其人力資源策略是極重要的一個過程，而人力資源策略往往需要配合組織的策略目標（請見第二章說明）。由於一般組織在設定目標時，會採取由上往下的方法 (Top-down)，先從組織長期經營理念開始，發展出短期目標，再由各部門延伸此目標，定義出具體的績效要求等等。在此過程中，人資部門主管最好都能夠參與，特別是在早期目標設定階段的參與，此時人資部門可以提供高階決策者現有的人力資訊，同時配合組織目標，協助各部門決定出未來的人力需求。例如，若組織長期策略目標是要由傳統製造業轉型為科技業，而短期生產部門的目標就是要製造出一定產量的科技產品，則生產部門主管就需要決定此一目標要如何轉換成人力資源需求，包括透

❶ 李正綱、黃金印 (2001)，《人力資源管理：新世紀觀點》，臺北：前程企管。

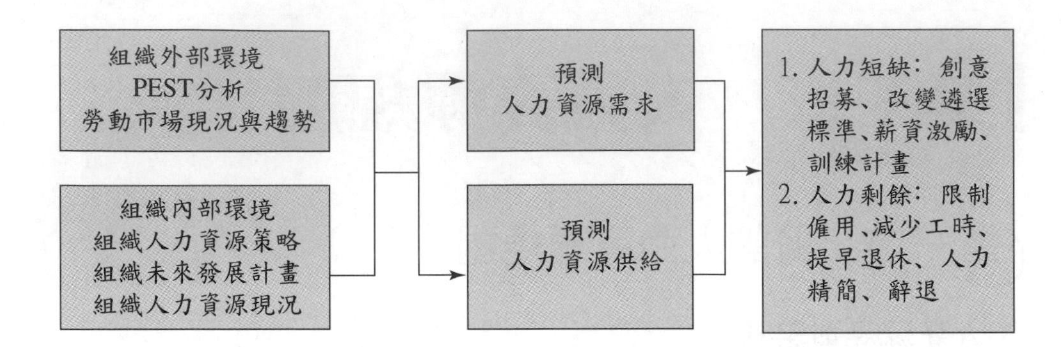

資料來源：整理自

1. 吳美連、林俊毅 (2002),《人力資源管理：理論與實務》(三版)，臺北：智勝。
2. Mondy, R. W., Noe, R. M. & Premeaux, S. R. (2002), *Human Resource Management* (8th Ed.), N. J.: Prentice-Hall.

圖 3–1　人力資源規劃的基本模式

過工作說明書或是別家公司的經驗等等方式，來決定人力需求（第三節會再特別針對人力需求分析工具加以說明)，然後再決定出人力供給的管道、方式等等，最後執行人力填補的動作。

人力資源規劃常見的問題

由實務上可以知道,並不是所有組織的人力資源規劃都進行的很成功，許多組織會發生一些問題❷，包括：

1. **高層支持與員工的認同問題**

人力資源規劃必須有一個清楚而且強勢的方向與理念，所以高階主管的參與及支持，是人力資源規劃能被發展執行最重要的因素之一。高階主管願意全力支持才足以爭取員工的認同，否則，將使員工認為人力資源規劃是可有可無的，而阻礙了規劃的進行。然而，實務上有許多高階主管都只有「三分鐘熱度」，以致於人力資源規劃的執行功虧一簣。

2. **跨部門協調整合的問題**

人力資源規劃必須與其他部門協調，同時也要整合其他人力資源管理活動才能發揮效果。若是人資規劃專員「閉門造車」，而與別的單位缺乏互動，將可能造成人力資源規劃的失敗。

3. **技術問題**

❷ 吳美連、林俊毅 (2002),《人力資源管理：理論與實務》(三版)，臺北：智勝。

規劃人員要懂得使用規劃工具，但也要考慮工具的實用性。

除了以上的三個問題之外，人力資源規劃與組織策略規劃的關係應該如何，也是組織的一大挑戰，表 3–1 就列舉了一些組織中，人力資源規劃與策略規劃關係的連續帶。其中，左方的附加說明 (Afterthought) 流程，是指人力資源規劃僅用以補充組織的策略規劃，只有在產品、市場與技術等方向定義清楚後，才會提到有關人力資源實務的問題，所以在此種情況之下，人力資源比較不受重視。至於連續帶上另一個極端的獨立 (Isolated) 規劃流程，是指人力資源規劃和組織的策略規劃相互獨立，人資部門自行設計和管理人力資源規劃，其最極端例子是人力資源規劃幾乎未獲得人資部門以外的經理人重視及投入，也因為此種人力資源規劃與組織規劃不盡相容，所以無法替組織創造價值。

表 3–1　人力資源規劃與策略規劃關係的連續帶

附加說明	整合	獨立規劃
・著重策略規劃，人力資源實務僅是附加說明 ・部門經理主導人資議題的討論，人資專員只列席參與 ・擬定一份為了達成策略規劃所需之人力資源工作摘要	・著重整合組織的策略規劃與人力資源規劃 ・部門經理和人資專員以夥伴關係共同合作，確保人力資源規劃納入策略規劃的流程 ・擬定一份計畫表，強調人力資源工作是達成組織效益的優先要務	・著重人資工作及人資部門如何為組織創造價值 ・人資專員獨自完成人資規劃，然後再呈給部門經理 ・擬定一份人資部門的議程，包括各項人資工作的優先要務

資料來源：整理自李芳齡譯 (2001)，《人力資源最佳實務》，臺北：商周。

人力資源規劃的真正挑戰是位於連續帶中間的人力資源規劃與組織規劃整合 (Integration) 部分，人資專員和部門經理人共同找出能達成組織策略的人力資源管理方法，並建立一個架構將人力資源實務納入組織決策中，以確保達到成果，包括人資專員主動參與各個主管委員會，使主管決策之前都會系統化地考量人資議題等等。

第二節　內外部環境分析

在前面的圖 3–1 中指出，組織在預測人力資源供需之前，需要先就其內外部環境進行分析。組織的內部環境，大體上可以針對組織人力資源策略、組織未來發展計畫、以及組織的人力資源現況加以分析。其中，組織人力資源策略與未來發展計畫(也就是策略規劃)，請見本書第二章的討論，至於組織人力資源的現況分析，主要是根據組織人力資料庫的資料，這些資料包括各種人力資源活動的記錄，從工作分析、招募任用、績效評估、薪資福利、乃至於勞資關係管理等等（以下各章將會陸續提到)，然後將記錄整理呈現，以表達出組織現有人力的質量分布，提供後續分析的參考。

至於外部環境的分析方面，主要包括針對政治、經濟、社會和科技所進行的分析（Politics, Economics, Society and Technology Analysis，簡稱 PEST 分析)，以及針對勞動市場的現況與趨勢之分析，以下將分別予以說明。

政治環境

政府各種政策措施對組織的影響都很大，進而影響組織在人力資源規劃上的考量，例如假設政府基於鼓勵終生學習，願意對已有工作者的再進修給予補助，意謂著組織的訓練經費有機會獲得政府補貼，於是會影響到組織的訓練預算與計畫，進而影響到組織在未來人力質量供需上的判斷與規劃。

圖 3–2 是以企業為例，表達出企業、民眾與政府之間的一種互動過程。其中，由於政府一些立法決策會影響企業的發展，所以企業往往會透過遊說 (Lobby)、捐贈 (Donation And Sponsorship)、或其他影響力（例如直接從政等等)，來影響政府在政策、管制、立法或稅捐補貼等等方面的決策，以期這些決策能對企業產生正面效益。另一方面，企業若與民眾關係不佳，則可能引發民眾抗議、拒買或是訴訟行為，都會使企業產生許多有形無形的成本，所以企業也會針對民眾進行廣告、公共關係、或是各種回饋方式，以降低民眾的排斥，增加其對企業的好感。

近年來，臺灣政府對企業的法律規範越來越多，而民眾針對企業的消費者運動、勞工運動、環保運動也日漸興起與壯大，兩岸關係的不確定也使政府產業政策不明，這些都可能造成企業經營上的困難，於是需要更妥善的規劃。

至於圖 3–2 中，關於民眾與政府的互動，由於政府（特別是民意代表）的政見以及對公共政策的監督，對民眾生活影響很大，因此民眾也會透過選舉罷免、捐獻或是利益團體的參與（例如透過工會力量全力支持某候選人等等），以期政府能提出有利的政見並繼而制定政策。

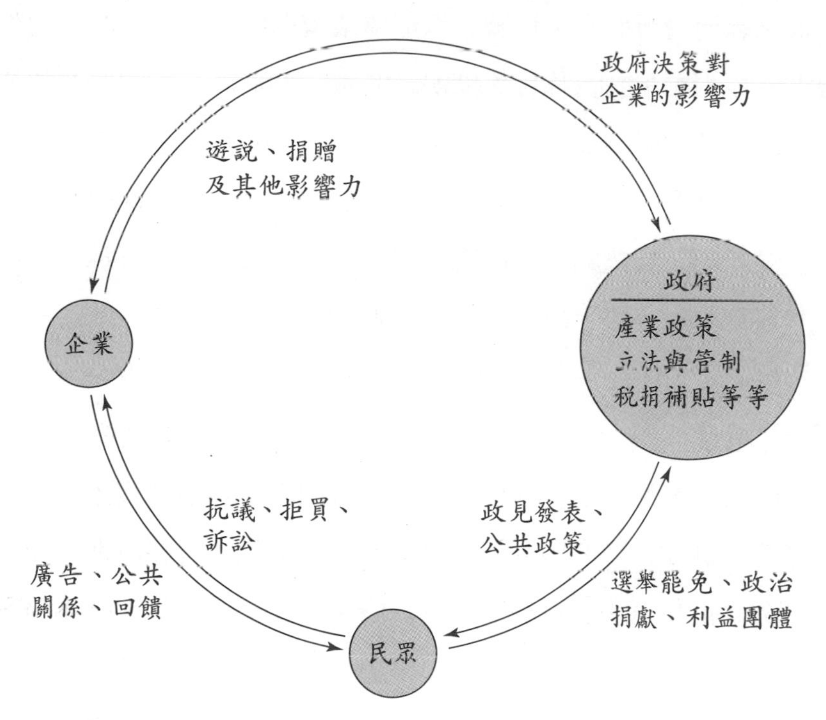

資料來源：修正自李正綱、黃金印 (2001)，《人力資源管理：新世紀觀點》，臺北：前程企管。

圖 3–2　企業、政府、民眾的一般關係圖

經濟環境

臺灣經濟在持續成長之後，除了使平均國民所得增加之外，也有了一些結構上的變化，例如經濟政策漸趨自由化與國際化，而配合全球經濟也逐漸走向區域化與當地化的趨勢，所以越來越多組織發展出全球當地化

(Glocalization)，主張全球策略、當地經營的經濟模式，當然也引起組織中的人力資源變化。其次，臺灣家庭的消費支出型態也逐漸改變，加上服務業的逐年成長等等(例如我國的服務業就業人口比率，從 1988 年的 43.8%，到 1995 年開始超過 50%，並遞增至 2002 年的 57.25%)，這些對於組織人力資源政策都有影響。

另一方面，由於對員工高生產力的期望，已經成為多數組織的人力訴求之一，所以組織對於高素質勞動力的需要益發強烈，而臺灣也於 2001 年加入了世界貿易組織 (WTO)，將與更多世界級的企業爭取人力資源。可想而知，未來臺灣會與世界更接軌，但經濟環境的變化也將因而更劇烈，所以組織需要更提前規劃各種可能狀況。例如，2002 年，美國紐約的 911 恐怖分子挾持客機攻擊事件，以及 2003 年，從大陸開始，主要於華人區域爆發的新病毒 SARS 等等，對臺灣的影響都是前所未見，也因此比較了各個組織的平時規劃、危機處理、應變能力、資源調度能力等等，進而影響組織的人力資源政策，這一波波的衝擊，使組織間更形優勝劣敗，經濟環境也重新洗牌。

社會文化環境

組織的人力資源規劃也要考慮社會文化因素，包括現代工作者的價值觀改變等等。例如，臺灣自週休二日以來，大眾的休閒與自由時間增加，使得旅遊成為工作生活品質的一部分，許多組織都會將旅遊當作犒賞員工的福利之一，即使是公務機構，也都鼓勵員工多旅遊。此一現象使得組織在薪資福利方面，乃至於在工作安排上，都需要事先規劃（總不能所有員工都參加公司旅遊，然後一整個禮拜公司都沒人)。同時，由於休閒文化在社會上越發地被認同，各大學也紛紛成立有關於休閒運動等等學系，這些學生進入社會，意謂著產業結構可能因此改變（休閒產業增加)、員工管理可能因此改變、消費者習慣改變（休閒風的興起）等等，而這些都會影響組織人力資源的管理，所以人力資源規劃時就應該將這些因素考慮進來。

科技環境

科技一日千里，不但使產品不斷改良、產品生命週期日見縮短，也改變了工作方式，例如部分工時 (Part-time)、工作分享 (Job Sharing)、彈性工時 (Flextime) 與工作委外 (Outsourcing) 等等。其中，工作委外部分請見本書第一章說明，至於部分工時因為能夠讓組織在工作分配上更有彈性，也有助於減低員工的工作倦怠，所以越來越多組織採用，而工作分享則是指由數個部分工時的員工，同做一個全職員工的工作 (Full-time Job)。另一方面，有些組織也會採用彈性工時的政策，其中之一是要求員工在共同核心時間 (Core Time) 內，例如上午 10 點至下午 3 點，必須在工作崗位上，以方便跨部門業務處理或業務會議的召開等等；至於其他時間，則允許員工自行選擇一定範圍內上下班（例如上午 7 點至下午 7 點)。實證研究證明，這種彈性工時的優點多於缺點，其優點包括員工滿意度增加、生產力提高等等，缺點主要是組織需要更多的監督與管理。另外，把總工時壓縮成 4 天，每天 10 小時的 4–40 方案，也是彈性工時的一種，但較少企業採用。

不論是部分工時、工作分享或是彈性工時，組織都需要有良好的工作分析、工作調度與監督管理的能力才容易實施，而科技的發展，包括資料庫系統有助於工作分析資料的共享、決策資訊系統（Decision Support System，簡稱 DSS）、即時 (On-line) 的溝通系統（例如 ICQ）、視訊系統、企業內網路 (Intranet) 與網際網路 (Internet)，乃至於手機上網的功能等等，都有助於工作調度與組織監督管理。於是在科技進步之下，組織更容易發展出包括部分工作、工作分享、工作委外與彈性工時等等的工作方式，進而成為人力資源規劃應考量的一部分。

勞動市場分析

我國行政院主計處及勞委會等相關機構，都會定期發布國內勞動市場的供需資料，而目前在重大工程建設，特別是公共工程方面，建築工人嚴重供應不足，往往要透過勞委會引進外籍勞工，至於外籍勞工的管理，本章的「當代個案」有討論，而除了外勞管理之外，現今的勞動市場也呈現

以下數種現象:

1. **女性勞動人口微微升高**

如表 3–2 所示,十餘年來,臺灣女性勞動人口持續微微上升,從 1988 年 37.8%、1993 年 38.1%、1998 年 39.5%,至 2002 年的 40.9%。至於女性勞動人口增加的原因,有可能是因為女性意識抬頭(要有獨立養活自己的能力)、兩性的受教育機會漸趨均等,以及家庭結構的改變,包括家庭規模縮小,於是有越來越多的核心家庭,也就是僅有父母與小孩同住的二代家庭,由於仍然要贍養長輩,但長輩卻沒辦法在家中代為照顧小孩,所以更需要二份薪水以支家用。另外,離婚率上升造成單親家庭增加,也會造成女性就業的增加。

表 3–2 臺灣勞動力性別分析

年別	男		女		合計
	人數(千人)	%	人數(千人)	%	(千人)
1988 年	5,130	62.2	3,116	37.8	8,247
1993 年	5,497	61.9	3,377	38.1	8,874
1998 年	5,780	60.5	3,767	39.5	9,546
2002 年	5,896	59.1	4,074	40.9	9,969

資料來源:整理自行政院主計處編印,《中華民國 91 年臺灣地區人力資源調查統計年報》。

2. **勞動力逐漸有年齡老化的現象**

臺灣早期的人口出生率高,而後人口出生率逐漸降低,加上近年來晚婚、離婚、不婚的比率上升,遂造成勞動力年齡老化的現象。如表 3–2 所示,15～24 歲及 25～34 歲勞動人口比率從 1988 年的 19.2% 及 33.9% 一路逐漸下降,至 2002 年下降至 12.2% 及 29.4%。其主要原因可能因為升學率提高以及學校學習時間拉長(例如越來越多大學畢業生選擇考研究所)。至於 35～44 歲及 45～54 歲勞動人口比率,則有逐年攀升的趨勢,從 1988 年的 22.3% 及 14.4%,攀升至 2002 年的 29.8% 及 20.5%,此一現象顯示臺灣的勞動人口逐漸老化。然而,55 歲以上的勞動人口比率,又是逐漸下降,從 1988 年的 10.2% 下降至 2002 年的 8.2%,此現象可能是因為國民所得提高以及休閒文化的興起，使得勞工願意提早退休，當然也有可能是因為工作方式的改變，使得年長勞工不適應而選擇退休。

表 3-3　臺灣勞動力年齡結構

年　別	15～24 歲		25～34 歲		35～44 歲		45～54 歲		55 歲以上		合　計
	人數（千人）	%	人數（千人）	%	人數（千人）	%	人數（千人）	%	人數（千人）	%	人數（千人）
1988 年	1,583	19.2	2,797	33.9	1,841	22.3	1,185	14.4	841	10.2	8,247
1993 年	1,340	15.1	2,925	33.0	2,490	28.1	1,240	14.0	878	9.9	8,874
1998 年	1,259	13.2	2,925	30.6	2,858	29.9	1,629	17.1	876	9.2	9,546
2002 年	1,214	12.2	2,928	29.4	2,967	29.8	2,042	20.5	818	8.2	9,969

資料來源：整理自行政院主計處編印，《中華民國 91 年臺灣地區人力資源調查統計年報》。

3. **臺灣勞動力教育程度呈現上升趨勢**

如表 3-4 所示，臺灣勞動力教育程度，國中及以下者從 1988 年 57.0% 逐年下滑，至 2002 年的 33.6%，而高中（職）、專科、大學及以上者，從 1988 年的 28.2%、8.2%、6.6%，逐年攀升至 2002 年的 36.5%、16.6%、13.3%。

4. **臺灣勞動力依賴外勞與日俱增**

如表 3-5 所示，臺灣外勞人數與日俱增，從 1994 年的 151,989 人，至 2002 年的 303,684 人，與臺灣勞動力比較，外勞比值也逐漸增加，由 1994 年的 1.67%，增至 2002 年的 3.05%。

表 3-4　臺灣勞動力教育程度結構

年　別	國中及以下		高中（職）		專　科		大學及以上		合　計
	人數（千人）	%	人數（千人）	%	人數（千人）	%	人數（千人）	%	（千人）
1988 年	4,703	57.0	2,322	28.2	678	8.2	543	6.6	8,247
1993 年	4,302	48.5	2,877	32.4	976	11.0	719	8.1	8,874
1998 年	3,850	40.3	3,316	34.7	1,347	14.1	1,033	10.8	9,546
2002 年	3,351	33.6	3,639	36.5	1,657	16.6	1,322	13.3	9,969

資料來源：整理自行政院主計處編印，《中華民國 91 年臺灣地區人力資源調查統計年報》。

表 3–5　外勞與臺灣勞動力比率

年　度	外勞人數 (A)	臺灣勞動力 (B)	比率 =(A)/(B)
1994 年	151,989 人	9,081 千人	1.67%
1998 年	270,620 人	9,546 千人	2.83%
2002 年	303,684 人	9,969 千人	3.05%

資料來源：整理自行政院主計處編印，《中華民國 91 年臺灣地區人力資源調查統計年報》。

第三節　人力需求分析

內外部環境分析之後，就要開始進行未來人力需求的預估，包括所需人力的數量與種類，以及需要的技能水平與需要的地點等等❸，而在預測人力需求之前，組織通常需要先透過以前的銷售經驗，來衡量產品或服務未來的市場需求，並據以擬定生產計畫，再來預測組織所需要的人力。其他要注意的部分，也包括預計的人員的流動率高低（由於辭職或解僱的緣故）、對員工素質的要求如何、產品或服務品質是否需要改善、是否將進入新市場的決策、以及財務預算與組織其他可運用的資源有多少等等，都是組織在預測人力需求時，需要考慮的因素。

至於實際預測人力需求的方法與工具有很多，但無論使用何種工具，預測結果只能視為近似需求，而非絕對需求。其中，預測方法大致上可以分為判斷預測 (Judgmental Prediction) 與數學預測 (Mathematical Prediction)❹。傳統上，判斷預測較為常用，因為執行上較簡單，但隨著電腦科技的發達與日趨簡便，數學預測也愈來愈普遍，以下就針對這二種方式加以說明。

判斷預測

判斷預測主要包括主管評估 (Managerial Estimates)、德菲法 (Delphi Technique) 與名目團體法 (Nominal Group Technique)。其中，主管評估是指

❸ Mondy, R. W., Noe, R. M. & Premeaux, S. R. (2002), *Human Resource Management* (8th Ed.), N. J.: Prentice-Hall.

❹ 吳美連、林俊毅 (2002)，《人力資源管理：理論與實務》（三版），臺北：智勝。

由主管根據其判斷，進行未來人力質與量的需求預測，又可以分成由上往下估計法 (Top-down Estimation) 與由下往上估計法 (Bottom-up Estimation)❺。所謂由上往下估計法是指組織先估計出整體的人力需求，再依次往下展開，決定各單位的人力需求；至於由下往上估計法，則是透過相反方向進行，先由基層管理者估計出個別單位的人力需求，再循序而上，累加至高階管理者對整體人力需求的估計。

至於德菲法，則是群體決策技術的一種❻，其主要步驟包括：①選擇相關專家；②將想要討論的議題列出（例如所需要人力的質與量）；③將列出的議題，以不具名方式，請專家們在不必齊聚一堂開會的情況下（例如透過郵寄、傳真或是電子郵件），獨自發表意見，此時通常允許專家們進行開放式的意見表達；④將專家意見回收後予以整理，彙整結果並再寄交給各專家們參考；⑤請專家們針對彙整內容，再一次發表意見，此時可能引發新的看法或是不同的意見與選擇；⑥重複第④與第⑤步驟，直到大家的看法趨於一致，或是沒有新意見產生為止。

若將德菲法用在人力需求評估上，組織往往會先成立一個專門委員會（通常由各部門主管、人力資源主管或專家組成），將問題（也就是未來所需要的人力）寄給專家們發表意見，並於意見回收後，加以整理再反覆寄出，請專家們參考大家意見並決定是否要修正意見或是進行書面辯論，如此反覆直至意見趨於一致或沒有新意見產生為止。

除了德菲法，名目團體法也是群體決策方法的一種❼，若用在人力需求評估上，可以由多位能夠決定或討論人力需求的主管專家們（通常不宜超過 10 位），於開會前先熟讀各項相關資料，然後齊聚一堂，針對未來的人力需求，每個人匿名提出具體建議，並由主持人將建議宣讀，但此時並不相互討論，直到全部意見提完之後，休息 10 分鐘再進行約 30 分鐘的互

❺ 傅和彥 (1997)，《生產計畫與管制》（再版），臺北：前程企管。

❻ Dalkey, N. (1969), *The Delphi Method: An Experimental Study of Group Decisions*, CA: Rand Corporation.

❼ Greenberg, J. (2002), *Managing Behavior in Organizations* (3rd Ed.), N.J.: Prentice-Hall.

相討論與質疑（必要時可延長討論時間），最後針對各建議進行匿名表決，並將得票最高的三個建議，提報主管參考。由於此方法在一定時間內會有決議，而為了避免此一決議過於草率，所以在名目團體法實施之前，許多組織會先進行其他方法以瞭解各專家的可能意見，例如先進行主管評估或是德菲法等等，然後再將這些意見會同各種相關資料，於會前一週之內就交給與會人員參考，以便有效率的進行會議，並產生具體有益的結果。

數學預測

數學預測主要是以統計與模型建立的方法，進行人力需求的分析及預測，表 3–6 詳列了幾種組織常用的數學預測方法，並分別說明如下。

首先要說明的是比率分析法，這種方法通常需要依據以下二種數值的比率來進行預測：①生產力或工作量（例如客戶來電請求協助）、②完成該生產力的所需員工人數（例如客服人員數目）。然後再根據此一比率，透過對未來生產力或工作量的預估，換算出人力需求。例如，假定有一家公司，平均每個月有 1,500 通電話請求客服人員解決問題，此時需要 30 名客服人員，於是客服人員與客戶每月來電次數的比率為 1/50，明年公司預計客戶會成長 1 倍，但因為公司將採用資訊化 Call Center，所以每月僅會增加客服電話 500 通，則下一年約需 (1500+500)/50=40 位的客服人員（而非隨客戶數目成長一倍）。

其次提到的是模擬，也就是將對人力需求有影響的種種因素，建立成一些公式或方程組，鍵入電腦之後，計算當某些因素改變之後的人力需求。

表 3–6 常用的人力需求數量預測方法

預測方法	說　明
比率分析法 (Ratio Analysis)	以歷史資料檢視以往各單位達到生產力時，所需要的人數，計算其人數與生產力的比率，然後預估未來要求的生產力，乘以比率，算出未來的人力需求
模擬 (Simulation)	將人力需求的影響或考慮因素，建立成一些公式或方程組，鍵入電腦，計算當某些因素改變之後的人力需求
趨勢分析 (Trend Analysis)	根據過去的人力水準與時間之關係，預估未來的人力需求，可以較不精準地透過散布圖隨手畫法，也可以透過半平均法，或是更精準地以電腦進行迴歸預測

透過此種方式來預測真實世界可能發生的狀況，管理者可以詢問各種「若是……又怎麼樣?」的問題，例如：如果增加一條生產線，但每條生產線減少 10% 的生產量時，會有什麼樣的情形發生？如果增加客服項目，會增加多少人力？同時將某些項目自動化後，又會造成人力需求怎麼樣的變化呢？此一方法不但可以預測人力需求，更有助於人力資源管理者假想各種問題或情況，而有助於相關決策的擬定（例如薪資或是工作設計等等的決策）。

至於趨勢分析，乃是藉由組織過去多年來所使用的人力資源時間數列數據 (Time Series Data) 的變動，以及根據過去的人力水準與時間之關係，求得人力資源需求的長期趨勢，進而預測未來某一時點的人力資源需求，而此方法又可以略分為三種。

1. **隨手畫法** (Free-hand Method)

   先將過去各時點的實際人力需求描繪於圖形上，形成所謂的散布圖 (Scatter Diagram)，然後信手在散布圖上畫一條線，來代表散布圖上各點的走勢，再根據未來某一時點在線上的座標，以判斷未來的人力需求。例如圖 3–3 的範例，透過第一到第七年的實際人力需求之散布圖，隨手一畫之後，可以粗略預估出第八年的人力需求（圖中的圈圈）。

2. **半平均法** (Semi-average Method)

   將過去各年的實際人力需求，依其先後順序分成二組，分別計算其平均數，然後以聯立方程式的方式求得其趨勢線公式，再將要預測人力的時間代入，求得預測的人力需求。例如，若 A 公司過去六年的實際人力需求為 220、212、192、206、214、222，計算其 1～3 年的實際人力需求平均數 (220+212+192)/3=208，以及 4～6 年的實際人力需求平均數 (206+214+222)/3=214，分別代入人力需求趨勢線方程式 Y=aX+b 的 Y，並以 1～3 年及 4～6 年的中間年，也就是 2 與 5 為 X 代入，得到方程組：208=2a+b、214=5a+b，然後解聯立方程組得到 a=2、b=204，所以人力需求趨勢線為 Y（人力需求）=2X（年）+204，並可依此預測第 7 年的員工人數，將 X=7 代入，求得 Y=218 人。

3. **迴歸分析**

   綜合過去工作量的指標，例如生產量、銷售量、銷售區域、機器數量、生產力等等，以這些為 X_1 至 X_n，並找出其與人力資源需求 (Y) 的統計關係，將顯著關係的指標挑出，建立迴歸模型，以預估未來的人力需求。

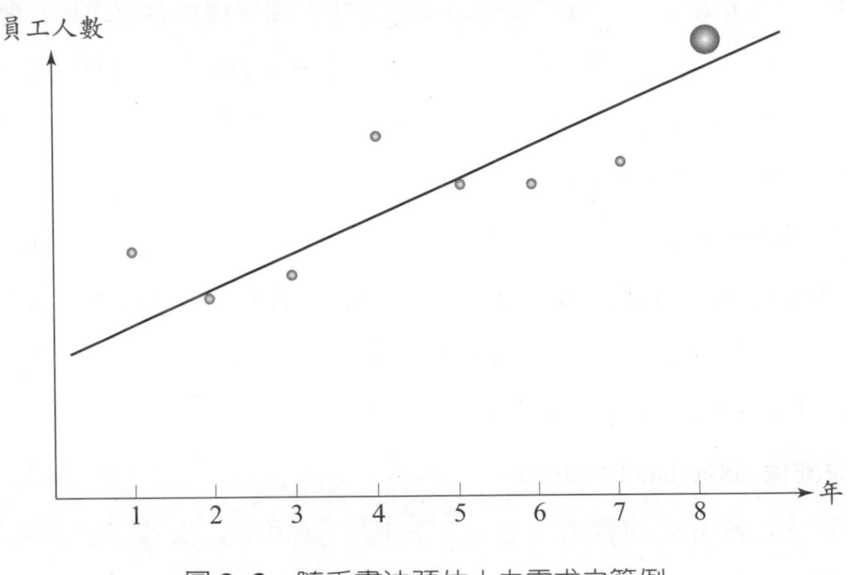

圖 3–3　隨手畫法預估人力需求之範例

第四節　人力供給分析方法

組織的人力供給來源包括外部及內部來源，其中外部來源分析，主要可以透過第二節所提到的環境分析，包括對一般經濟環境、當地產品與勞動市場等等進行分析。例如，針對產業間的變化，像是光電科技產業興起，造成傳統製造業失去光芒等等，分析企業所在產業未來可能的失業率狀況，因為若失業率愈低，則招募人才往往愈加困難，而失業率過高，也意謂著經濟不景氣的來臨與消費支出減少的可能，這些都會影響企業策略與其人力資源管理。

至於在外部資料的收集方面，許多坊間出版的經濟預測資訊都可以參考，例如《商業週刊》、《天下雜誌》等等，多半會在年底進行下一年度的經濟預測，而許多銀行或外商證券公司，也會定期出版一些經濟分析與預測報導。

除了外部來源之外，組織也可以透過員工內部流動，也就是員工轉任組織內的其他職務，而形成內部人力資源供給。雖然採用內部人力供給有其優點，特別是當員工瞭解到，只要有才幹便可獲得肯定而被拔擢至某一職位時，往往可提升員工的工作士氣與組織承諾。其次，由於員工在組織中已經工作了一段時間，所以比較容易對組織目標有較高的使命與認同感，也比較不可能離職，有助於組織從長期人力資源的觀點來思考決策。當然，由於組織對內部員工的技能、態度與知識都較能夠掌握，比較容易做到適才適用，提高員工績效，也減少員工就任新職前的訓練成本。

然而，內部人力供給也有一些困擾，首先是許多經理人常在心中早已有了理想人選，而不會將懸缺的工作公告出來，提供大家申請，但若所用之人，資格受到質疑時，往往會造成內部彼此衝突、破壞合作、消極因應等等的困擾。其次，即使有將工作公告，而對於一些提出申請但未獲得該職位的員工來講，他們仍然可能心生不滿，所以組織要妥善告知那些未獲錄用的員工，他們為何會被拒絕，以及未來可採取哪些行動來改進。最後，內部人力供給最大的問題，可能在於會使得組織缺乏創意，因為當這些人習慣了組織既有的環境與規則之後，當組織需要創新與改變時，他們反而可能傾向於維持現狀。所以，如何在工作士氣、忠誠、穩定績效的優點中，平衡員工的衝突或是缺乏創意，成為組織決定是否採用內部人力供給的考量之一。至於常用的內部人力供給分析工具，包括了人力資源存量分析以及承續規劃，而某些組織也會透過工作告示進行內部選才。

人力資源存量分析

許多組織會透過內部人力資源調查，將不同職位、工作或技能的員工，分類登錄至人力資源存量 (Human Resource Inventory) 中，也就是常見的人事資料卡，其中包含的員工資料，有時候會涵蓋超過一百種以上，表 3–7 即列舉了一些常被組織登錄的員工資料。現今，由於電腦的發達與方便，許多組織已經將這些資料透過資料庫形式儲存於電腦中，提供組織隨時調閱分析，以瞭解組織人力是否符合未來需求。此外，透過人力資源存量的分析，組織也比較能夠正確快速地評估人員技能與專長，作為人員升遷或調薪決策的參考，甚至可以作為組織未來發展的依據，例如廣告公司是否要接下案子或是協談計畫，首先就要考慮公司內可用且夠格的人力有多少。

表 3–7 人力資源存量資料庫通常儲存的員工資料

資料項目	內 容
個人基本資料	姓名、身分證號碼、住址、體重、血型、兵役、年齡、性別、婚姻狀況、籍貫、宗教……
現階段之公司資料	部門、職位、聘僱日期、年資（不同部門職位）、薪資、福利、病假資料、退休……
個人技能與知識資訊	基本：教育程度…… 專屬：產業經驗、產品知識、績效記錄…… 訓練：受訓經驗、外語能力、執照或持有的證書…… 其他：健康情形、心理或其他測驗分數、其他專長……
特別資訊	參加專業學會或社團、是否曾接受過表揚或獎狀……
個人偏好或態度	嗜好、生涯意願……
其 他	強點與弱點的評估、工作地理位置的偏好、外調的限制、晉升的可能性……

不過，此種以人力資源存量資料庫進行分析的方法也有一些缺點，例如其中所登錄的技能，如果是以「所接受的課程」來表達的話，則只能顯示員工受了哪些訓練，而無法顯示他真正的能力，所以有些公司的資料庫，會明確列舉員工具備了何種技能，例如「能操作視窗排版軟體 MS Word/98」，甚至將技能再分級，包括技能水準 1（可以指導別人）、水準 2（可獨立作業並協助他人）、水準 3（些微指導後便可執行工作）、以及水準 4（沒有或是很少經驗）等等。

人力資源存量分析的另一個問題是隱私權問題，也就是如何在有效取得與分析員工資料時，也能對其資料予以適當的保護，而這並不是很容易，因為許多組織都會儲存大量的員工資料（包括不同時期，甚至離職員工的資料），加上電腦的使用日益普及，使得更多人有機會去接觸這些資料（包括透過電腦駭客，在未經允許下截取私人資料）。其中，組織常見的保護作法是針對使用者，根據其姓名、職級或職能識別等等方法來設定權限，例如負責輸入員工資料的人，只被允許將資料逐條寫入資料庫但不得查詢，會計人員只被授權可取得有限範圍的員工資料，包括員工地址、電話號碼、退休金位階等等，單位主管則可查詢該單位人員的相關資料，人資主管有權讀取與寫入資料庫中的人事資料。

承續規劃

有些組織會對重要職位作遞補的事先規劃，稱為承續規劃 (Succession Planning)，也就是確定組織的重要職位出空缺時，包括非預期性的死亡、辭職、期滿或退休等等，隨時都有合於資格的人可以擔任。通常承續規劃應該注意以下幾點：①針對潛在繼任者適當的績效評估，包括其目前績效與潛能（未來可能績效）；②運用組織置換圖 (Organization Replacement Chart)，以瞭解重要職位潛在繼任者的供給情形，而這可以幫助決策人員制定晉升決策，也可以讓員工對自己在組織中的生涯發展管道有比較清楚的瞭解，例如圖 3 4 就是一個組織置換圖的簡單範例；③進行生涯諮商，以考慮潛在繼任者的個人生涯規劃，以及與組織需要的配合程度；④安排潛在繼任者適當的訓練；⑤因為承續規劃必須追蹤相當大量且複雜的資訊，所以最好能夠予以電腦化處理。

工作告示

本節前面提到，某些組織會透過工作告示進行內部選才，所謂工作告示 (Job Posting)，指的是組織將出缺職位昭示於內部員工（通常張貼在公告欄上），並列出相關說明，包括該工作所屬的部門、職位、直屬主管、薪資、工作內容、工作者應具備的能力或特質、以及申請程序等等資料（如圖 3–5 範例所示）。有些工會在與組織協商的過程中，會以契約要求組織必須進行工作告示，以確保工會成員對工作有優先選擇的機會。即使在無工會組織的公司中，工作告示也是一種頗佳的作法，因為它可用來選擇、調任與晉升符合資格的內部員工，但此方法通常不適用於管理階層的職位，因為許多組織傾向由管理當局自己來遴選接班人，而非透過公開申請與競爭的方式。

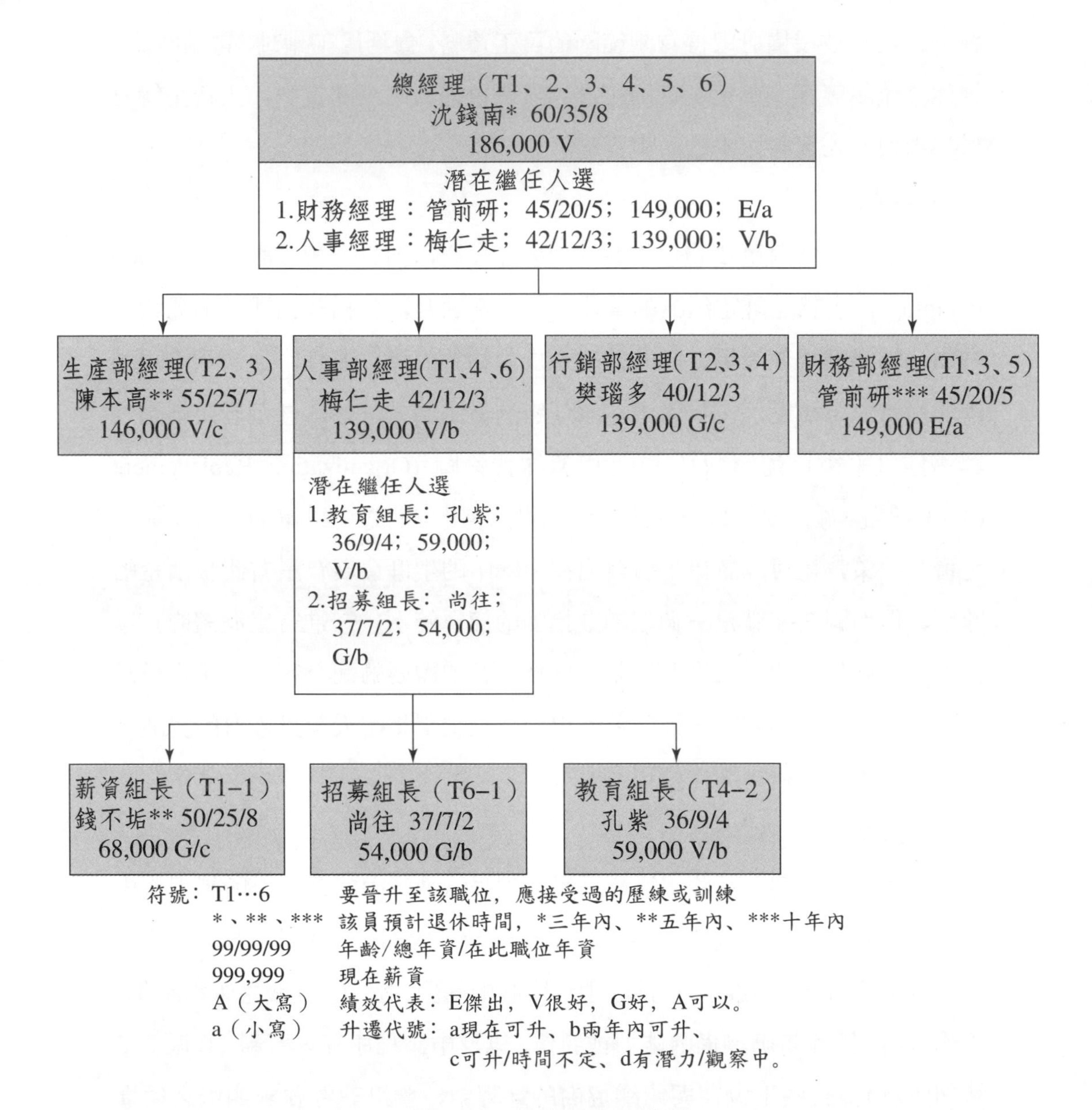

圖 3–4　組織置換圖範例

第五節　發展執行方案

組織將前面所進行的人力需求分析結果，與其人力供給的分析結果兩相比較之後，就可以得到組織的人力淨需求，並據以發展出後續的執行方案，以達到人力供需平衡的目標。若人力淨需求短缺時，意謂著組織將面

告示日期：__________ 文號：__________
截止日期：__________

於______部門有一______空缺，徵求全職人員。此職務僅對內公告

薪資：至少 $______、中等 $______、最佳 $______
或是 月薪制：$______

職責，見工作說明書附文
所需技能
必須有如下所有技能：
1. 在過去職務內績效良好，包括：
   - 能完整而正確地完成工作
   - 準時完成所交付的職責
   - 能與人建立良好工作關係
   - 能作有效地溝通
   - 具可信度並積極參與
   - 良好組織能力
   - 解決問題的積極態度與方法
   - 正面工作態度：熱心，自信，積極，樂於助人，忠誠
2. 特殊技能：（這些技能使申請人更具競爭力）

員工申請程序如下：
1. 在 3:00PM 之前向______分機電話申請，電話號碼______
2. 當天將完整的工作申請表交到______
3. 依上述的條件公司先行過濾符合人選，在______以前做決定

圖 3–5　工作告示格式範例

臨人力斷層，也就是組織在某一職位上的新舊員工，其職能（Competence，大致上可以定義為工作上所需要的關鍵能力，而此能力主要來自於工作者的動機與特質、自我形象與社會角色、以及工作者的技能❽）上的無法接續（不論是質或量）。此時，組織可以透過招募、選用以及訓練等等方法來提高人力的適當供給，必要時也可以考慮採用創意招募，也就是在傳統勞動市場以外的市場找人，例如與長青學院合作，也就是透過高齡勞動者市場來找人，或是組織可以透過改變遴選標準、改善薪資以激勵吸引員工等等方法，補足人力供給。

❽ Boyatzis, R. E. (1982), *The Competent Manager: A Model for Effective Performance*, N.Y.: John Wiley & Sons. Inc.

相對地，若組織發生人力剩餘的可能時，也就是組織並不需要現有的那麼多人力，若時間非考量因素，自然淘汰是一個較好的方法，否則組織也可以透過限制僱用（例如遇缺不補）、減少工時（例如強迫每月六天的無給休假）、鼓勵提早退休與自願離職、裁員、解聘等等方式，來達成組織的供需均衡。然而，組織在做這些決定時，必須考慮到員工的反彈與其他反應，而應有一些相關的輔導制度與作業，例如先進行工作調整，在不改變供給的情況下，增加大家的生產力，包括業績達成率，於是業績成長，人力需求就增加了，若是員工不願或不能夠配合組織調整，則再尋求解聘或裁員等等方法。

當然，人力資源規劃是組織策略的一部分，所以如何填補（或減少）這些職位人員的決策，亦需與組織整體的人力資源策略其他層面整合在一起，包括各種人資活動，例如招募、績效評估、訓練發展等等。

第六節　人力資源規劃的重要議題與趨勢

現代的人力資源規劃者，已經逐漸將員工的職涯規劃 (Career Planning) 融入在人力資源規劃中，彼此相輔相成，主要進行的活動包括以下幾點：

1. 生涯諮商。一方面評估員工的興趣與能力，一方面協助其職涯規劃，使員工瞭解職涯規劃的重要性以及如何做好長期職涯規劃，並進而協助其透過達成工作目標，除了符合組織期許之外，也能逐步邁向其長期職涯規劃的完成。
2. 協助員工及組織，將個人的職涯與組織目標融合在一起，使組織認同個人的努力與發展，個人願意為組織殫精竭智，付出心力。
3. 傳達員工職涯選擇的機會。組織可以利用手冊、公告欄、內部刊物、內部 E-mail、教育訓練或研討會、以及同仁之間的口耳相傳，將組織中的職缺與職涯管道，有效地傳達給員工們知道。
4. 進行員工再教育，使員工透過工作中的學習，建立擁有成功職涯的能力。
5. 工作輪調也可以多方面地增進員工工作經驗，進而促進員工職涯規劃與發展。

組織在協助員工進行職涯規劃時，除了以上的方法之外，還有幾個重點需要注意，第一是員工職涯的發展階段以及每一階段的問題、第二是員工職涯選擇的依據、第三是員工職涯與家庭生活的問題。

員工職涯的發展階段

大多數人的職涯發展有三個階段，如圖 3–6 所示，而各階段也有不同的重點或問題。其中，在 20～30 歲左右，是人的早期職涯階段 (Early Career)，此時比較重要的是個人如何發展出其職涯規劃，以及選擇職涯的原因，也就是建立其職涯之錨 (Career Anchors)。所謂職涯之錨是指個人根據其自我體驗或學習而得到的自我知覺 (Self-perception)，依此知覺而建立用以判斷從事何種工作較適合的準則，包括是否要從事專業或功能清楚的工作（有些人就是要走行銷或是當律師）、是否要走向管理職（有些人基本上排斥當管理者）、是否要穩定（有些人就是覺得公務員是一份好工作）、是否要有創業機會（有些人偏好到小型公司「挖寶」，主要是想創業）、是否要有自主性（有些人選擇自由業，就是因為自由業很「自由」）等等❾。

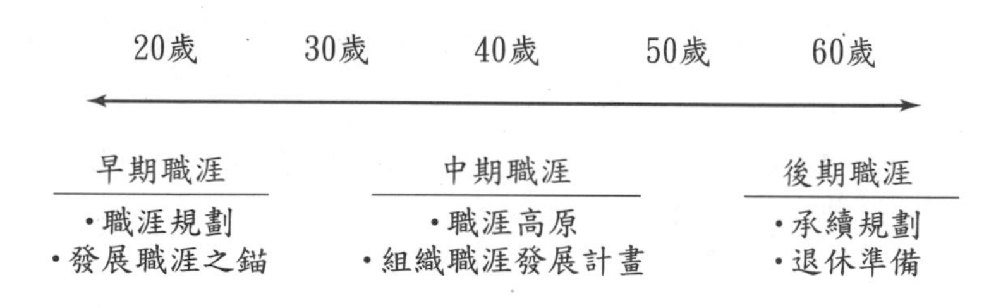

圖 3–6 職涯發展階段圖

早期職涯之後，一般人將步入中期職涯 (Middle Career)，此時通常已經是某組織中的一員，而隨著工作年資的遞增、經驗的累積，員工卻開始感受到職涯高原 (Career Plateau) 的現象，也就是員工的工作表現將不易再大幅成長。此時，員工將有工作上的倦怠感，而組織有必要與員工配合，進行職涯發展計畫 (Career Development Programs)，包括對員工再教育、培養

❾ Greenberg, J. (2002), *Managing Behavior in Organizations* (3rd Ed.), N. J.: Prentice-Hall.

第二專長、工作輪調以增加工作樂趣等等。

接著，當員工漸漸到達 50～60 歲，即將面臨退休，則屬於後期職涯 (Late Career) 的階段。此時，組織要開始安排員工的承續，將已經擬好的承續規劃 (Succession Planning) 付之實現，同時妥善協助員工，安排其退休後的生活。

員工職涯的選擇依據

個人的職涯選擇，除了前面提到的職涯之錨之外，通常也會考慮到個人對工作的適職性 (Person-job Fit)。所謂工作適職性，是指一個人的態度或價值觀，究竟適合何種工作，通常是採用 Spranger 對價值觀的分類，包括：理論型、經濟型、藝術型、社會型、政治型（或有人稱實際型）和宗教型（或有人稱傳統型）⑩，透過價值觀的分類，組織可以進一步建議員工對工作的選擇，或是據以安置員工的工作，例如一般社會型的人，大致會選擇與公共關係、人際關係、社會公開活動有關的職涯工作等等。表 3–8 所列示的即為各種不同價值觀，其所適合的工作。

表 3–8　不同價值觀適合的工作類型

實際型	理論型	藝術型	社會型	經濟型	傳統型
公務員	實驗人員	室內設計師	播音員	開發設計人員	出納員
工程師	生產技術師	廣告設計師	汽車銷售員	推銷員	會計員
設計師	工程師	美術教師	公關人員	採購人員	銀行員
公司職員	研發人員	藝術家	牧師	採購代理人	簿記員
技術人員	產品開發員	音樂教師	學校管理員	壽險代理人	徵信調查員
中學教師	研究調查員	音樂家	體育教師	房地產經紀人	國文教師
小學教師	大學教授	攝影師	娛樂界主持人	商店經理	數學教師
秘書		牧師	社會工作者	零售員	總機小姐
助理員		公關人員			行政人員
		採訪記者			

雖然就理論上而言，每種價值觀都有其最適合的工作類型，但一般而言，大多數工作都可以適合於某一價值觀或類似價值觀的工作者。圖 3–7

⑩ 引自沈介文、劉仲矩、徐純慧 (1997)，〈以 Q 方法探討組織成員價值觀類型之研究——臺灣資訊中小企業之個案分析〉，《企業管理學報》，第四十期，頁 29–48。

中，每種價值觀類型的左右，都是其相似型，對面都是其極端相異型，所以如果一個人所欲選擇的工作在其價值觀相鄰的部分，則較容易適應。反之，如果其選擇的工作，與其價值觀類型極端相異，則可能有適應上的困難。

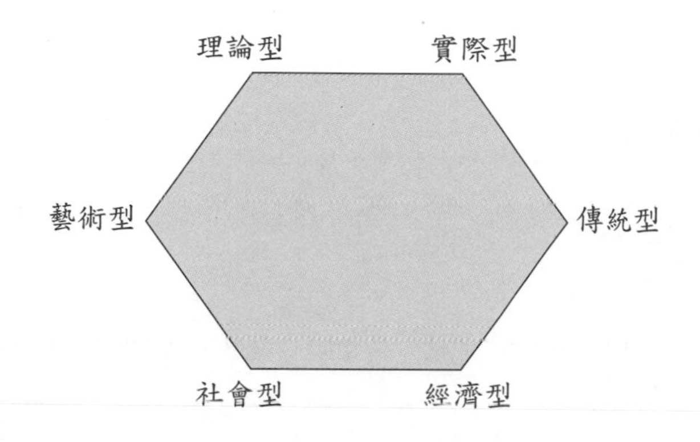

圖 3–7　價值觀類型相鄰圖

員工職涯與家庭生活的問題

現代社會雙薪家庭 (Dual Career) 的現象相當普遍，使得員工常在工作與家庭之間奔波，而承擔所謂的角色雜耍 (Role Juggling)，也就是扮演完一個角色（例如公司經理），要趕著再去扮演另一個角色（例如家庭煮夫），於是員工在疲於奔命之中，壓力就不知不覺的產生了，而造成身心健康的傷害，甚至於行為的異常或不當⑪。此一現象特別是在職涯中期的員工身上會發生，而組織基於讓員工無後顧之憂、留住甚至吸引優秀的員工等等理由，往往需要有一些適當的措施，也就是所謂的家庭反應計畫 (Family-responsive Programs)⑫。例如，有些組織會採行媽媽軌跡途徑 (Mammy Track Path)⑬，也就是為了使女性員工在生兒育女期間，能兼顧家庭與工作，而設計的部分工時制或留職停薪。在媽媽軌跡途徑下，有助於組織留住有能力的婦女，使這些婦女不因生兒育女而離職，喪失其職涯的發展機

---

⑪ Hammonds, K. H. & Palmer, A. T. (1998, September 21), "The Daddy Trap," *Business Week*, pp. 56–58, 62, 64.

⑫ Greenberg, J. (2002), *Managing Behavior in Organizations* (3rd Ed.), N.J.: Prentice-Hall.

⑬ 引自李正綱、黃金印 (2001)，《人力資源管理：新世紀觀點》，臺北：前程企管。

會。此外，也有組織提供育嬰照護的空間或設備，以及採行家庭暫離方案(Family Leave Programs)，也就是允許員工基於家庭因素（例如接送小孩）的短時間請假，並同意以其他方式補齊上班時間，例如在公司加班或是在家上班等等。

僱用回流員工

資料來源：摘譯自 Dessler, G. (2000), *Human Resource Management* (8th Ed.), N.J.: Prentice-Hall.

直到目前為止，僱用組織中已離職的前任員工之情況並不常見，特別是僱用那些為了「更美好前景」（簡單來說就是見利思遷）而自願離職的員工。因為這類員工的離職行為，通常會被大家視為是一種背叛行為，而這些離職者，再度被僱用時，也可能有忠誠度不夠與破壞工作士氣等等問題。

然而，時至今日，一方面拜高科技工作的高流動率所賜，另一方面則因為過去數年來（民國 90 年以前）的經濟景氣與低失業率，使得聘僱回流員工，似乎形成一種風潮，例如 AT&T 公司目前固定僱用回流員工，在 1996 年已重新聘回一百三十多位先前離職的員工。

當然，聘用回流員工有其優缺點，在優點方面是：回流員工通常已經與現職員工互相認識，也比較熟悉公司文化、風格及做事方式；缺點則是：原先自願離職的回流員工，比較可能會有不好的工作態度（例如仍然見利思遷等等），而且重新僱用這些員工，若是給予較高的職位，則可能讓現職員工誤以為，只要離開公司一陣子，就有可能爬上更高的位置。所以對於採取僱用回流員工人力政策的組織而言，就需要有一些預防措施來減少負面效果，包括回流員工回到工作崗位後，需要經過一段時間的觀察，才會將他們之前累積的年資併入計算，並據以考核其服務績效；此外，組織也可以先打聽一下，他們離職期間的作為與返回公司的觀感，誠如某位經理人所言：「你總不希望聘用一位自認為受委屈的員工。」

問　題

1. 勞動市場供過於求，或是求過於供，何時比較適合採取回流員工的僱用政策？
2. 組織該如何篩選回流員工？

人員流動率

人員流動率是指某企業或某單位，在某期間從該企業或該單位流出的人員比率而言，通常是以一年為期。至於流出的人員比率是指流出的人數與在職人數的比值，而由於在職人數每天都在變動，故以平均在職人數代替，平均在職人數又可用（期初在職人數＋期末在職人數）/2 來代替。於是，人員流動率的計算公式如下：

$$人員流動率 = \frac{一年流出的人數}{\frac{1}{2}(期初在職人數 + 期末在職人數)}$$

舉例來說，若 A 公司去年年初員工 160 人，年終員工人數 200 人（包含新增聘或調任進來的員工），已知去年共有 90 人流出（離職、辭職、外調……），則該企業去年之人員流動率可計算如下：

$$人員流動率 = \frac{90}{\frac{1}{2}(160 + 200)} = 50\%$$

青年創業日增的原因

資料來源：摘譯自 Rosenberg, H. (1999, March 1), "This Generation is All Business," *Business Week*, pp. 4, 6, 8.

根據報告指出，隨著企業與科技的發展趨勢，創業 (Entrepreneurship)

對於現代的年輕人來講，已經是一個相當流行而且可能的工作選項，原因如下：

1. 年輕人對於科技的瞭解度，比他們的前輩來的更多也更豐富。事實上，今天許多創業者都集中在科技領域，而他們的生活根本就是與電腦為伍，沒有電腦不行。
2. 網際網路 (Internet) 的風行，使得創業變得更容易了。因為創業者能夠更快速的進入新市場，而且可以更便宜地進行一些必要的複雜研究。
3. 許多大型組織正在進行瘦身計畫 (Downsizing)，於是在大組織中工作的安全感漸漸減少，使得許多人不太願意再到大型組織中工作，因為循序漸進地依著組織階層往上晉升已經越來越有風險了。
4. 委外 (Outsourcing) 的流行，使得許多大型組織開始將一些業務委外進行，而委外的原因不外乎是因為較便宜、較有彈性，小型組織（創業者的典型組織）往往比較具有這方面的特色，所以也就比較能夠爭取到受委託的生意，而比以前更有生存與發展的空間。
5. 許多學校或坊間的訓練機構，有越來越多的創業訓練課程，例如中小企業處與大專院校合作的創新育成中心計畫等等，使得想要創業的年輕人，有管道學得相關知識，也使得學得相關知識的人，被激發了創業的想法。
6. 近一、二十年來，一些創業成功而帶來豐富利潤的組織，例如微軟 (Microsoft)、宏碁、台積電等等，吸引了許多創投公司 (Venture Capitalists) 的注意，而越來越願意對有潛力的創業者進行財務投資。

問　題

創業越來越流行，但也有報告指出，60% 的創業者在二年之內會面臨失敗，主要是資金或信用的問題，以及景氣變化等等[14]。如此，你還是想創業嗎？

---

[14] Barker, R. (1999, March 29), "Lessons from A Survivor," *Business Week*, pp. 18–20.

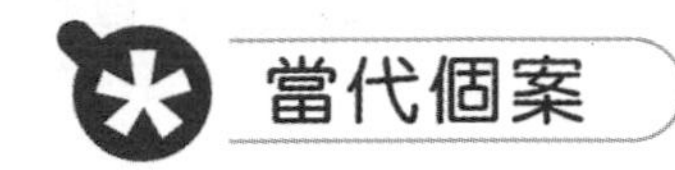

外籍勞工管理及運用

資料來源：節錄整理自勞委會(2002)，《(民國) 90 年外籍勞工運用及管理調查》。

勞委會於民國 90 年 8 月間，辦理「外籍勞工運用及管理調查」，以僱用外籍勞工之製造業及營造業者為調查對象，計回收有效樣本 4,032 家，其調查結果摘要如下：

1. **外籍勞工薪資**

   製造業及營造業外籍勞工平均薪資為 19,502 元，製造業 19,496 元，營造業 19,743 元，分別較上年同期減少 1,587 元 (7.5%) 與 629 元 (3.1%)。主要可能因為景氣不佳，加班費減少所致。但若與本國基層勞工（指在同一事業單位年資未滿二年者）之 21,521 元、26,290 元比較，分別為本國勞工之 90.59% 及 75.1%，外籍勞工與本國勞工的薪資差距明顯存在。

2. **外籍勞工工時**

   製造業及營造業外籍勞工平均工時為 225.0 小時，製造業 224.8 小時，營造業 233.9 小時，分別較上年同期減少 26.3 小時及 6.5 小時；但與本國受僱員工之平均工時 196.0 小時、186.7 小時相較，則平均每人每月仍多出 28.8 小時及 47.2 小時，顯示外籍勞工的工時明顯高於本國勞工。

3. **外籍勞工工作表現**

   事業單位對於外籍勞工工作綜合表現之滿意度為 75.5，其各項工作表現之滿意度如下：「勞資關係上的表現」為 82.2、「與本國勞工合作關係」為 78.5、「勤勞程度」為 75.0、「工作效率」為 68.7 及「衛生習慣」為 60.3。顯示事業單位對於外籍勞工在勞資關係上的表現尚稱滿意，而對於衛生習慣與工作效率上較不滿意。

4. **外籍勞工之管理**

   營造業因為引進的外勞管理較為集中，對各項生活輔導措施（如建立外勞申訴管道、工作 / 休閒輔導、設立文康中心等）較易安排，採行比率為 75.9%，較製造業之 69.2%，高出 6.7 個百分點。至於管理上的困擾，主要源自於語言及文化上的差異，依序為「語言隔閡，溝通不容易」(72.6%)、「衛生習慣不佳」(41.7%)、「生活習慣不同」(37.1%)。

5. **事業單位人力不足之因應措施**

面臨人力不足，製造業有因應措施之比率 92.0%，較營造業之 94.4% 為低，製造業所採因應措施，主要是以加班 (55.2%) 及增加本勞僱用 (42.2%)來因應，其次為業務委外 (27.5%) 以及自動化生產 (26.2%)。至於營造業，因為業務性質不同，則是首先考慮以增加加班時數因應 (56.8%)，其次為業務委外 (55.2%) 以及增加僱用本勞 (52.2%)。

討論題綱

1. 你認為何種行業比較可以聘用外勞？服務業適合嗎？
2. 你認為「外勞」跟「外派人員」(Expatriate) 有何不同？

第四章　工作分析

第一節　何謂工作分析

工作分析的基本概念

工作分析 (Job Analysis) 是組織採用一連串系統化的方法與工具，來決定組織中各種工作實際所需要執行的內容，包括工作的任務、義務、職務與責任等等，以及工作者所需要的知識、技術、與能力等等，故其重點在於分析工作而非分析人，是人力資源管理重要且普遍的一種技巧。至於工作分析的結果，通常會以工作規範 (Job Specification) 或是工作說明書 (Job Description) 來展現，有時合而為一，有時會分開來呈現。這些資料除了可以成為其他人力資源管理活動的參考基礎之外，也可用以進行工作設計或是工作再設計（如圖 4–1 所示）。通常，工作分析會在以下三種情形下被執行：①組織在剛成立，需要界定清楚各種工作內容時；②當組織有新工作產生時；③當組織的工作明顯因為新科技、新方法或是新的程序而發生改變時❶。

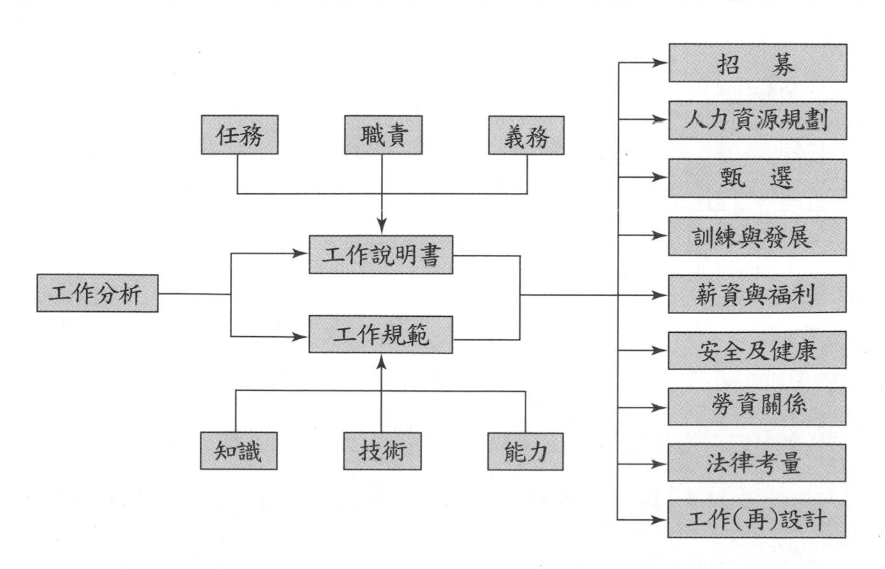

資料來源：摘譯自 Mondy, R. W., Noe, R. M. & Premeaux, S. R. (2002), *Human Resource Management* (8th Ed.), N. J.: Prentice-Hall.

圖 4–1　工作分析的產出與運用概念圖

傳統的工作分析，往往需要先將工作分解到足供分析的最小單位，其中最基本的單位就是「微動作」(Micromotion)，指的是一些肢體上的簡單動作，例如手部的拿、抓、放等等，而由兩個或兩個以上的微動作，則可以組合成工作「元素」(Element)，所以工作元素就包含了一組完整的微動作，例如搬運器具等等。至於工作「任務」(Task) 則是指一組工作元素，工作「職務」(Duties) 則又包含了一組工作任務❷。例如，大學的系助理，其職務是負責協助學生與教師辦理學校行政相關事宜，包括學籍處理、開會通知、獎學金公告、招生報到與文書工作等等，其中經常進行的一項任務就是接聽電話，而接聽電話又包含接起電話、回覆對方問題、掛回電話、記錄必要事情等等工作元素，其中之一的工作元素，例如接起電話，則又包含了移動手臂、握住話筒、拿起話筒、將話筒移至耳邊等等的微動作。

除了職務之外，在工作中與職務相對稱的部分就是責任 (Responsibility)，指的是工作者必須要有工作表現的一種義務，而一個工作「職位」(Position) 就包含了指派給當事人的各種職務與責任，同一時間內，組織的職位數量與員工數量應該是相等的，任何員工都應該有其特定的職位（也就是有其特定的職務與責任)。最後，將各種相似的職位群集起來，就是工作分析中對「工作」(Job) 的定義；因此，一項工作將視組織的需要而可能包含一個或數個職位，例如大學的系主任是一種工作，但其中包含了各個學系的系主任，每一個學系的系主任就是一個職位，只能由一位老師擔任，但全校的系主任則包括了好多位老師。

除了工作的定義之外，人們還常提到的職業 (Occupation)，則是由一組相類似的工作所構成，例如顧問可以視為一種職業，其中又可以再分成企管顧問、財務顧問、人力資源顧問、生產管理顧問等等。至於將職業與工作進行標準化分類的整理，在美國有聯邦政府的《職業頭銜辭典》(Dictionary of Occupational Titles，簡稱 D.O.T.)，而我國則以公家機構的職位分類

---

❶ Mondy, R. W., Noe, R. M. & Premeaux, S. R. (2002), *Human Resource Management* (8th Ed.), N. J.: Prentice-Hall.

❷ 吳美連、林俊毅 (2002)，《人力資源管理：理論與實務》(三版)，臺北：智勝。

較為完整，訂有「公務職位分類法」及「施行細則」等等。

雖然將工作劃分至最小單位，有助於工作分析，但由以上所述，可以看到傳統的工作分析主要著重於肢體動作的分析，這是科學管理學派的作法，而比較現代的工作分析工具，則已經將工作者的心智活動也納入考量。以下，本書將先就工作分析的步驟加以說明，並指出一般組織在進行工作分析時的問題，然後再於後續的各小節中，逐步說明工作分析的資料收集方法、資料分析工具、以及工作分析的產出等等。

工作分析的步驟

如圖 4–2 所示，一般的工作分析包含了九個步驟：①確認目的與擬定計畫、②選擇工作分析人員、③對主管與員工解釋分析程序、④收集各種相關的背景資料、⑤選擇具代表性的工作來分析、⑥收集工作分析資料、⑦分析各項工作資料、⑧重新檢視現職工作的資訊、⑨撰寫工作說明書與工作規範，以下將分別針對這九個步驟加以說明。

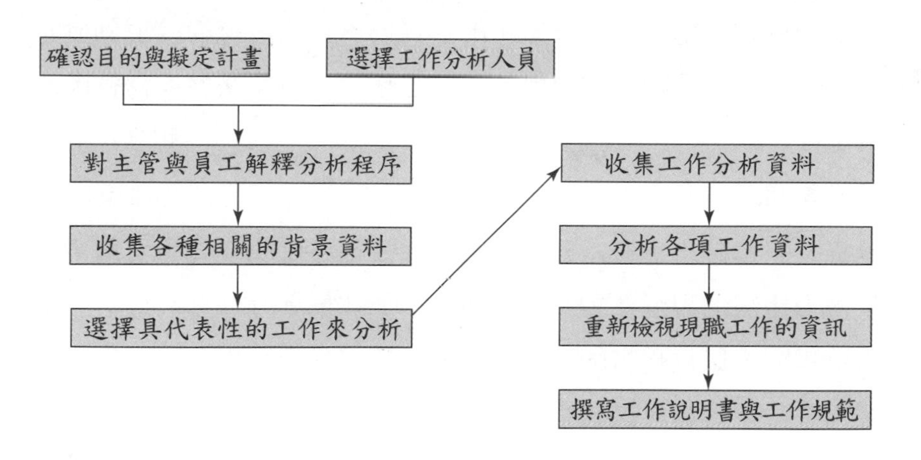

圖 4–2　一般工作分析的步驟

1. 確認目的與擬定計畫

在進行工作分析之前，組織要先確認工作分析的目的，並據以規劃出後續收集資料的方法，以及決定要採用何種資料分析的工具等等。雖然工作分析的結果，對所有人力資源活動而言，都有參考價值，但有時組織會特別關心某些特定的人力資源活動，例如為了改善績效評估而進行的工作分析。此時，隨著工作分析的目的，所收集的資料型態以及資料收集與分析的方法，就會因而受到影響，像有些技術，例如透過員工訪談，詢問其工作細節等等，就特別適合撰寫工作說明書與作為甄選員工之用，而透過另外一些方法，例如關鍵事件技術，其所收集到的資料，就相對適用於工作間的比較，而可以作為績效評估與薪酬決定的參考。

2. **選擇工作分析人員**

在計畫擬定時（包括確認目的、決定資料型態、收集方法、分析工具等等），組織還需要同步選擇適當的分析人員，以執行實際的工作分析。這些人員必須具備相當的知識、工作能力與經驗，此外還需要能夠取得員工的信賴與合作，因為許多員工容易將組織進行的工作分析視為「調查」，而直覺的抱持反感。

3. **對主管與員工解釋分析程序**

為了順利地進行分析工作，分析人員與主管及員工之間，往往需要密切合作，所以在進行工作分析之前，分析人員需要對所有主管與員工解釋分析的程序，希望使這些被分析的主管與員工們，能夠瞭解到分析的目的以及他們會以何種方式參與分析的過程，而資料又會如何被處理、分析及運用。

4. **收集各種相關的背景資料**

開始進行工作分析之後，分析人員首先要從各種相關背景資料中，瞭解以及審查組織的現況。這些資料包括各種組織圖、部門職掌、工作規則、工作流程圖、以及現有的工作說明書等等，甚至可以參考政府印行的各職業標準分類資料，以及相同產業類似工作的說明資料等等。從組織圖中，可以看出一個組織的分工情形、各種工作在組織中適切的位置、工作與工作間的相互關係、以及各個工作應該向誰報告、需要與誰溝通等等。另外，從工作流程圖中，則可以看出工作在流程中的位置，以及每項工作的投入與產出過程。至於現存的工作說明書（如果有的話），更可作為修改的最佳參考資料。

5. **選擇具代表性的工作來分析**

當組織內有許多工作類型時，此時若對所有工作都加以分析，將會是非常耗時又高成本的過程。因此分析人員在審視完背景資料之後，有必要指認出將進行分析的工作類別，決定是否所有的工作都要分析，還是可以選擇具代表性的工作進行分析，至於其他工作則在歸類後，僅需要微調即可。

6. **收集工作分析資料**

此處所稱的工作分析資料，計有工作的活動內容、工作者行為、工作環境、工作狀況、以及工作者必須具備的特質能力與資格條件等等，這部分在本章第二節將有更詳細的說明。

7. **分析各項工作資料**

資料收集之後，就要著手進行各項資料的分析與整理，這部分在本章第三節將有更詳細的說明。

8. **重新檢視現職工作的資訊**

工作分析的資訊應由工作現職者與其直屬主管加以確認，這除了有助於確保資訊的正確性與完整性之外，也可以讓員工有檢視與修正的機會，使得現職員工比較容易接受工作分析的結果。

9. **撰寫工作說明書與工作規範**

工作說明書與工作規範是工作分析最終的具體成果，這部分在本章第四節將有更詳細的說明。

工作分析的問題

工作分析在其目的釐清、資源取得、收集資料、分析資料等等的過程中，往往都會有一些問題發生，包括：

1. **高階主管心懷定見而未能充分支持**

高階主管至少要讓部屬知道他們重視工作分析的決心，但不幸的是，這項支持通常都很缺乏。原因可能來自於許多高階主管本身就對工作分析的目的懷有定見，例如是為了要合理化地裁減某些員工，於是希望工作分析的結果能夠指出某些人不適任，然後就有合適的理由對這些人進行調職，進而引發其自動離職等等。這類「真正」的目的往往不會清楚的告訴員工或是分析人員，甚至在「目標」已經確認的情況下，組織希望以最低的成本進行分析，只要分析結果符合主管預期即可，如此的工作分析，出問題的可能性很高。

2. **只用一種分析或收集資料的方法與工具**

工作分析的每一種方法與工具，都有其適用情形，有些方法所收集到的資料，適用於招募甄試，有些方法適用於績效評估，而有些分析工具適合分析白領階級，有些則適合分析藍領階級，也有些工具適合分析肢體動作，有些則可能涵蓋心智能力的分析等等。所以組織不應該只仰賴一種特定的方法與工具，而應該配合其工作分析的目的，使用幾種方法的組合，才能夠同時確保工作分析的周延性與適切性。

3. **缺乏主管與員工的參與和支持**

正如前面在工作分析步驟中所提到的，工作分析不應該只是由分析人員單獨設計與執行，而應該有各個主管與員工的參與。然而，由於許多員工可能缺乏相關訓練，並不能夠體會工作分析的重要性以及對自己可能的幫助，所以無從表達其是否支持。同時，員工們可能也不知道工作分析到底是什麼，所以不清楚分析人員究竟要什麼資訊，甚至於員工可能對於相關資料的表達方式也不熟悉，特別是非量化的資料，例如該如何表達工作品質或是消費者滿意程度等等，所以當需要員工呈現資訊時，他們可能就無法切中要領。

4. **改變抗拒與資料失真**

大多數的工作分析，往往會引發組織中的某些改變（事實上，組織在進行工作分析時，往往就已經是為了要進行某些改變），不論是改善不合理的工作流程、基於競爭而要求工作者的能力提升等等，對員工而言都是不太容易接受的。因為這表示員工過去的一些投資（例如專業上的訓練）可能減少了其未來效益（組織不再重視），而員工未來所要面對的工作要求則充滿不確定感（例如需要學習新的技能），於是員工就可能會感受到威脅，產生壓力、恐懼與不安，繼而對工作分析產生抗拒，甚至開始提供不實資料，包括任意膨脹其工作的重要性（以免被裁員），或是誇大某項既有技能的重要性（以免將來要學新技能）等等。

第二節　收集工作分析資料

工作分析所要收集的資料，主要包括工作活動、工作者行為要求、工作所需的物料、輔具與能力、工作表現、工作脈絡、工作的產業環境等六類，表 4–1 列舉這六類資料的說明。至於工作分析的資料收集方法，常見的大約有五種，包括：①觀察法、②面談法、③問卷法、④工作日誌與儀器記錄法、⑤關鍵事件技術法，以下就逐一加以說明。

表 4–1　工作分析主要收集的資料類別

工作活動 (Work Activities)
‧實際所執行的活動，例如銷售、企劃、拜訪客戶、噴漆、板金等等 ‧找出員工如何、為何、以及何時需執行每一項活動，包括收集活動的程序、記錄、使用步驟、個人應有的職責等等資訊
工作者行為要求 (Human Behavior Requirement)
‧工作者在工作中的感受與思惟，例如工作者的感覺、溝通方式、決策過程等等 ‧工作者在工作中的生理活動，例如是否有書寫的動作，或是扛抬物體，包括物體的重量與行走的距離是多少等等 ‧對工作者的要求，包括適合該工作的人員條件，例如與工作相關的知識和技能（教育、訓練、工作經驗、專業技術、一般人際能力等等）、以及工作所需的個人特質（性向、體格特徵、個性、興趣、態度等等）
工作所需的物料、輔具與能力 (Job Auxiliaries)
‧工作中所需使用到的物料 ‧工作中所需使用到的輔助器材，包括機器、工具、設備等等 ‧工作中所需應用到的專業知識（例如財務或法律）、所需提供的產品製造以及作業服務（例如提供意見或是產品修補等等）
工作表現 (Job Performance)
‧每項工作所表現出來的數量或品質水準，包括金錢、進度與時間、錯誤率、耐用率、客戶滿意度、產品數量等等
工作脈絡 (Job Context)
‧包括實體工作條件、工作日程表、以及組織與社會環境（例如員工通常會與誰以及和多少人互動）等等的相關資訊 ‧也包括工作完成後的財務及非財務獎勵等等相關資訊
工作的產業環境 (Industrial Environment)
‧包括工作在產業中的區位、工資水準、勞動市場的供需情形

觀察法 (Observation Method)

觀察法是指分析人員在現場，實際觀察工作者的工作進行，通常會觀察一個完整的工作循環 (Job Cycle)，並有系統地將相關資料記錄下來。一般而言，此方法對於固定而操作性的工作較為有效，例如生產線工作、警衛工作等等。另一方面，對於一些偏重心智活動的工作，例如研發人員、廣告創意人員、律師、教師等等，以及有些工作的活動是隨機發生者，例如急診室的醫護人員等等，則都不適用於此方法來收集資料。

實施觀察法時，觀察者往往需要有相當多的專業訓練，知道如何觀察並記錄事項，有時候甚至會用標準化的表格來記錄資料，以幫助資訊的客觀收集。然而，觀察法一不小心就有「霍桑效應」(Hawthorn Effect) 的缺點，也就是 Dessler 所稱的反應性 (Reactivity)❸，意指若有分析人員在旁觀察，往往會導致員工有「被觀察」的感受，於是造成某些行為的刻意改變，進一步使得觀察結果產生偏差。所以，觀察法最好能夠在不影響工作者的情況下進行，方能得到較正確與客觀的資料。此外，若觀察者能夠對相同工作，在不同現場進行多次觀察的話，也可以減少工作者的個人因素（例如工作習性）干擾。

面談法 (Interview Method)

面談法指的是分析人員與工作相關者面對面的訪談，通常地點會選在工作場合，以收集有關於工作職責、任務、活動等等資訊。面談法的類型主要有二種：①個別面談，其中可以與工作者面談，或是與熟悉該工作的主管面談；②許多人一次訪談的群體面談 (Panel Interview)，特別是當某項工作的員工很多時，為了確保所收集到的資料具有普遍性與可靠性，則可以使用群體面談。其次，在面談的過程中，訪談者除了要相當清楚其目的之外，還要有相關的訪談技巧，例如情境的適當選擇與互動、溝通技術、避免受訪者誤會是績效考評等等，而能使受訪者願意詳實提供相關資料。

至於面談進行的形式也有二種，包括結構化 (Structured) 面談，以及非

❸ Dessler, G. (2000), *Human Resource Management* (8th Ed.), N.J.: Prentice-Hall.

結構化 (Unstructured) 面談。所謂結構化面談是指有既定形式或問題的訪談；而非結構化面談，則是指面談時沒有固定的題目或事先規劃的形式，其內容完全順著面談時的情形自然發展。結構化面談的優點是所有事先考慮的層面與角度都可以問到，但缺點則是較不具彈性，若訪談過程中臨時發現問題或值得詢問的內容，也會因而疏漏。因此，有些組織會綜合這二種形式，進行半結構化 (Semi-structured) 面談，也就是允許分析人員隨著情境而與受訪者有不同的互動，但仍然必須遵循基本的訪談題綱範圍（表 4–2 所列就是常見的面談問題）。

雖然面談法相較於其他方法具有某些優點，包括受訪者可能會透露一些主管不曾注意到的問題或意見，以及資料的收集較為完整等等；但相對地，面談法也有其缺點，包括時間不經濟、所收集到的資料可能會被扭曲（特別是訪談者經驗不夠時），以及工作者有時會誇大某些責任或匿報某些工作（特別是績效不好的工作者，或是受訪者不信任訪談者時，最容易發生此一現象）。因此，在進行面談時，最好能夠遵守以下原則❹：①尋找出對該工作最瞭解及態度最客觀的工作者，進行面談；②盡快建立面談中的良好氣氛，使參與面談者能保持融洽的感受；③遵循事前準備好的程序來

表 4–2 工作分析常見的面談問題

- 你所執行的工作為何？
- 你這個職位主要的任務為何？而你實際上做了些什麼？
- 你工作所在的實際地點為何？
- 這份工作的工作者，需要什麼樣的教育程度、經驗、技能、以及是否需要取得認證與專業執照（在何處取得）？
- 你參與哪些活動？
- 這份工作的職責與任務為何？
- 你工作的責任或績效之衡量標準為何？
- 你的職責為何？實際涉入的環境與工作條件為何？
- 這份工作對體能的要求為何？對工作者的情緒與心理要求又是什麼？
- 工作中的健康與安全條件為何？
- 你是否暴露在危險或不尋常的工作環境中？

資料來源：摘譯自 Dessler, G. (2000), *Human Resource Management* (8th Ed.), N. J.: Prentice-Hall.

❹ 張志育 (2000)，《管理學》，臺北：前程。

進行面談，並確保參與面談者均能完整地回答全部問題；④若有非例行性的工作時，應請參與面談者依輕重緩急的順序列出。

問卷法 (Questionnaires Method)

問卷法是利用問卷調查，讓工作相關者填寫問卷，描述關於特定工作的內容，以收集相關資料的方法。操作此一方法，最關鍵的地方在於問卷設計，包括問卷的結構與內容等等，有些問卷可能採用開放式題項，由工作者自行描述工作內容與任務，有些問卷則採選項方式。通常，採取選項方式的問卷，其內容較為詳細，題項也比較多，甚至會列出每位員工極細微的工作任務或職務，以方便填卷者詳細勾選工作所需要執行的項目、每個項目費時多久、以及該工作者所需具備的能力等等。事實上，較好的問卷應該是介於兩個極端之間，有些問題是開放式，也有些是選項式。

問卷法的主要優點在於節省時間，能迅速地收集大量資料，但前提是問卷必須設計良好，使員工能充分瞭解題項，並準確的回答（包括開放式問卷中，員工能否文筆流暢的描述等等）。由於不同的員工，對同一工作往往也會有不同的認知，而會影響到分析的結果，所以如何編製一份具有信度與效度的問卷，是問卷法的一大挑戰。

工作日誌與儀器記錄法 (Diary/Logs/Records Method)

工作日誌與儀器記錄法主要是透過工作者每天的工作日誌以及儀器記錄（例如打卡機），收集其工作活動的資料。其中，工作日誌上所記錄的大概都是做些什麼工作、工作內容、工作所花的時間等等資訊，若在使用前述的面談法時，能夠同時透過工作日誌與儀器記錄的資料，則可以避免參與面談者對工作的誇大其辭或隱瞞真相，而有助於工作真相的瞭解。

隨著科技進步，有些公司甚至會採用一些更現代的方法來進行日誌記錄。例如發給員工數位錄音筆，員工可以隨時口述記錄，而不必等到員工工作完一整天後，相當疲累了才來記錄工作日誌，此時的客觀與正確性將大為降低。同時，此方法也可避免若員工的工作記錄簿填滿時，爾後想要將一些記錄補上時，就只能仰賴員工的記憶了，因為數位錄音筆錄音時間可超過 8 小時，下班後將當天錄音轉錄至電腦即可重新使用❺。

關鍵事件技術法（Critical Incident Technique，簡稱 CIT）

關鍵事件技術法最早發展於 1954 年❻，其進行方式首先是請主管、員工或其他熟悉職務的人，提列過去一段時間之內，具體發現或觀察到的工作行為（也就是「事件」），並描述其相關的原因與結果，然後指出工作績效「特別好」或「特別壞」的情形，最後計算這些行為（事件）的發生頻率、重要性、所需能力等等，並予以集群歸類❼。

由於關鍵事件技術法考慮到工作的靜態和動態特徵，所以會要求事件描述者，對每一個事件的描述內容都應該包括：①事件的原因，例如是什麼導致事件發生的，事件是在什麼情景下發生的；②事件的行為，例如要準確地描述個體做了些什麼，哪些是有效的，哪些是無效的；③認知到的事件行為後果；④後果的可控制性，也就是以上行為所造成的後果，是否在員工的控制範圍之內。

通常，工作分析人員需要收集大量事件，以便發現工作行為的真正規則，由於所收集的是一些可被觀察與測量的工作行為，所以得到的資料比較客觀，而不同工作之間，也就比較容易相互比較與評估。然而，正因為此方法需要收集大量事件，所以也產生了一些缺點，包括：①需要花大量的時間去收集「關鍵事件」，並加以概括和分類；②只注重在績效特別好或特別壞的關鍵事件上，而容易遺漏了平均績效水準的事件。

針對關鍵事件技術法的缺點，後來有人發展出擴張型關鍵事件技術法 (Extended CIT)❽，其步驟是先請工作者寫一個工作範例，內容包括由誰來做此一工作、此工作中主要發生的事件、工作環境、工作者的行為、行為的結果等等，並指出一些屬於高績效、中績效與低績效的不同情形。然後，

---

❺ Dessler, G. (2000), *Human Resource Management* (8th Ed.), N.J.: Prentice-Hall.

❻ Flanagan, J. C. (1954), “The Critical Incident Technique,” *Psychological Bulletin*, 51, 327–358.

❼ 葉椒椒編著 (1995)，《工作心理學》，臺北：五南。

❽ Jackson, S. E. & Schuler, R. S. (2000), *Managing Human Resources: A Partnership Perspective*, Ohio: South-Western College Publishing.

工作分析員將範例寫成任務陳述（類似一個個的題項，描述各種與工作有關的任務，以及工作者可能需要的行為），再由其他工作者指出，此一工作是否有從事這些任務，以及從事這些任務的頻率、任務困難度、任務重要性、任務績效水準、以及所需要的能力等等。所以擴張型關鍵事件技術法，涵蓋了中等績效的事件，同時也將事件的收集，運用了類似問卷法的方式進行調查，節省了相當多的時間。

第三節　分析各項工作資料

在前述的資料收集之後，工作分析需要對各項工作資料開始進行分析，包括計算、分類、比較、以及描述各個工作的內容與工作者特質等等，而這些都與前一節提到的資料收集方法有連帶關係。其中，前一節提到的（擴張型）關鍵事件技術法，除了是資料收集的方法之外，本身在收集資料時，也就已經涵蓋了分析的動作，包括會將高、中、低績效者的行為區分出來，以及將工作內容與工作者行為，透過任務陳述的方式具體描述出來，然後再由多位工作者給予權重計分，包括任務頻率、困難度、重要性等等。至於（擴張型）關鍵事件技術法所得到的資料與分析結果，對於人力資源管理中的招募任用、績效評估、訓練發展等等，參考價值很高，但由於此方法主要是針對工作者行為進行行為分析，所以對工作說明與工作評價的幫助比較少，例如透過此一方法大概就很不容易找到工作相關的產業環境資料，包括勞動市場供給等等。

其次，前一節提到的面談法，也可以隨著面談的內容，同步發展成工作分析的工具，最有名的就是 Hay Plan 面談分析❾。此一分析方法，強調的是由面談中，詢問以及彙整出以下幾個重點：

1. **工作的目標為何，以判斷工作存在的必要性，若沒有必要，則可以進行工作合併或是再設計。**
2. **工作涵蓋的構面與影響，包括工作是否有跨功能、跨部門等等，以及工**

---

❾ Jackson, S. E. & Schuler, R. S. (2000), *Managing Human Resources: A Partnership Perspective*, Ohio: South-Western College Publishing.

作在流程中的前後關係，而這除了有助於瞭解工作與其他工作間的關係之外，也可以瞭解若工作需要改變（例如再設計）時，可能牽涉的範圍。

3. 工作應有的責任與結果，以及所需要的幕僚支援組合，包括需要哪些單位支援，支援的頻率與程度等等。
4. 工作與組織的配適程度，換句話說，就是該工作對於組織的重要性，因為越配適的工作表示越重要，例如「廠商輔導」這樣的工作，對企管顧問公司的配適度就比對大學配適度來的高，但「教學研究」這樣的工作，則相對地在大學中，顯得更為配適。
5. 工作的問題與控制本質，包括工作中常發生的問題以及所造成的影響，而這些問題是否可以控制或如何處理等等。
6. 其他工作本質，包括工作所需的技術、物料與人力等等。

透過 Hay Plan 的面談內容，我們可以發現，此一方法基本上是屬於比較質化的方法，主要是探索在工作中，表面上看不到的一些東西與互動（包括目標、責任、支援、影響等等），而不像（擴張型）關鍵事件技術法，分析的是具體行為，也不像一般的問卷法，其資料分析多半是透過計算量化來進行分析。另一方面，由於 Hay Plan 詢問相當多有關於工作的重要性等等問題，所以很適合用以作為工作評價的參考，但要注意的是面談者需要受過相當專業的訓練。

除了（擴張型）關鍵事件技術法以及 Hay Plan 面談分析之外，組織常用的分析工具，還包括了「職位分析問卷」以及「功能工作分析」，這二種方法都屬於比較結構性的方法，也就是會根據一定的程序與內容，針對一份檢查表 (Checklist)，有時也稱作問卷，進行勾選，但因為這些方法比較複雜而費時，所以在國內尚未真正流行[10]。以下，就分別針對這二種方法加以敘述。

職位分析問卷（Position Analysis Questionnaire，簡稱 PAQ）

職位分析問卷是由美國普渡大學所發展出來的，屬於一種標準化的員工取向問卷，可用以分析任何工作，但必須出對工作十分瞭解，而且接受

[10] 吳美連、林俊毅 (2002)，《人力資源管理：理論與實務》（三版），臺北：智勝。

過專業訓練的人員方能填寫[11]。此問卷由 194 個項目組成，詳細地描述了工作的相關行為[12]，表 4–3 即為這些項目的主要分析構面，而表 4–4 為相關項目的簡易範例，由於每一個項目既要評定其是否為一個工作的元素，還要在一個評定量表上評定其重要程度、花費時間及困難程度，所以相當繁複。

表 4–3　PAQ 衡量構面描述

構面名稱	構名描述
心智過程 (Mental Process)	完成工作所需要的心理過程，包括推理、計畫、決策等等的心智能力程度
工作產出 (Work Output)	完成工作所需要進行的活動或付出的支援，包括員工操作的體力活動，以及他們所使用的工具和設備等等
工作脈絡 (Job Context)	完成工作所需要的工作環境，包括工作操作所處的物質和社會環境
與他人關係 (Relationships With Others)	完成工作所需要的人際關係
資訊輸入 (Information Input)	員工是在何處或是怎樣取得工作的資訊
其他 (Others)	完成工作所需要的其他資訊，例如工作進度表、付薪方式等等

PAQ 的實際優點除了可用於分析各種工作之外，而且很適用於工作分類。分析人員可以依據決策、技能性活動、體力活動、工具 / 設備之操作、以及資訊處理等等特徵，將每項工作依序給予定量的分數，然後從 PAQ 所獲得的結果中，逐一比較，並決定出每項工作的薪給水準[13]。

然而，正由於 PAQ 可以衡量各種不同的工作，而且是量的計算，所以缺乏對單一職務特殊活動的質性描述，往往會造成某些任務之間的差異性變得模糊了。例如，警察與家庭主婦的能力特徵，可能都需要「應急處理」

[11] 李正綱、黃金印 (2001)，《人力資源管理：新世紀觀點》，臺北：前程企管。

[12] McCormick, E. J., Jeanneret, P. R. & Mecham, R. C. (1972), “A Study of Job Characteristics and Job Dimensions as Based on the Position Analysis Questionnaire (PAQ),” *Journal of Applied Psychology*, 56, 347–368.

[13] Dessler, G. (2000), *Human Resource Management* (8th Ed.), N.J.: Prentice-Hall.

表 4-4 PAQ 項目範例

資訊輸入
#1 ___ 書面資料(書籍、報告、便條、文章、工作指令、標誌等)
#2 ___ 數量資料(與數或量有關的資料,例如會計報表、說明書等等)
#3 ___ 圖畫資料(以圖片作為資料來源的題材,例如草圖、地圖、X 光片等等)
#4 ___ 模型 / 相關儀器(以鋼板、模板、模型等等使用情形的觀察,作為資料來源)
#5 ___ 看得見的陳列品(指示燈、雷達顯示器、測速器、時鐘等等)
#6 ___ 測量的工具(尺、量角規、輪胎測壓器等等)
#7 ___ 機械器具(工具、設備、機械、以及其他在操作中可觀察而得的資料)
#8 ___ 製程中的物料(在改變或轉換過程中的零件、原料、物件等等)
#9 ___ 非製程中的物料(非屬於轉換過程中的零件、原料、物件等等)
#10 ___ 大自然的特色(風景、田野、地質樣品、植物等等)
#11 ___ 人為的環境特色(結構、大樓、水壩、高速公路、橋樑、機械等等)
請於底線填寫 NA 或 1~5,NA 表示不曾使用、1 表示極少用、2 表示偶而使用、3 表示中度使用、4 表示經常使用、5 表示極重要

資料來源:摘譯自 Dessler, G. (2000), *Human Resource Management* (8th Ed.), N.J.: Prentice-Hall.

和「解決麻煩」,甚至透過 PAQ 可以得到相同的分數,但事實上這兩個工作中的「應急處理」與「解決麻煩」,其性質是大為不同,而這在 PAQ 中就衡量不出來[14]。另外,有研究也指出,PAQ 的可讀性並不夠普及,必須有高中或大學畢業以上的閱讀能力,才能夠清楚地理解各個項目,因而限制了 PAQ 的使用族群[15]。這主要是因為 PAQ 過於複雜,所以使用者的素質,不論是填卷者或分析人員,都會影響到結論的品質[16]。儘管如此,PAQ 仍是運用相當廣泛的工作分析問卷之一。

針對 PAQ 不易理解的問題,有另一種問卷叫做工作元素量表(Job Element Inventory,簡稱 JEI),類似於 PAQ,但題項較少,約 153 題,而且也比較容易理解。另外,還有一種問卷是管理職位分析問卷(Management

[14] 葉椒椒編著 (1995),《工作心理學》,臺北:五南。

[15] Ash, R. A. & Edgell, S. L. (1975), "A Note on the Readability of the PAQ," *Journal of Applied Psychology*, 60, 765–766.

[16] Cornelius, E. T., DeNisi, A. S. & Blencoe, A. G. (1984), "Expert and Naive Raters Using the PAQ: Does It Matter?" *Personnel Psychology*, 37, 453–464.

Position Analysis Questionnaire，簡稱 MPAQ)，乃是專門用來分析管理工作的結構化問卷。MPAQ 包含了各職位特性共 208 題項目，又可以再分成十三個類別，如表 4–5 所示。與 PAQ 不同的是，MPAQ 的填寫人並非工作者，而是工作者的上司，透過工作者上司對每個項目的檢核，可以瞭解該工作應進行的任務或應具備的能力為何[17]。

表 4–5　MPAQ 的題項類別

1. 產品、行銷與財務策略規劃	8. 人力資源管理部門與組織其他單位的協調
2. 內部業務控制	9. 財務權限以及批准的財務支出
3. 產品與服務的職責	10. 行動的自主性
4. 公眾與顧客之間的關係	11. 複雜化與壓力
5. 深切的諮商	12. 進階精深的財務職責
6. 監督	13. 人力資源管理服務與責任
7. 廣闊的幕僚服務	

功能工作分析（Functional Job Analysis，簡稱 FJA）

功能工作分析是由美國勞工部訓練與就業局所發展出來一種方法[18]，以標準化的術語與專有名詞，來闡述工作的內容，其基本精神如下：

1. **工作應該有基本的區分：工作者要做什麼工作，以及工作者能做什麼工作，基本上必須加以區分。舉例來說，公車司機只管收票及駕駛車輛，而不必負責旅客的搭乘比率。**
2. **工作者的行為與任務僅涵蓋少數明確的功能，其中最重要的是資料、人員及事物，而每一項工作都需要工作者連結到這三種功能。**
3. **這些功能運作的困難度是有層級的，由簡單到複雜，資料中最不複雜的及最複雜的形式進行相比，可以綜合出結果；此外，如果上層的功能是必要的，那所有低層的功能也是必要的（表 4–6 是這三種功能的困難等級）。**

功能工作分析可以測量工作者所需要處理的資料、人員及事物複雜度，表 4–7 即為其範例，主要是針對消防員行為觀察後的記錄，並給予功能分

[17] Jackson, S. E. & Schuler, R. S. (2000), *Managing Human Resources: A Partnership Perspective*, Ohio: South-Western College Publishing.

[18] 李正綱、黃金印 (2001)，《人力資源管理：新世紀觀點》，臺北：前程企管。

表 4–6 功能工作分析的三種功能困難等級

資料	人	事
0 綜合	0 諮詢	0 計畫
1 彙總	1 協商	1 精密工作
2 分析	2 指揮	2 使用—控制
3 編輯	3 監督	3 驅動—使用
4 計算	4 安撫	4 作業
5 複製	5 說服	5 保養
6 比較	6 傳達訊息—符號	6 進料—退料（供應）
	7 提供服務	7 搬運處理
	8 接受指示—協助	

資料來源：摘譯自 Dessler, G. (2000), *Human Resource Management* (8th Ed.), N.J.: Prentice-Hall.

數及所佔百分比。同時，若有需要，分析人員也可以針對每件功能是否需要特別指示的程度、推論與判斷的程度、數理能力的程度、以及表達能力的程度等等，進行第二階的給分或加權。

表 4–7 消防員的 FJA 分析範例

職責：在火災時救火				任務描述：搶救與檢修			
做什麼		為什麼	怎麼做		員工功能定向與水準		
操作行為	操作對象	完成或實現什麼	工具、設備和其他輔助條件	指導綱領	資料	人員	事物
覆蓋	傢俱、衣服等有價值的東西	保護財物免受火和水的損害	搶救覆蓋罩	規定內容：標準程序 應變內容：取決於防止損失的最佳位置	10% 2	10% 8	80% 7
檢查	牆、天花板、地面、傢俱	找到並撲滅次級火源	滅火槍、管線、噴嘴、電鋸、斧頭	規定內容：標準程序 應變內容：取決於二級火源的地區以及尋找二級火源的工具	50% 2	10% 8	40% 4
搬運	床墊、傢俱搬出室外（指燒著的）	減少火、煙對建築物以及其他設施的損害	起貨鉤	規定內容：標準程序 應變內容：取決於物品財物是否需要移出	20% 2	10% 8	70% 7

資料來源：整理自葉椒椒編著 (1995)，《工作心理學》，臺北：五南。

由於功能工作分析可以衡量出工作在處理資訊、人員及事物上的複雜或困難度，所以可以與其他工作相互比較，進行工作評價。其次，功能工作分析的結果也顯示出對工作者的要求，故可用以進行績效評估的參考。同時，使用功能工作分析也可以讓我們很容易回答下列問題:「為了達成此項任務並符合績效標準，則員工需要何種訓練?」只要工作者的表現未如分析結果，則需要訓練。例如，假設針對某一工作的分析結果，工作者處理資訊的能力應為第三級，但實際工作者僅達到第五級，則應對工作者進行資訊處理能力的訓練。

最後，不論採用任何方法，都有其優缺點，所以最好的方式是採行多種方法來「去除」或避免偏頗。包括盡可能地收集各類對工作熟悉者的資料，不論是工作者、工作者上司、人資人員、甚至外部顧問或客戶等等，並運用多種方法，包括訪談、問卷、觀察等等來收集資料，而資料的內容也盡可能周全，並要確定參與者能清楚明瞭各項問題或調查。

第四節　撰寫工作說明書與工作規範

經由前面二節的方法與工具，進行資料收集與分析之後，工作分析最後需要產生工作說明書 (Job Description) 與工作規範 (Job Specifications)。其中，工作說明書主要是描述工作的內容，以書面的方式指出與工作相關的任務、職責和義務，以及工作中應進行的活動、工作的互動溝通對象、工作條件、安全措施以及其他的重要特徵。至於工作規範，則會記載適任此工作的工作者，所應具備的資格與條件，圖 4–3 即一般的工作說明書與工作規範所記載的資訊。通常，工作規範可以單獨成為獨立的文件，並附在工作說明書之後，但有時候工作規範也可直接成為工作說明書的一部分，以下就分別針對工作說明書與工作規範的撰寫加以說明。

工作說明書

工作說明書的內容通常包括以下各項 (表 4–8 為工作說明書的範例)：

1. 基本資料 (Basic Items)

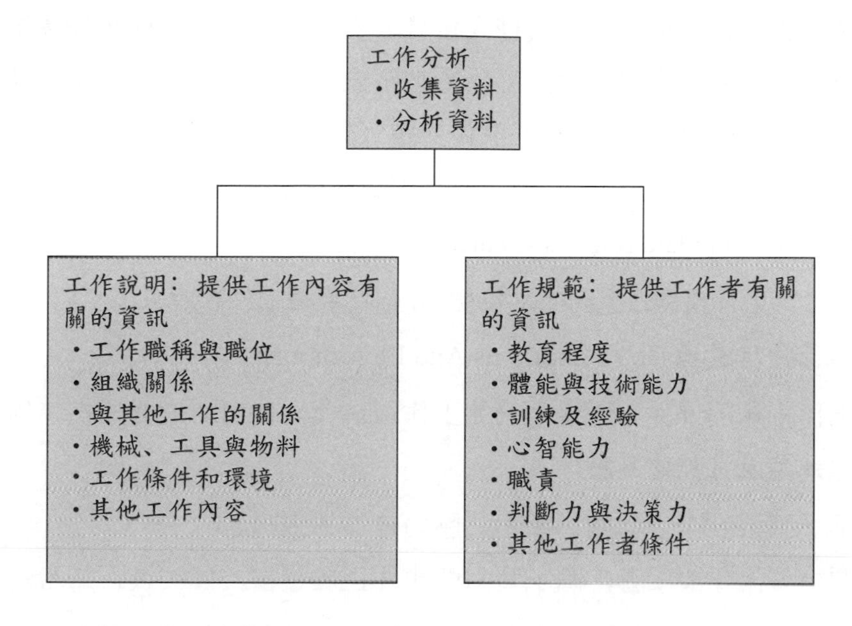

資料來源：整理自李正綱、黃金印 (2001),《人力資源管理：新世紀觀點》,臺北：前程企管。

圖 4–3　一般工作說明書及工作規範所提供的資訊

包括工作說明書的建立日期、撰寫者、審核者、以及核准者等等。

2. **工作識別 (Job Identification)**

包括工作職稱、工作者的職位頭銜，有時也會註記工作者是專職或兼職，以及工作者是按日或按月支薪等等。

3. **工作摘要 (Job Summary)**

記載工作的一般性質，包括工作的主要功能、任務與活動，以及工作的一般責任。

4. **職責與任務 (Responsibilities and Duties)**

明細記載工作者對工作所應負的責任，並說明其工作職責，甚至會記錄每一項義務所應分配的時間百分比。

5. **現職者的職權 (Authority of Incumbent)**

係指工作者在工作執行上所擁有的職權，也就是其可自行決策的範圍，包括了對部屬遴選、錄用、指揮、考核、升遷、調薪、獎懲等等的人事建議權，或是可動用預算與費用的範圍。

6. **工作關係 (Job Relationships)**

係指工作者在組織內外與其他人接觸的關係而言，通常這部分會記錄完成工作所需要的人數，以及工作者在組織內應向何人報告（即與其直接主管的工作關係）、工作者的監督對象（即與其部屬的關係）、協調配合的對象（與平行單位的關係）、以及與組織外對象的關係。

7. **績效標準** (Standard of Performance)

工作者每項任務需要達到的執行標準，包括對每項任務要求的品質與數量。

8. **工作條件與環境** (Job Conditions And Environment)

與工作相關的條件與環境，例如工作環境與需使用的機器設備等等。

9. **工作狀態及可能的風險**

包括了工業安全、健康、衛生、壓力等等的描述。

要寫好工作說明書，除了資料收集要正確豐富，然後進行適當的分析之外，還要注意以下幾點原則，而這些原則也可運用於撰寫工作規範：

1. **清　楚**

工作說明書必須針對所屬的工作職責，進行清楚的描述，閱讀者不需再去參考其他的工作說明書。

2. **指出職權範圍**

在界定職位時，務必使用諸如「以部門為單位」或「在經理的要求下」等字眼，明確地指出工作範圍與本質，同時也要指出重要的權責關係。

3. **具　體**

雖然較低階層的職位通常具有較詳盡的責任或任務，而較高階層則因工作範圍較廣泛，故其職責任務也較不明確，但仍應盡量使用最具體的字眼來進行描述。

4. **簡　短**

簡要的陳述通常最易表達其內容。

5. **再檢查**

完成工作說明書以後，最好再次檢查，確認工作說明書已涵蓋最基本的工作要求，並問一問自己「若是新進員工來閱讀此份工作說明書，是否能夠完全瞭解?」

表 4–8　工作說明書範例

A 公司工作說明書

撰寫人：XXX　撰寫日期：2004/7/11　批准人：YYY　批准日期：2004/7/15

工作職稱：行銷經理（月薪）　所屬部門：行銷部　向誰報告：總裁

工作情況：地點位於總公司的行銷部辦公室，並附設一小型會客室。

摘要：計畫、指揮與協調組織的產品與 / 或服務之行銷活動，親自或由下屬執行以下的職責。

基本職責：包括下列職責及指派的其他任務。

1. 為組織擬定與建議行銷策略、建立行銷目標，以確保市場佔有率與產品和 / 或服務的獲利，並追求長期市場佔有率之最大化。
2. 擬定與執行行銷計畫和方案，兼顧長短期計畫，以確保利潤的成長與公司的產品與 / 或服務之擴展。
3. 研究、分析及監控財務、科技及人口統計因素，創造市場機會並縮小競爭活動所帶來的衝擊。
4. 計畫與監管公司的廣告和促銷活動，包括印刷、電子廣告與直接信函等宣傳品。
5. 對於正在進行的宣傳活動，與廣告代理溝通、與撰稿人和廣告演員配合，並監控進度，包括促銷文案的編寫、設計、布置、排版及製作等等，並採取有效的矯正行動，以便在預算之內達成行銷目標。
6. 對目前現有的產品與新產品的概念進行市場調查，並評估市場對廣告方案、商品化政策、及產品包裝的方案之反應，以確保能夠即時調整行銷策略與計畫，適應變動的市場與競爭局勢。
7. 對基本的功能架構與行銷小組之組織提出變革建議，以便有效地實現所指派的目標，並提出彈性措施以因應快速變動的行銷問題與機會。
8. 備妥行銷活動報告。

職權與督導：

1. 管理手下三位主管，他們督導五位行銷部門的員工。
2. 此外，亦直接督導二位非主管的員工。
3. 對此單位的指揮、協調及考核，負有完全的職責。
4. 依據組織的政策與適用的法規，施行監督之責。
5. 包括面試、聘僱及訓練員工；規劃、指派及教導工作程序；評核績效；獎勵與懲戒員工；處理抱怨與解決問題。

資料來源：摘譯自 Dessler, G. (2000), *Human Resource Management* (8th Ed.), N.J.: Prentice-Hall.

工作規範

如上所述，工作規範是工作分析的另一項成果，一個人在執行某項工作所應有的資格與條件都該列入工作規範中，所以其內容彙總了從事該工作所需的個人學經歷要求、特質、技能及相關背景等等，它可以是獨立的文件資料，也可以併入工作說明書，成為其中的一部分，表 4–9 即為一工作規範的撰寫例子。

表 4–9　工作規範表之範例

A 公司工作規範表

撰寫人：XXX　撰寫日期：2004/7/11　批准人：YYY　批准日期：2004/7/15

工作職稱：人資專員（月薪）　所屬部門：人資部　向誰報告：人資經理

工作情況：地點位於總公司的人資部辦公室，並附設一小型會客室。

摘要：協助人力資源管理相關事務，包括規劃、招募任用、績效評估、訓練發展、薪資福利、員工關係等等活動。

基本職責：包括下列職責及指派的其他任務。

1. 協助支援行政工作與進行各部門協調。
2. 責任專案企劃工作，如人員在職訓練、新進人員面談。
3. 教育訓練資源的蒐集、訓練課程的規劃執行、訓練成效的追蹤評估。
4. 人員的招募與任用。
5. 員工諮商與問題解決。
6. 制定公司的規章制度與辦法。

所需資格：

1. 教育：大學畢業相關科系為佳。
2. 所需知識：人力資源管理學、勞動基準法、管理學、英文說寫看讀能力佳。
3. 特質：具親和力、為人開朗、公正客觀的態度。
4. 能力：擅長溝通協調、具有良好的表達能力。

資料來源：整理自吳美連、林俊毅 (2002)，《人力資源管理：理論與實務》（三版），臺北：智勝。

至於對工作者條件與資格的要求，由於直接與人才招募的條件設定有關，所以要相當謹慎，一旦對工作者資格的要求擬定不當，除了找不到好的人才之外，也可能會落人口實，例如國外曾有案例，某業者要求韻律操老師需要「體態輕盈」，後來被應徵人員告上法庭，指出韻律操教學的良窳，與體態輕盈之間並無關係，最後法庭判應徵者勝訴。因此，任何條件的擬定，最好都有依據，其中最具說服力的依據就是統計結果。

通常，若要以統計來判定工作者的適當條件，往往會先透過前一節的工作分析，確認應該如何衡量工作績效，然後選定可能預測優良績效的人力特質（不論是生理或心理的，包括身高、智力、手指靈活度、學歷、經歷等等）。接著，分析人員會針對應徵者，就這些特質加以測試，並衡量爾後應徵者在工作上的績效，最後以統計方法分析這些個人特質與工作績效之間的關係，若是顯著相關，就可以列入工作規範；反之，若無顯著相關則不宜列入。至於表 4–10 所列舉的一些工作行為，則是對各行各業都很重要的一些用人考量[19]。

表 4–10　各行各業所重視的與工作相關行為

工作相關行為	例　子
勤奮（正面）	・即使其他員工聚集聊天，仍不停止工作 ・做完經常性的工作之後，再主動地尋找其他工作
細心（正面）	・徹底清潔設備，創造更舒適的空間布置 ・注意到雜亂的物品，並將其放回適當的位置
彈性排班（正面）	・必要時可接受排班的更動 ・當公司忙碌時，願意配合加班
守時（正面）	・上班準時 ・維持不錯的出席率
公私不分、假公濟私（負面）	・使用公司電話作私人用途 ・上班時間做私人事務 ・上班時間與同事開玩笑，導致分心與工作中斷
任性、不合作（負面）	・欺凌其他員工 ・拒絕主管要求的例行性工作 ・不與其他員工合作
偷竊、循私（負面）	・私下以較低的價格將公司產品賣給朋友 ・謊報工作時間 ・允許非公司員工擅進禁制區
濫用藥物（負面）	・工作時間酗酒或服用禁藥 ・帶著酒意或於藥效發作時仍來上班

資料來源：摘譯自 Dessler, G. (2000), *Human Resource Management* (8th Ed.), N. J.: Prentice-Hall.

[19] Dessler, G. (2000), *Human Resource Management* (8th Ed.), N.J.: Prentice-Hall.

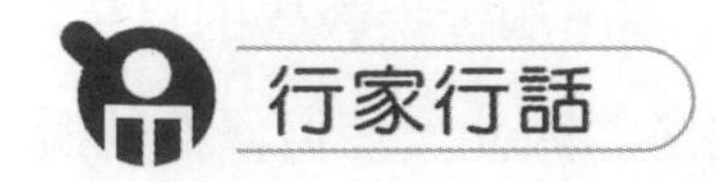

小型企業工作說明書之發展步驟

資料來源：摘譯自 Dessler, G. (2000), *Human Resource Management* (8th Ed.), N.J.: Prentice-Hall.

步驟一：訂出目標。

包括明年度所期望的銷售收入、之後各年所期望的銷售收入、未來的產品重點、哪些部門需要擴充 / 縮減 / 合併、公司未來的方向、以及公司為了達成這些目標需要設置的職位等等。

步驟二：發展組織圖。

包括一開始先描繪出公司的現階段組織圖，然後依步驟一的目標，根據時程，分別製作不久的將來（例如兩個月內），公司組織圖的可能變化，甚至可以進一步描繪出未來二、三年所預期的公司組織圖情況。

步驟三：進行工作分析。

其中常會用到工作分析問卷，也就是透過一份較完整的問卷來收集工作資料，包括：

1. 工作的背景資料：職稱、部門、工作編號、撰寫人、撰寫日期等等。
2. 工作摘要：也就是請撰寫人列出較重要或經常執行的任務。
3. 向誰報告，以及可以督導誰。
4. 工作職責：簡述該職稱的執行事項、執行方式、所需要的時間等等，可以分成日常職責、定期職責、以及不固定期間的職責來描述。

步驟四：完成工作說明書，包括每項工作的任務與職責之完整表列。

問　題

雖然小型企業可以依循以上四個步驟進行工作分析，但每一個步驟都可能會有問題發生，你認為哪些問題最可能影響小型企業工作分析的正確性與可行性？

工作分析公式

所謂工作分析公式 (Job Analysis Formula)，是指有系統的工作分析必須依據下列項目來進行：

1. 目的 (why)，也就是員工為什麼要做？
2. 內容 (what)，也就是員工要做什麼？
3. 方法 (how)，也就是員工如何做？
4. 程度 (skill)，也就是執行該工作所需的技術如何？

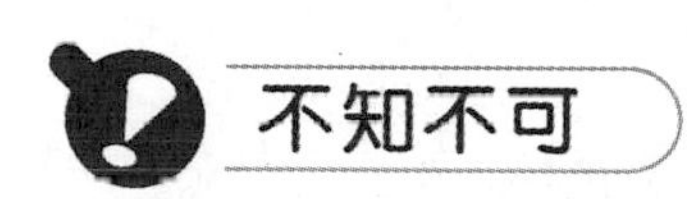

進行個人工作分析以駕馭工作壓力

資料來源：節錄整理自 Tiffany, L. (2004.3.12).〈駕馭壓力必殺技：工作分析〉(http://jobmarket.singtao.com/magazine_corner/c_CareerSquare200403121927.cfm)。

在現今的工作環境中，因為工作過量而造成壓力的情況屢見不鮮，而工作者若能運用工作分析的技巧，以行動為導向來進行工作分析，將有助於降低因工作過量而造成的工作壓力。至於工作者在對個人的工作進行分析時，首先要理解別人對自己的期望，然後也要瞭解工作的優先次序、目標及成功的定義，這將有助工作者專注去做真正重要的事項和避免因方向錯誤而繞圈子。其中，在決定工作的優先次序時，一定要先跟上司討論，然後共同列出順序，這樣子工作者才可以確定自己應該在哪些方面努力、爭取表現，以及確定目前所處理的事情是真的有助於達成目標。當然，工作者也要注意到，任何工作的優先次序都會因應環境而變化，所以應該保持彈性，並隨時與上司溝通，這樣就不怕多走冤枉路了。

在目標與順序確認後，工作者接著要確認自己工作的進度，定期檢討工作表現，並以檢討結果作為參考，同時也確認自己是否有足夠的技術、知識、以及資源來實現工作目標。一般來說，這些過程都需要參考上司或人力資源單位所提供的工作說明，如果沒有的話，工作者不妨主動向他們要求一份作參考，而真的有必要時，也可以自行撰寫一份工作說明，然後交給上級或人力資源單位認可。

最後，還要注意的是，身為公司中一分子，儘管有些工作不一定利己，但亦要適當地參與，也要記得維持敏銳的觸覺，在同事需要時施以援手，發揮團隊精神。當然，這不是說你要經常受人勞役，尤其是當你不能放下手上的工作時，即使同事主動找你幫忙，你也要有禮地拒絕，並向對方解釋自己的工作優先次序。

問　題

若是公司沒有工作說明，個人如何仿效組織的工作分析，進行工作說明的撰寫？

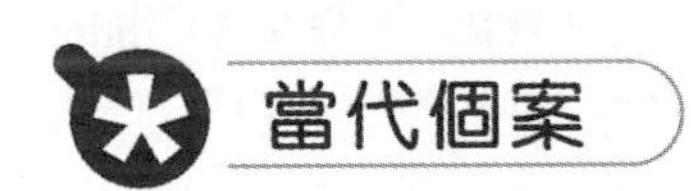

寧願打工，不願承諾的 Freeter 一族

資料來源：節錄整理自 http://www.cheers.com.tw/(2004.3)，原刊於 2003 年 9 月號的 *CHEERS*。

Freeter（自由打工族）是在 1980 年代後期出現於日本社會的新字彙，意指從學校畢業後沒有固定工作，靠打工維生的年輕人。日本 Freeter 的人數，在 1990 年泡沫經濟破滅後，逐年增加，現共有二百萬以上的 Freeter 族。這一方面是因為企業錄用畢業生，從重「量」轉為重「質」，嚴格篩選最需要的人才，同時導入新的錄用人才策略，如派遣人才、特約人才、臨時僱員或業務外包等等；另一方面，新大學紛紛設立，以及高中畢業生投考大學比率提高，就業市場處於供給過剩的狀態，於是每年從高中與大學畢業的學生，三個人中就有一個人選擇當 Freeter 族。

選擇當 Freeter 的年輕人，大致可分為三類型：1. 延後決定型：不清楚自己想做什麼工作，所以先當 Freeter，邊做邊找尋方向；2. 追求理想型：知道自己想做的事，但不能立刻受僱為正式員工，例如演藝圈的工作，所以先當 Freeter；3. 身不由己型：或因為找不到工作、或因為想繼續升學，但家計不允許等等原因而當 Freeter。雖然因為 Freeter 的彈性，使得產業在勞動力的選擇上也有了彈性，加上許多 Freeter 因為不是組織正式員工，比較不受組織的約束，所以也有比較多的創造原動力。然而就個人來說，選擇當 Freeter 仍然必須承受生涯發展的風險，包括對取得專業能力有負面效應，因為 Freeter 的工作內容大部分不需要經驗或專業知識，就能立刻站上崗位，因此在工作訓練的機會上，遠不及正式員工。另外一個風險是當 Freeter 想轉成正式員工時，其經歷很難獲得好的評價，因為大部分企業會懷疑 Freeter 的耐心程度以及是否會容易跳槽等等。

討論題綱

1. 臺灣企業對畢業生的要求逐日升高，加上高等教育的浮濫，大專畢業生在市場上也逐漸供過於求，你認為我們未來是否也會步上日本的後塵，有許多大專畢業生會先選擇當 Freeter，而其原因是否也如以上所述？
2. 若是臺灣有過多的 Freeter，你認為這對於個人以及整體經濟的影響為何？

Human Resource Management

第五章　工作設計

第一節　何謂工作設計

本書第四章曾經提到，所謂「工作」是指一些相似職位的群集，職位則包括職務與責任，職務是工作任務所組成、工作任務是工作元素所組成、工作元素則是由工作中的最小單位——微動作所組成。因此，所謂工作設計就是針對這一連串工作的構成要素，包括微動作、工作元素、工作任務、職務、責任、以及職位進行設計，例如工作目標 (Why)、工作內容 (What)、工作方法 (How)、工作人選 (Who)、工作時點 (When)、以及工作地點 (Where) 等等的設計，主要目的就是希望能夠兼顧組織營運發展的要求，以及工作者個別的要求❶。

除了考慮組織與個人的需求之外，因為工作設計還涉及了政府法令與相關規範、方法或工具的運用、組織內外協調控制上的要求，以及社會、產業、乃至於組織內的一般習慣，所以工作設計必須同時考量這些前提，而圖 5–1 就是工作設計的考量因素概念圖。

在圖 5–1 中，關於工作設計的方法與工具方面，最早是科學管理學派提出來的觀點❷，他們認為要提高生產力，就必須要透過機械化、標準化與簡單化的工作設計，以提升員工的工作效率，只要效率提高，生產力自然就會增加。然而，隨著時代演進，組織對於生產力的定義與原因，也有了新的看法，近代的工作設計觀點，基本上已經逐漸分成二種不同的導向 (如圖 5–2 所示)，第一種是效率導向，最典型就是科學管理觀點以及人因工程觀點；另一種則是激勵導向，包含了個人激勵觀點與團隊激勵觀點。

本書在以下的各節中，主要就是針對圖 5–2 的分類架構進行說明，首

---

❶ 李正綱、黃金印 (2001)，《人力資源管理：新世紀觀點》，臺北：前程企管。

❷ Muchinsky, P. M. (1993), *Psychology Applied to Work : An Introduction to Industrial and Organizational Psychology* (4th Ed.), C.A.: Brooks/Cole Pub. Co.

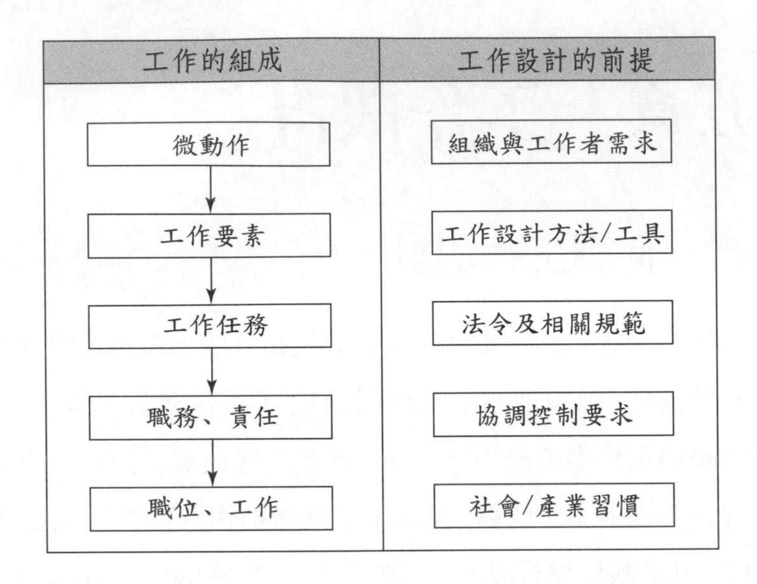

資料來源：整理自李正綱、黃金印 (2001)，《人力資源管理：新世紀觀點》，臺北：前程企管。

圖 5–1 工作設計考量因素概念圖

先在第二節中，將就科學管理以及人因工程觀點加以說明，第四節則針對個人激勵與近年來越來越受重視的團隊激勵觀點之工作設計加以說明。其次，由於激勵導向的工作設計，其背後的最主要理論就是激勵理論，瞭解其理論緣由，將有助於我們瞭解激勵導向工作設計的一些原則，因此本章第三節也將先針對激勵理論做較深入的介紹，最後第五節則會說明一下工作再設計的原因與步驟。

第二節 效率導向的工作設計

科學管理觀點

最早的工作設計，主要是以泰勒 (Frederick Taylor) 的科學管理觀點為依據，進而發展出來的一套設計原則。泰勒相信，只要透過謹慎地設計工作，即可增加工作效率與提高生產力。他並且主張，工作設計的重點應該是規劃工作任務的分工，所以要先將工作簡單化 (Simplification)，以利分工。所謂工作簡單化，就是工作者所執行的工作應該盡可能減少，並且屬於同一專門領域的工作，而實際的作法往往是先將工作分解成更小的任務，

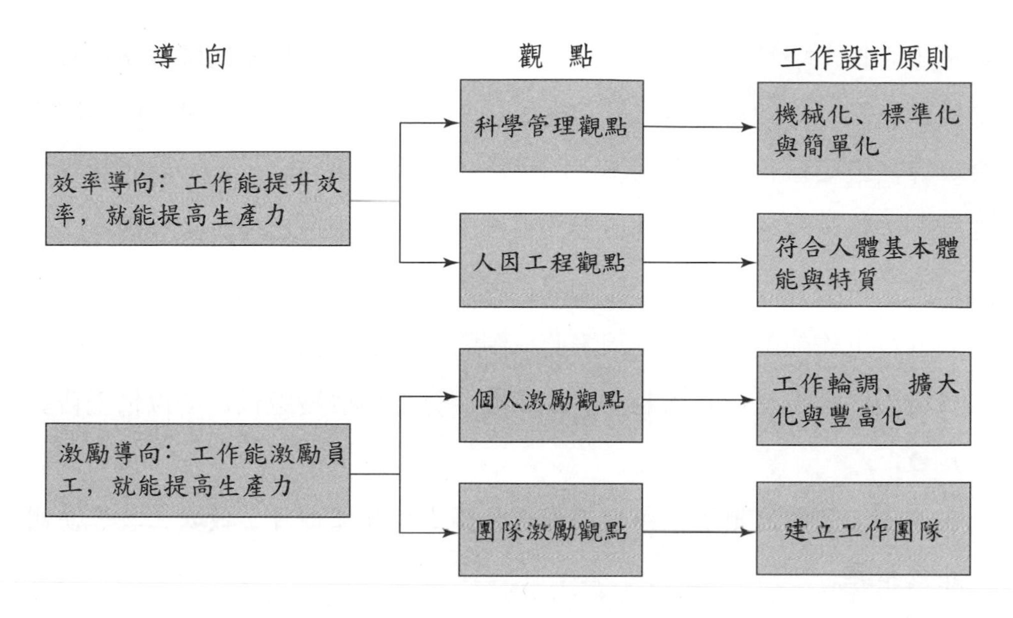

圖 5–2 工作設計的觀點分類

然後再由每個工作者分別日復一日地執行整個生產流程的一小部分。於是，工作者隨著學習及經驗的累積，將可快速進入專業化 (Spccialization)❸。

此外，泰勒還認為工作應該盡量機械化，以避免人為疏失的不易控制，而且工作也應該標準化 (Standardization)，除了有利於工作者的訓練，以及培養工作者對任務的熟練度和專業之外，也有利於工作設計，因為如同前述，泰勒認為工作設計應該要具體規劃出工作的內容與方法，然後進行工作分工，於是當工作越標準化時，越容易進行規劃，並定出具體的分工方式。由於此種觀點的工作設計，比較不允許工作者有較多的彈性，所以這類設計途徑也稱為機械化途徑 (The Mechanistic Approach)❹。

為了要設計簡單又標準化的工作，科學管理觀點主張先對工作進行時間動作研究 (Motion And Time Study)，確定工作所需要的標準時間，然後再找出工作中最有效率的動作組合，訓練員工們學習如何操作執行。其中，時間動作研究往往需要先定義出（或是找出）工作最簡單的單位，也就是微動作與工作元素，然後透過觀察與測量，例如對每位員工進行錄影，然

❸ Muchinsky, P. M. (1993), *Psychology Applied to Work: An Introduction to Industrial and Organizational Psychology* (4th Ed.), C.A.: Brooks/Cole Pub. Co.

❹ 吳美連、林俊毅 (2002)，《人力資源管理：理論與實務》(三版)，臺北：智勝。

後每小時抽 10 分鐘的工作抽樣進行分析，再以科學數據來比較效率不同者的微動作與工作元素之差異，包括是否有不同的動作，或是動作的不同組合等等，最後才根據最有效率者的動作，進行可能的修正，並建立起工作的標準動作流程，繼而訓練員工此種標準動作流程以增加其工作效率。

雖然科學管理觀點的歷史久遠，但現今仍然有不少組織，採用此一觀點來進行工作設計，主要是因為此一觀點所設計的工作，具有以下若干優點（雖然多處是從資方觀點出發，例如使勞工易於被取代，所以低工資等等）❺：

1. 在工作分工的原則下，每位工作者只要少數技能即可，故員工較容易訓練或招募。
2. 在工作標準化的原則下，能使員工一致地執行任務。
3. 在工作標準化的原則下，勞工容易取代，故工資低。
4. 在工作專業化的原則下，工作效率可望提升。
5. 工作分工、專業化與標準化的原則下，能使最終產品或服務更為一致性或標準化。

人因工程觀點

人因工程（Human Factor Engineering 或 Ergonomics）觀點，也有人稱為人因典範 (Human-factor Paradigm)❻，其基本精神仍然延續科學管理的觀點，強調工作效率與生產力，只是科學管理將焦點放在工作本身，強調工作的標準化、簡單化、機械化等等，而人因工程觀點則重視人與工作及工作環境間的互動，強調工作設計應符合員工的基本體能與特質，包括其體型、體力與精神等等層面，例如盡量避免工作者進行重大決策（因為人都是有盲點的，一旦犯錯將造成重大損失），或是避免使用不當的工作器具（例如單手握舉過重的器材）、將工作者置於不當的工作環境（例如長時間在溫度過高的場合工作）、不當的工作行為（例如熬夜工作或是在加油站抽

❺ 李正綱、黃金印 (2001)，《人力資源管理：新世紀觀點》，臺北：前程企管。

❻ Campion, M. A. & Thayer, P. W. (1985), "Development and Field Evaluation of An Interdisciplinary Measure of Job Design," *Journal of Applied Psychology*, 70, 29–43.

菸)、以及過大的工作壓力等等，以免造成工作者身體或心理的傷害，進而影響整體生產力。

一般來說，以人因工程觀點設計工作時，會強調如何保持功能的單純性、立即性與直接性，因為系統愈是複雜，出錯的比率就愈高❼。因此，設計者特別強調工作的作業程序要容易執行（最終目標是要避免混亂），或者至少要盡可能地降低其複雜度。

至於人因工程常用的方法，除了以時間動作研究對工作流程進行分析之外，也著重於對工作環境的調查（例如光線、溫度與濕度等等），以及對人體動力或姿勢的研究。此外，人因工程也對工作設計有一些基本假設，例如工作者的雙手不宜有一閒置（所以工作最好設計成使用雙手，而不是單手操作）、應同時平衡對稱（例如兩手所操作的重量相當）、合乎自然韻動（例如慣用右手者，器具多擺在右邊）、多用動力少用肌肉（例如設計成圓形滾動，而不必自行搬運）、物件歸定位並易取得、適當的光線或溫濕度等等❽。

目前，人因工程除了用於工作設計之外，也常用於產品設計，例如透過人因工程，針對不同消費者的不同功能（男性、女性、運動、戶外休閒、室內運動、上班族……），瞭解何種鞋子最符合人體力學，或是透過人因工程瞭解何種電腦滑鼠最符合人體力學（大小、樣式、按鍵位置……）等等。

二種觀點的比較

經由以上的說明可以看出，雖然科學管理與人因工程觀點各有不同（見表 5–1），但基本上二者都強調對工作行為或工作環境的測量，然後運用所得到的科學數據來設計工作，因此對於勞力型且流程穩定的工作比較適合，而這類工作多半集中在製造業。

另一方面，由於服務業或是勞心工作者，例如管理者，其心智歷程與

❼ Muchinsky, P. M. (1993), *Psychology Applied to Work : An Introduction to Industrial and Organizational Psychology* (4th Ed.), C.A.: Brooks/Cole Pub. Co.

❽ Jackson, S. E. & Schuler, R. S. (2000), *Managing Human Resources: A Partnership Perspective*, Ohio: South-Western College Publishing.

表 5-1 科學管理觀點與人因工程觀點的比較

	科學管理觀點	人因工程觀點
原　則	工作設計應將工作最小單位進行有效組合，以增加工作效率	工作設計應將工作與工作環境，配合工作者的體能與特質，增加工作生產力
設計焦點	工作本身	工作者行為、工作者與工作的互動、工作環境
建　議	工作應該標準化、簡單化、機械化	工作應該簡單、自然、平衡、符合工作者習慣
方法與工具	採用科學測量得到的數據，例如時間動作研究	採用科學測量得到的數據，例如時間動作研究、人體動力或姿勢的研究

其所面對的臨時情況，比較不易預期也比較複雜，所以也就比較不易標準化與簡單分工，而其工作壓力也比較難以控制，所以較難以採用科學管理或人因工程觀點來設計其工作，最多就是採用部分原則，例如針對某些可能事件處理的標準作業流程（Standard Operation Process，簡稱 SOP）等等。當然，即使是用在製造業的勞力型工作，效率導向的工作設計仍然有若干缺點，其中最主要的就是員工會因為工作單調而厭倦，再加上缺乏挑戰以及喪失個體 (Depersonalization) 的疏離感，就會導致員工的不滿意[9]。於是，潮流又開始轉彎，組織也開始瞭解到，除了效率之外，透過激勵的工作設計也能夠提高生產力與組織效能，這樣的觀點與衍生出來的工作設計，被稱為工作的「人性化」(Humanization)。

第三節　激勵理論

激勵，也就是英文的 Motivation（其字根 motive 源自於拉丁文，意義為「對動作有幫助，為動作之源」)，指的是一種心理上被激起 (Arousing)，進而產生某種行為的指引 (Directing)，並能持續 (Maintaining) 下去，以達成某種目標 (Goal) 的過程[10]。有時候 motivation 也被稱作動機，當稱作動機

[9] Dunham, R. B. (1979), "Job Design and Redesign," In S. Kerr (Ed.), *Organizational Behavior*, Columbus, OH: Grid.

時，比較強調行為的原因，例如大學生一窩蜂的報考研究所是出自於何種動機；而稱作激勵時，則同時強調原因與過程，例如是什麼原因激勵了某個大學生決定一天讀一本課外書，而且還持之以恆。

經由以上對激勵的定義，我們可以發現，要討論激勵理論，大致上可以從心理激起、行為指引、行為持續、以及目標達成這四方面來說。其中，在心理激起部分，需求相關理論最能夠說明，人們為何會被激起某些感覺而開始可能有所行動，最典型的理論有 Maslow 的需求階層理論以及 Herzberg 的二因子理論，而下一節將要提到有助於工作豐富化的工作特質模式，也是以二因子理論為基礎。

至於行為指引與持續的相關理論，則以公平理論與期望理論最著稱，期望理論與組織中的訓練發展、績效評估、以及薪資福利都有關係，而公平理論則是組織工作評價的基礎，所謂工作評價乃是一種類似工作分析的過程，但工作分析結果並無價值判斷，而工作評價結果則會判斷工作對於組織的價值高低，以決定工作的薪酬，本書第九章會對工作評價進行更深入的說明。

最後，關於目標達成的理論則有目標設定理論，此一理論將有助於組織建立績效標準的理論參考。以下，本書就針對這五種理論，包括需求階層理論、二因子理論、公平理論、期望理論、以及目標設定理論逐一加以說明。

需求階層理論 (Need Hierarchy Theory)

Maslow 所提出來的需求階層理論⓫，本書將其彙整成圖 5–3，Maslow 主要認為，人們的需求可以分成五種，包括：①生理需求 (Physiological Needs)，乃是一般生物皆有的需求，例如吃、喝、睡、或是傳宗接代等等，若以工作來比擬，則可以像是能滿足飲食需求的基本薪水；②安全需求

❿ Greenberg, J. (2002), *Managing Behavior in Organizations* (3rd Ed.), N.J.: Prentice-Hall.

⓫ Maslow, A. H. (1987), *Motivation and Personality* (3rd Ed. with new material by CoxR. & Frager R.), N.Y. : Harper & Row.

(Safety Needs)，是一種受保護的需求，例如希望工作中身心不受到傷害（勞工安全議題），甚至於工作有保障，不會任意被資遣（工作權議題）的需求；③社會需求 (Social Needs)，是一種渴望愛與被愛的需求，包括能夠有良好的人際互動，有喜歡的人與被人喜歡等等，例如工作中的非正式關係，包括社團或是福委會舉辦的聚會旅遊等等，就是為了滿足員工這方面的需求；④尊重需求 (Esteem Needs)，包括自尊（自己認為自己有價值）與受人尊敬的需求，工作中隨著升遷而來的頭銜、地位往往能滿足員工這方面的需求；⑤自我實現 (Self-actualization Needs)，乃是一種發揮潛能進而學以致用的需求，而工作中若認可個人價值，而且有訓練機會以及很大的自主空間，往往能滿足員工自我實現的需求。

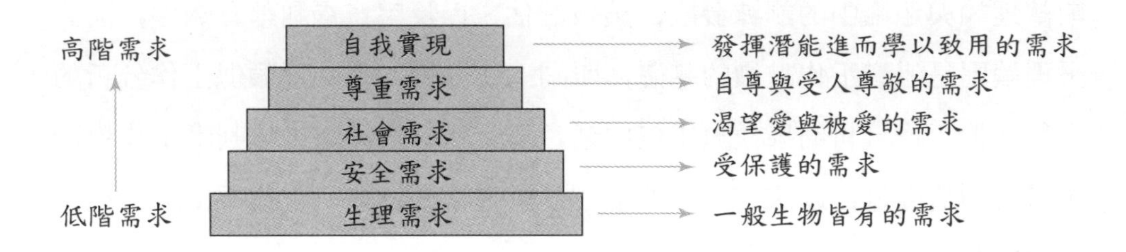

圖 5–3　Maslow 需求階層理論

除了這五種需求之外，Maslow 還認為每種需求之間具有階層性，只有當低階需求被滿足之後，人們才會繼續追求高階需求的滿足。然而在實證上，此一論點並未受到明顯支持，特別是如果加上文化因素的考量時，就有許多例外了。例如，對於家庭觀念較重的民族而言，人們可能首重社會需求，甚至可能有人寧願犧牲安全感與飲食滿足，而先滿足與家庭之間的互動。本書作者就曾經遇到過一位大學老師，家在臺北，學校在彰化，任教六年之內，他有四年選擇不在當地租房子居住，而寧願每天通車，有時候還清晨 4 點出門，半夜 2 點回家，花上 7 個小時的時間與交通安全風險，只因為重視與家人在一起的時間。

因此，運用需求階層理論時，還是要注意到每個人所重視的需求可能有所不同，而且不一定按照階層逐步滿足。至於在工作設計時，人因工程有考慮到員工的安全需求，但對於其他更高階的需求就比較沒有涉及，因此需要一些更激勵導向的工作設計。

二因子理論 (Two-factor Theory)

二因子理論是 Herzberg 所提出來的⓬，他請一些會計人員及工程師，回憶一下他們在工作中特別滿足的事件，以及一些特別不滿足的事件，結果發現人們不滿足的原因主要來自於一些與工作情境有關因素的缺乏，Herzberg 稱之為保健因子 (Hygiene Factors)，例如工作是否有好的薪資、好的實體環境、以及與他人的良性互動等等；相對地，造成人們對工作滿足的原因，則是一些與工作本身有關的因素，他稱之為激勵因子 (Motivators)，例如工作中個人是否可以得到成長、是否有承擔責任、以及是否有成就感等等，圖 5–4 就是二因子理論的彙整。

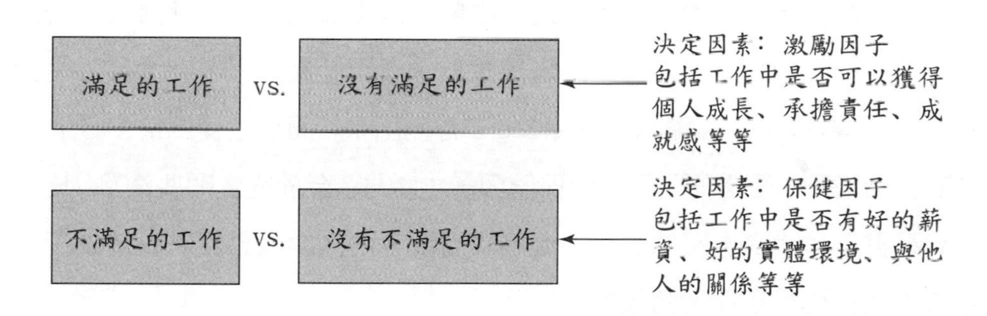

圖 5–4　Herzberg 二因子理論

根據二因子理論我們可以發現，組織至少可以設計出以下的四種類型工作：

1. **滿足度很高，不滿足度也很高的工作，也就是工作中的激勵因子充分，保健因子缺乏，最典型的工作就是義工，覺得工作是種燃燒自己的奉獻，卻沒有任何待遇。**
2. **滿足度很高，不滿足度很低的工作，也就是工作中的激勵與保健因子都很充分，最典型的就是知名藝術家，工作相當自主而有發揮空間，收入也多。**
3. **滿足度很低，不滿足度很高的工作，也就是工作中的激勵與保健因子都**

⓬ Herzberg, F. (1966), *Work and the Nature of Man*, Cleveland: World Pub. Co.

很缺乏，最典型的就是領基本工資的生產線上作業員，工作自主性低，薪資也低，還擔心組織若營運不善，將第一個被資遣。

4. 滿足度與不滿足度都很低的工作，有人稱之為雞肋工作（做了不會特別高興，也沒有特別不高興），這類工作通常是缺乏激勵因子，但卻有很好的保健因子，最典型的就是大型組織中的基層人員（例如公家機關的公務人員、學校職員、或是醫院護士等等），有大型組織的福利，包括薪資水準，以及住宿、餐飲或交通津貼，還有各式各樣的員工活動，但也缺乏工作上的自主權，不知道是否有朝一日可以獨當一面。

另外，雖然保健因子往往能影響員工的離職意願，因為員工對於不滿足的工作因應方式之一就是離職，但激勵因子卻能讓員工投入，因為當員工對工作滿足時，他就會相對投入。由於一般組織之所以留住員工，應該是為了要員工投入工作，否則就變成米蟲了，因此激勵因子在意義上遠比保健因子重要。此一論點不但 Herzberg 有提出來，而且也受到許多學者與產業界的認同，相信激勵因子比保健因子更重要。至於究竟哪些激勵因子，也就是與工作本身有關的因素，比較具有顯著的激勵效果，下一節的工作特質模式會再做更深入的說明。

公平理論 (Equity Theory)

公平理論是指人們會努力保持自己受到公平對待，使自己在投入與產出之間，其比率能與所比較的對象相同。此一理論在人力資源管理中，成為績效評估、薪資系統、以及工作評價最主要的理論基礎。

雖然公平理論的涵義相當簡單，但由於每個人對於比較基準與比較對象的選擇，都受到知覺影響而有所不同，所以「公平」這個概念就有了相當多的主觀成分，而且極容易受到對比效果的影響（例如同儕團體，也就是同梯進入組織的一群人，若有人加薪與升遷的幅度比自己快時，往往會引發不公平感）。因此，要維持組織中的公平並不容易，例如現今逐漸流行的能力評價，講究同能同酬，雖然有其理論基礎，但在公平的維持上，就遠不如傳統工作評價的同工同酬來得容易說明（包括什麼樣的能力才是有貢獻的能力，以及如何證明有「能力」等等)。

至於工作者究竟會選擇何種標的物當比較基準，通常在投入的比較選擇上，可以分成個人行為標的（例如考勤或加班)、能力標的（例如學歷與資歷)、以及工作內容標的（例如輪班制或是工作環境的好壞）等等；而在產出方面，則多半是以薪資福利進行比較，包括薪水、津貼、升遷、福利、地位等等。另一方面，工作者的比較對象往往有三類[13]：①他人，通常會選擇和自己類似者，例如同一工作團體的同伴、同一學歷的組織中其他同伴、在同一種領域工作的人、之前做過此工作的人等等；②自己，通常是與過去的經驗進行比較，例如過去工作待遇與現在待遇的比較等等；③系統，也就是針對不同基準與對象間的交互比較，此時也往往牽涉到對組織的各種制度感受，例如以學歷加上工作時間當作比較基準，或是同時對整體人力資源制度進行比較，而產生的公平或不公平感受等等。

當員工有了各自的比較基準與對象之後，可能產生的比較結果包括：①感覺到公平 (Equitable Payment)，此種可能性不高，但若真的如此，將激勵員工繼續在工作上努力；②感覺到正面的不公平 (Overpayment Inequity)，也就是產出除以投入比所比較的對象更優渥，此時工作者可能會有些許愧疚感；③感覺到負面的不公平 (Underpayment Inequity)，也就是產出除以投入不如其所比較的對象，此時工作者可能會感到不滿足，甚至於感到氣憤。

當員工感覺到不公平時，主要的因應方式包括：①增加或減少投入，例如感覺到負面不公平時，可能會開始在工作中處理私事（對公事的投入減少)；②企圖增加或減少結果，例如感覺到正面不公平時，可能會少報一些加班費；③直接離職，這除了感受到負面不公平者會如此做，感受到正面不公平者（例如覺得尸位素餐）也可能離職；④心理上扭曲自己或是比較對象的投入與產出，例如感受到負面不公平時，可能表達出「反正人在做，天在看」的態度，將不公平合理化了；⑤乾脆換一個比較對象，例如從同梯換成與同部門的同事進行比較。

---

[13] Jackson, S. E. & Schuler, R. S. (2000), *Managing Human Resources: A Partnership Perspective*, Ohio: South-Western College Publishing.

期望理論 (Expectancy Theory)

期望理論認為，當人們相信工作能夠得到所想要得到的結果時，將會激起對該工作的努力⑭。其中，激勵程度收到三部分影響，包括：①期望程度 (Expectancy)，也就是人們對於努力 (Effort) 與表現 (Performance) 之間是否有正相關的預期（認知）程度，例如多花時間背英文單字，有沒有可能考好托福；②工具程度 (Instrumentality)，也就是人們對於表現是否能得到獎賞 (Reward) 的預期（認知）程度，例如考好托福，有沒有可能申請到知名的美國研究所；③價值程度 (Valence)，也就是人們對於獎賞價值的預期（認知）程度，例如申請到知名的美國研究所，對個人的意義是不是很重要。

以上三者相乘，就是激勵指標，因此激勵指標 = 期望程度 × 工具程度 × 價值程度，意謂著若其中之一為零的話，該工作對於當事人而言，就毫無激勵效果，例如即使背再多英文單字，也無助於托福考試，或是當事人根本不想申請美國的研究所，則當事人將不會努力背英文單字，除非他沒有選擇（例如家長強迫一定要背）。其次，期望理論也指出，單單有高的激勵指標，並不意謂會有績效或是能夠成功完成工作，工作績效還會受到另外四個因素影響：①個人特質 (Traits)，例如工作者的自信、自尊等等；②能力 (Abilities)，包括工作者的學習與工作經驗等等；③工作者的角色知覺 (Role Perceptions)，若工作者越知覺到該工作是個人應完成的工作，越有助於績效的達成；④機會 (Opportunity)，例如工作者能否獲得資源、得到他人幫助等等，圖 5–5 即期望理論的彙整。

期望理論對於人力資源管理的意義，包括了訓練的重要性，因為透過訓練，往往能夠增加工作者的能力與自信，除了有助於工作績效之外，也因為訓練後的工作者，較能預期自己努力後的表現，因而提高對工作的期望程度，進而願意努力工作。其次，期望理論中的工具程度與價值程度，與組織中的績效評估及薪資福利都有關係，例如若員工相信，組織能夠衡

⑭ Porter, L. W. & Lawler, E. E. III. (1968), *Managerial Attitudes and Performance*, Homewood, IL: Irwin.

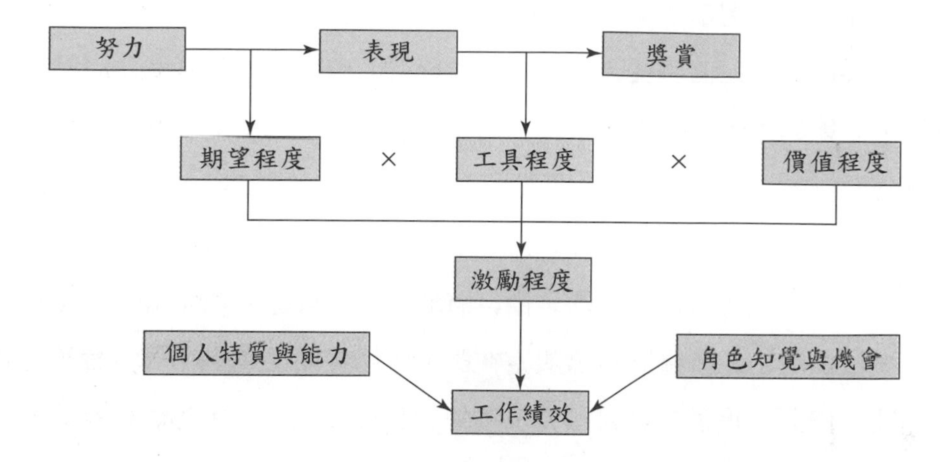

資料來源：摘譯自 Greenberg, J. (2002), *Managing Behavior in Organizations* (3rd Ed.), N. J.: Prentice-Hall.

圖 5–5 期望理論彙整圖

量出員工的表現，同時給予員工想要的適當報酬，則有助於員工對於表現與獎賞間的預期，而激勵員工努力工作。最後，在工作設計部分，若能連結好工作的努力、表現與獎賞，讓員工可以很清楚的預期努力結果，也有助於激勵員工努力工作。

目標設定理論 (Goal Setting Theory)

在期望理論中，努力、表現與獎賞之間環環相扣，但究竟什麼樣的表現，會讓工作者很渴望去完成它，而在主觀意識上增加了期望程度呢？這一部分正是目標設定理論所想要解釋的。目標設定理論認為⓯，明確而富挑戰性的目標，同時再加上回饋，將具有很高的激勵效果。其中，具有激勵效果的目標（也可以說是期望理論中的「表現」)，基本上具有三個特質：①明確 (Specific)，例如「盡量完成英文單字的背誦」不如「每天背十個英文單字」；②富挑戰性，也就是目標困難但合理 (Difficult, But Reasonable)，最常用的方式就是根據過去表現加成，例如過去可以每天背十個單字，現在要求每天背十二個單字；③要有回饋 (Feedback)，所以目標最好是可以量化，而且定有完成期限，例如一天背十二個單字，則每一週要背八十四個

⓯ Locke, E. A. & Latham, G. P. (1990), *A Theory of Goal Setting and Task Performance*, N. J.: Prentice-Hall.

單字，而且每一週都要測試該週所背過的單字。

由於目標的三個特質，與當事人的能力、自信或是知覺都很有關係，所以最好能夠得到當事人的接受與認同，其激勵效果會更好⑯。至於工作設計若要參考目標設定理論，則表示所設計的工作，其績效水準需要明確、富挑戰性、而且有回饋。此外，最好還能夠運用各種方式來得到員工的認同，例如清楚說明目標設定的理由、將個人目標與組織目標結合、讓當事人參與目標設定、盡量將目標設定在員工所能控制的範圍之內、提供必要的協助與資源、提供鼓勵目標完成後的金錢或其他獎勵等等。最後，要切記的是，千萬不要用目標來威脅員工。

第四節　激勵導向的工作設計

個人激勵觀點

工作設計開始納入個人激勵的觀點，大約發生在 1940 年代左右，這時除了效率導向的觀點之外，工作設計開始有了一些新的策略，分別是工作擴大化 (Job Enlargement) 與工作豐富化 (Job Enrichment)⑰。這二個策略基本上都試圖改變工作者的參與度、自主權與決策程度等等，來增加工作者的成就感與動機，進而改善其績效。其中，所謂工作擴大化乃是提供工作者水平職責的擴張，也就是在同一個層級上，讓工作者能夠進行較多的工作，例如讓工廠作業員負責組裝某機器零件的數個部分，而不只是僅僅負責一個部分（但仍然是負責「組裝」）。

至於工作豐富化，更是個人激勵觀點中，典型的設計概念⑱。此一概

⑯ Latham, G. P., Erez, M. & Locke, E. A. (1988), "Resolving Scientific Disputes by the Joint Design of Crucial Experiments by the Antagonists: Application of the Erez-Latham Dispute Regarding Participation in Goal Setting," *Journal of Applied Psychology*, 73, 754–772.

⑰ Muchinsky, P. M. (1993), *Psychology Applied to Work: An Introduction to Industrial and Organizational Psychology* (4th Ed.), C.A.: Brooks/Cole Pub. Co.

⑱ Campion, M. A. & Thayer, P. W. (1985), "Development and Field Evaluation of An Interdisciplinary Measure of Job Design," *Journal of Applied Psychology*, 70, 29–43.

念由 Herzberg 強力提出（第二節激勵理論中的二因子理論創始者），主要是強調工作應該能提供工作者在職責上的垂直擴張，也就是工作者不但可以執行更多的工作，而且可以承擔更高層級的責任，例如原本只負責組裝的員工，現在也開始負責品管，也就是針對自己組裝的部分提出品質改善建議等等。此種工作設計，希望能夠使工作具有較大的挑戰性、意義性、與豐富刺激，讓工作者有機會在工作中產生成就感、認同感、職責感、以及獲得個人成長，同時在此歷程中，執行作業的行為也會變得更具多樣性。儘管，有些組織進行工作豐富化之後，並不一定能得到正面的結果，但大多數組織發現，工作豐富化的確會對工作績效有改善以及提高員工的工作滿意度，而 X 世代（1965～1976 年）的員工對工作豐富化的接受度似乎特別的高⑲。

在設計有助於個人激勵的工作時，常用的一個模式就是工作特徵模式（Job Characteristics Model，簡稱 JCM），如圖 5–6 所示⑳。此一模式的重點在於將工作分成五個核心構面，並經由核心構面的存在，使員工經歷三種心理狀態，當員工經歷愈多這三種的心理狀態，其所獲得的工作內在激

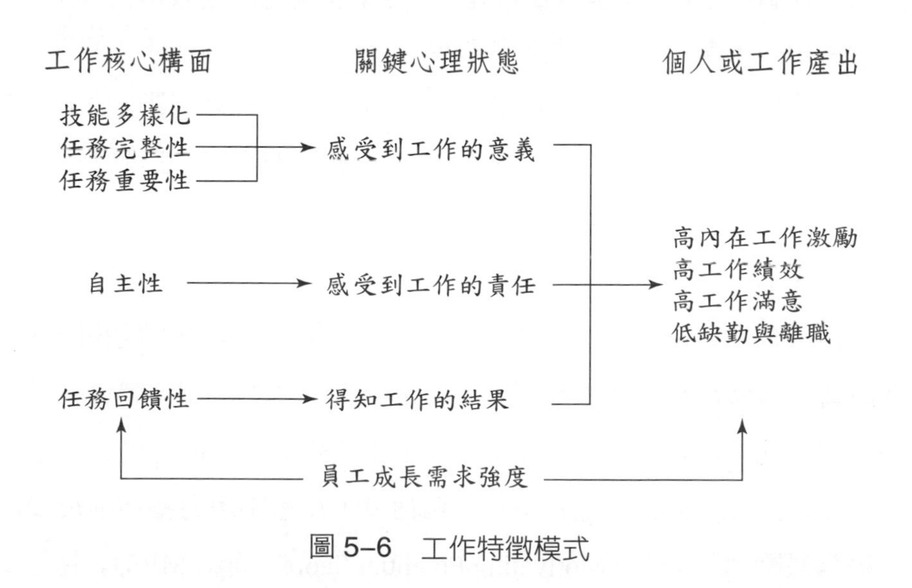

圖 5–6　工作特徵模式

⑲ Mondy, R. W., Noe, R. M. & Premeaux, S. R. (2002), *Human Resource Management* (8th Ed.), N.J.: Prentice-Hall.

⑳ Hackman, J. R. & Oldham, G. R. (1980), *Work Redesign*. M.A.: Addison-Wesley.

勵就愈大，也因此會影響其工作滿足感與績效等等。其中，工作核心構面 (Core Job Dimensions) 包括了以下五點：

1. **技能多樣化** (Skill Variety)

工作本身所需要的技能，包括工作活動、技術、與能力的多樣化程度（數量與類型）。

2. **任務完整性** (Task Identity)

能夠完成部分或完整而足以辨識的工作之程度，換言之，即能夠從頭到尾執行一份工作，並且可以看到工作成果的程度。

3. **任務重要性** (Task Significance)

工作者對工作本身自覺上的重要性，包括感覺到不論組織內外，該工作對他人生活或工作以及組織目標的影響程度。

4. **自主性** (Autonomy)

員工對工作時間、安排流程與方法等等，能夠提供自主、獨立及自由裁量的程度。

5. **任務回饋性** (Task Feedback)

該工作在執行活動後，能夠直接要求成果，並且對於績效提供清楚訊息，使員工知道本身工作表現優劣的程度。

至於此模式中的關鍵心理狀態 (Psychological States)，則包括了個體所感受到的工作意義，而當工作技能多樣化、任務整體性與重要性均高時，個體所經驗到的工作意義也就比較高。另一個心理狀態是個體所感受到責任，當工作的任務自主性越高時，工作者所知覺到的責任感也越高，而關於第三個心理狀態，也就是個體對工作結果的知曉，則受到任務回饋性的正面影響。最後，如果關鍵心理狀態的水準處於高點，個人就會有較佳的表現與工作成果，像是高內在動機、高工作績效與滿意度、低缺勤以及低離職等等。此外，此模式還提出了一個估算工作激勵潛力指標的公式，該指標稱為激勵潛力分數（Motivating Potential Score，簡稱 MPS），其公式如下：

$$\text{MPS} = \frac{\text{技能多樣化} + \text{任務完整性} + \text{任務重要性}}{3} \times \text{自主性} \times \text{任務回饋性}$$

另一方面，此模式也指出一個干擾變項，那就是員工個別差異的「成長需求強度」，它反映的是工作者想要滿足高層需求的慾望，也就是追求自我實現的強度。此模式認為，當工作者有較高的成長需求時，則工作核心構面、關鍵心理狀態、與個人或工作產出之間的關係較為顯著，也就是三者之間具有較高的正相關；反之，若工作者的成長需求並不很高時，三者之間的關係就比較不顯著。這也就是為什麼在一個組織中，比較年輕或新進的員工（成長需求通常較高），往往能夠比較認同在工作中承擔責任，渴望感受工作的意義以及在乎工作的回饋，而組織中快要退休的員工（成長需求通常較低），就比較不願意承擔責任，甚至希望工作不要有太多的變化等等。

至於如何提高工作中的這五個核心構面，有學者提出五種方法[21]：

1. 形成工作團隊 (Form Work Groups)，例如與其讓工作者，個別完成工作的一部分，不如將工作者組成一個團隊，一起合作完成整個工作。如此，工作者既可以學習其他成員的技能（技能多樣化），也增加了工作的完整性，繼而增加了工作重要性（因為是一整個工作，而非一部分工作）。
2. 任務合併 (Combine Tasks)，也就是工作擴大化的意思，透過任務合併，使工作者能有不同技能運用與學習的機會。
3. 垂直負荷 (Vertical Loading)，也就是工作豐富化的意思，透過職責的垂直擴張，讓員工能夠計畫與控制自己的工作，將有助於增加其自主性，以及學習不同層級的技能。
4. 建立客戶關係 (Establish Client Relationship)，讓員工有較多的機會接觸顧客，進而感受到任務對客戶的重要性以及客戶的回饋。
5. 建立回饋管道 (Open Feedback Channels)，讓績效能夠快速地回饋給員工。

團隊激勵觀點

團隊激勵的觀點主要認為，工作中有些激勵來自於人與人的互動，而不能完全以工作特徵來取代，甚至於有些工作特徵，是可以透過團隊建立而產生的，例如前面所提到以工作團隊來提高工作五個核心構面的想法，

[21] Dessler, G. (2000), *Human Resource Management* (8th Ed.), N. J.: Prentice-Hall.

就是如此。因此，團隊激勵觀點的工作設計非常強調，包括團隊的定義與特質，以及增進團隊效能的方法等等。首先，團隊，也就是 Team，是指能夠相互負責自治地完成某種共同任務的一個團體，於是具有以下一些特性[22]：

1. **團隊是一個團體 (Group)，而團體包含了有著共同興趣或目標的一群人，他們通常會有一定的結構 (就是層級或是各自負責的職責)，以及彼此認為是同一個團體的感覺。**
2. **團隊形成往往是因為在任務流程中，對彼此成員的需要，而並非成員間的功能相似，也就是團隊中的成員是在同一個工作流程中，但功能可能不同。例如，產品設計團隊可能包括設計人員、製造人員（設計後要製造，所以需要製造人員的意見)、行銷人員（製造後要行銷，所以需要行銷人員的意見)、以及財會人員等等（設計製造至行銷，都牽涉到成本問題，所以需要財會人員的意見)。**
3. **團隊往往有相當高的完整性與自主性，包括對於工作流程、方式、考核辦法、乃至於最後的產品與服務等等，團隊通常可以有自己的意見。**
4. **團隊成員往往需要有多種技能，以彼此互補。**
5. **由於團隊工作的完整與自主性，所以也有獨立清楚的權責。**

其次，有效增進團隊效能的方法或原則包括：

1. **提供適當的訓練 (Training)**

   至少要先讓團隊成員參與一些練習，而這部分在第二章的「世說新語」之團隊建立有提到。
2. **針對團隊獎酬 (Team Compensation)**

   例如利潤分享等等。
3. **提供管理者的支持 (Managerial Support)，包括實質的資源、無形的態度、以及具體的行動支持等等。**
4. **鼓勵員工間的支持 (Employee Support)，包括鼓勵成員間能夠互相真誠的**

---

[22] Greenberg, J. (2002), *Managing Behavior in Organizations* (3rd Ed.), N. J.: Prentice-Hall.

讚賞，使對方瞭解你的感受或是他對小組的幫助，而這是幫助團隊成長向前的動力之一。

5. **清楚的目標** (Purpose)

   懂得規劃的方法，共同訂定目標，對目標有共識，過程也許有不一樣的聲音，最後能夠朝向共同的目標前進。

6. **充分灌能** (Empowerment)

   讓每一個人都充滿活力，願意為目標全力以赴，覺得工作非常有意義，可以學習成長，可以不斷進步。

7. **良好的人際關係與溝通** (Relationships And Communication)

   好的團隊來自好的關係，彼此信任，充分溝通協調，雖有不同看法但會互相尊重，得到共識。

8. **保持彈性** (Flexibility)

   團隊領導人對於照顧團隊任務的達成與人員情感的凝聚，保有高度的彈性，能在不同的情境做出適當的領導行為。

9. **鼓舞士氣** (Morale)

   以身為團隊一分子為榮，也以自己的工作為榮，成員會受到鼓舞而有自信、自尊、成就感與滿足感，並且有強烈的向心力和團隊精神。

10. **要有耐心** (Patient)

    團隊形成會經歷數個階段，每個階段所面對的問題都不一樣，需要時間來逐一克服，然後達到高績效團隊的目標。

第五節　工作再設計

經由前一節對激勵導向工作設計的介紹，我們大致上可以發現，其中的許多概念都與效率導向的工作設計是南轅北轍，例如工作擴大化與豐富化所強調的水平或垂直職責的擴張，就與科學管理及人因工程觀點的簡單化原則相反。

雖然激勵導向與效率導向的工作設計之間，確實存在一些矛盾，但由於不同導向的工作設計，往往有不同的重點，而能實現某些工作設計之目的，例如工作效率或是工作者的激勵等等，所以並沒有任何一種方法，可以設計出適合所有組織的最佳工作方案，當然也沒有任何一種方法是絕對無效的㉓。

至於這兩個工作設計導向間的衝突，是否有可能出現折衷的解決之道？其實二者對立的情況並非一直持續著，若是過於極端，這兩個導向都將失去功能。例如，針對效率導向來看，如果每個工作都是如此簡單，不需要獨自的思考力與判斷力，則我們便塑造了一個非常貧乏無趣的環境。另一方面，大多數人在駕駛車子時，都希望越簡單越好，想左轉時只要簡單的轉動方向盤，就可以讓汽車左轉最好；此時，駕駛人就不會想要一個需要複雜思考與動作才能完成左轉的方向盤。簡言之，每個取向在工作設計上各有其地位，不過這些取向的使用時機與情境則還不明確㉔。

由於每個工作設計的方法，未必能設計出永久有效的工作，所以組織有的時候需要進行工作再設計，以下就是各步驟的說明，其中所有步驟也都適用於工作設計㉕：

1. **評估工作（再）設計的需求與方案之可行性**

   若組織對目前工作的離職率、缺勤率、工作績效、或發生意外的頻率等等感到不滿意時，就有工作（再）設計的需求。此時，首先需要注意的是，工作（再）設計的方案必須是在經濟許可的範圍之內，如果需要巨大的金錢投資（例如購買儀器或設備），那麼預期的績效提升可能無法彌補這些成本。

2. **組成工作（再）設計任務團隊**

   通常是由員工與主管共同組成，甚至可能包括公司外的人員（例如人資專家、工業心理學專家等等），然後開始界定彼此應有的角色與確實活動，

㉓ Campion, M. A. & Thayer, P. W. (1985), "Development and Field Evaluation of An Interdisciplinary Measure of Job Design," *Journal of Applied Psychology*, 70, 29–43.

㉔ Muchinsky, P. M. (1993), *Psychology Applied to Work: An Introduction to Industrial and Organizational Psychology* (4th Ed.), C.A.: Brooks/Cole Pub. Co.

㉕ Aldag, R. J. & Brief, A. P. (1979), *Task Design and Employee Motivation*, I.L.: Scott, Foresman.

繼而界定所欲設計之工作的作業特性與現在內容（要得到這方面的訊息最好的來源就是結構化的工作分析）。

3. **提出特定工作的再設計方案**

任務團隊應針對工作改善，提出一些可行的再設計方案，不論是效率導向或是激勵導向（視組織目的），但一定要明確地陳述。

4. **評量所提出的方案**

任務團隊應選擇一些效標來評量再設計是否成功，這些效標可能包括員工的態度、客觀的個人指標（例如缺勤、離職、與績效等等）、以及相關的組織指標（例如成本效益等等）。

5. **推展再設計方案至其他工作**

若以上的評量結果還不錯，就可以將這個方案擴展到其他工作上。

關於工時的工作設計方案

資料來源：節錄整理自李正綱、黃金印 (2001)，《人力資源管理：新世紀觀點》，臺北：前程企管。

工作設計對於工時方面的處理，首先會將工作分成專職 / 全職 (Full-time Job) 或兼職 (Part-time Job) 兩種，指的是工作時間涵蓋全部的上班時間或只是部分的上班時間而言，至於上班時間的決定，則可能分成以下二類：

1. **時間制** (Time Basis)

也就是有明確的工作時間數，只要完成既定時間數，即可離開工作崗位下班，例如生產線作業員或基礎服務人員經常採用之固定上下班時間制，而若組織要求超過工作時間數，即算加班，而需要支出加班費，事先還須徵求工作者同意加班。

2. **責任制** (Responsibility Basis)

既定時間內完成工作即可，但若工作未完成則不能準時下班，需要自動加班或把工作帶回家做完，通常單位主管或幕僚人員，其工作往往屬於責任制。

若是採時間制，則對於每天出勤時間的規定又可以再分成固定工時 (Fixed Time) 與彈性工時 (Flex Time) 二種。其中所謂的固定工時，是指工作者每天有明確的上下班時間，不宜遲到早退；而彈性工時則是指公司只要求員工每天必須上班的時數（例如 8 小時），並且在規定的「核心時段」（例如上午 10 點到下午 4 點）必須在工作崗位上，至於上下班時間則由員工自己依其工作或本身需要而決定。另外，也有所謂的變形工時，例如每天工作 10 小時，一週工作四天，或是輪班工作，一週工作 40 小時等等。

問　題

1. 何種工作最好採用專職人員，何種工作可聘僱兼職人員？
2. 何種工作最好採用固定工時，何種工作可採用彈性工時，而又何種工作需要採用變形工時？

X 世代

所謂 X 世代 (Generation X) 是指 1965 年至 1976 年之間出生的人們，此一世代的人，在某些方面與之前的世代有顯著不同，包括他們對科技的嗜好以及他們的企業家精神，例如根據 CNN/《時代週刊》的調查顯示，五分之三的 X 世代想自行創業做老闆，而《Forbes 雜誌》也稱這一世代的人是美國史上最具企業家精神的一代。對於 X 世代員工而言，傳統的僱用合約已經不管用，因為這些員工很清楚他們的職業保障並不是建立在任何一位老闆的關係上，反而認為自己是自由流動的勞動力，並積極學習各種技能及專業，以建立其職業保障；同時，因為 X 世代被激勵去學習及尋求專業的成長，所以特別擅長於平行的職位移動。因此，組織如果要提升 X 世代的忠誠度，就要幫助他們擴充自己的知識與技能，包括進行各種平行任務的調動，以使他們為就業市場做好準備，而 X 世代員工通常也很樂意配合組織去學習這些技能，並會因此而增加對組織的承諾，使得勞資雙方都受益。

Y 世代

Y 世代 (Generation Y) 生於 1979 年至 1994 年之間，是嬰兒潮世代（出生於二次大戰之後，約 1950 年代）的子女，此一世代剛好面臨到資訊革命，所以可以被稱之為「電腦潮世代」，同時因為沒有歷經戰爭與經濟衰退的困苦過程，所以比嬰兒潮及 X 世代樂觀與自信的多，但也容易有嬌生慣養的性格，而他們非常關心各種行銷的議題與衝擊。

I 世代

微軟 (Microsoft) 總裁 Bill Gates 把生於 1994 年以後的小孩稱之為 I 世代 (Generation I)，此一世代是屬於未來的員工，大約將於 2014 年才開始大量進入職場，而根據 Bill Gates 的看法，此一世代是第一個與網際網路共同成長的世代，也是受到網際網路影響最深的一代。因此，未來的網路發展將會改變 I 世代的世界，有如電視改變了第二次世界大戰後的世界一般，所以組織或是學校都需要瞭解如何運用科技在其教育訓練上，各種教師也需要接受科技訓練。

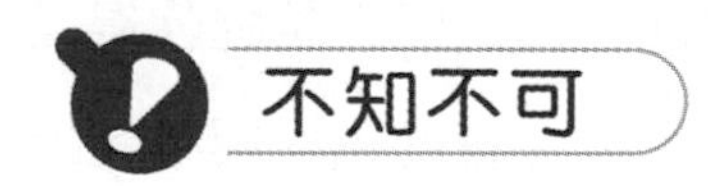

工作職務簡化

資料來源：摘譯自 Dessler, G. (2000), *Human Resource Management* (8th Ed.), N.J.: Prentice-Hall.

當組織成長到一定規模，而環境也漸趨複雜之後，許多組織內的工作範圍愈來愈難以界定，因此產生一個工作設計的趨勢，那就是工作職務的簡化 (De-jobbing)，亦即不要再有過多的職階與層級，而各職務的內容也應該盡量簡單並保持彈性。至於造成工作範圍模糊的原因，主要來自於一些管理趨勢：1. 組織扁平化、2. 工作團隊的建立、3. 無疆界組織的概念、4. 再造工程。其中，組織扁平化所造成的職級減少，使得經理人的控制幅度增加，也就比較不容易監督其部屬，所以會增加對部屬的自主能力要求，並相對增加部屬工作責任的廣度或深度。其次，組織透過工作團隊來遂行其任務的現象越來越普遍，而工作團隊又必須對其工作獨立負責，所以團隊成員之間經常需要彼此支援，同時也不太會有其他團隊的支援，所以團隊成員的工作職責也就彼此重疊（這樣才容易相互支援），因此比較沒有清楚的範圍界定。

除了組織扁平化與團隊建立之外，無疆界組織 (Boundless Organization) 的概念，也會影響工作範圍的界定。所謂無疆界組織的概念，主要是希望透過具體的組織設計或是組織內的溝通，以減少組織功能間的疆界，進而降低不同單位間的本位主義。所以此一概念鼓勵員工們改變「自掃門前雪」的工作態度，也不應該只侷限於身邊的工作，還需要專注在整個組織的最佳利益上，並與其他單位之間相互合作與支援。

最後，關於再造工程 (Reengineering) 的定義是：重新思索與大幅度的重新設計企業流程，以期能夠在重要的、現代化的績效衡量方面，包括成本、品質、服務及速度等等，會有大幅度的改善。由於再造工程的方法包括將專業化的工作合而為一，使得之前個別的工作能加以整合，並發展成完整工作，達到工作擴大化與豐富化的效果。因此，再造工程往往使得員工有更多的決策權，其職責也得以擴大而深入，至於主管的查核與控制也就相對減少（因為部分可由部屬來負責）。其次，由於工作的整合，所以許多工作是以團隊來執行，團隊成員共同分擔職責，而每位成員所執行的工作也都會互有重疊，所以員工之間的職務劃分更加模糊。

問　題

組織職務簡化，雖然讓工作更有彈性，但也造成工作內容的模糊感，組織應該如何平衡這二方面的優缺點?

功能執行篇

Human Resource Management
Human Resource Management
Human Resource Management

第六章　招募任用

組織的人力資源管理，除了在規劃階段之外，其執行層面主要是由新人的招募任用開始，而組織所欲招募的潛在員工 (Potential Employee)，以後也將與組織的人力資源管理系統互動頻繁❶。因此，如何招募任用到適當的人才，對組織而言相當重要，一般來講，組織的招募任用過程，大致上可以分成三個階段，包括了招募階段 (Recruiting)、甄選階段 (Selecting)、以及工作配置的階段 (Allocation of Tasks)。

第一節　招募階段

招募的定義與流程

所謂招募，指的是組織藉由一些管道或活動，將職務的相關資訊，傳遞給勞動市場中有興趣且符合資格的人，吸引他們前來應徵，希望能夠填補組織目前或將來的人力資源短缺。因此招募的主要目的之一，就是要增加前來應徵的人數，而其流程如圖 6–1 所示。

由圖 6–1 中可以看到，組織在招募員工之前，要先進行人力資源規劃，此時除了人力資源管理者的涉入之外，也需要直線管理者與其他員工的參與，針對組織內外在環境進行分析，以確認組織的長期與短期人力需求，包括需要人員的類別或職務、該職務的工作內容、工作說明書暨工作規範、該職務的工作流程與環境、需要招募的人數與其他要求等等（關於人力資源規劃的詳細方法，請見本書第三章）。

在確認招募需求之後，組織接下來要準備一份清楚的職務要求說明 (Job Requisition)，將工作職務的內容與所需人才條件、經歷與教育程度等等，詳細列出。接著，負責招募的人員或單位，要採用或發展出一些有效的招募工具與計畫，透過外部來源或是內部來源，吸引並爭取合格的應徵

❶ 沈介文 (2001)，〈綠色招募之研究——潛在員工企業環境倫理認知與其求職傾向之關係〉，《人力資源管理學報》，第一卷，第 1 期，夏，頁 119–138。

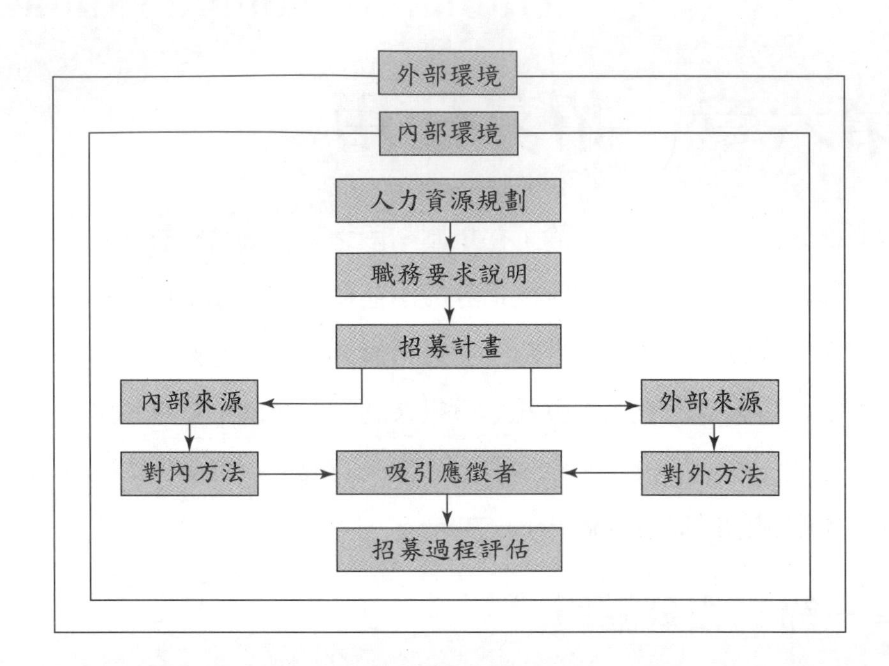

資料來源：摘譯自 Mondy, R. W., Noe, R. M. & Premeaux, S. R. (2002), *Human Resource Management* (8th Ed.), N.J.: Prentice-Hall.

圖 6-1 招募流程

者。最後，招募的專責人員還要評估整個過程的有效性，包括所找到的人是否滿足組織的招募需求、是否符合成本效益（例如找到人遞補職缺所需的平均天數越少越省成本，錄取者的平均教育程度越高越有效益，以及錄取者接受工作的比率越高越有效益等等）、僱用弱勢族群 / 肢體障礙員工的比率（是否符合法令要求與善盡社會責任）、是否能提高人員甄選的成功率（也就是降低不合格的應徵者，如此可以減少因為篩選而發生的成本）、能否降低新進人員適用期間的流動率、以及應徵者對於招募人員專業表現的評價等等，其中有些指標也同樣適用於第二階段甄選過程的評估。

由於招募活動的主要目的之一，就是要增加前來應徵的人，因為申請的應徵者愈多，僱用時就有愈多選擇。例如，若組織有二個空缺，僅有二位候選人前來應徵，可能就只有別無選擇的聘僱他們，但若有十位或二十位應徵者，組織就可以採用面試與測驗等等多種技術來挑選最適任者。因此，為了吸引更多的應徵者，組織往往會在招募過程中，說明或展現其組織誘因 (Organizational Inducements)，包括吸引人的酬償制度、晉升機會，以及良好的企業形象等等。根據亞洲就業網站對 11 所大學應屆畢業生的抽樣調查發現，臺灣大學畢業生心目中，求職時的組織誘因包括：待遇好 (62.63%)、升遷管道通暢 (47.04%)、企業有前景 (43.73%)、以及有完備的教育訓練 (41.04%) 等等❷，而研究也指出，超過 8 成的大學畢業生，求職時都會關心企業形象的問題❸。

雖然應徵者越多，越有利於篩選出適任的員工，但另一方面，若篩選的程序或是組織採用篩選的技術過多，則招募成本就會越高。於是，有些組織在兩難之間，會根據過去經驗或其他方式，同時考量招募成本與效益，然後設計出招募金字塔（如圖 6–2 所示），以決定若要補足組織的人力需求，將需要多少位合格的人員前來應徵，若需要較多，職務要求說明應該訂得寬鬆一些，讓求職者更容易符合基本條件而投寄履歷；反之，若需要較少，則職務要求說明就可以訂得嚴格一些，提高投寄履歷的門檻❹。

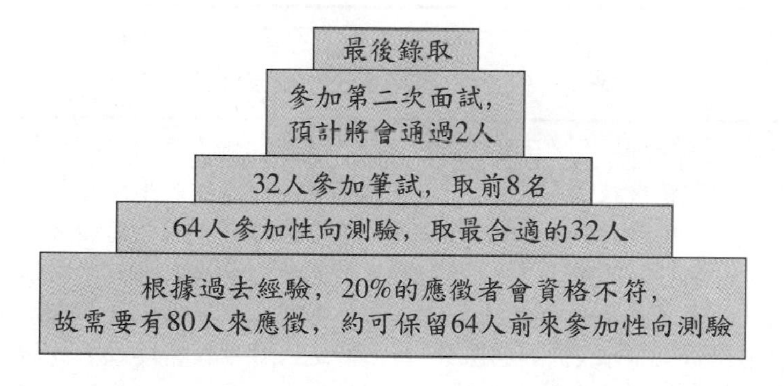

圖 6–2　預計錄取 2 人的招募金字塔，需要吸引 80 人來應徵

招募來源

組織的招募活動中，針對應徵者來源可以分成內部與外部兩種類型。所謂內部來源，是從組織現有的員工中，挑選出適合的人選，最常見的狀

❷ 李正綱、黃金印 (2001)，《人力資源管理：新世紀觀點》，臺北：前程企管。

❸ 楊奕源、沈介文 (2002)，〈企業形象認知、產業瞭解度與員工求職選擇之研究——以半導體產業為例〉，2002 兩岸商學與管理學術研討會論文光碟（海報發表第 53 篇），頁 1–8，臺北：龍華科技大學。

❹ Dessler, G. (2000), *Human Resource Management* (8th Ed.), N.J.: Prentice-Hall.

況就是內部的升遷、調職或降職，甚至重新僱用或召回被遣退的員工，而其採用的方式往往包括工作告示、人力資源存量分析、以及承續規劃，這些方法在本書的第三章人力資源規劃中，皆有詳細的說明，而其優缺點如表 6–1 所示。至於招募的外部來源，乃是從組織外的應徵者中，選取可擔任職務者，其優缺點如表 6–2 所示。通常，組織中的基層或初階職務的招募，較容易採用此一來源❺。

表 6–1　內部招募來源的優缺點比較表

內部招募來源的優點	內部招募來源的缺點
• 可鼓舞被升遷者的士氣 • 可配合員工評估，激勵工作表現較佳者，而有利於員工評估制度的實施 • 較少的工作引導成本 • 有利於組織承續規劃的實行 • 若是調職則可訓練員工多種技能	• 員工的同質性可能過高 • 影響期望升遷但未被升遷者的士氣 • 需要有健全的管理發展計畫配合，否則將沒有適當的升遷管道 • 為了爭取升遷，可能形成權力問題或是政治性聯盟團體

表 6–2　外部招募來源的優缺點比較表

外部招募來源的優點	外部招募來源的缺點
• 可以引進新的觀念或技術 • 可提供組織需要的非正式員工（包括部分工時員工、契約或臨時員工） • 可能為組織帶來競爭對手的資訊 • 可促進公平僱用之需求（例如招募身心殘障者，以符合法定要求的比例） • 若是學校應屆畢業生，則可塑性較高 • 不易形成政治性聯盟團體	• 短期內可能甄選不到合適的人選（特別是有特殊專長或是經驗者） • 可能會打擊現有人員的工作士氣 • 外部觀念可能為組織帶來衝突 • 新進人員往往需要較長的調適及引導 • 僱進來的員工不適應情形可能較高 • 篩選或對應徵者判斷錯誤的可能性相對較高

至於外部來源的招募方式，有些組織會接受外部員工的毛遂自薦。此外，也有許多組織會採用以下幾種方法進行：①員工推薦、②開放參觀 (Open Houses)、③職業介紹所與人力公司、④協會及工會、⑤學校（包括舉辦活動，例如求才博覽會，Job fairs 等等）、⑥實習任用 (Internship)、⑦廣告與網路求才。其中，近年來的研究指出，員工推薦的招募制度效果良

❺ 房美玉 (2002)，〈員工招募、甄選〉，引自李誠主編，《人力資源管理的十二堂課》，頁 53–78，臺北：天下文化。

好，組織經由內部現職員工的介紹，所招募到的新進員工，雖然可能因為有熟人在公司一起工作，而容易結黨集派，但其離職率較低，其績效表現通常也比較好❻。

由於大多數組織在尋求員工推薦時，即使同時尋求其他方式，例如廣告等等，往往也會先將職務要求說明，公告於內部的公布欄或企業內網路(Intranet)，使得資訊傳遞在內部比外部更為迅速，而有助於員工進行推薦，甚至有些組織會有獎勵措施，例如當被推薦者受到任用之後，給予推薦者一定的酬勞。

除了員工推薦之外，有些組織也經常透過對辦公室、廠房等等工作地點的開放參觀，吸引應徵者前來參觀，同時在帶領參觀的過程中，組織可以現場展示其工作環境，包括工作場所、員工餐廳、宿舍等等，也可以從中說明，目前有哪些工作機會，而組織有什麼樣的福利或是組織文化為何等等，有助於前來參觀且有意願應徵者，其組織社會化的過程 (Socialization)，也就是早一點瞭解組織的各種層面，如此才不會對組織有錯誤預期。至於參觀行程，有時候會排在週末，這樣可以吸引更多的人潮，也因而可能會為組織帶來更多的應徵者。此外，有些組織也會開放給學校或特定單位參觀，此時的參觀者，素質較為整齊，往往也是組織亟待吸引的潛在員工，甚至有些地點較為偏遠的組織，為了吸引更多的人前往參觀，還會備有交通車接送。

至於職業介紹所或人力公司，主要擔任的是求職者與求才者之間的媒介，也是許多組織取得外部人才的重要管道。這些媒介單位，有的是政府所提供的服務，例如行政院青年輔導委員會就有進行求職求才的媒介，也有些是針對特定對象進行免費服務，例如許多學校都有就業輔導單位，負責為其畢業生與求才單位進行媒介。更多的是一些需要收費的單位，例如第一章的「當代個案」中，所提到的人力派遣與仲介公司，或是各種求才求職的網站等等。

❻ 房美玉 (2002)，〈員工招募、甄選〉，引自李誠主編，《人力資源管理的十二堂課》，頁 53–78，臺北：天下文化。

另外有一種人力公司，是所謂的獵人頭公司 (Head Hunters)，主要是協助組織中高階人才的招募，而專業化的獵人頭公司，除了協助尋找人才之外，也會進行初步的人才審核與甄選。其次，許多人力公司經營久了，往往都會有此一業務，也就是幫助組織尋找中高階人才，除了因為此項業務的附加價值較高（反映在利潤上）之外，也因為大多數人，都會累積其工作經驗，所以人力公司只要定時追蹤過去登錄過的這些求職者，瞭解其職涯路徑，也就是其工作的發展狀況，而這些人隨著經驗的累積，將逐漸有能力承擔中高階幹部的職責，於是一旦有組織提出中高階人才需求時，人力公司就可以替這些人與組織進行媒介。

另一方面，有研究指出，在不熟悉的環境，或是當環境中的協會或工會力量相對較強時，組織進行人才招募可能會傾向於尋求協會或工會的幫忙❼，尤其是當組織需要一些比較專業、有經驗或是有紀律的員工時。由於協會或工會的成員，本身就在相關領域中工作，具備一定的專業與經驗，同時這些成員受到協會或工會的規範約束，甚至曾經受過訓練，因此對組織而言，員工紀律比較容易管理。相對地，這些員工若對組織有什麼不滿，也可以透過協會或工會來與組織交涉，所以組織單方面的影響力與談判能力也就比較小，例如不得任意對員工調職或改變工作內容（包括時數、薪資）等等。

以上這些管道，都可以幫助組織招募到外部員工，但有些組織仍然偏好透過學校，招募其應屆畢業生，因為他們認為，應屆畢業生的可塑性最高。然而，由於學校所教的內容，與社會所需要的知識或技能，還是有一段差距，特別是現在的大學都講究通才教育，很難培養出符合某一特定產業或組織需求的人才。因此，向學校招募人才，其工作引導或是訓練的成本就相對較高，而所招募的人才，離職率也相當高，主要原因是：①最初的工作安置缺乏挑戰性，無法留住人才；②剛踏出校門的大學生，真實工作預視 (Realistic Job Preview) 往往不足，容易產生對工作的不適應，甚至

❼ 徐木蘭、沈介文 (2001)，〈台商——東亞的菅芒花：調適與擴散，子計畫：大陸台商在公關策略運用上之分析〉，國科會計畫，編號：NSC89–2420–H–002–022–S9。

找不到工作的定著感❽。於是，有些組織會與學校合作，提供寒暑假實習機會，或是在最後一學期或學年，提供學生工讀機會，除了讓工讀或實習生能逐步漸進的培養其工作能力，畢業後承擔較具挑戰性的工作之外，也讓他們早一點瞭解工作的真實環境與現象，減少他們在畢業之後對於工作的不當預期而產生壓力。研究也發現，對於工作內容有較實務期望的人，往往有更高的承諾與工作滿意度，長期而言在工作上有較好的表現❾。

當然，除了以上這些管道，組織最常使用的招募方式還是透過廣告，包括刊登於報紙、雜誌刊物、收音機、以及電視的廣告。其中，在報紙廣告部分，閱報率越高的報紙就有越多的求才廣告，特別是在週末。此外，網路招募也是很新的趨勢，而且對於潛在員工而言，已經成為最常運用的求職管道之一❿。運用網路最顯著的好處，是整個招募過程得以加速進行，刊登廣告當天就能收到相當多份履歷表，而且網路也比報紙廣告便宜許多，網路的成本大約只佔報紙的 10～20%，但其壞處是容易收到許多不可靠的履歷表⓫。

目前臺灣有近百家的人力網站，除了綜合網站，也就是為組織提供一般綜合性的人才網站之外，還有包括以下四類網站：①專才網站，提供特定領域的專業人才求職媒介，例如鎖定科技人才，替資訊、網路、或是通訊業等等進行媒介；②地區網站，提供某一地區內的人才媒介服務，例如專為臺中地區的組織或人才進行媒介；③培訓網站，有的單位先培訓專才後，再透過網站將資訊提供給各組織；④兼差或工讀的特定網站，提供組織有關於兼差求職員工的資訊。因此，人力資源管理者最好先選定所要尋

---

❽ Jackson, S. E. & Schuler, R. S. (2000), *Managing Human Resources: A Partnership Perspective*, Ohio: South-Western College Publishing.

❾ Hunter, J. E. and Hunter, R. F. (1984), "Validity and Utility of Alternative Predictors of Job Performance," *Psychological Bulletin*, 96, 72–98.

❿ 楊奕源、沈介文 (2002)，〈企業形象認知、產業瞭解度與員工求職選擇之研究——以半導體產業為例〉，2002 兩岸商學與管理學術研討會論文光碟（海報發表第 53 篇），頁 1–8，臺北：龍華科技大學。

⓫ 藍美貞、姜佩秀譯 (2001)，《職能招募與選才》，臺北：商周。

找的人才屬性，再來點選網站，以免花了過多的人才搜尋時間與金錢（許多網站求才是需要付費的）。

雖然網路有助於蒐集、篩選及提供人力資料，但它還是有相當的限制要加以考量，包括⑫：

1. 網路不能取代甄選的程序，以判定該人是否為合格的員工，例如網路無法做到（至少是不易做到）對求職者的背景瞭解、面試、其他態度及行為的觀察等等。
2. 網路缺乏人際接觸，會令某些人資專家感到挫折。
3. 因為透過網路投遞履歷相當容易迅速，造成檢視履歷的成本激增，有些公司甚至得安排兩個專門人員來處理。
4. 需要處理機密問題，例如保護應徵者的資訊等等。

第二節　甄選設計

規劃甄選程序

組織吸引來應徵者之後，會再透過甄選方法或工具，篩選並僱用符合條件的員工，其程序如圖 6–3 所示。其中，甄選程序可以分成數個階段，若每一階段皆淘汰不適任者，稱為「分階段淘汰程序」(Sequenced Process) 或是「計畫性程序」(Designed-through Process)，另外也有組織會要求所有應徵者都接受全部的測試，再一起決定錄取哪些人，這是「一次淘汰程序」(En Bloc Process)⑬。

圖 6–3 的甄選程序中，第一個階段是應徵者的申請表與履歷審查（有的時候還包括了自傳、畢業證書、身體健康檢查表、以及其他相關證照），用來過濾大部分的應徵者，通過考驗者可以進行下一個階段——預先面試。預先面試可以是一個簡單的初步篩選，其目的主要是對審查通過的應徵者所提供之資訊加以檢核其可靠性，或是淘汰不適當的應徵人員⑭。這時通

⑫ Mondy, R. W., Noe, R. M. & Premeaux, S. R. (2002), *Human Resource Management* (8th Ed.), N. J.: Prentice-Hall.

⑬ 藍美貞、姜佩秀譯 (2001)，《職能招募與選才》，臺北：商周。

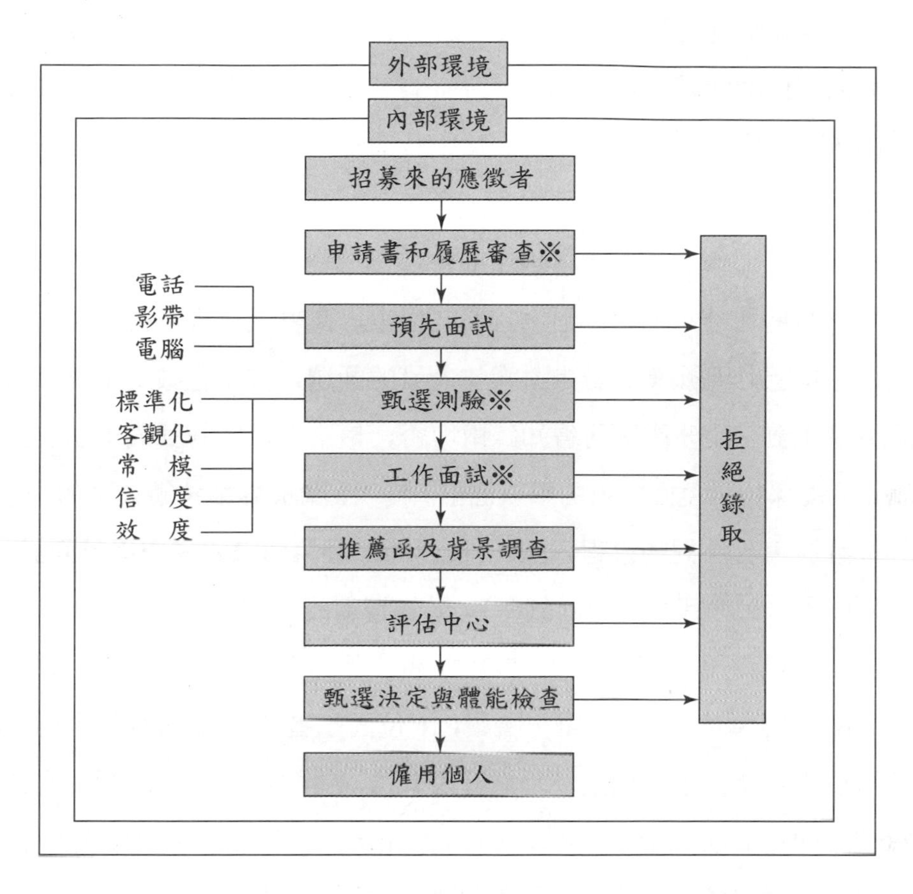

資料來源：摘譯自 Mondy, R. W., Noe, R. M. & Premeaux, S. R. (2002), *Human Resource Management* (8th Ed.), N.J.: Prentice-Hall.

圖 6–3 甄選程序

常會問的問題包括：為何要應徵此工作、對本工作有無興趣、希望待遇若干、學經歷經驗如何等等（例如以電話詢問）。然而，預先面試也可能是深具參考價值的篩選過程，例如若應徵者目前正在國外工作，不願意貿然花機票錢請假回國參加面試，而其條件又相當優秀，則組織可以請應徵者錄一段自我說明的 VCD，E-mail 或郵寄給組織參考，甚至於可以直接以電腦視訊進行預先面試，若彼此都很滿意，則可以請應徵者回國參加後續階段，必要時可以補助其機票錢。

預先面試合格者，接下來需要完成一或多份測驗，常見的包括：一般

⓮ DeCenzo, D. A. & Robbins, S. P. (1999), *Human Resource Management* (6th Ed.), John Wiley & Sons Inc.

語文能力測驗、能力測驗（含專業知識測驗）、智力測驗、心理測驗（含性格問卷）、實作測驗等等。在此階段中，會有更多的應徵者被淘汰，最後留下來的人可接受結構化面試或是評估中心的評估，然後組織會根據各階段的結果，決定應徵者是否被錄取。

圖 6–3 中打※者表示大多數組織會進行的程序，其他則是有些組織可能採用，有些可能不採用，但也有研究指出，影響甄選程序的選擇，最重要因素在於工作種類⓯。若是對操作人員的甄選，其過程較為單純，通常僅須經過兩到三個步驟即可得知錄取與否，最常使用的方式為申請表或履歷表，然後採行兩位面試者的單次面試。其次，關於專業技術人員的甄選，則往往經歷三種不同的過程，其中最重要的部分為申請表審查以及面試（通常分兩階段，每階段各兩位面試者）。另外還有關於事務或行政性的工作，組織通常也是採用三種甄選程序：申請表、能力測驗、以及面試，其中最重要的部分為面試（通常採單一階段，兩位面試者），申請表及能力測驗次之。至於主管級以上的甄選，其過程最繁複，往往採用四種不同的方法，最常使用的是面試（經常兩階段以上，面試者至少三位或三位以上），此外也會要求應徵者須接受能力或性格測驗，或是兩者都有。

雖然影響甄選程序的因素主要來自於工作種類，但甄選程序或方法的本身，也有影響決策的因素存在。表 6–3 即是甄選的各階段決策影響因素參考比較，不過一般而言，人資專家在負責甄選時，要考慮的絕對不是只有成本、效度與篩選能力而已，還應該包括：①可花用的預算額度；②甄選方法的選擇與使用順序（下一節會對各種方法加以說明）；③誰來當評估者，以及評估者的專業能力（例如設計評估中心），而評估者最好能事先受過相關訓練；④預估的工作時間、應徵者人數、組織空缺人數、以及甄選率（Selection Ration，可能的僱用人數除以應徵人數）；⑤如何向應徵者介紹組織；⑥如何善待應徵者。

⓯ Bureau of Employee Development (1997), “The State of Selection: An IRS Survey,” *Employee Development Bulletin*, p. 85.

表 6-3 甄選各階段的決策影響因素參考

	申請表	能力測驗	性格問卷	工作實務	面試	評估中心
成本	低	中	中	中	中	高
效度	中	高	中	高	高	高
精確篩選 vs. 粗略篩選*	粗略	粗略	中等	中等	中等	精確
最適階段	初期	中期	最後	中期至最後	中期至最後	最後

*精確篩選工具能分辨出程度相似的應徵人選之間的差別，粗略篩選工具則適用於一般性的大量篩選。

資料來源：整理自藍美貞、姜佩秀譯 (2001)，《職能招募與選才》，臺北：商周。

甄選工具的設計

圖 6-4 是甄選工具的設計流程，其中第一個步驟是根據工作分析結果，也就是工作說明書或是工作規範，來選擇關於工作績效的適當效標（例如員工的生產品質），並求得其值，同時也選擇並衡量績效效標的預測變項（例如品管訓練的小時數），然後再比較二者之間的相關性（員工所受品管訓練的小時數與其生產品質是否相關），以評估預測變項的效度（高相關則高效度），效度過低則考慮更換預測變項。

以上所謂的效度 (Validity)，是指測量工具（例如預測變項）能正確測

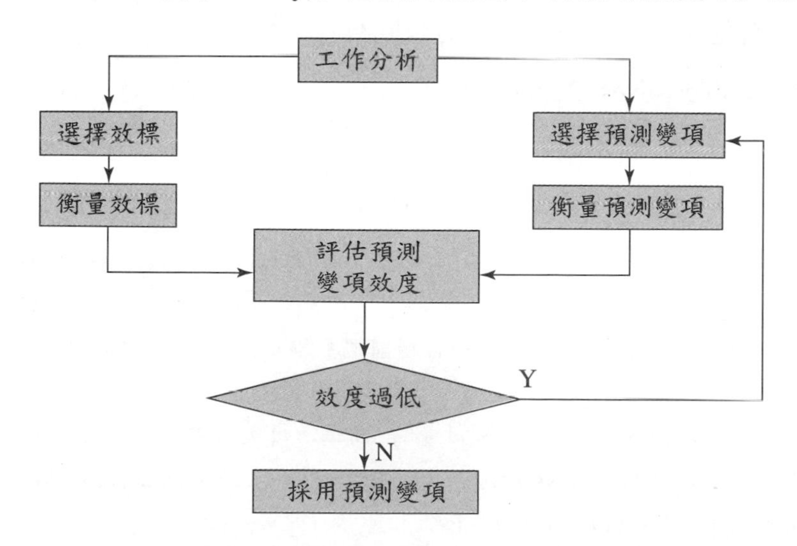

資料來源：整理自葉椒椒編著 (1995)，《工作心理學》，臺北：五南。

圖 6-4 甄選工具設計流程

出其所欲測量之物（例如績效效標）的程度⑯，因此效度是特殊的而非普遍的，需要配合測量工具之目的，並針對某種特殊用途（例如招募到有潛力、能產生績效的員工）進行評估⑰，因此測量工具所欲測量之物應有明確的定義（例如對於「潛力」或「績效」的定義等等）⑱。因此，若所欲測量之物為應徵者的未來績效，則應徵者在某測驗的得分越高，未來工作績效也越好時（也就是二者有高相關時），可稱此測驗具有效度。

常見的效度有預測效度 (Predictive Validity) 以及同時效度 (Concurrent Validity)，預測效度的作法是先收集應徵者在甄選階段，其預測變項的分數，再與一段時間後（通常是半年），應徵者的工作績效做統計上的相關分析。至於同時效度，則是以現職員工當受測者，再將其預測變項分數與績效效標做相關分析，馬上可知其效度。這兩種計算方法各有其優缺點，預測效度來自於真正的應徵者，所以比較正確，但時效上不如同時效度。相對地，同時效度的最大優點就是可以很快得到效度，但因資料並不是來自應徵者而是現職員工，再加上員工的參與意願通常不高，所以較不準確⑲。

除了效度之外，設計甄選工具還需要注意到信度 (reliability)，所謂信度是指甄選工具所得資料的穩定程度。信度是效度的必要條件但非充分條件，也就是說，甄選工具有信度，不一定有效度，但甄選工具若有效度，一定要先有信度才行。一般常見的信度有三種：

1. **再測信度** (Test-retest Reliability)

   針對同樣對象，在不同時間測驗得到的分數差不多時，我們可以推斷該測驗具有再測信度。但由於是「再測」，所以受測者對於測驗可能有學習與記憶的機會，而每個人的記憶強弱與學習能力不同，可能會影響真正

---

⑯ 簡茂發 (1993)，〈信度與效度〉，摘自楊國樞主編，《社會及行為科學研究法》（十三版），臺北：東華書局。

⑰ 陳英豪、吳裕益 (1990)，《教育與評量》，高雄：復文圖書。

⑱ Cronbach, L. J. (1988), “Five Perspectives on Validity Argument,” In H. Wainer & H. I. Braun (Eds.), *Test Validity*, N.J.:LEA.

⑲ 房美玉 (2002)，〈員工招募、甄選〉，引自李誠主編，《人力資源管理的十二堂課》，頁 53–78，臺北：天下文化。

的得分，使得再測信度變得比較不準確。

2. **內部一致性信度** (Internal Consistency Reliability)

用來檢視測量題目間的一致性程度，也就是測量的每個題項是否都朝著同一方向來檢視某一個概念。例如所詢問的是否都是有關於品管的訓練，還是參雜了其他的訓練等等，而此一信度的計算，可以避免再測信度所產生的學習效果。

3. **評量者間信度** (Inter-rater Reliability)

不同評量者對相同應徵者的評量結果一致性程度，當評量者之間的看法差異很大時，評量者間信度就很低，而當評量者人數越多，就越不容易達成一致看法，此時所要求的最低信度就可以比較低。

信度與效度的觀念，通常會使用統計中的正相關係數高低來代表，一般可接受的最低信度為 0.7，而效度則可被容許更低的數值。即使如此，單個預測變項的效度往往還是不夠好，因此在甄選實務中，組織經常需要採用多個互補性高的預測變項，來提高其「協同效度」(Synergistic Validity)[20]。其次，由於甄選流程的組合是影響接受度認知的重要因素，某些組合較其他更能吸引人，例如能力測驗配合問卷，比面試與問卷的組合，更易被接受，而單獨使用面試也比單獨使用問卷更易被接受等等。因此，對於設計甄選工具或流程的人而言，平衡使用各種方法，包括申請表、面試、測驗、以及評估中心（這些方法，第二節會說明），這樣應徵者的接受度會比較高[21]。至於針對多個預測變項的處理方式，大致上包括以下四種[22]：

1. **多重迴歸** (Multiple Regression Analysis)

最簡單、最直接的方法，就是利用統計技術把多個預測變項綜合起來進行迴歸預測，但要注意，當迴歸方程式在 4 到 5 個預測變項時，其效果與有更多的變項時差異不大。因此，4 到 5 個預測變項應該是成本效益最佳的狀態；另外，受試者與預測變項數目的比例一般都不應低於 10:1，

---

[20] Payne, T. J., Anderson, N. R. and Smith, T. (1992), "Assessment Centers, Selection Systems and Cost-Effectiveness," *Personal Review*, 21, 48–56.

[21] 藍美貞、姜佩秀譯 (2001)，《職能招募與選才》，臺北：商周。

[22] 葉椒椒編著 (1995)，《工作心理學》，臺北：五南。

即每增加一個預測變項，至少應增加十個受試者。

2. **多重臨界點** (Multiple Cutoff)

此法為每一個預測變項制定一個能勝任工作的最低分數 (臨界點)，所錄用的人必須在所有的變項上都通過臨界點，任何一個變項分數低於臨界點者就要被拒絕，亦即任一個預測變項上的高分不能補償另一個預測變項的低分。

3. **多重關卡** (Multiple Hurdle)

每一個預測變項都是一個關卡，應徵者必須成功地通過所有關卡，才能被錄用。其優點是可以在初期就將不稱職者篩選掉，而且經過多重關卡的篩選，預測錯誤率就相對降低。然而，此方法的缺點則是比較耗時、耗成本，最後被錄用的人，同質性往往比較高。因此，此方法較適合於重要工作的甄選，而且最好能夠有部分搭配多重迴歸法(變項間可以互補)。

4. **模式配對** (Model Matching)

對所有在職員工每人進行所有的預測變項測驗，然後將平均分數一一排列成標準模式，再將每位應徵者在各個預測變項的分數排列出來，並與標準模式進行比較。首先，只考慮那些分數在標準模式之上的應徵者 (意謂著應徵者的品質不能低於現職員工)，然後再選擇應徵者排列出來的模式，與標準模式在「形」上最相似者 (如圖 6–5 的應徵者 B)。

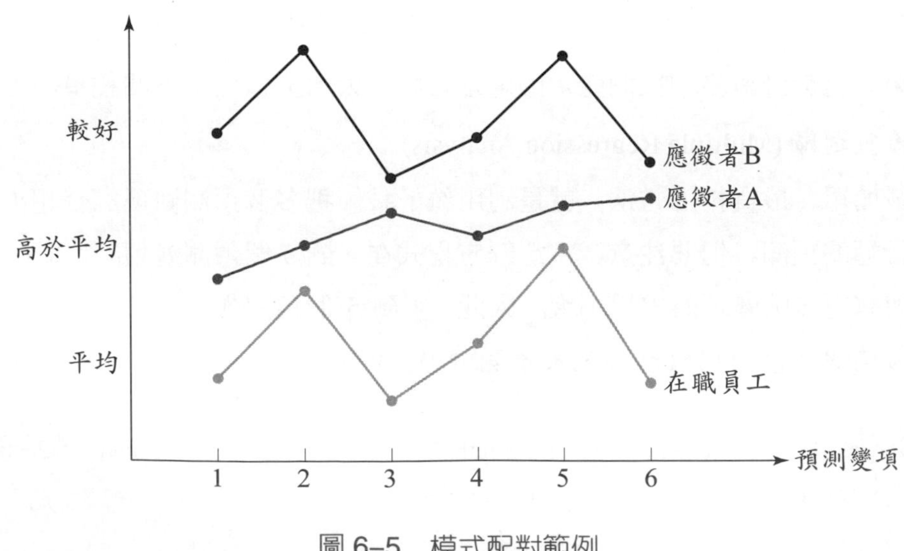

圖 6–5 模式配對範例

第三節 甄選方法介紹

組織中的人員甄選方法，大致上可以分成四類：①以個人資料表進行篩選、②透過筆試測驗進行篩選、③透過面試進行篩選、④透過評估中心進行篩選，以下就分別說明。

以個人資料表進行篩選

個人資料表有時也稱為「空白加權申請表」(Weighted Application Blank)，格式通常是多重選擇題再加上一些填空，其中的多重選擇題可以採用機器閱卷，以節省時間成本，但往往先需要大量的應徵者來建立題項之間的評分標準㉓。

如果要以個人資料表來進行篩選，其前提必須是認為應徵者的過去經驗，可以預測其未來績效，而過去有研究指出，個人資料表對某些從業人員的未來成功機率，較具有預測能力，包括對於研究工程師、石油業科學研究人員、醫藥產業研究員、公車司機、以及警察的績效預測等等㉔。此外，也有報告指出，美國的前 100 大企業裡，約有 40% 都曾經採用過履歷表掃描軟體，以節省時間與進行大量的資料處理，然而此方法比較適合用來搜尋技術相關的技能，例如「品管訓練」等等，但對於應徵者的職能 (Competence) 程度，例如「溝通能力」等等，就比較不容易判斷㉕。

某些時候，個人資料表也可以透過傳記式的量表來呈現，也就是以選擇題方式，請應徵者勾選過去經驗或曾經處理過的任務與特殊情形（例如是否處理過員工對公司的控訴等等）。此量表所呈現的個人經驗，非常適合用來當作面試時的輔佐資料，至於該如何發展傳記式量表，首先要列出組織認為工作績效良好的員工，應該具備什麼樣的生活歷練與經驗，接著發展出一些問題來評量這些歷練的品質。值得注意的是，量表應該詢問應徵

㉓ 藍美貞、姜佩秀譯 (2001)，《職能招募與選才》，臺北：商周。

㉔ Reilly, R. R. and Chao, G. T. (1982), "Is It Rational to be Empirical? A Test of Methods of Scoring Biographical Data," *Journal of Applied Psychology*, 71, 311–317.

㉕ Sheppard, G. (1997), "Screen Test," *Personnel Today*, March, 28–29.

者過去發生的行為，而不是請他們預測未來的可能行為㉖。

由於個人資料表所詢問的，多半是一些硬性資料，也就是比較客觀而可確認的資料，甚至可要求應徵者填寫保證人，使得應徵者比較不會偽造答案，於是有人認為此種方法比一些運用軟性資料(主觀且難確認的資料)，例如性格測驗等等的方法，更為穩定、可靠，所以個人資料表的效度也比性格測驗或其他主觀性較高的測驗來得高㉗。即使如此，個人資料表還是有「陷入時間泥沼」的問題，也就是經過一段長時間之後，任何題項的效度都會變小；而且，也有研究指出，許多應徵者非常討厭以個人資料表來進行篩選，他們認為這些資料既不準確也不公平，因此個人資料表的運用，還是要考慮到應徵者的認同度㉘。

透過筆試測驗進行篩選

筆試大多是根據心理計量學的原理來設計，所以往往會有問題編撰不易、費時費力的缺點，而甄選所用的心理計量，大致上可以分成二類，首先是「最佳表現測驗」，用以評量應徵者在哪些項目會有最佳表現、最能勝任；其次是「工作適合測驗」，用以評量應徵者可能或喜歡做的工作項目有哪些，這些項目應該是應徵者最適合的工作。其中，常見的最佳表現測驗有以下幾種：

1. **認知能力測驗** (Cognitive Aptitude Tests)

   對應徵者的推理、記憶、字彙、口語流利度、以及數理能力等等的測驗，而有研究指出，此種測驗，對於需要高層次思考（包括抽象思考與決策判斷等等）的工作者，往往可以有效預測其工作表現，特別是當工作越複雜，則測驗的預測度越高㉙。

㉖ 房美玉 (2002)，〈員工招募、甄選〉，引自李誠主編，《人力資源管理的十二堂課》，頁 53–78，臺北：天下文化。

㉗ Shaffer, G. S., Saunders, V. and Owens, W. A. (1986), "Additional Evidence for the Accuracy of Biographical Data: Long Term Retest and Observed Ratings," *Personnel Psychology*, 39, 791–809.

㉘ Smith, M. and Robertson, I. T. (1993), *The Theory and Practice of Systematic Personnel Selection* (2nd Ed.), London: Macmillan.

2. **運動能力測驗** (Psychomotor Abilities Tests)

測驗應徵者的肌肉力量、協調性、以及靈巧度，例如測驗應徵救火員者，能否背負 80 公斤（約一個成年男性的體重），在一定時間內，由八樓走下來。

3. **工作知識測驗** (Job-knowledge Tests)

測驗應徵者對於工作職務的瞭解程度，例如測驗應徵人資專員者，人力資源管理應該負責哪些業務，各種業務需要哪些單位配合等等。

4. **工作抽樣測驗** (Work-sample Tests)，**或稱為模擬** (Simulations)

請應徵者實際操作一項或是多項其所申請工作的代表性職務，以測驗其工作技能或專業。例如，請應徵保全者進行擒拿模擬，或是請行政助理的應徵者，直接以公司的電腦排版軟體，打好一封商業書信 E-mail 出去等等。由於此種測驗與工作內容往往有直接相關，所以一些接受過測驗的應徵者均表示，工作抽樣測驗較為公平以及可被接受[30]；然而，這種測驗通常比較適合操作性質的工作，對於一些需要思考的工作內容，就不容易設計此種測驗。

最佳表現測驗通常可以指出應徵者的現有能力，卻無法預測其長久以後的表現，特別是當工作內容或所需技術發生改變時，例如組織引進新的科技，或是執行流程再造等等。因此，測驗的結果最好是保守應用，例如僅僅用來排除明顯不適任的應徵者，而非挑出測驗表現最好者。組織也可以配合一些工作適合測驗，以瞭解員工比較適合的工作為何，那麼即使未來工作內容有所改變，只要仍然符合員工的興趣或性格，則其工作表現應該還可以維持，甚至更好。很多例子也顯示，應徵者若是在興趣、性向或人格上，無法與組織配合，往往會導致工作關係的早早結束。至於常見的工作適合測驗有以下二種：

1. **職業興趣測驗** (Vocational Interest Tests)

測驗應徵者最感興趣和最能從中獲得滿足的工作為何，並與那些在特定

[29] 藍美貞、姜佩秀譯 (2001)，《職能招募與選才》，臺北：商周。

[30] Robertson, I. T. and Kandola, R. S. (1982), "Work Sample Test: Validity, Adverse Impact and Applicant Reaction," *Journal of Occupational Psychology*, 55, 171–183.

工作中表現成功的員工興趣互相比較，而這項測驗的結果，通常是用於諮詢和就業指導方面的協助工具[31]。

2. **人格測驗** (Personality Tests)

近年來人格測驗逐漸被重視，其中一個原因是「五大人格特質」(Big Five Personality Type) 的發展，使得與工作相關的人格特質，有了整合性的定義，表 6–4 即研究者所提出來的五大人格。另外有研究指出，五大人格中的勤勉認真程度與工作績效及訓練成效正相關、外向程度與業務人員的銷售業績正相關，而親近與情緒穩定程度，則可預測服務業的客戶服務行為[32]。此外，由於人格測驗的資料與其他甄選工具（如智力測驗、評估中心）間的相關性很低，也就是彼此的互補性較高，因此可以搭配其他工具一起使用，例如作為評估中心的一部分，並且配合面試等等，以提高整體甄選過程的「協同效度」[33]。

表 6–4　五大人格特質

五大人格特質	描　述
親近程度 Agreeableness	人們的體貼、同理心、易於合作、讓人感到溫暖的程度
勤勉認真程度 Conscientiousness	人們的努力工作、值得信任、有組織力、自律高、勤奮、盡忠職守、責任感、專注工作的程度
外向程度 Extraversion-introversion	人們的合群、有衝勁、社會互動能力的程度
情緒穩定程度 Emotional Stability	人們的情緒控制、冷靜、安定、壓力容忍力、樂觀的程度
對經驗開放程度 Openness to Experience	人們對各種經驗的可接受程度，以及洞察力、好奇心、創造力的程度

資料來源：摘譯自 Mount, M. K. & Barrick, M. R. (1998), "Five Reasons Why the "Big Five" Article has been Frequently Cited," *Personnel Psychology*, 51, 849–857.

---

[31] Mondy, R. W., Noe, R. M. & Premeaux, S. R. (2002), *Human Resource Management* (8th Ed.), N.J.: Prentice-Hall.

[32] 房美玉 (2002)，〈員工招募、甄選〉，引自李誠主編，《人力資源管理的十二堂課》，頁 53–78，臺北：天下文化。

[33] Gatewood, R. D. & Field, H. S. (2001), *Human Resource Selection* (5th Ed.), N.Y.: Harcourt College Publishers.

透過面試進行篩選

以面試來篩選應徵者，其優點是在面試過程中，若有任何疑義，可以立即追問以獲得更深入與正確的看法，還可以當場測出應徵者的反應力、表達力與機智能力，同時應徵者也可以經由面試中的互動，相對增進對組織的瞭解。然而，此方法也相當費時與消耗人力，因為若是一對一面試，也就是每次僅面試一位應徵者，假設有六十個人來應徵，每人花 20 分鐘進行面試，每天 8 小時都在面試，也要將近三個工作天，才能全部面試完畢。如果組織採取小組面試，也就是一個應徵者同時接受幾位組織代表進行面試，例如接受未來的同儕、下屬、以及主管的共同面試，則組織等於有三個人，整整三天都在面試，其人力成本顯而易見的相當高。即使是採用團體面試，一次面試多位應徵者，仍然是相當耗時間（因為團體面試的時間通常會拉長）。

此外，由於面試的過程較具彈性，加上某些能力或人格特質，很難在短時間內判斷出來，故面試的客觀性也就比較容易受到質疑。因此，最好能夠先讓應徵者充分瞭解面試程序，除了一開始的自我介紹，並建立和諧的關係 (Rapport) 以化解抗拒之外[34]，更要先進行面試說明（例如進行時間、面試結構、如何記錄），並在確定應徵者瞭解上述原則之後，詢問應徵者是否已準備好，可以開始接受面試，然後才正式進入面試。即使如此，仍然有許多人建議，除了初步篩選之外，也就是前面在甄選程序中提到的預先面試之外，組織並不適合以面試來「篩選」優秀人選，而最好是當大致上決定僱用某人時，再以面試進行「最後確認」，包括更深度的評估，以及作為組織公關的工具，也就是提供適當的訊息，塑造組織誘因，以吸引可能僱用的應徵者。另外，面試者與應徵者最好在面試前就有一份程序表，而面試者事前應該先看過應徵者的申請書或履歷表，確認其中需要澄清的部分，以及選擇要問的問題並準備額外的問題，以取得所有必要的資訊。接著，面試者就可以根據程序，藉由面試對應徵者的資料進行必要查證，同

[34] Berg, B. L. (1998), *Qualitative Research Methods for the Social Sciences* (3rd Ed.), Boston: Allyn and Bacon.

時也取得應徵者的其他資料，包括應徵者的工作經驗、知識、能力、意願、學業成績、溝通技巧、適應力等等。

至於面試方式，雖然有所謂的非結構化面試 (Unstructured Interviews)，也就是以開放式 (Open-ended) 問題來進行面試，由前一個問題不斷引出新的問題，再請應徵者回答。然而，由於此種面試容易受到面試者的偏見影響，使其結果有主觀意見。特別是如果沒有事先設定甄選標準，只想「一眼看見便知道」，不但不切實際，而且會因為類己偏好誤差 (Similar-to-me Error)，也就是我們喜歡跟自己相似的人相處，導致我們認為這些人表現較佳的知覺誤差，所以容易招募到與自己同質性高的人。這樣，不但會間接歧視了其他不同性質的應徵者，也使組織缺乏多元化，沒有不同的觀點、風格與方法，因而弱化了組織改變與內部創造的潛能[35]。

因此，許多研究指出，非結構化面試的效度很低[36]，於是不建議採用此種面試方式，而建議採用結構化面試 (Structured Interviews)，也就是擬定一套面試的題目大綱，按部就班的進行，這樣不但有利於組織能夠針對所有必要的問題設計訪談，而且可以有系統地取得所有應徵者適切且類似的資料，表 6–5 所示，即為三種常見的結構化面試類型，包括自傳式面試、回顧式面試、以及前瞻式面試（又稱為情境式面試）。

雖然有研究指出，若是一群工作經驗豐富的應徵者，情境式面試會比回顧式面試更能突顯出應徵者之間的差異[37]，但整體而言，檢驗過去的問題較具測驗效果，因此除非應徵者為非常有經驗的人，否則回顧式面試還

[35] Herriot, P. & Anderson, N. R. (1997), "Selecting for Change: How will Personnel and Selection Psychology Survive?" In Anderson, N. R. & Herriot, P. (Eds.) , *International Handbook of Selection and Assessment*, Chichester: Wiley.

[36] Anderson, N. R. (1991), "Eight Decades of Employment Interview Research: A Retrospective Meta-review and Prospective Commentary," *European Work and Organizational Psychologist*, 2 (1), 1–32.

[37] Durivage, A., St. Martin, J. & Barrette, J. (1995), "Practical or Traditional Intelligence: What does the Situational Interview Measure?" *European Review of Applied Psychology*, 45, 179.

表 6–5 三種常見的結構化面試類型

結構化面試類型	方式描述
自傳式面試 the Biographical Interview	從應徵者的履歷表開始，以年表為基礎，逐步詢問與瞭解其經驗、工作轉換或重大決定的動機，以及他們的願望等等
回顧式面試 the Backward Interview	透過詢問應徵者過去的作為，然後找出應徵者的行為模式。例如：「請說明一下，你過去領導專案團隊的經驗」，以瞭解其組織與領導能力
前瞻式面試 the Forward Interview（又稱為情境式面試，the Situational Interviews）	與回顧式面試類似，只是將問題重點放在瞭解應徵者未來可能的作為，例如詢問：「若要請你領導一個團隊，開發新產品，你會怎麼做?」通常，詢問問題前，會先準備至少三種答案模式，好的答案、普通答案、差的答案

是被認為是最可靠、也最能預測未來工作的結構化面試方式[38]。此外，大部分的面試過程，均會以盡量減低對應徵者所造成的壓力而設計，但也有些組織會將應徵者安排在壓力下參加面試，例如故意問應徵者一些直率且不禮貌的問題，以使應徵者感受到不舒服的氣氛，這就是所謂的壓力面試 (Stress Interviews)，其主要目的在於觀察應徵者會如何反應該工作所可能帶來的壓力，或是測驗應徵者對壓力的容忍度。通常，若應徵的工作，其工作環境就經常必須要面臨高度壓力，則可能會採取此種面試方式，但在大多數的情況下，壓力面試並不是一個十分恰當的方式[39]。

透過評估中心進行篩選

所謂評估中心 (Assessment Center)，是指應徵者被要求參與一連串組織所設計的練習、模擬或測驗，然後由一群評估者共同觀察，並根據事先擬定的標準，對應徵者進行評估。因此，評估中心包含的元素，主要有應徵者、評估者、練習或測驗、以及評量標準（請見表 6–6），而其所花的時間，有時半天就可以完成，有時候則需要二天以上，當然費用也就相當昂

[38] Pulakos, E. D. & Schmitt, N. (1995), "Experience-Based and Situational Interview Questions: Studies of Validity," *Personnel Psychology*, 48, 289–308.

[39] Mondy, R. W., Noe, R. M. & Premeaux, S. R. (2002), *Human Resource Management* (8th Ed.), N. J.: Prentice-Hall.

表 6-6 評估中心的基本元素

基本元素	說 明
應徵者	通常會對多個應徵者，共同進行評估
評估者（或稱觀察者）	由組織內的人資專家與工作相關人員共同組成，有時候也會加入組織外的專家
練習、模擬或測驗	例如角色扮演、團隊討論（有指派領導者或無指派領導者）、業務競賽、個案研究、工作簡報
評量標準	須事先擬定，例如在無領導者群體討論時，應徵者的影響能力、衝突解決能力等等

貴，有研究指出，評估中心花在每位人選的平均費用，比性格測驗高出 270 倍[40]。至於評估中心的設計流程，主要包括以下的九個步驟[41]：

1. 決定該工作需要測量的能力、知識、技術或是態度等等，例如想要測量行銷經理的應徵者，其行銷規劃能力。
2. 確認並解決執行上的限制，例如評估中心是否會過度設計，造成太複雜的問題，以及選擇評估中心的地點或人手問題、評估者的決定與訓練、整體費用的高低、公平性問題、應徵者的練習效應（有些測驗透過事先練習可以改善其表現，而造成評估者的誤判）。
3. 確認並設計各種測驗練習，例如設計行銷業務的競賽，以評量應徵者的行銷規劃能力。
4. 擬定出判斷標準，以對應徵者加以評估，例如行銷規劃的詳盡程度，以及規劃的系統性，包括是否有決定出各項工作的優先順序等等。
5. 確認工作時間表及各項執行細節。
6. 與所有參與人員充分溝通。
7. 對應徵者提出簡報說明。
8. 訓練評估者。
9. 監督並評估。

---

[40] Goffin, R. D., Rothstein, M. G. & Johnson, N. C. (1996), "Personality Testing and the Assessment Center: Incremental Validity for Managerial Selection," *Journal of Applied Psychology*, 81 (6), 746–756.

[41] 藍美貞、姜佩秀譯 (2001)，《職能招募與選才》，臺北：商周。

許多研究顯示，評估中心如果設計良好，往往能夠衡量出應徵者的潛力，是預測應徵者未來工作表現的最佳指標[42]，尤其是當組織同時使用多項練習或測驗、評估者包括心理學家與組織內的主管人員、以及一併考慮同儕評估的話，評估中心的效度會更高。表 6–7 就列舉了一些常用的評估中心測驗，以及這些測驗對不同職能的觀察效果，有些測驗對某些職能，

表 6–7　評估中心對不同職能的觀察效果

職能成就	業務競賽	團隊討論——有指派領導者	團隊討論——無指派領導者	個案研究	面　試	角色扮演
主動性 1. 主動出擊以達成目標 2. 不被動等待被告知該做什麼	∨∨	∨∨	∨∨		∨∨	∨
工作標準 1. 找出完成工作的更好方法 2. 經常達成既定標準			∨∨	∨	∨∨	
規劃組織 1. 規劃詳盡的執行計畫 2. 決定工作的優先順序	∨∨			∨	∨∨	
工作韌性 1. 工作進度受阻礙時不屈不撓 2. 有始有終完成各項任務		∨∨			∨∨	∨
獨立性 1. 為自己的決定負責到底 2. 為結果負責					∨∨	∨
適應性 1. 在團體討論中獨立思考 2. 瞭解改變的必要	∨∨				∨∨	

∨∨ 表示該測驗對該職能具有相當完整的觀察效果
∨　表示該測驗對該職能具有一定程度的觀察效果

資料來源：整理自藍美貞、姜佩秀譯 (2001)，《職能招募與選才》，臺北：商周。

[42] Gaugler, R. B., Rosenthal, D. B., Thornton, G. C. & Bentsons, C. (1987), "Meta-Analysis of Assessment Center Validity," *Journal of Applied Psychology*, 72, 493–511.

確實有相當良好的觀察效果。

雖然評估中心的效果不錯，但同時也存在一些限制，包括費用問題、公平性問題等等，其中對於評估者的訓練，是最常被提及需要加強改進的部分[43]，而一位符合資格的評估者應該要能夠做到：

1. **充分瞭解各項政策及規定，包括評估方法、評估標準、評分過程、以及使用限制等等，並具備相關知識，包括如何整合資料、進行討論決議。**
2. **瞭解該觀察何種行為，以及標準的、期望的、有效的、無效的行為為何。**
3. **瞭解欲評估的內容，及其與工作表現之間的關係。**
4. **記錄與分類的能力，以及知道如何使用評估中心的各種表格。**
5. **能夠進行適當回饋，對應徵者的表現提出精確的口語和書面回饋。**
6. **能夠盡可能地保持客觀與一致性。**

第四節 工作配置

當招募甄選的過程結束之後，對於被拒絕的應徵者，組織可以透過廣告或是措辭得當的書面通知加以回覆；而若應徵者被錄取，則組織可以口頭通知，或是以書面文件發出錄用通知 (Offering Letter)，通常所應徵的職位越高時，越會採用正式的書面通知，圖 6–6 即為錄用通知的範例。

至於新進人員工作的配置，通常組織在進行招募公告時，大概就已經根據人力的需求預估(請參考第三章人力資源規劃)，決定是哪些職務出缺，以便安排應徵者的工作。一般來說，組織的工作配置策略大致上有二種如下[44]：

1. **選擇策略**

   主要是以實現組織目標為最高指導原則，根據員工最佳潛能來進行工作配置，也就是透過其測驗分數的比較，以分數高低來決定其職務，使越重要的職務由越具潛能的員工擔任。

[43] Premack, S. Z. & Wanous, J. P. (1985), "A Meta-Analysis of Realistic Job Preview Experiments," *Journal of Applied Psychology*, 70, 706–719.

[44] 葉椒椒編著 (1995)，《工作心理學》，臺北：五南。

程式公司錄用通知

受文者：韋戈先生
事　由：本公司決定錄用　台端為應用程式部門系統分析師
日　期：民國　　年　月　日

韋戈先生大鑒：

敬啟者，本公司決定錄用　台端為系統分析師，服務於臺北市本公司總管理處應用程式部，月薪　　　元正。

茲檢送本公司各項待遇及員工福利一覽表如附件，請惠予參考；並請於兩星期內決定是否接受。倘蒙接受，請即持公立醫院體檢健康證明書及學經歷證件前來本公司辦理報到手續為荷。

程式公司人力資源管理部
敬啟

資料來源：整理自人力招募研究小組 (1999)，《人才招募與選才技巧》(三版)，臺北：前程企業管理公司。

圖 6–6　錄用通知範例

2. **職業指導策略**

組織進行工作配置時，會同時考慮到員工的需要和能力，根據員工對職務的偏好，然後選擇可能勝任的工作加以配置，這種策略在教育機構中的效果比較好。例如，讓老師選擇有興趣加入的學程 (或是科系)，然後再針對老師的專業背景來開課。

等新進人員工作配置好之後，大多數組織會進行人員引導 (Orientation) 及職前訓練[45]，對新進人員提供基本的組織背景資訊，以協助他們早些進入狀況、增進工作信心，同時也可以讓新進人員感受到主管的關心。此外，引導實際上也是人員進入組織後的社會化過程之一部分，所謂社會化，乃是將組織與其部門所期待的工作態度、標準、價值觀及行為模式等等，逐漸地灌輸給員工的一種持續過程，以免員工對組織有錯誤預期。

通常，第一天到職的初步引導會由服務員負責，包括解釋工作時數與

[45] 李正綱、黃金印 (2001)，《人力資源管理：新世紀觀點》，臺北：前程企管。

休假等等問題，然後將員工介紹給他的新主管，由新主管接著進行引導，例如介紹工作的確切性質，以及介紹給其他同事認識，好讓新進人員逐漸熟悉他的工作環境，以降低到職第一天的不安情緒。至於詳細的工作引導內容，大致上還包括了：①介紹工作環境、作息時間以及工作概況；②介紹公司人事規章，包括考核、薪資制度及福利措施；③告知工作標準、工作說明書、以及設備器具的使用方法；④指導工作安全習慣、檔案管理與其他事項等等。

除了工作引導，組織對新進人員的職前訓練，其主題也可能包括下列各項內容：

1. 組織全貌，包括組織的創始與發展經過、現有規模與組織設施、未來發展方向、產品與服務、顧客與市場、組織結構（組織圖）與分支機構、組織與社區的關係與活動等等。
2. 部門職能，包括部門的組織結構、作業範疇與活動、部門之間的作業關係等等。
3. 出勤規定，包括上班時間、例假日、請假規定、加班規定等等。
4. 薪資與福利，包括薪資結構、薪資發放、保險規定、醫療、退休、伙食、旅遊等等。
5. 安全與意外事故之防止，包括健康與緊急救護、安全預防與意外防止、危險與意外報告、意外事故處理等等。
6. 工作職責，包括對現有工作的說明、工作績效標準、績效評估的基礎、每天工作小時與加班需求、工作記錄與報告、工作計畫與流程、工作程序與規則等等。

第五節　招募任用的重要議題與趨勢

如何吸引人才

有人預言，未來組織要保持競爭力，必須以現有的三分之一人力，來達成三倍的生產力，也就是表示以較高的薪資，任用較少的員工，而這些員工要能夠做得更多、更好[46]。然而，組織如何吸引這些可以做得更多更好的人才呢?

傳統的招募活動，組織比較不會顧及到應徵者的需求，而是站在自身立場，對應徵者的各種知識、技能與態度等等，提出要求並進行篩選，希望能夠找到符合組織期望的員工。然而，隨著工作與工作者的多元化、勞工權益的受重視、在家工作者與創業者的增加等等，使得應徵者同時也可以「選擇」組織的現象與觀念越來越普及[47]。於是有人認為，組織招募除了要篩選應徵者之外，也要瞭解應徵者的需求，並從自己出發進行改變或配合，以滿足應徵者的期望，吸引合格的應徵者到任與留下來[48]。尤其是當組織知名度不高，而又需要招募高學歷、資歷豐富、或是具有特殊能力者時，如何吸引人才留任，就成為最重要的關鍵[49]。

如果組織能夠提供誘因，包括良好的薪資福利、訓練計畫、晉升機會，以及組織形象等等，都有助於吸引人才的留任，而組織透過應徵者資料的管理，包括登錄與追蹤等等，以及適當的工作配置，包括公平轉介至適當部門等等，也都有助於讓應徵者感到人盡其才，而吸引員工留任。其次，許多組織往往會忽略引導過程的重要性。事實上，不當的引導過程，可能會讓甄選的效力完全喪失，使人才在還沒有發揮之前，就選擇離開組織。因此，組織對於新人可以獲得哪些引導，應該更為關心與妥善安排[50]。

由於傳統的組織引導過程，主要是讓應徵者瞭解與進入某項特定工作，

[46] Druker, P. F. (1992), *Managing for the Future*, Oxford: Butterworth Heinemann Ltd.

[47] Schuler, R. S. (1998), *Managing Human Resources* (6th Ed.), Ohio: Thomson Publishing.

[48] Shachter, M. (1999), "Filling the Void: Attracting New Engineers," *Consulting-Specifying Engineer*, 26 (3), 26–30.

[49] Whiddett, S., Payne, T. & Kandola, R. S. (1995), "Organizational Preferences: Are Public and Private Sector Organizations Perceived Differently as Potential Employers?" *Occupational Psychology Conference Book of Proceedings*, 202–211.

[50] Anderson, N. R., Cunninghan-Snell, N. A. & Haigh, J. (1996), "Induction Training as Socialization: Current Practice and Attitudes to Evaluation in British Organizations," *International Journal of Selection and Assessment*, 4, 169–184.

但這樣並不夠周延，因為工作內容可能會隨著組織要求而改變，所以引導過程最好也要能夠協助新進人員，如何適應組織與環境的各種要求，而當新進人員能夠配合要求，完成任務之後，就會對現況更滿意、更投入工作、也有更好的表現，於是可以減少離職、工作壓力與出勤不佳等等的狀況。

多元化招募管理

前面曾經提到，應徵者的背景與價值觀，已經是越來越多元化了，而這會影響到組織的招募方式，甚至會影響到組織與潛在員工之間，對於僱傭關係的心理契約 (Psychological Contract)，也就是彼此「以為」雙方可以進行交換的部分，包括對方能夠提供的，以及自己能夠提供的部分。表 6–8 所示，就是針對 1975 年與 1995 年，員工與組織之間的心理契約進行比較，其中的變化相當多。可想而知，2000 年之後的環境變化更劇，包括景氣循環、科技進步、全球化的盛行與反全球化的抵制等等，組織與員工之間的心理契約，一定是有更多的改變了。

表 6–8 新舊契約的比較

年代	組織「以為」員工可以提供的	員工「以為」組織可以提供的
1975	・忠誠：不離職 ・確定性：只做老闆同意的部分 ・承諾：在以上範圍內，願意多做一些 ・信任僱主	・工作安定：盡可能終身僱用 ・有升遷希望 ・願意提供訓練 ・遭遇麻煩時會給予關心
1995	・可以加班，長時間工作 ・可以承擔加重的責任 ・應該具有豐富技術 ・應該能容忍改變與模糊	・只要必要，願意給高薪 ・會根據績優表現予以獎勵 ・提供一份工作（不是所有，工作就是工作）

資料來源：摘譯自 Herriot, P. & Pemberton, C. (1995), *New Deals–The Revolution in Managerial Careers*, Chichester: Wiley.

應徵者多元化的現象，不但表現在對組織的期望上，在其背景之中，也很明顯的可以看到一些與過去不同的現象，例如女性勞工與雙薪家庭的比例，以及少數族裔勞工比例的逐漸增加[51]。像是 1985 年的西班牙，其女

[51] 藍美貞、姜佩秀譯 (2001)，《職能招募與選才》，臺北：商周。

性勞動力佔 21%，但到 1994 年時，就已經成長為 35.2%，而瑞士的女性勞動力比例更高，1985 年為 85%，1994 年已經攀升至 90%[52]。

因此，組織要認清事實，既然應徵者趨於多元化，組織就必須在目前流行的招募標準之外，也能夠接納在背景、價值觀、態度與信仰上，更多元化的人才。此外，組織還必須檢視人才甄選的方法，確保不會因為才能或職能以外的特殊因素，例如性別或年齡，而將合適的候選人排除在外[53]。更何況，有些證據顯示，多元團隊可能比同質團隊表現得更為優異[54]。

甄選方式改變

關於甄選方式，早期研究往往會質疑面試的效力，但現在大多數研究者，已經傾向於支持結構化面試，認為結構化面試若執行得宜，其效度會比以往都高。然而，一般人對於面試的公平性，還是有所疑慮，而就技術面來講，最主要的問題就在於如何建立面試的有效性，包括對於社交技巧、動機與溝通技巧等等因素的衡量標準為何，面試所得資料與其他資料如何整合，以及面試應該在整個甄選過程中佔多少比重等等。其次，以評估中心的方式來進行篩選，也將會越來越普遍，但正如前面提到的，不論是面試或是評估中心，其中最需要改進的部分，就是對於評估者的訓練。因此，未來也許會有可能建立評估者認證，讓受過訓練且具有資格者，方能擔任甄選面試或評估中心的評估者。

另一方面，近年來的科技發展，也改變了招募甄選的方式，電子化的評估工具也越來越多，而研究指出，利用電子化的評估工具，其效果遠超過紙筆等等的傳統工具[55]。舉例來說，一個關於機械理解能力的考試，若

---

[52] Core, F. (1994), "Women and the Restructuring of Employment," *The OECD Observer*, No. 186, February/March, 64.

[53] Kandola, R. S. & Fullerton, J. (1994), *Managing the Mosaic: Diversity in Action*, London: Institute of Personnel and Development.

[54] Ancona, D. G. (1992), "Demography and Design: Predictors of New Product Teams' Performance," *Organization Science*, 3, 321–341.

[55] Alkhader, O., Anderson, N. & Clarke, D. (1994), "Computer-Based Testing: A Review of Recent Developments in Research An Practice," *European Work and Organization-*

能在螢幕上以繪圖軟體，描繪出簡單清楚的動作，將比僅僅在紙上的粗略繪圖，更能夠幫助應試者瞭解問題，所以更具有效度。此外，電腦還有許多好處優於紙筆，例如電腦可以在任何時候，根據應試者的回答，做出暫時的能力預估，然後給予不同的測驗難度，如果應試者的能力越強，測驗難度也會隨之增加（目前的托福考試就是如此）。至於一般人對於電腦化測驗的接受度如何，一項研究指出，大家對電腦化測驗的反應都還不錯，比使用紙筆測驗擁有更高的配合意願，也會提供比較多的個人資料[56]。

評量焦點改變

越來越多人主張以職能 (Competence) 來進行招募甄選，而不是僅僅考量工作本身所需完成的任務為何[57]。至於職能的重點，主要是在人身上，強調人的特質與潛力，而非現階段的產能，並以培養經理人為其目的[58]。甚至有學者已經具體地提出了六群，共二十一種的重要職能，如表 6–9 所示。

在表 6–9 中，每種職能都可以分成三個層面，分別是動機與特質層面、自我形象與社會角色層面、以及技能層面。例如，高效率職能的人，其動機往往來自於對成就的高度需求，自我形象則多半為「我可以做得更好」或「我很有效率」等等，社會角色則屬於「創新者」；此外，這類應徵者通常也會擁有「設定目標、有效規劃與組織資源」的顯著技能。

另一方面，也有學者認為，組織在設計職能時，應該一開始就要提出未來五年的策略目標，再確認經理人必須具備哪些行為，才能達成目標，然後依此發展成初步的職能架構，而且最好是採用多重方法來確認職能項目，包括不同型態的面試、座談會、預想未來的行動步驟、以及諮詢與問卷等等[59]。至於架構中，則應該明列職能的名稱、定義、行為指標與層級

---

al Psychologist, 4, 169–187.

[56] Bartram, D. (1995), “Guest Editorial: Computer-Based Testing,” *International Journal of Selection and Assessment*, 3, 73–74.

[57] Lawler, E. E. (1993), “From Job-Based to Competency-Based Organizations,” *Journal of Organizational Behaviour*, 15, 3–15.

[58] Whiddett, S. (1996), *Tools for Assessment and Development Centers*, London: Institute for Personnel and Development.

表 6–9　工作的重要職能

行動規劃群	引導部屬群	領導性格群
效　率 生產力 概念的分析運用 自我影響力的關心	啟發他人 運用單向權力 自發性	自　信 運用口頭簡報 邏輯思考 概念化
適應環境群	**專業能力群**	**人力資源群**
自我控制 客觀認知 精力與適應力 感受親密關係	記　憶 專門知識	運用社會化權力 正面思考 管理團體流程 精確的自我評估

資料來源：摘譯自 Boyatzis, R. E. (1982), *The Competent Manager: A Model for Effective Performance*, N. Y.: John Wiley.

機制，如表 6–10 所示，而其中的行為指標絕對是關鍵。同時，由於職能設計來自於組織的策略目標，而組織策略往往需要因應環境而改變，所以組織要經常檢視目標與所需要的職能，必要時進行修正與改變。

表 6–10　職能架構範例

名　稱	規劃與組織
定　義	為達成某目標所需採取的一連串動作，以及衡量所需要的資源
行為指標與層級	層級一——基層主管 ・能夠管理自己的時間與個人活動 ・能將複雜活動分成有階段性、便於管理的任務 ・能確認可能的障礙 層級二——中階主管 ・能未雨綢繆，制定應變計畫 ・能預估所需要的資源與時間規模 ・能協調團隊活動，善加利用個人的技能與專長 層級三——高階主管 ・能確認中長期營運計畫 ・能有效地組織運用所有資源

資料來源：整理自藍美貞、姜佩秀譯 (2001)，《職能招募與選才》，臺北：商周。

最後，究竟哪些職能，是大多數組織在招募人員時，都很重視的職能，

[59] Covey, S. R. (1995), *Living the Seven Habits: Applications and Insights*, London: Simon & Schuster Audio.

根據 104 網站，在 2000.06.29 至 2000.08.31 所進行的一項調查顯示，至少可以包括以下四類，共九項的職能：

1. **工作態度**

主動積極 (Initiative)、工作熱忱 (Enthusiasm)、負責任 (Responsible)。

2. **人際能力**

團隊精神 (Team Work)、溝通協調 (Communication Skill)。

3. **工作管理**

工作效率 (Efficiency)、問題解決 (Problem Solving)、壓力忍受 (Stress Tolerance)。

4. **學習潛能**

專業學習 (Professional Learning)。

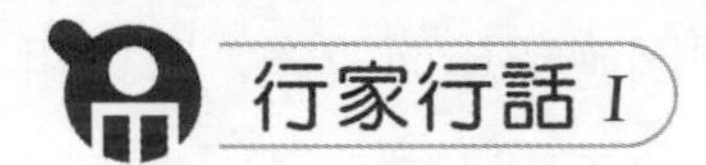

甄選面談的技巧與注意事項

資料來源：節錄整理自藍美貞、姜佩秀譯 (2001)，《職能招募與選才》，臺北：商周。

有效的甄選面談，其主要關鍵在於 OPQRST，也就是先要釐清面談的 O（Objective，目的），亦即我們想從面談中得到什麼，然後進行 P（Preparation，準備），包括面談者以及被面談者均應有詳盡的準備，並於面談過程中，謹慎且充分地提出適當的 Q（Questioning，問題），同時還要保持雙方互動以及建立彼此的 R（Rapport，融洽關係），以化解被面談者的防禦心態。當然，整個面談的 S（Structure，結構）也必須很完整，包括事先有一套面談計畫與大綱等等，而且應該盡量遵守此一計畫的要求，並在面談過程中，勤於記錄 T（Taking notes，筆記），再於事後詳盡整理，將有助於甄選判斷。至於整個面談過程的注意要點，大概可以分成四個階段，並有其個別的重點如下：

1. **面談者的選擇**

- 面談者應該先接受面談技術訓練（或已經是訓練有素的面談者）。

- 面談者應該能夠保持情緒穩定、個性開朗。
- 面談者的責任不光是收集資訊，同時也要評估資訊。
- 面談者要注意自己的行為可能會影響被面談者。
- 面談者要能夠保持中立，直到面談結束、收集所有資訊之前，面談者都不宜妄下判斷或結論。

2. 面談前的準備

- 釐清面談目的，也就是 O (Objective)。
- 盡可能收集關於該職缺的資訊，也就是 P (Preparation)。
- 擬定妥善的面談計畫，並提供面談者在面談中收集資訊所需要的架構或清單，也就是 S (Structure)。
- 決定面談空間（注意其隱密性與舒適性）。
- 模擬演練被面談者的各種可能回答與互動。

3. 在面談過程中

- 宜使被面談者心情放鬆，不宜為難或製造壓力給被面談者，也就是建立 R (Rapport)。
- 宜提供面談者一張簡表，為被面談者某些定義清楚的特質進行評等。
- 宜勤記筆記，也就是 T (Taking Notes)，並於面談後，立即完成記錄。
- 除非使用情境式面談，否則應避免問太多假設性的問題，也就是 Q (Questioning) 要適當。

4. 面談之後

- 要對面談過程進行效度評估，以促進面談方案之有效性。
- 除面談外，還應試著利用其他方式收集被面談者的資料，例如筆試或是測驗等等。

問　題

1. 面談者在面談時，常常會受到自己對被面談者知覺的影響，例如受到第一印象的影響等等，哪些知覺誤差在面談時容易發生？
2. 如何減少面談者在面談時的知覺誤差？

行家行話 II

網路招募的注意事項

資料來源：摘譯自 Mondy, R. W., Noe, R. M. & Premeaux, S. R. (2002), *Human Resource Management* (8th Ed.), N. J.: Prentice-Hall.

1. 網路招募將越來越普遍，所以應該規劃一些經費以及必要的基金在網路招募上，例如以每年 10% 的招募預算來進行網路招募等等。
2. 要能夠掌握網路技術以及熟悉資料庫的使用，並以有效率的方式搜尋網路上的求職 / 求才網站，掌握網路上有哪些可用的資源，同時也可以透過廣泛閱覽各個網站，來評斷哪些網站能夠提供需要的人才，之後還要隨時留意所喜愛的網站以及對於新近貼上的人才履歷進行評估。
3. 在不同的網站上，例如組織的首頁、免費的政府工作佈告欄、以及商業性的線上職業介紹網站等等，試驗各種廣告方法，並透過對效果的監控來進行評估，例如在網頁上加上計數器以瞭解參觀網站的人數，從而找出最有效率的方式來刊登廣告。
4. 建立一個令人樂觀且訊息豐富的網站或網頁，就像銷售部門一樣地向潛在應徵者促銷，包括提供應徵者需要的資料，例如工作訊息、工作環境、以及如何在線上進行應徵等等，而如果有自己的徵才網頁，則在其他的徵才廣告中，也要註明網址以供連結。
5. 不要忽略傳統的招募方法，例如報紙或專業雜誌中的推薦或廣告，以及工作博覽會等等，因為綜合這些招募方法，組織才有可能在招募過程中全面成功。

問　題

對於人資管理者而言，網路招募最可能發生的問題為何？該如何解決？

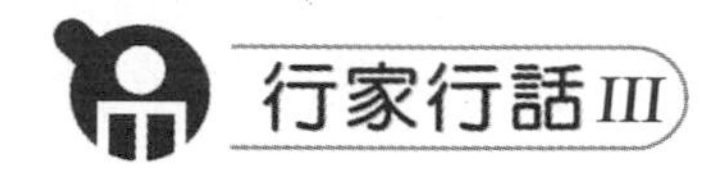

招募甄選的效用判斷

資料來源：節錄整理自葉椒椒編著(1995)，《工作心理學》，臺北：五南。

招募甄選的效用可以根據其發生錯誤的多寡來加以判斷，這些錯誤包括甄選到不適任的員工，或是拒絕掉適任的員工，而以下二個指標，也就是錄用率和基礎率，往往被用來判斷甄選的正確程度，只有當甄選的錄用率和基礎率都為 0.5 時，其決策的總正確程度才最高，也就是甄選到不適任員工的比率，加上拒絕適任員工的比率，其總合達到最少。

1. **錄用率**

錄用率(SR)被定義為職務空缺數(n)除以應徵人數(N)，也就是 SR = n/N。由此公式可以看出，只有 SR 在 0 到 1 之間才有意義，因為當 SR 等於 1 或大於 1 時，意味著職務空缺與應徵者一樣多或是比應徵者多，此時的甄選將失去意義，凡是應聘者幾乎都可以被錄用。其次，當 SR 越低，表示可以挑選的空間越大，選擇到優秀員工的機會越多，而甄選到不適任員工的機會也就越少（但相對的，甄選成本就增加，而且適任員工被拒絕的機率也增加，因為僧多粥少）。

2. **基礎率**

基礎率是指在一定就業狀態下，現有員工中具有優秀績效水準者的比率，此一比率如果太低，表示現有員工大多數的績效都比較差，於是甄選比現有員工相對較高績效者的可能性就比較大；反之，如果基礎率很高，雖然意味著現有員工的良好績效，但也因此較難找到更好的員工。

問　題

1. 錄用率是不是越低越好？為什麼？
2. 基礎率是不是越低越好？為什麼？

真實工作預視

真實工作預視 (Realistic Job Preview, RJP) 基本上是組織對求職者的自我告白過程，其目的是為了讓組織與求職者相互瞭解對方，所以組織必須很清楚地告訴潛在申請者，組織有哪些無可妥協的核心本質、獨特之處、以及未來工作的環境與工作者可能面臨的各種好壞感受和實質待遇等等。至於真實工作預視所要傳遞的訊息，可以透過工作說明書、介紹組織的小冊子、成套的申請資料、面談溝通、乃至於廣告等等方式進行，而適當的真實工作預視往往能夠讓求職者有比較實際的工作期望，也因此比較不容易失望，於是產生較高的工作滿意度以及對不愉快工作條件的適應能力。另一方面，真實工作預視也可以使應徵者認識到組織的公開性和誠實性，進而提高組織的招募形象。

一對一面試

典型的面試中，通常是只有一位面試者與一位應徵者進行一對一面試 (One-to-One Interview)，這對應徵者而言，因為單獨與面試者互動，所以威脅感比較低，而可以有較多的個人情感訴求。此外，一對一面試也讓面試者與應徵者之間的資料交流有比較高的效率。

小組面試

小組面試 (Panel Interviews) 是指一小組的面試者，面對單一應徵者所進行的面試而言，例如在德州儀器 (TI)，應徵者將接受其未來的同儕、下屬、主管等等的共同面試。此方法的好處在於有較多人參與判斷，增加其結果的可信度，而且應徵者也可以從面試過程中，學習到關於組織的團隊文化等等；然而其缺點則是耗費了組織較多的資源與人力，以及可能對應試者形成壓力等等。

團體面試

所謂團體面試 (Group Interviews)，是指面試者（通常是多位面試者）面對多位應徵者所進行的面試。此種方式能幫忙那些忙碌的專家與行政管理者節省較多的時間，而且面試者往往也能夠觀察到應徵者在團體中的表現情形，例如其人際關係的技巧等等。

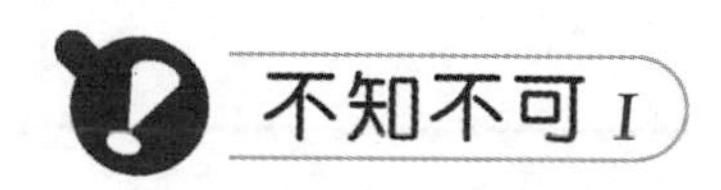

招募廣告主要媒體的利與弊

資料來源：修譯自 Bernard, S. H. (1983), "Planning for Recruitment Advertising: Part II," *Personnel Journal*, 28 (5): 499.

報紙廣告

利	弊	何時使用
・等待期短 ・篇幅具彈性 ・發行於某地區內 ・其分類項目使應徵者容易找到	・容易使人忽略 ・競爭較大 ・其發行不具專業化特點，讀者層次太廣 ・印刷品質較差	・當你希望在某地區內招募時 ・當某地區內適任者數目很多時

雜誌廣告

利	弊	何時使用
・專業化雜誌使職業分類更仔細 ・廣告篇幅具彈性 ・高品質的印刷 ・良好的編輯環境 ・生命週期長，將有人會一再閱讀	・發行地區大，不能使用於某地點的招募 ・等待期限長	・當所需的工作人才屬專業型時 ・當時間與地區性並非最重要時 ・當涉及長期招募時

收音機與電視機廣告

利	弊	何時使用
・無法忽略其廣告 ・可以尋得不刻意找尋工作者 ・可偏限於局部區域 ・很具彈性 ・可以更具體描述工作 ・很少有競爭者之比較	・只可以有短時間訊息 ・無長久性，應徵者無法保存印象（必須重複才可使人有印象） ・耗費時間與金錢，特別是電視廣告 ・無法選擇有興趣者	・當閱讀印刷的應徵者不多時 ・當工作空缺很多，而某地區人選亦充足時 ・當需要有很大的影響力時

在招募地點做廣告

利	弊	何時使用
・只要一看到就可注意到僱用啟事 ・具有彈性	效果有限，應徵者必須到某招募地點才有效用	・在工作說明會時，出示啟事牌子 ・當潛在應徵者拜訪公司或展示場所時

從財務觀點探討人員離職的成本效益

資料來源：節錄整理自李正綱、黃金印 (2001)，《人力資源管理：新世紀觀點》，臺北：前程企管。

大多數組織會認為人員的離職對於組織是不利的，但卻又不知道如何衡量人員離職的成本效益。關於這一點，也許可以透過財務的損益平衡觀念來討論。首先，我們需要決定員工在服務期間，對於組織所產生的總貢獻曲線 (Total Contribution Cruve)。一般而言，此一曲線就像學習曲線一樣，剛開始因為員工需要時間來學習組織的各種機能與文化，所以對於組織的貢獻並不高，而且進展緩慢，但隨著服務時間的推移，其技能以及對組織的瞭解都漸入佳境，所以對組織的貢獻也出現較大幅度的成長，不過在進入服務期間的中段之後，員工又可能會因為組織的成長空間有限、個人遇到瓶頸、家庭工作難以平衡等等因素，使其貢獻度的成長又逐漸緩慢下來。

其次，組織要計算員工的總離職成本 (Total Turnover Cost)，包括固定

離職成本 (Fixed Turnover Cost) 以及變動離職成本 (Variable Turnover Cost)。通常，固定離職成本包括了已購買的設施與設備成本，還有招募成本，也就是招募過程中的廣告、筆試、面試、遴選等等的成本，這些成本非因人而異，故可視為固定成本。至於變動離職成本則包括離職人員的薪資、教育訓練費用、使用過的用品費用、享用過的福利措施費用等等。最後，組織可以將總離職成本曲線與總貢獻曲線相互比較，二線相交之處便是損益平衡點 (Break-even Point)，此時離職人員對組織所帶來的總貢獻與總成本是相等的。

圖 6–A 是一種假設狀態，由該圖中可以看到，損益平衡點下的離職年資分別是 2.25 年以及 4.5 年，若離職人員在 2.25 年之前離職，則組織將處於虧損狀態，這種情況下組織就要研擬對策，包括降低成本、提高貢獻、或是降低員工的離職率（提高員工平均離職年資）；另一方面，若員工在 4.5 年之後離職，也會造成組織虧損，但此時組織所要研擬的對策，除了降低成本與提高貢獻之外，在離職率的控管上，反而要讓不適任的員工自動另謀高就。至於若離職人員的離職年資在 2.25 年至 4.5 年之間，則員工對於組織的貢獻已經高過成本，所以組織對員工的偶有離職，倒也不必太大驚小怪。

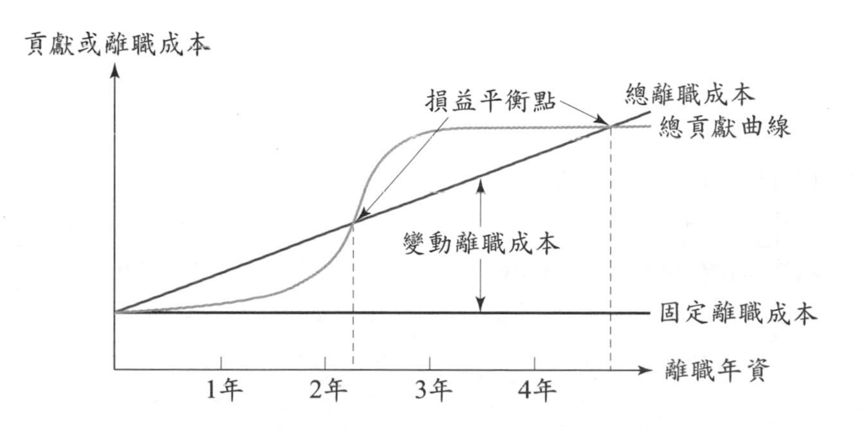

圖 6-A　人員離職之損益平衡分析範例

企業對員工職能的需求

資料來源：104 網站 2000.06.29～2000.08.31 的調查報告 (http://www.104.com.tw/)。

一項針對二百四十九位人資相關人員以及五十一位非人資人員的調查顯示，企業所需求的人力，應該具備的職能排名如表 6-A 所示，其中並約略可將這些職能特質區分為四個面向： 1. 工作態度，包括主動積極、工作

表 6-A 各項職能點選人次一覽表

點選人次	職能名稱	點選人次	職能名稱
225	團隊精神 (Team Work)	81	應變反應 (Coping Reaction)
225	主動積極 (Initiative)	76	自我激勵 (Self-motivated)
215	溝通協調 (Communication Skill)	71	創新求變 (Innovation & Change)
215	工作熱忱 (Enthusiasm)	70	分析判斷 (Analytical Judgement)
205	負責任 (Responsible)	69	品質管理 (Quality Management)
202	工作效率 (Efficiency)	69	挫折忍受 (Frustration Tolerance)
173	專業學習 (Professional Learning)	61	持久耐力 (Persistence)
165	問題解決 (Problem Solving)	59	計畫組織 (Planning & Organization)
153	壓力忍受 (Stress Tolerance)	57	領導能力 (Leadership)
147	人際關係 (Interpersonal Relationship)	53	邏輯推理 (Logic Reasoning)
133	情緒穩定 (Emotional Stability)	53	危機處理 (Crises Management)
130	接受挑戰 (Enjoy Challenge)	47	彈性 (Flexibility)
123	誠信正直 (Honest & Integrity)	37	市場敏感 (Marketing Sensitivity)
109	企圖心 (Achievement Motivation)	32	策略思考 (Strategic Thinking)
99	獨立自主 (Independence)	28	思想開明 (Open-minded)
94	時間管理 (Time Management)	27	行動快速 (Speedy Action)
93	吃苦耐勞 (Hard-working)	16	風險控管 (Risk Management)
85	目標設定 (Goal Setting)	11	談判 (Negotiation)
84	遵守規定 (Follow Rules)	10	影響說服 (Influence & Persuasion)
82	客戶服務 (Customer Service)	9	簡報技巧 (Presentation Skill)

熱忱、負責任等等；2.人際能力，包括團隊精神、溝通協調等等；3.工作管理，包括工作效率、問題解決、壓力忍受等等；4.學習潛能，包括專業學習等等。

討論題綱

1. 你認為哪些職能是企業最希望員工能具備的？為什麼？
2. 你認為產業不同、部門不同、國家不同、或是層級不同的員工招募，企業所需要的員工職能是否會因此發生變化？為什麼？

第七章　訓練發展

第一節　何謂訓練發展

訓練的定義

學者們對於訓練與發展之間，在意義與內涵上的界定，常有其各自不同的觀點❶，例如有人認為，訓練 (training) 比較偏向於針對新進人員提供其執行工作時所需的技能（與引導或職前訓練很類似），而管理發展 (Management Development) 則是性質較長的訓練，其目的在於培養現在或未來的管理工作人員，以解決組織的問題❷。然而也有人認為，訓練與發展都是為了培養組織成員的能力，其間並沒有太大的差別，而其所使用的技巧，往往也是相同的❸。因此，雖然訓練與發展之目的與內容可能不太一樣，但其所採用的規劃、執行與評估方法，並沒有顯著的不同，所以本書在此也不特別將訓練與發展分開來說明，而是互相套用，一併介紹其規劃、執行與評估的過程。

首先，訓練可以定義為「組織用以協助員工學習的一套正式程序，其目的在於使員工的後續行為能有助於組織目標的達成」❹。然而此一目的並不容易達成，因為有許多因素會妨礙訓練的有效性，所以管理階層的職責之一，就是要努力減少這些因素所造成的影響。包括在進行訓練規劃時，要先釐清二個問題：①為何要提供訓練，希望透過訓練達成哪些目標，以及如果訓練方案缺乏對組織目標的影響，是否就沒有理由進行訓練了；

❶ 沈介文、楊奕源、張欣偉 (1999)，〈組織訓練與發展之規畫評估——組織的核心能力、知識與學習之討論〉，〈工業關係管理本質與趨勢學術研討會論文集〉，頁 297–314，彰化：大葉大學工業關係系。

❷ Ivancevich, J. M. (1995), *Human Resource Management* (6th Ed.), Boston: IRWIN.

❸ Schuler, R. S. (1998), *Managing Human Resources* (6th Ed.), Ohio: Thomson Publishing.

❹ McGehee, W. & Thayer, P. W. (1961), *Training in Business and Industry,* N.Y.: Wiley.

②訓練所需要投入的成本是否有效❺。

其次，管理者還要注意，訓練是為了要達成某種目的之工具，而非以訓練本身為目的，所以千萬不要為了訓練而訓練，以致於認為有訓練就可以了，卻不進行事先的需求分析，以及事後的效果評估。同時，管理階層必須為訓練的成效負起責任，因此最好能夠具備規劃與執行訓練的能力及知識，而若做不到時，也應該聘用具有這些知識與能力的訓練專家來進行。最後一點，組織的整體氣氛應該是要支持訓練的，也就是大家都能認知到訓練的好處，而要做到這一點，就先要瞭解員工是如何解釋訓練的意義，通常員工對於訓練，可能有以下三種觀點，每種觀點都會影響組織該如何舉辦訓練，才容易為員工所接受❻：

1. **獎賞觀點**

當員工視訓練為一種獎賞時，則只有績效表現較佳的員工接受訓練，才符合公平的原則。此時若人資部門不瞭解多數員工對訓練活動抱持的看法，貿然將訓練資源平均分給每位員工，將引起員工的不滿。因此，當員工看待訓練的觀點是屬於獎賞取向時，則應該著重在設計具激勵作用的訓練課程，例如於高級度假飯店舉行訓練課程等等，並選派績優員工接受訓練。

2. **福利觀點**

當多數員工視訓練為福利時，則每位員工皆有權接受訓練，此時的重點，在找出大多數員工的共同需要，例如開設很多訓練課程，由員工自行選擇，或是可透過問卷調查方式，找出多數員工的共同需要。

3. **問題解決觀點**

當多數員工視訓練為一種問題解決（即提升績效）的工具時，則指派績效不佳的員工接受訓練，方符合公平原則。此時應該參考組織的績效評

---

❺ McGehee, W. (1979), "Training and Development Theory, Policies, and Practices," In D. Yoder & H. G. Heneman, Jr. (Eds.), *ASPA Handbook of Personnel and Industrial Relations*, Washington, DC: Bureau of National Affairs.

❻ 蔡維奇 (2002),〈員工訓練與開發〉, 引自李誠主編,《人力資源管理的十二堂課》, 頁 79–108, 臺北: 天下文化。

估制度，瞭解哪些員工有績效不佳的問題，哪些員工的績效可藉由訓練加以改善，進而找出真正需要接受訓練的員工。

訓練設計的流程

如圖 7–1 所示，訓練設計的流程大致上可以分成七個循環的步驟，包括：①訓練需求評估、②發展訓練目標、③檢視可行的訓練方案、④設計或選擇訓練方案、⑤設計訓練評估方法、⑥執行訓練方案、⑦評量訓練結果。在結果評量之後，組織根據評量的建議，可能又會修正訓練目標，進行下一個循環，必要時甚至會再一次進行訓練需求評估，重新開始。其中，七個步驟事實上又可以分成二部分，包括訓練需求之決定（第一與第二個步驟）、訓練方案的選擇與執行（第三、第四、第六個步驟）、以及訓練效果之評估（第五與第七個步驟），以下各節就分別針對這三部分加以說明。

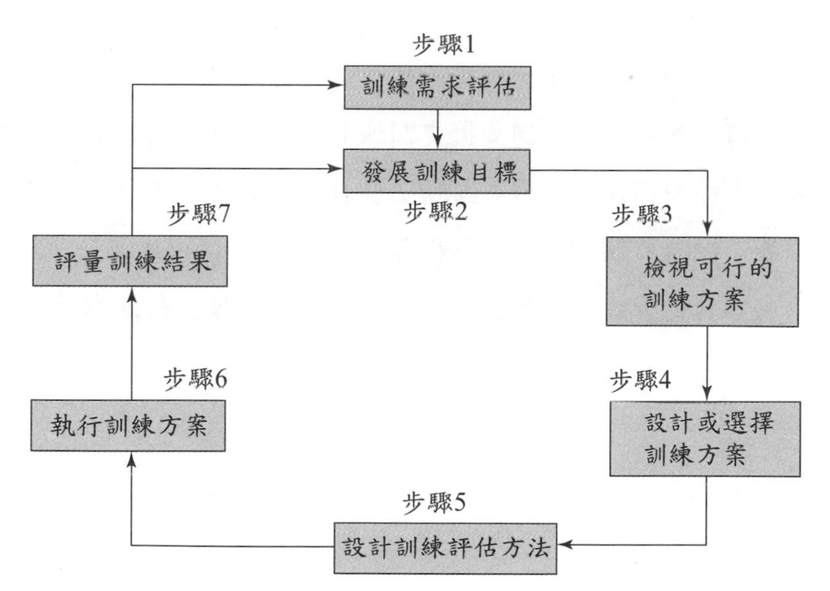

資料來源：摘譯自 Parker, T. C. (1976), "Statistical Methods for Measuring Training Results," In R. L. Craig (Ed.), *Training and Development Handbook* (2nd Ed.), N. Y.: McGraw-Hill.

圖 7–1　訓練設計流程

第二節　訓練需求之決定

一般而言，組織中最需要接受訓練的人員是新進人員或新接職缺的人員，以及組織打算培養的管理幹部❼。其中，新進人員或新接職缺的人員，因為對業務較為生疏，所以需要組織的適時支援，給予必要之訓練，以提高其工作效率。因此，當組織有人員異動時，不論是招募新進人員，或是內部的職務調遷等等，都有必要早日安排訓練計畫。此外，組織針對有潛能的管理人員，為培養其管理能力，亦有必要適時給予適當的管理發展訓練 (Management Development Training)。此種訓練的方式與步驟，與其他訓練並無不同，但目的不在探求目前工作效率的改善，而是希望發展員工潛能，發掘與提高其未來的管理能力。

不論是對新進人員、職務異動人員、儲備幹部或是其他人員所進行的訓練，組織都要先進行訓練需求分析 (Training Needs Assessment, TNA)，分別針對組織、職務、以及人員進行分析，希望能達成以下目的❽：

1. **決定訓練目標與訓練內容，例如定義績效與生產力，並確認是否需要改善，以及改善績效與生產力所需要的特定能力為何。**
2. **決定受訓者與訓練方式，例如擬定訓練計畫，並分析訓練計畫所適合的受訓者，包括受訓者是否需要具備某些特殊的教育、經驗及技能水準，以及分析受訓者的態度與個人動機等等。**
3. **決定訓練評估的方式，例如發展具體可衡量的知識、訓練成效與績效改善標準，以便進行訓練成效評估。**

組織分析

組織分析為訓練需求分析的首要步驟，主要可以針對組織的三部分加以分析，分別為組織策略、訓練資源、以及組織氣候。其中，組織策略會影響到訓練之目的，例如若組織五年內的策略是想要進入不同的地區市場，則需要針對該市場的相關知識，對相關人員進行教育訓練。國內就有一家企業為了要進軍大陸市場，連續二年，總經理帶著所有高階主管，每週進行一次讀書會，討論大陸議題，包括政經環境、成功或失敗案例、以及經營策略分析等等。

❼ 李正綱、黃金印 (2001)，《人力資源管理：新世紀觀點》，臺北：前程企管。

❽ Dessler, G. (2000), *Human Resource Management* (8th Ed.), N. J.: Prentice-Hall.

除了考慮組織策略之外，組織還要針對訓練資源加以分析，因為這會影響到訓練方式的決定，以及對訓練效益的判斷。若組織訓練資源很充分，則可以採用效益較高的訓練方式，例如國內一些大型企業都有自己的訓練單位與訓練師。同時由於訓練效益有分短期與長期，短期效益主要是培養工作上的能力，以改善近期的工作績效，長期效益則包括發展潛能、培養自信、增進滿足感與認同感、建立人際網絡等等，這些能力往往不易展現在直接的工作績效上，但對長期的知識累積與績效成長則很有幫助❾。通常組織的訓練資源越充足，越能同時兼顧短期與長期效益的訓練，而讓組織成為「厚基」組織，也就是在人力素質上，除了短期的績效表現之外，也因為訓練而有了厚實的基礎，足以改善其長期績效❿。

另一方面，訓練需求分析中的組織氣候，主要是指對於訓練移轉(Transference of Training) 的組織氣候而言，也就是組織的多數成員，對於員工受訓完回到工作崗位後，使用新技能及行為的態度，而這可以從二方面看出來⓫：

1. **主管及同事對移轉的支持程度**

   受訓後，主管是否願意提供機會讓員工使用新的知識技能，以及一同受訓的同事是否會互相勉勵、分享心得，都將影響受訓員工在訓練之後，能否順利地將訓練所學得的技能運用於工作上。

2. **提供機會使用新知識技能**

   訓練課程結束之後，員工未必有機會使用新的知識技能，此時可由主管提供合適的專案，使員工有機會發揮所學，主管也可以安排回訓課程，讓員工有機會複習此知識技能。

職務分析

職務分析是針對某個職務，分析工作者所需具備的能力，所以可以成

---

❾ 鄭建男 (2003)，〈教育訓練與員工組織認同之關聯探討〉，《國立臺灣海洋大學航運管理研究所碩士論文》。

❿ 李仁芳 (1995)，《7-ELEVEN 統一超商縱橫臺灣——厚基組織論》，臺北：遠流。

⓫ 蔡維奇 (2002)，〈員工訓練與開發〉，引自李誠主編，《人力資源管理的十二堂課》，頁 79–108，臺北：天下文化。

為訓練內容設計與發展的參考。其分析步驟類似於工作分析，包括：

1. 選擇一個職務作為分析對象。
2. 對該職務熟悉的專家（例如資深的在職者），進行個人訪談或團體座談，詢問在該職務上有高績效表現者，應有的行為與能力。此時要注意的是，這些行為必須是可描述與直接觀察的行為，或有特殊證據證明的行為，而描述行為的同時也應描述其證據，以及描述其環境訊息，例如在何種情況下發生的行為等等。
3. 將訪談內容編製成問卷，再以德菲法（請見第三章的介紹）或其他團體決策的方法，請相關專家評量每一個行為的重要性、頻率與困難度，並選出較重要、頻率高且較困難的行為。
4. 界定執行上述行為之必備知識、技能與態度 (Knowledge, Skill and Attitude, KSA)，而這些 KSA 即可成為訓練的內容。

人員分析

人員分析是為了要瞭解員工是否已經準備好接受訓練，表 7–1 就是人員分析表的範例，若員工在某項能力中，被列為有待發展，也就是在表 7–1 的項目中，被分析者勾選為 “D” 時，就可以再根據表 7–1 的三個的分析層面進行分析。包括分析員工的現有技能狀況、學習動機、以及自我效能，而若該員工在這三方面都達到一定程度，例如具備先修技能、學習動機夠、也有高自我效能，則可列入受訓者名單，等待受訓。

其次，在表 7–2 的技能層面中，一般組織所要求的技能，大致上可以分成四類，這也可以用來對訓練需要的先修技能予以分類，分別是[12]：

1. 技術技能

   例如維修設備、英文打字、設計程式、撰寫新聞稿、操作儀器等等。
2. 行政技能

   包括召開有效率的會議、評量績效與設立目標、資源與任務的協商交涉、檢視財務報告、設定時間表、處理抱怨與牢騷等等。
3. 人際技能

[12] 劉清彥譯 (1999)，《管理大師聖經》，臺北：商周。

表 7–1　人員分析表範例

訓練需求分析（人員分析）							
解釋： S= 傑出優點 M= 符合要求或不適用於本工作 D= 發展需求				主管：XXX 在評估後的訪談中與員工討論優缺點 在職人員：YYY 在評估後的訪談中與主管討論優缺點			
計　畫	S	M	D	組　織	S	M	D
促進改善				組織能力			
發展原創概念				甄選人員			
應用新概念				運用人員			
收集資料				授　權			
分析資料							
規劃目標							
指導與協調	S	M	D	控　制	S	M	D
指　導				維持操作控制			
人員訓練與發展				願意追蹤			
口語表達				測量操作結果			
主持會議				成本控制			
文字表達				品質控制			
隨時讓主管瞭解狀況				擴大收入			
隨時讓部屬瞭解狀況				增加淨益			
經由其他人獲得結果							
為他人所接受							
為他人設定標準							
分析者簽名：＿＿＿＿＿＿＿＿ 日期：＿＿＿＿＿＿＿＿							

資料來源：摘譯自 Morrison, J. H. (1976), "Determining Training Needs," In R. L. Craig (Ed.), *Training and Development Handbook* (2nd Ed.), N. Y.: McGraw-Hill.

組織有許多來自不同背景的員工，他們吸收了不同的知識，以不同的角度審視資訊，具有不同的世界觀，而且在討論技術性議題時，經常會使用全然不同的語彙。這樣的差異性常會造成理念的誤解與人際間的衝突。因此，許多員工需要接受一些人際關係技能的訓練（或先具備人際關係技能，才能繼續後來的其他訓練)，以設法避免這些問題。有二種相當重要的人際技能是：溝通技能與化解衝突的技能，有助於員工之間學會如何傾聽，適當地表達自己的意見與感受，彼此理解，並且以成熟的態度來接受各種結果。

表 7–2　訓練需求分析之人員分析的層面說明

人員分析層面	說　明
現有技能狀況	・有些訓練需要受訓者已經具備一些技能，所以必須先要與員工確定是否已具備足夠的先修技能 ・例如課程中需要閱讀，則員工是否有基本的閱讀能力；課程中需要設計網頁，員工是否有基本的資訊能力；課程中需要統計分析，員工是否有基本的數理能力等等 ・要確知員工在這些必須具備的先修技能之水準，可透過測驗的方式予以評估；若測試無法通過，則可先安排員工接受先修技能的訓練，以確保員工有足夠能力學習之後的訓練內容
學習動機	・動機包含了心理上被激起 (Arousing)，知覺上被指引 (Directing)，以及行為上願意維持 (Maintaining)，朝向某個目標 (Goal) 前進的一連串過程⓭ ・因此，動機雖然是一種心理歷程，但同時也隱含了後續行動的可能 ・至於學習動機，指的是引起並維持個體的學習活動，進而促使該學習活動朝向組織所設定目標的一種內在心理歷程⓮ ・學習動機的高低會影響到學習成效 ・組織需要先診斷員工的學習動機，若其學習動機偏低，則可運用一些方法提高其動機，例如第五章提到的一些激勵理論
自我效能	・自我效能 (Self-efficacy) 事實上就是一種自信，指的是我們是否相信自己有能力足以完成某件任務 ・員工的自我效能愈高，會有愈好的學習成效 ・他人的正面期許、過去的成功經驗、以及目前的身心健康，都有助於提升自我效能

4. **決策與解決問題的技能**

大多數的組織，其員工都有面臨需要解決問題的時候，特別是在組織傾向於授權或是以團隊合作方式完成任務時。因此，員工有必要學習一些系統化解決問題的策略，包括先訂定問題的優先次序，然後收集以及分

⓭ Greenberg, J. (2002), *Managing Behavior in Organizations* (3rd Ed.), N.J.: Prentice-Hall.

⓮ 張春興 (2000)，《現代心理學》，臺北：東華。

析資料，並發展解決方案、評估解決方案，之後再選取解決方案加以執行，並且評估執行的結果。在每一步，員工都需要使用必要的工具與技術來判斷問題、分析資料、建議方案、執行方案、以及最後解決問題。

至於自我效能的部分，若當訓練人員發現員工的自我效能不高時，可以採用以下的方式來提高其自我效能：

1. 給予正面期許

例如透過說服的技巧告訴學員，相信他一定有能力可以學好課程內容。或是將他人成功案例告訴學員，並具體說明其成功原因，讓學員相信可以按部就班地進行模仿，而有成功的機會，增加自信。

2. 建立成功經驗

例如於訓練初期，指定一些較簡單的作業，並給予學員正面回饋，幫助學員建立其成功的經驗，增加其自我效能，讓學員瞭解此訓練課程並沒有想像中的困難。

3. 重視學員健康

當學員身心健康時，也比較有自信能夠完成任務或學習，所以要注意學員的飲食起居，協助學員維持健康而良好的生活習慣。

第三節　訓練方案的選擇與執行

訓練方案的設計

組織在訓練需求分析之後，會開始設計訓練方案，主要包括了四個步驟，如表 7–3 所示：①撰寫訓練計畫、②確認訓練計畫、③準備訓練器材、④執行訓練方案。

其中，在撰寫訓練計畫方面，通常組織會根據其學習發展哲學（例如主管們相信只有從作中學才有用），而有其慣用的學習發展系統，然後針對訓練需求，在符合學習的理論之下，決定各種訓練方案並撰寫其計畫書，包括方案的目標、內容、方法、工具與順序等等。其次，在計畫書撰寫好之後，可以找一些訓練專家擔任評審員，向他們介紹與說明訓練計畫的內容，再根據評審員的意見修改計畫，必要時還可以進行前測，根據前測結

表 7–3 訓練方案的設計

步 驟	說 明
撰寫訓練計畫	・根據：組織慣用的學習發展系統（請見本章的「行家行話」）、訓練需求分析結果、學習理論（例如操作制約與社會學習理論） ・設計各種訓練方案 ・撰寫計畫書，包括各方案的目標、內容、方法、工具、與順序等等
確認訓練計畫	・向指定的評審員介紹與說明訓練計畫 ・根據評審員的意見，必要時甚至會進行前測，再根據前測結果修正訓練計畫，以確保訓練計畫之效能
準備訓練器材	・以謹慎專業的方式處理計畫中所有的要素，以確保訓練的品質與效能 ・包括講義、文件、錄影帶、領導者指導綱領、參與者工作手冊、以及各項活動之補充材料等等
執行訓練方案	・工作場內訓練 vs. 工作場外訓練 ・除了訓練內容外，在可能的情況下，為提升訓練與訓練者之互動，應盡量著重知識與技能於工作現場的展現

果修正計畫，以確保訓練計畫的成效。

在訓練計畫確認之後，訓練人員要準備相關器材，包括文件、設備、教具等等。準備好之後，就要開始執行訓練方案，此時要注意的是，所有訓練，不論是工作場內的訓練方式，或是工作場外的訓練方式，最好都能盡量結合與工作相關的環境與內容，以利受訓者的訓練移轉，表 7–4 即為一些執行訓練方案的重要原則。

訓練方案的類型

訓練方案有相當多種，若根據訓練場地來區分的話，大致上又可以分成工作場內訓練與工作場外訓練。表 7–5 所示，即其所涵蓋的各種訓練方案之列舉。其中，工作場內訓練通常是對工作整體做訓練，而場外訓練則只是針對部分的工作內容⓯。

首先，工作場內訓練中，最常用的應該是在職訓練 (On-the-job Training) 了，這或許是最古老且最普遍的一種訓練方式⓰。由於在職訓練很容易實

⓯ Bass, B. M. & Barrett, G. V. (1981), *People, Work, and Organizations* (2nd Ed.), Boston: Allyn & Bacon.

表 7–4　訓練方案的執行原則

訓練師的準備	‧瞭解整體概要有助於學習效果，所以應於訓練開始時，提供訓練全程的大綱給受訓者參考 ‧準備好教材、場地、設施、以及課堂評估工具 ‧各單元的組成要符合邏輯且有意義 ‧盡量採用受訓者已熟悉的範例、名詞與觀念
利於訓練移轉	‧設置學員與講師的溝通管道（例如電子信箱） ‧使受訓情況與工作情境盡可能相似 ‧提供適當的實作訓練 ‧標記與確認機器設備的每一項特色，以及操作過程中的每一個步驟，因為這樣有利於受訓者回到工作崗位上，仍然可以根據受訓記錄進行操作
激勵受訓者	‧鼓勵參與：若可能的話，讓受訓者自行訂定學習步調，自主性越高的訓練方式，受訓者越可能受到激勵 ‧重複與實習：重複可以使受訓者熟悉，而提供實習的機會，則可以使受訓者邊做邊學，立即看到成果，受到激勵 ‧適時回饋：當受訓者做出正確行為時，立即給予鼓勵，即使只是一句讚美都有效果；而當受訓者反應不正確時，也應給予具體的改善建議
受訓者的準備	‧包括態度與能力的準備 ‧引導受訓者注意重要的工作層面，例如客服員的應對禮節 ‧說明訓練與上述的工作層面之關係，以讓受訓者認知到訓練的必要性 ‧說明應該事先準備的部分，例如是否需要先修技能等等 ‧事先提供準備好的資料，包括本次訓練的意義、效果與工作應用，以及一些在學習中，乃至於受訓後的工作應用中，可能遇到的困難等等

資料來源：摘譯自 Dessler, G. (2000), *Human Resource Management* (8th Ed.), N. J.: Prentice-Hall.

表 7–5　訓練方案列舉

工作場內訓練 On-site Training	在職訓練、玄關訓練、工作輪調、師徒制、工作指導訓練、以及指派參加委員會等等
工作場外訓練 Off-site Training	講授法、視聽技術法（例如透過電視影片）、研討會、電子學習、電腦輔助教學、行為塑造、模擬、個案研究、分組討論法、管理遊戲、戶外活動訓練、籃中訓練、敏感度訓練、以及實驗室訓練等等

⑯ Muchinsky, P. M. (1993), *Psychology Applied to Work : An Introduction to Industrial and Organizational Psychology* (4th Ed.), C.A.: Brooks/Cole Pub. Co.

施，又是在真實的工作場合中接受訓練，不會停止生產，也可以發揮訓練移轉的效果；加上在職訓練並不需要什麼工作以外的特殊設備或工具，指導者又是現任的員工，受訓者藉由模仿進行學習，所以是相當受到歡迎的一種訓練方式。然而，這種訓練通常也有結構鬆散的問題，甚至有些員工並不懂得如何帶人，所以使得學習效果有限。此外，當受訓者犯錯的時候，也會直接影響到與工作相關的人與事，因此組織必須評估其錯誤可能造成的後果，審慎選擇是否適合在職訓練，例如事務員的工作顯然就比腦科手術更適合實施在職訓練。至於在職訓練的實施步驟，則如圖 7–2 所示。

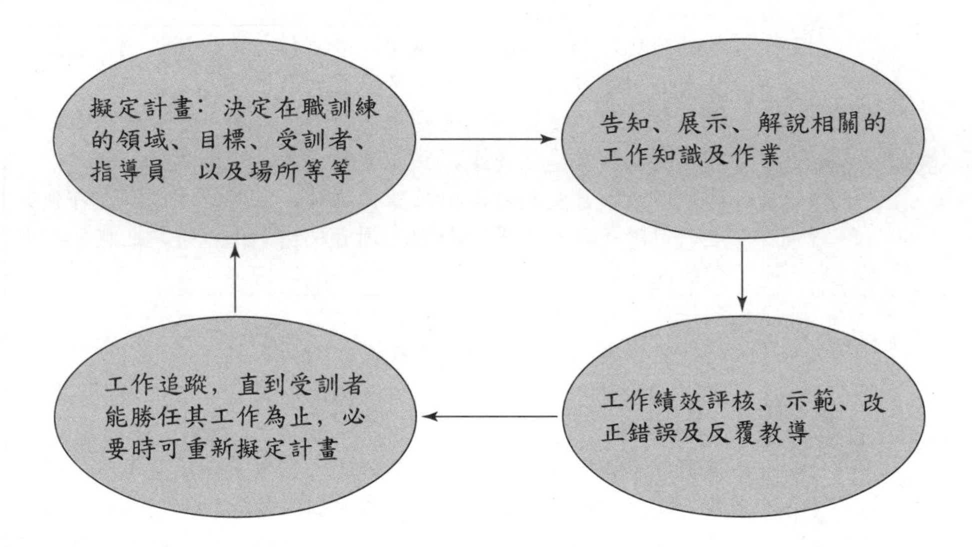

圖 7–2 實施在職訓練的流程

另一種相當古老的訓練方式就是師徒制 (Mentoring)，是指由組織中的晚輩擔任徒弟 (Protégé) 的角色，接受資深者，也就是擔任師父 (Mentor) 的角色進行引導，通常他們會是一對一的關係，而且除了技術指導之外，師父往往也會提供情緒支持、職涯規劃的協助、問題或錯誤的幫助解決等等，而他們之間的關係，將會歷經表 7–6 的四個階段。同時，由於師徒制的成效往往決定於師徒之間的互動，因此美國勞工部的學徒訓練局 (Bureau of Apprenticeship and Training) 建立了一些師徒之間應該遵守的規範，包括⑰：①對徒弟就業及訓練之所有層面，不能有任何歧視；②應提供徒弟

⑰ Byars, L. L. & Rue, L. W. (1999), *Human Resources Management* (6th Ed.), N.Y.: Mc-

表 7–6　師徒關係的發展階段

階段	內容
初始階段 Initiation	・彼此相互觀察熟悉 ・決定教與學的目標
培育階段 Cultivation	・彼此互動分享工作經驗 ・徒弟也開始準備自己的職涯規劃
分離階段 Separation	・徒弟出師，原本的師徒關係結束，進入轉折期 ・此時雙方都會產生情緒壓力，彼此可能會有猜測、懷疑的現象發生
重新定義階段 Redefinition	・若雙方關係在很好的情況下結束，就會進入此一階段 ・彼此關係成為亦師亦友的良性關係

資料來源：摘譯自 Greenberg, J. (2002), *Managing Behavior in Organizations* (3rd Ed.), N. J.: Prentice-Hall.

各種手藝或技能有關的知識；③徒弟應遵守訓練課程日程表上的各種規定；④訓練期間，徒弟必須定期接受評估。

還有一種訓練也很類似在職訓練，那就是玄關訓練 (Vestibule Training)，讓受訓者在離實際生產線不遠處進行觀察或訓練，例如銀行的新進人員，在行員旁邊觀察行員對各種業務的處理，有如站在屋前的玄關，還沒有正式進入房內一般。此時，受訓者不會對實際作業有不良影響，但其限制是場地太小 (因為直接與現職員工共用場地)，所以一次只能有少數人同時受訓。

以上幾種方法，對新進人員用的比較多，對於現職人員，則可以指派其參加各種委員會或是進行工作輪調 (Job Rotation)，以熟悉相關作業、學習相關技能。然而由於個別差異，員工在各項工作或是不同的委員會中，其適任性並不完全相同，有的時候會引發員工的排斥。其次，這種方法可能會造成員工認為某些工作只是暫時性的輪調或被指派，而降低對工作的認同感。因此，員工是否願意接受輪調以進行學習，是此類方法成敗的關鍵[18]。

最後要介紹的是工作指導訓練 (Job Instruction Training)，因為許多工

Graw-Hill.

[18] Muchinsky, P. M. (1993), *Psychology Applied to Work : An Introduction to Industrial and Organizational Psychology* (4th Ed.), C.A.: Brooks/Cole Pub. Co.

作都各有其程序與步驟，最好能按部就班地教導，也就是工作指導訓練。首先依應有的順序列出所有工作之必要步驟，每一步驟還要列出其「關鍵點」，顯示出工作在此步驟時該做些什麼，而關鍵點則指出應如何做，以及為什麼這樣做，表 7–7 就是其中的一個範例[19]。

表 7–7　操作電動割紙機的工作指導

步　驟	關鍵點
1. 啟動馬達	無
2. 設定切割距離	仔細閱讀尺規——避免切錯尺寸
3. 將紙置於切割桌上	確定紙是平的——避免不平的切割
4. 將紙推上切割機	確定紙是緊密置放——避免不平的切割
5. 左手抓緊安全桿	左手不能放開——避免手被割傷
6. 右手抓緊切割桿	右手不能放鬆——避免手被割傷
7. 同時拉切割機與安全桿	將兩手皆置於適當之處——避免手置於切割桌上
8. 等切割機退回	將兩手放開——避免手置於切割桌上
9. 將紙收回	確定切割機已退回，兩手從桿上抽離
10. 關掉馬達	無

除了工作場內訓練，組織還可採用工作場外訓練，其方案更是琳琅滿目，以下就針對幾個組織常用的方案，分別加以介紹：

1. 講授法 (Speech)

方式：進行課堂講述。

優點：
- 可以同時訓練多位員工，在短時間內傳遞較多的資訊。
- 成本比較低廉，而且進行的時間也比較容易控制。

缺點：
- 如果受訓者的異質性較大，課程內容便會偏向一般性[20]，因此這種方法用在傳達特殊性的知識上便會受到較大的限制。
- 受訓者被動地接受訊息，較缺乏練習與回饋的機會。
- 要掌握聽眾，從頭到尾專心一意很困難。
- 比較缺乏重複練習與回饋，也比較不容易有訓練移轉[21]。

---

[19] Dessler, G. (2000), *Human Resource Management* (8th Ed.), N. J.: Prentice-Hall.

[20] Fiske, J. (1990), *Introduction to Communication Studies* (2nd Ed.), N. Y.: Routledge.

[21] Bass, B. M. & Vaughan, J. A. (1966), *Training in Industry: The Management of Learning*, C.A.: Brooks/Cole Publishing.

適用時機：同時訓練大量人員。

建議：適度搭配各種教具，並保留時間與聽者溝通，進行討論或問答。

2. 視聽技術法 (Audio Visual Training)

方式：以投影片、幻燈片及錄影帶等視聽器材進行訓練。

優點：
- 員工可以很容易地按圖索驥進行學習。
- 可吸引受訓者的注意，提高其學習動機。
- 可以重複使用、訓練的時間也較容易易掌控。

缺點：
- 同講授法[22]。
- 影片製作所費不貲，且修正不易（例如當訓練內容改變，整套影片都必須重新製作）。

適用時機：進行有關工作流程、程序或行為的訓練時。

建議：配合講授法或其他訓練方法一同使用。

3. 研討會 (Forum or Conference)

方式：受訓者與訓練師共同針對某個主題進行報告與討論。

優點：
- 雙向溝通。
- 適合各類的意見收集，特別是對有爭議性的主題。

缺點：
- 成敗有賴於主持人的主持技能與人格特質，刻板化的主持人往往無法帶動討論。
- 易失去討論重點與方向，而且有的時候會受到少數人的操控。

適用時機：訓練內容需要澄清或精緻化，或是現場討論有助於瞭解，而受訓者與訓練師的比例也不是很高時。

建議：可於講授法之後加上研討會式的討論。

4. 個案研討法 (Case Study)

方式：提供實例或假設性的案例讓受訓者研讀，並從個案中發掘問題、分析原因、提出解決問題之方案，並選擇一個最適合的解決方案。

優點：
- 可增進受訓者的分析、歸納、判斷能力與解決問題的能力。
- 可以進行較細部的討論。

缺點：
- 若與受訓者本身情境相關性高，受訓者可能會被激怒。

[22] 蔡維奇 (2002)，〈員工訓練與開發〉，引自李誠主編，《人力資源管理的十二堂課》，頁 79–108，臺北：天下文化。

・若與受訓者本身情境相關性不高，則受訓者可能會沒有感覺而不投入討論。

適用時機：適合在問題解決計畫前，需要集思廣義地發掘各式方案時。

建議：可配合分組討論 (Panel Discussion)。

5. 管理遊戲法 (Business Games)

方式：・將受訓者數人組成一小組，依照實際情境，擬定管理策略或決策，使受訓者各組從事相互間之競爭，從而決定勝負。

・最後請專人講評，參與的各組各自檢討改進，期能更上一層樓。

優點：・情境逼真，受訓者每人都有主動參與的機會。

・若情境類似於實際問題，則有助於解決問題時的事半功倍。

・結果亦能獲得回饋。

缺點：・很難評估競賽各組的何種決策較好。

・受訓者可能會嬉戲，而不太正視此種訓練。

・假若情境與實際相差甚遠，則無助於解決問題。

適用時機：・適合訓練經理人決策。

・適合將理論轉換成實務知識。

建議：應盡量與實際情境類似。

6. 角色扮演 (Role Playing)

方式：・由員工呈現真實或想像之有關人際互動的某些問題，並自發性地演出其中角色[23]。

・通常在角色扮演之後，會討論所發生的事件內容及其原因，並建議未來應該如何有效的處理這些問題。

優點：・讓受訓者有機會從他人的角度看事情，以體會不同的感受，並從中修正自己的態度及行為。

・受訓者參與感較高，並可立即演練課堂中所學得的技能。

缺點：對於較內向的受訓者可能會造成情緒上的不安。

適用時機：・適用於人際技巧方面的訓練。

・適用於行為指導與改變（例如對客戶的行為模式）。

---

[23] Wohlking, W. (1976), "Role Playing," In R. L. Craig (Ed.), *Training and Development Handbook* (2nd Ed.), N.Y.: McGraw-Hill.

建議：應盡量與實際情境類似，以及做好暖場的動作，解除受訓者的情緒不安。

7. 行為塑造 (Behavior Modeling)

方式：・以社會學習理論為基礎，由專家示範正確行為，並提供機會讓受訓者進行演練。
・對受訓者的行為提供回饋。

優點：有學習的對象。

缺點：若缺乏誘因及行為追蹤，訓練移轉的效果可能很差。

適用時機：・適用於人際技巧方面的訓練。
・適用於行為指導與改變（例如對客戶的行為模式）。

建議：最好要有一套流程，並配合強化機制，例如圖 7–3。

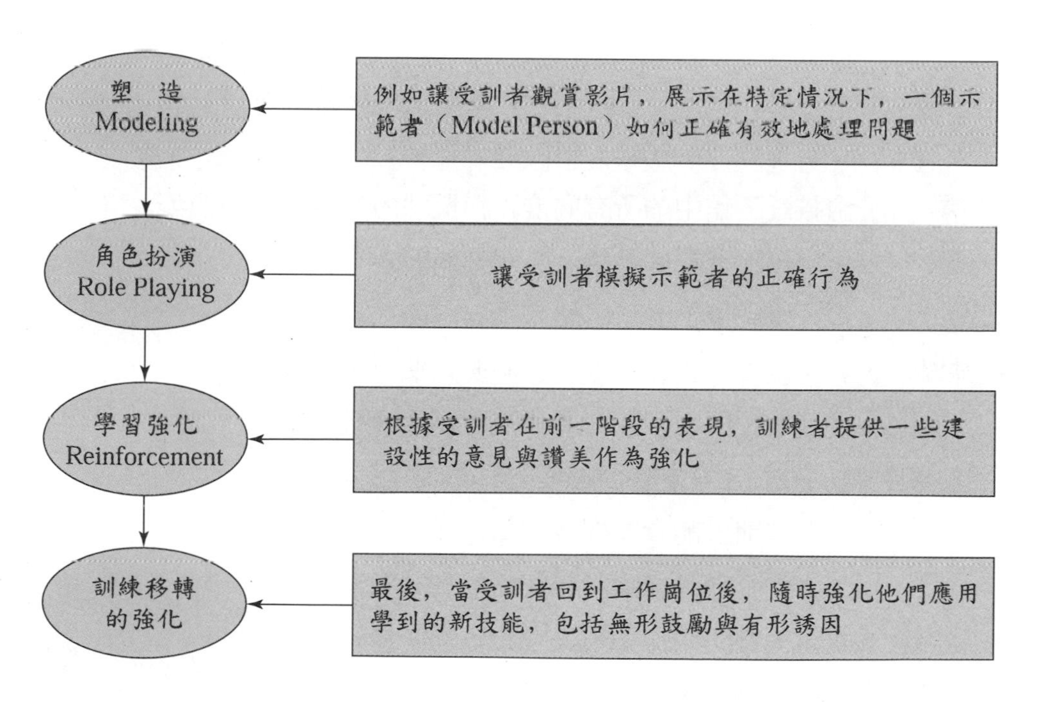

圖 7–3　行為塑造的流程

8. 電子學習 (E-learning)

方式：受訓者透過電子媒介學習，而電子媒介包含電腦、網際網路、光碟等電子儀器。

優點：・可運用編序教學原理，使受訓者安排自己的學習進度與狀態。
・受訓者不受時間地點之限制。
・有助於減少瑣碎的行政作業，讓時間用來提升課程品質。
・確保訓練課程品質一致。
・一旦系統開發成功，成本將隨著使用人數的增加而遞減。

缺點：開發成本相當大，例如軟硬體設備、電腦程式設計等等費用。

適用時機：・訓練課程的內容結構日趨完整，以及資訊網路系統健全。
・員工不易同時同地一起接受訓練時。

建議：當作其他訓練方案的輔佐以及員工的自我學習。

9. 模擬 (Simulation)

方式：・一種複製的真實生活情境，讓受訓學員進行決策或行為，而這些決策或行為會導致和真實狀況相似的結果[24]。
・例如籃中測驗 (In-basket Test)，讓經理人於籃中抽取一項與真實情境類似的任務，然後以現有資源與資料遂行任務，以此訓練經理人的決策能力與時間分配[25]。
・愈接近工作中的所有向度，模擬法的訓練效果會愈好。

優點：・可用以促進認知技能，特別是決策能力。
・減少實地練習時所可能帶來的危險以及節省成本。

缺點：・若不能複製工作中的關鍵向度，便不可能成功。
・速度較慢的員工，有時候後會產生挫折感。

適用時機：・適合白領者的訓練。
・有助於體會時間管理的重要。
・適合必須處理大量資訊的高層職位。

建議：應盡量與實際情況相似，包括各種決策結果與互動。

10. 戶外活動訓練 (Outdoor Training)

方式：・1980 年代首次出現，且有逐漸增加的趨勢，內容包括耗費體力

[24] Coppard, L. C. (1976), "Gaming Simulations and the Training Process," In R. L. Craig (Ed.), *Training and Development Handbook* (2nd Ed.), N. Y.: McGraw-Hill.

[25] Fredericksen, N. (1961), "In-basket Tests and Factors in Administrative Performance," In H. Guetzkow (Ed.), *Simulation in Social Science: Reading,* N. J.: Prentice-Hall.

的活動如爬山、攀岩，或是比較不費力的室內活動如信任倒。

・甚至有可能是魔鬼訓練 (Devil Training)，也就是要求受訓者突破種種相當困難的關卡，以達成既定的訓練目標。

優點：・比室內上課對學員更具吸引力，也比較能增加學員的學習動機。

・可增進受訓者解決問題與團隊合作的能力。

・可以打破舊有思考型態、增加團體覺醒與信任。

缺點：・費用往往較為昂貴。

・某些課程的安全問題令人擔憂。

・不易將所學的技能（特別是操作技能）應用至工作中。

適用時機：需要建立團隊默契、合作信任或是組織面臨艱鉅任務時。

根據研究指出，以上這些方法中，較為國內卓越企業用以培訓其研發人才的方法，依序為講授法、個案研討法與討論法[26]。然而，不論哪一種方法，都有不同的缺點與適用情形[27]。表 7–8 所示，就是部分方法應用的比較，其中的講授法、視聽技術與編序教學用途較廣泛（相對地，可運用編序教學原理的電子學習，其用途應該也相當廣泛），其他方法的用途，限制就比較大。因此，在不同情境或目的下，組織可以考慮採用不同的訓練方法，甚至可以將這些方法整合在一起運用，例如舉辦一次研習營 (Workshop)，在數天的時間內，同時運用各種方法，幫助員工在能力、行為與觀念上的改變等等[28]。

第四節　訓練效果之評估

對任何方案（包括訓練發展方案）的評估，基本上都包含了一組程序，藉由系統化的設計，搜集待評估方案的過程與結果，包括方案實施的前、中、後期，任何有利於評估判斷的相關資料，並用以與一些先前設計與定

[26] 蔡維奇 (2002)，〈員工訓練與開發〉，引自李誠主編，《人力資源管理的十二堂課》，頁 79–108，臺北：天下文化。

[27] 洪榮昭 (1991)，《人力資源發展》，臺北：師大書苑。

[28] 沈介文、楊奕源、張欣偉 (1999)，〈組織訓練與發展之規畫評估——組織的核心能力、知識與學習之討論〉，《工業關係管理本質與趨勢學術研討會論文集》，頁 297–314，彰化：大葉大學工業關係系。

表 7–8 部分訓練方法應用之比較

典型的用途	講授	視聽技術	研討會	個案研究	角色扮演	管理遊戲	編序教學
新人訓練；導入新觀念	☆	☆	☆			☆	☆
特殊技能訓練	☆	☆				☆	☆
安全教育	☆	☆	☆				☆
創造性、技術性、專業性	☆	☆	☆	☆		☆	☆
業務員、主管、經理人	☆	☆	☆	☆	☆	☆	☆

資料來源：摘譯自 Bass, B. M. & Vaughan, J. A. (1966), *Training in Industry: The Management of Learning*, C.A.: Brooks/Cole Publishing.

義好的準則進行比較，以瞭解方案在執行與目標達成之間可能的偏差，並採行應有之補救措施，同時也可以作為下一次訓練規劃的參考[29]。至於訓練評估的對象，大致上又可以分成二方面，包括對於訓練結果的評估，以及對於訓練過程的評估。

對訓練結果的評估

一般而言，組織對訓練結果的評估，如表 7–9 所示，可以再分成三個層面來看，包括針對訓練的立即結果、學習的移轉、以及訓練結果對組織的影響這三部分來進行評估，至於對結果的評估程序之建立，基本上可以包含四個步驟：

1. 發展準則，例如針對接線生電話禮貌的訓練，訓練後的受測分數，以及受訓者回到組織後，客戶對其禮貌上的抱怨程度等等。
2. 設定目標，例如受訓分數應有 85 分以上，以及抱怨率應降低 15% 以上，則該訓練方案方為有效。
3. 評估學習的立即結果，例如收集受訓者的訓練成績，與預設的目標進行比較。
4. 評估學習的移轉結果，也就是收集受訓者在訓練完成，回到組織情境之後，比較其績效（例如抱怨率）與預設目標之間的差異。

[29] 鄭建男 (2003)，〈教育訓練與員工組織認同之關聯探討〉，《國立臺灣海洋大學航運管理研究所碩士論文》。

表 7-9　對訓練結果的不同評估層面

結果評估的層面	意　義
立即的結果	受訓者是否達到該次訓練的直接目標
學習移轉	受訓者回到工作崗位後，能否應用其所學到的新技能、行為與態度
對組織的影響	訓練結果對組織有無幫助以及幫助的程度

其中，在對訓練的立即結果進行評估時，主要是指受訓者透過訓練，所學習到新知識、技能與行為的程度[30]，包括受訓者是否有學到東西以及學到多少等等。至於可以用來評估的方法則包括：課堂考試、心得報告、觀察、模擬測驗、以及工作抽樣（若是教授與工作有關的技巧時）等等。此外，要注意的是，組織需要確認受訓者所表現出來的行為或技能，是真的來自於訓練結果，因為若其改變是透過自修或其他因素（例如受訓者自然的成熟等等）的話，則不能宣稱為訓練的效果。

其次，關於學習移轉的成效，組織並不容易評估，往往需要在訓練前對員工先進行評估一次，訓練後再評估一次，然後比較二者是否有改變，而這些改變與訓練內容是否相關。至於具體的評估方法，則可以採用實際的工作觀察、調查、以及同仁之間對受訓者的報告等等[31]。最後，關於訓練移轉至工作而對組織影響的評估更是不易，往往需要透過組織稽核（例如對作業程序的評核）、績效分析、訓練成本效益分析、訓練類推性分析（也就是訓練是否適用於其他人或其他場合）、以及各種組織記錄的分析（例如訴怨電話）等等來進行評估。甚至有人建議應該衡量訓練的組織內效度 (Intra-organizational Validity)，也就是評估不同的受訓者，其受訓後績效改變是否相同，另外也要衡量組織間效度 (Inter-organizational Validity)，也就是評估在不同的組織之間，某訓練方案的效果是否有差異，若組織內與組織

[30] Kirkpatrick, D. L. (1994), *Evaluating Training Programs—The Four Levels*, C.A.: Publishers Group West.

[31] Brinkerhoff, R. O. (1988), "An Integrated Evaluation Model for HRD," *Journal of Training & Development*, 42, 2: 66–88.

外的效度都良好時，意味著該訓練方案對受訓者與組織的影響都相當穩定，若成效也不錯的話，則值得繼續推行[32]。

當然，不論採用何種對於訓練結果的評估方式，最後都與訓練目標的擬定有關，因此訓練目標的擬定，必須是可衡量而且可達成的，而在撰寫訓練目標時，最好能夠包含以下三個要素：

1. **想要讓受訓者學到何種知識技能？（一般而言，組織透過訓練，想要改變員工的知識技能包括技術技能、行政技能、人際技能、以及決策與解決問題的技能，請見第二節的訓練需求分析）**
2. **受訓者該學習上述的知識技能到何種程度？（也就是其訓練結果的評估準則為何）**
3. **受訓者必須在何種情境下表現出此知識技能？（可用以判斷訓練移轉的情境與效果）**

對訓練過程的評估

由於訓練結果中，有一部分很難評估，再加上整個訓練的前置作業與實施過程，都會影響到訓練的成效，因此有人建議應該同時有過程導向的評估，包括將訓練的輸入、實施、乃至於背景部分都納入評估，以補其不足[33]。其中，在實施過程方面的評估，主要是針對員工受訓時的反應，也就是受訓者對訓練課程的滿意程度，以及訓練實施過程中的優缺點進行評估，例如是否有進行詳實的記錄、能否排除意外的障礙、人員的互動如何、以及器材的準備等等[34]。至於在前置作業的評估方面，主要還是針對訓練需求分析、訓練目標與方案的設計等等來進行評估[35]，特別是會評估整個訓練設計是否符合學習原則如表 7–10 所示，以及是否符合訓練移轉原則，

---

[32] Miner, J. B. (1992), *Industrial-Organizational Psychology*, N.Y.: McGraw-Hill Inc.

[33] Philips, J. J. & Seers, A. (1989), "Twelve Ways to Evaluate HR Management," *Personnel Research*, April, 54–58.

[34] 游進年 (1999)，〈CIPP 模式在臺灣省國民中學訓輔工作評鑑應用之研究——以宜蘭縣為例〉，《臺灣師範大學教育研究所碩士論文》。

[35] Shufflebeam, D. L. & Shinkfied, A. J. (1985), *Systematic Evaluation: A Self-Instructional Guide to Theory and Practice* (4th Ed.), Boston: Kluwer Nijhoff.

如表 7–11 所示[36]，並可同時參考表 7–4 的訓練方案執行原則。

表 7–10 符合學習原則的訓練設計

目標設定	設定有挑戰性且明確的訓練目標，並記得要有回饋（請參考第五章的目標設定理論）
工作關聯	學習內容要對學員有意義，最好與其所面臨的工作問題有關聯
練習機會	不斷練習可以加強受訓者對課程內容的吸收，進而達到內化 (assimilation) 的境界，也就是不需要思考即能表現出該項技能，即使在緊急狀況時，也能夠很自然、很習慣地運用所學到的知識技能，做出正確的反應並解決問題
社會學習	受訓者有機會觀察到適當的行為而進行學習
行政安排	例如事前的教材準備、講師課程與個人資料的建檔等等

表 7–11 符合訓練移轉原則的訓練設計

工作相似的情境	• 訓練內容與特性，若能與工作環境越相似，受訓者回到工作後越容易運用所學習到的知識技能 • 一般而言，以動作技巧方面的訓練最適合運用此原則，例如電腦技能的訓練、機器的操作與維修等等
提供原理通則	• 有時訓練課程的內容特性，與工作環境不盡相同，學員仍可藉由講師所提供的通則，將訓練課程所學到的原則運用於工作環境中 • 通常以智能技巧及態度行為方面的訓練，最適運用此原則
提供作業與口訣	• 講師可以透過作業與練習的指派，或是提供有助於記憶的口訣，幫助學員將學得的知識技能由短期記憶轉換成長期記憶 • 這將有助於員工在工作上遇到困難時，能快速提取記憶並使用新的知識技能 • 此原則適用於所有知識技能的訓練，其中尤以智能技巧最為適合
防止衰退的策略	• 包括讓學員列出工作中妨礙其使用新技能的障礙因素、討論排除障礙因素的方法、並教導學員自我管理的技巧（例如目標設定、自我觀察及自我獎勵）等等 • 某些特別的課程，受訓者可能於訓練後少有機會表現其所學到的技能，則訓練人員可以安排定期的複習課程，以防止學員忘記所學到的技能

[36] 修正自蔡維奇 (2002)，〈員工訓練與開發〉，引自李誠主編，《人力資源管理的十二堂課》，頁 79–108，臺北：天下文化。

組織常見的訓練發展之方式

資料來源：節錄整理自李芳齡譯(2001)，《人力資源最佳實務》，臺北：商周。

1. 透過系統化的課程，例如課堂授課、運用操作手冊進行在職訓練、以研討會提供員工們針對特定問題或新方案進行討論、以及內部的講師制度等等，進行員工們的訓練發展。此類課程通常是為了促進員工在不同階段的生涯發展而設計，例如奇異公司的克羅通維里發展中心 (Crotonville Development Center) 就為各層級的員工，包括新進員工到公司職員等等，準備了各種訓練課程，這些課程主要是針對員工在不同生涯發展階段的需要而設計，以確保員工擁有目前及未來工作所須的技能。
2. 以經驗歷練的方式，讓員工從中獲得需要之技能，包括工作指派、任務團隊、學徒式的見習、工作輪調等等。這種訓練發展的基本假設是認為人可以從工作中學習，所以指派員工新的工作挑戰，以讓他們從經驗中學習。
3. 以團隊的方式工作並相互學習，而此時員工除了可以討論手邊的工作計畫之外，也可以討論關於團隊合作的機制與性質，藉此增進他們的專業與團隊合作能力。例如，管理者的跨功能團隊訓練，就對管理者思考的多樣化、開闊的視野與彈性等等很有幫助[37]。
4. 從行動學習的訓練中，培養專業能力。所謂行動學習，主要是指工作團隊的原班人馬，一起參加以某個實際的組織問題為焦點之訓練活動（例如以過去的失敗或成功案例進行研討），這種經驗不但讓員工學得相關技能，也學習到應用這些技能的能力。

[37] Raskas, D. F. & Hambrick, D. C. (1992), "Multifunctional Managerial Development: A Framework for Evaluating the Options," *Organizational Dynamics*, 20, 5–17.

問　題

1. 你認為組織應該如何運用這四種訓練發展的方法，以確保員工具備因應工作需求應加的能力？
2. 組織成員往往需要技術能力、人際能力、以及決策能力，以因應其工作所需，你認為以上的四種訓練發展方式，分別對於何種能力的提升有較大的幫助？

操作制約

操作制約 (Operant Conditioning) 是來自於 ABC 模式，也就是任何行為都有其前因 (Antecedent)，然後產生行為 (Behavior) 以及行為的後果 (Consequence)，而此行為後果若是讓行為者感到高興，則該行為就會持續下去，也就是行為者學到了某種行為；反之，若其行為後果令行為者不快樂，則行為者不會再進行該行為，也就是行為者學到了不要有該行為。此種 ABC 模式顯示出，對於行為的獎懲會影響行為者的學習方向，也就影響該行為是否再發生的可能。

社會學習理論

社會學習理論 (Social Learning Theory) 主張人們除了經由自己的行為經驗來學習之外，尚可藉由觀察他人的行為及其結果來學習，故也稱觀察學習 (Observational Learning)。因此，訓練課程可安排專家示範，讓學員藉由觀察來模仿專家的行為，不過在選擇示範者時，必須審慎為之，示範者應該盡量在專業、職位或是年齡等等方面，具備與學員相似或可為學員表率的特性。

敏感度訓練

敏感度訓練 (Sensitivity Training) 是透過小團體的方式，體會團體成員彼此的行為與感受，然後回饋給當事人知道自己的優缺點，並改善成員間的溝通。然而，若學員不開放心胸，則可能無法接受別人的批評，而且通常學員之間只是提出問題，卻無法解決問題。

編序教學

編序教學 (Programmed Instruction, PI) 的緣起可以回溯到 Skinner 的研究[38]，其方法主要是將學習主題分解成細微片段，然後進行有組織的編排，並採用特製設備（一般稱為教學機）或是編製教學手冊，鼓勵學員在訓練的過程中，透過設備或手冊，自主決定自己的學習步伐，對於學習狀況也可以隨時獲得回饋。

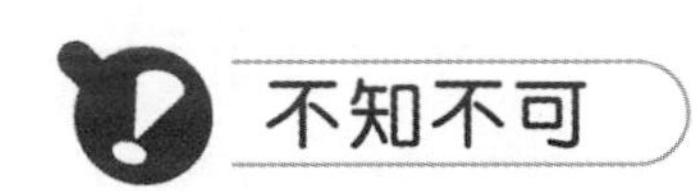

準備與訓練外派主管的注意事項

資料來源：摘譯自 Dessler, G. (2000), *Human Resource Management* (8th Ed.), N. J.: Prentice-Hall.

1. 遴選派遣至海外的侯選人時，必須考量是否具備適當的教育背景與經驗。一個過去曾經成功地適應外國文化的人（可能因為曾至海外求學或曾是國際交換學生等等），調職海外將有較大的成功機會。
2. 遴選者的人格與家庭情形，最好都能夠承受新環境下不同文化的衝擊，因為有許多主管之所以失敗，並非他們無法適應，而是因為其配偶或子女對國外的環境無法適應所導致。
3. 讓外派侯選人充分且清楚地瞭解組織的派遣政策，包括對於遷移費用的支付、薪資差異、以及福利（例如員工子女的就學補助）等等政策。
4. 讓外派者與其家人接受將前往國家的文化及語言之訓練，例如 Dow 化學公司對派遣至海外的主管，就會先舉行簡要的說明會作為引導，然後詳細解說公司的派遣政策，外派者也會獲得一本小冊子，介紹當地的一些重要資訊，如購物與居住的指南等等。此外，外派者也可參加兩週的語

[38] Muchinsky, P. M. (1993), *Psychology Applied to Work : An Introduction to Industrial and Organizational Psychology* (4th Ed.), C.A.: Brooks/Cole Pub. Co.

言與文化引導課程，而公司也會安排諮商者（通常是近日才返國的夫婦），前去拜訪將派遣國外的主管及其配偶，並說明他們在剛搬到國外時可能面臨的一些情感因素，例如失落感等等。

5. 提供一位顧問（例如曾被派遣海外有一段時間的高階主管）給所有派遣海外的主管，以瞭解與督導其海外任職的事業生涯，同時也協助他們在國外的組織中，可以獲得合適的職務。

6. 建立國外工作者的回國計畫，以協助回國的主管與其家人可重新適應其家鄉的事業工作與個人生活。

問　題

若根據前面的「行家行話」，組織常見的訓練發展包括安排課程、經驗歷程、團隊工作、行動學習，你認為對於外派人員的跨文化訓練，採用何種方式較為適當？為什麼？

小型企業的訓練發展步驟

資料來源：摘譯自 Dessler, G. (2000), *Human Resource Management* (8th Ed.), N. J.: Prentice-Hall.

步驟 1：撰寫詳細的工作說明書與設立訓練目標

詳細的工作說明書是任何訓練計畫的重心，它應該列出每項工作之日常與定期的任務（做什麼），以及每項任務各步驟的摘要（如何做）。然後要寫下我們的訓練目標，例如目標可能是減少廢料，或讓新進員工在二週內能夠跟得上速度。

步驟 2：發展簡潔的任務分析記錄表

小型企業可以使用簡潔的任務分析記錄表，以確定員工是否需要訓練，而且也可以據此作為篩選的依據，而任務分析記錄表的內容可以包括：

1. 列出任務，例如每項主要任務所執行的內容，以及每項任務所涵括的步驟； 2.列出績效標準，例如數量、品質、正確性等等的標準； 3.列出需要訓練的技能，亦即員工執行此任務所必須知道或必須做的事，同時可以註記必須加強的特殊技能； 4.列出所需求的性向，例如人格性向、理解力、工作煩悶或是壓力的承受度等等。

步驟 3：發展工作訓練指導表

工作訓練指導表往往會標示出每項工作訓練的步驟，以及各步驟的重點。

步驟 4：準備工作的訓練計畫

訓練計畫往往會附在訓練手冊內，其中至少應該包括工作簡介、工作說明書、簡潔的任務分析記錄表、該工作將與工廠或辦公室的哪些工作相配合、受訓者所需接受訓練的技能表單摘要、訓練計畫的目標、工作訓練指導表等等。此外，也需要決定在訓練計畫中所使用的媒體（投影片、手提電腦、錄音設備、視聽帶、幻燈片等等）。

討論題綱

1. 許多小型公司會與鄰近地區的其他公司簽訂合作協議，一起僱用一家訓練公司同時進行員工的訓練發展，以節省訓練成本，你覺得此種方式有何優缺點？
2. 你覺得在「行家行話」中提到的訓練發展方式，哪些適合小型企業？為什麼？

第八章　績效考核

第一節　績效管理與績效考核

對許多組織而言，績效代表的是組織達成任務的一種整體表現，而良好的績效管理，不但能夠協助組織遂行其經營目標，還可以激勵員工的動機以及產生對組織的認同❶。因此，績效管理是組織中一項很重要的內部機制，其中又以績效考核為其核心，因為績效考核是組織酬償的主要依據，而酬償則是各種行為的動力來源❷。於是，對於任何一個組織來講，管理工作的要素之一，就是要建立尺度以進行績效考核，從而產生組織的前進動力❸。

所謂績效考核 (Performance Appraisal)，指的是組織內一套正式的、結構化的制度，用來衡量與評估員工績效，包括員工各種與工作相關的特質、行為與結果，並找出其誤差原因，進行員工、工作或組織的修正，以期使員工與組織均能獲益❹。正如前述，組織的績效考核通常是其績效管理 (Performance Management) 過程中，一個很重要的子系統，甚至可以算是一個比較狹義的績效管理。至於績效管理，則是指一套有系統的管理過程，用來建立組織與個人對於目標以及如何達成目標的共識，進而採行有效的管理方法，提升目標達成的可能性❺。因此，績效管理不僅會對個別員工

❶ Taylor, P. J. & Pierce, J. L. (1999), "Effects of Introducing A Performance Management System on Employees' Subsequent Attitudes and Effort," *Public Personnel Management*, 28 (3): 423–452.

❷ 沈介文 (2000)，〈發展性績效評估之規劃建議〉，《新世紀人力資源管理研討會論文集》，頁 325–338，臺北：中華民國人力資源發展學會。

❸ Drucker, P. F. (1973), *Management: Tasks, Responsibilities, Practices*, N.Y.: Harper & Row.

❹ Jackson, S. E. & Schuler, R. S. (2000), *Managing Human Resources: A Partnership Perspective*, Ohio: South-Western College Publishing.

❺ Hartel, F. (1994), "Performance Management Where Is It Going," In Mitrani, A.

的績效進行考核，更會將員工績效與組織績效相結合，同時搭配不同的管理工具或方法，例如配合 ISO 的規範，甚至有學者建議以全面品質管理 (Total Quality Management) 觀點，建立起組織的績效模式❻，最終希望能夠提升整體組織的效能。

表 8–1 是績效考核與績效管理目的之比較，其中可以發現，績效管理之目的比較通則化與一般性，其在實際用途上或是管理操作方面，也就比較廣泛以及具有彈性。例如，在管理決策目的上，也就是組織依據績效考核結果進行管理決策的參考，就可以運用在包括對人員的薪資福利調整、職位異動、人員遴選等等，起碼涵蓋了表 8–1 左邊的績效考核之二大目的。由於此類目的多半是根據員工過去績效，透過比較之後進行獎懲，因此也有人稱之為績效管理之評估目的。

表 8–1　績效考核與管理之目的比較

績效考核之目的	績效管理之目的
・作為工作改善的基礎 ・作為薪資調整的標準 ・作為員工調遷的依據 ・作為員工訓練的參考	・管理決策：績效考核結果作為管理決策的參考 ・發展目的：協助員工改善缺點以及持續其優點 ・績效改善：找出缺口，改善員工及組織的績效

其次，關於績效管理的第二個目的，也就是發展目的，主要參考員工過去績效，協助其未來發展，包括協助那些表現良好的員工持續下去，而對表現不理想的員工改善其績效等等。此一目的非常重視績效回饋面談，在面談過程中除了會討論到員工的績效與優缺點之外，也會進一步討論到其原因，如果是因為員工的技能不足、動機問題、或是家庭因素等等，組織就會給予相關的訓練、激勵、或是家庭協助方案。表 8–2 即比較績效管理之評估與發展目的，至於其中關於考核方式與面談方式的一些概念，將在以下各節中加以說明。

Dalziel, M. & Fitt, D. (Ed.), *Competency Based Human Resource Management*, London: Kogan Page.

❻ Reed, R., Lemak, D. J. & Montgomery, J. C. (1996), "Beyond Process: TQM Content and Firm Performance," *Academy of Management Review*, 21 (1): 173–202.

表 8–2 績效管理評估與發展目的之比較

異同之處	評估目的（管理決策目的）	發展目的
基本觀點	‧向後看（強調過去績效）	‧向前看（強調未來發展）
績效評估基準	‧行為的結果	‧行為的過程
常用的考核工具	‧常模考核（排序、比較……） ‧直接的績效指標（業績、成本、利潤……）	‧行為考核 ‧共同設定目標 ‧績效面談
比較對象	‧他　人	‧自　己
通常的評考者	‧主管與人事部門	‧主管與自我評估
常用的面談方式	‧告訴及銷售 ‧告訴及聆聽	‧解決問題 ‧混合法
主管角色	‧判斷與評估	‧諮商、輔導、與規劃
評估結果主要運用	‧人事異動與獎懲 ‧工作與目標之規劃	‧生涯規劃 ‧訓練發展

資料來源：整理自沈介文 (2000)，〈發展性績效評估之規劃建議〉，《新世紀人力資源管理研討會論文集》，頁 325–338，臺北：人力資源發展學會。

績效管理最後一個目的，也是最重要的目的就是改善績效，希望能夠同時改善員工與組織的績效；因此，組織需要先將員工的任務或行動跟組織目標結合，才能夠針對績效缺口，同時改善二者的績效。此時，組織往往需要先透過策略的制定，然後根據策略目標，明確訂定達成目標所需要的行動與結果，以及所需要的員工特質，包括員工應具備的知識、技能與態度等等。接著要發展一套衡量與回饋制度（也就是績效考核），以使員工能充分發揮其特質、執行其任務、完成其結果，並達成組織的策略目標。若是員工或組織的績效未能達成，應該同時考慮員工、工作、與組織之間的問題，例如若原因來自於工作與人的不配適，則組織可能會進行調職或是改變工作流程與內容（包括工作再設計或是流程再造）等等，而若原因來自於組織，例如資源的分配問題或是組織官僚文化的牽制，則組織可以透過資源分配的改善，甚至於進行組織發展等等，以提升員工與組織的效能。其次，由於策略目標往往會隨環境而改變，因此績效管理系統應該保持一定的彈性，當組織目標與策略改變時，對其相關行為與特性的要求與考核也就要跟著調整❼。

雖然大多數組織都不願意偏廢任何一種績效管理目的，然而有人指出，組織最好還是根據員工的能力與動機，採行重點的績效管理措施❽。如圖 8–1 所示，當員工的能力與動機都很高時，應該透過績效考核結果，提供適當的獎勵與發展機會，而對於那些動機高昂但能力不足者，組織應根據員工的績效考核結果，經常給予績效回饋、正確指導、協助設定目標、以及透過訓練或任務的指派，協助員工發展，必要時可進行工作調整。

動機＼能力	高	低
高	・獎酬績效 ・提供發展機會	・經常性地績效回饋 ・指導與目標設定 ・透過訓練或任務指派，協助員工發展 ・進行工作調整
低	・給予誠實直接的回饋 ・態度諮商或是以績效獎酬強化動機 ・團隊建立 ・壓力管理	・直接告知績效問題 ・凍結薪資 ・降　級 ・外部安置就業 ・解　僱

資料來源：整理自黃同圳 (2002)，〈人力資源管理策略——企業競爭優勢之新器〉，引自李誠主編，《人力資源管理的十二堂課》，頁 21–52，臺北：天下文化。

圖 8–1　管理員工績效之作業

此外，如果有員工能力很好，但工作動機不強，此時組織可以給予誠實而直接的回饋，透過態度諮商或績效獎酬來強化其動機，也可以運用團隊方式來激勵員工，甚至交付員工高挑戰性的任務，以壓力管理來刺激員工的動機，增加其投入工作的程度。最後，對於那些能力不佳、動機也很低的員工，可以直接告知其績效問題，提供一些輔導協助，但若仍未改善，

❼ 黃同圳 (2002)，〈人力資源管理策略——企業競爭優勢之新器〉，引自李誠主編，《人力資源管理的十二堂課》，頁 21–52，臺北：天下文化。

❽ London, M. (1997), *Job Feedback*, N.J.: Lowrence Erlbaum Associates.

可能就需要採取比較強硬的措施了，包括凍結薪資、降級、外部安置就業、甚至於解僱。

至於績效管理的流程，如圖 8–2 所示，在其中的第一個步驟，也就是界定組織與部門的目標時，通常會包括可量化的部分，例如營收成長增加率、市場佔有率、成本遞減率、庫存比率等等；也包括可質化的部分，例如強調服務品質、團隊能力、創新效果、員工滿足感、員工對工作的投入、以及員工的組織承諾等等。此外，根據目標設定理論（詳見第五章），目標設定要明確而且最好有回饋，所以如何訂定出目標達成的期限，以及各階段的檢查點 (Check Point)，以便定時針對目標進行回饋與檢討，也是組織在設定目標時，需要注意的地方。至於更詳盡的策略規劃之說明，請見本書的第二章與第三章。

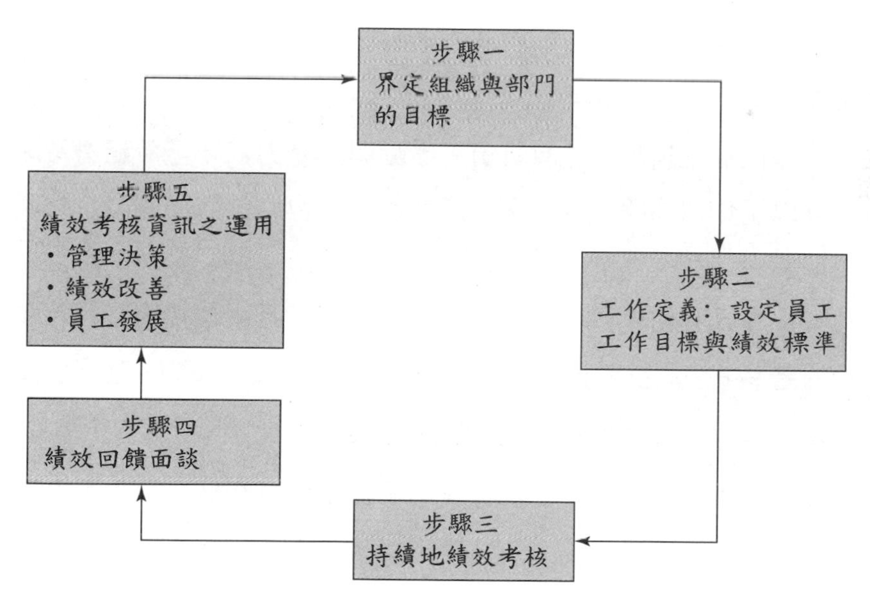

資料來源：整理自黃同圳 (2002)，〈人力資源管理策略——企業競爭優勢之新器〉，引自李誠主編，《人力資源管理的十二堂課》，頁 21–52，臺北：天下文化。

圖 8–2　績效管理的流程

在擬定組織與部門目標之後，績效管理的第二個步驟是進行工作定義 (Job Definition)，也就是決定員工的工作目標與績效標準，而一個好的工作目標，除了要具備目標設定理論所提到的明確性、挑戰性、以及回饋性（包括期限與檢查點的界定）之外，應該還要具備以下的一些重要特性：

1. **可量性**

為了要能夠進行回饋，工作目標應該要可以使用相關指標進行衡量，不論是量化或是質化的指標。

2. **一致性**

工作目標來自於組織與部門目標，所以要能夠跟組織與部門目標相符合，也要能夠吻合組織的核心價值。

3. **接受性**

工作目標越為主管與部屬接受，越有助於提高員工的認同與責任感。

4. **可控性**

工作目標必須同時考慮員工能力與資源取得，因為若是外在影響的因素過多(例如資源取得的不確定)，則很難判定如果目標無法達成時的原因，於是對員工的績效改善就沒有太大的幫助。

5. **團隊性**

團隊工作已經是趨勢了，有其員工激勵與生產力，乃至於組織策略的意義，所以工作目標除了強調個人成就之外，也應該兼顧團隊合作與學習的考量。

其次，在工作目標確認之後，組織就要決定其績效標準，然後才能選擇適當的考核方式，針對員工實際的表現，與其績效標準進行比較。其中，若員工表現是與自己比較稱為絕對比較，與他人比較稱為相對比較，而員工表現的比較標準是絕對值的話（例如業績達到 100 萬），稱為絕對標準，若是相對值（例如業績成長 10%），則稱為相對標準，表 8–3 即為上述的四種績效標準比較類型。

除了絕對與相對的標準比較之外，若以績效標準的特性來看，績效標準又可以分成三類指標，如表 8–4 所示。

在表 8–4 中，三種指標各有其適用之處，而組織可以依據工作結果可否測量，以及工作過程中的行為能否明確觀察，來進行指標選擇的判斷。如圖 8–3 所示，如果組織對於工作的產出結果能精確測量，且生產或服務

表 8-3 不同的績效標準比較類型

	絕對標準 Absolute Standard	相對標準 Relative Standard
絕對比較 Absolute Comparison	・說明：直接與絕對標準進行比較 ・例如：個人能否達到 100 萬的業績	・說明：直接與相對標準進行比較 ・例如：個人能否達到 10% 的業績成長
相對比較 Relative Comparison	・說明：以絕對標準與其他員工進行比較 ・例如：以業績總額與其他員工進行比較	・說明：以相對標準與其他員工進行比較 ・例如：以業績成長率與其他員工進行比較

表 8-4 不同績效指標的特性

個人指標	・強調員工的個人特質，例如忠誠度、可靠性、樂觀開朗、溝通能力、領導技巧等等 ・個人特質與工作績效並沒有直接的關係，所以不是一個衡量員工目前工作績效的良好指標 ・由於個人特質與員工未來潛力能否發揮有某些關聯，所以若基於員工發展目的而進行評估，倒是一個可以參考的指標 ・當行為或結果指標無法評估時，也可以採用個人指標
行為指標	・強調員工執行工作的行為過程，適用於人際接觸頻繁的職務，例如服務人員是否保持笑容、與客戶有適當應對等等 ・有些時候，組織的目標或策略並不容易轉化成結果明顯的工作要求，例如學習或創新策略等等，則也可以採用此類型的指標，例如觀察員工們是否樂於接受新知，是否願意組成異質團隊以激發創意等等，來評估員工的行為有無朝向策略目標前進
結果指標	・強調員工完成了哪些工作或生產了哪些產品，主要是透過量化指標來衡量 ・有些指標難以量化，例如老師的授課時數或授課範圍可以量化，但教學品質卻不易量化，然而老師教得好不好（包括學生能不能吸收與理解等等），可能遠比教了多少來得重要

的過程也可以清楚的被觀察，例如工廠作業人員，則可以採用行為或結果指標來考核績效。然而，若僅有工作結果容易量測，但其工作過程較難以明確或持續的觀察，例如業務外勤人員等等，就比較適合採用結果指標。至於工作者的行為如果較易觀察，而產出結果較難量測，例如服務接待人員或是研發人員等等，則適合採用行為指標。

		工作過程中的行為觀察	
		明確	不明確
產生結果可測量性	高	I 行為指標或結果指標，例如工廠作業員	II 結果指標，例如外勤業務人員
	低	III 行為指標，例如服務接待人員	IV 投入控制與360度回饋，例如教師

資料來源：整理自黃同圳 (2002)，〈人力資源管理策略——企業競爭優勢之新器〉，引自李誠主編，《人力資源管理的十二堂課》，頁 21–52，臺北：天下文化。

圖 8–3　結果或過程明確性的績效指標選擇

至於在圖 8–3 中的第四類，也就是有些工作的過程與結果，都難以觀察或衡量，包括大多數的專業人員或高度自主性的工作人員，例如教師、律師或經理人等等，他們許多工作都在不同地點，甚至於在腦海中進行，像教師在家中備課、律師出外訪談案主、以及經理人的策略思考等等。此時，可以採用投入控制，也就是在招募或是遴選時，就嚴格挑選具有資格或職能者擔任工作，同時也可以配合 360 度回饋的方式進行考核，亦即經由多位評估者，主要包括工作者所接觸的客戶、同事、部屬等等，針對員工多方面的績效進行評估，以使績效考核的結果更具有相對客觀性❾。

最後，關於圖 8–2 的步驟三以及步驟四，也就是考核執行與回饋的部分，本章在以下二節中會分別加以說明。至於圖 8–2 的步驟五，也就是績效考核所獲得資訊之應用，正如前面績效管理目的中提到的，組織可以運用在管理決策、員工發展、以及績效改善。這些改善的措施與管理方法，散見於本書的各章節中，例如第九章的薪資福利、第七章的訓練發展、第六章的招募任用、以及第五章的工作設計等等。

當然，在整個績效管理的流程中，組織還需要注意到所採用的方法、

❾ London, M. & Beatty, R. W. (1993), "360-Degree Feedback as A Competitive Advantage," *Human Resource Management*, 32 (2/3): 353–372.

工具以及資訊運用，是否公平客觀、合法可行、符合成本效益、為員工接受、以及充分反映績效等等。甚至有研究指出，在合法性部分，法官往往非常關心績效管理，特別是考核標準的建立，是否來自於工作分析，以及是否有書面說明、考核結果是否回饋給受評者知道等等[10]。因此，設計一套好的績效管理系統是相當重要卻不是很容易的，而以下就先介紹在績效管理系統中，許多組織經常採用的一些考核工具與方法。

第二節 績效考核工具與方法

組織的績效考核可以採用定期，例如年終評估的方式進行，或是以不定期，例如專案階段結束時的評估方式進行。然而不論如何，為了避免系統性誤差的發生，例如避免人為的慣性因素，包括習慣以年資來判斷績效等等，組織必須採用一些系統化的方法，來進行績效衡量。其中，常見的方法可以分成三種類型[11]：①常模考核型 (Norm Appraisal)、②行為考核型 (Behavior Appraisal)、③產出考核型 (Output Appraisal)，以下就分別針對這三種類型的考核方法加以說明。

常模考核型

常模考核是指評估者透過對個別員工與其他員工的績效比較，而給予評等的一種績效考核方式，其中常用的方法包括：①排序法 (Ranking Method)、②配對比較法 (Paired Comparison Method)、以及③強迫分配法 (Forced Distribution Method)。

所謂的排序法是指評估者針對受評者的特定或整體表現進行排序，表 8–5 為其範例。排序過程可以是直接排序 (Straight Ranking)，也就是由最好到最差來進行排序，較適用於小型單位；而如果受評者的人數較多，則最好改用交替排序 (Alternative Ranking)，亦即先找出最佳者及最差者，將他

[10] Field, H. S. & Holley, W. H. (1982), "The Relationship of Performance Appraisal System Characteristics to Verdicts in Selected Employment Discrimination Cases," *Academy of Management Journal*, 25: 392–406.

[11] Jackson, S. E. & Schuler, R. S. (2000), *Managing Human Resources: A Partnership Perspective*, Ohio: South-Western College Publishing.

表 8–5 排序法範例

員工	主管甲	主管乙	主管丙	平均排序計點
A	4	3	4	3.66
B	3	4	2	3.00
C	5	2	5	4.00
D	1	5	3	3.00
E	2	1	1	1.33

們自排序名單中去除，然後再從剩餘的名單中，找出次佳者與次差者，如此直到最後排序完成為止。

其次，所謂的配對比較法，則是指評估者將每位受評者，依績效考核的項目，分別進行兩兩配對比較，然後將每位員工與其他員工評比時，列為較佳的次數予以計數，再進行排序，其結果通常比交替排序法更為精確。例如，表 8–6 的範例中，生產數量上的員工 C 得到四分，表現最佳，而在生產品質上，則是員工 D 得四分，表現最佳。然而，配對比較法的比較次數，會依受評者的人數而定，其計算公式為 n[(n-1)/2]，其中 n 為受評者人數，例如 n=5，則配對評比次數為十次，但如 n=30，則該項次數即增至 435 次，因此並不適合受評者人數過多的單位使用。

表 8–6 配對比較法範例

生產數量						生產品質					
評核者：XXX						評核者：XXX					
	A	B	C	D	E		A	B	C	D	E
A		+	+	–	–	A		–	+	+	–
B	–*		+	–	–	B	+		–	+	–
C	–	–		–	–	C	–	+		+	+
D	+	+	+		+	D	–	–	–		–
E	+	+	+	–		E	+	+	–	+	
			↑ C 的評等最高							↑ D 的評等最高	

*「+」表示「優於」，「–」表示「劣於」，直欄與橫列比較，故此格表示 A 劣於 B。

最後一種的常模考核就是強迫分配法，指的是評估者必須依照組織規定的分配比率，將員工績效考核分配到不同的等級上。通常，組織在設計強制分配的比例時，也可以依部門表現而給予彈性調整，例如一般部門，其員工列為特優的規定比例，假如是 5%，則組織對於部門表現優秀者，規定其員工列為特優的比例，也許可以增加為 10%，而其餘等級（優、佳、可、差等等）也可以做類似的調整。

行為考核型

所謂行為考核是指評估者依據行為準則，單獨對受評者進行績效考核，而不是與其他人進行比較。主要的方法包括：①圖表評等尺度法 (Graphic Rating Scale)、②關鍵事件技術法 (Critical Incident Technique)、③行為觀察尺度法（Behavioral Observation Scales，簡稱 BOS）、④行為定位尺度法（Behaviorally Anchored Rating Scales，簡稱 BARS）、⑤加權選擇表（Weighted Checklist，簡稱 WCL）。

在行為考核中，圖表評等尺度法是最普遍也最簡便的方法之一，如表 8–7 所示，由評估者就表中的各個題項，針對受評者的表現進行考核，只要勾選然後將這些分數一一加總起來，便可得到績效考核的結果。然而，由於這些題項的給分多半是由評估者自由心證，所以此方法雖然簡便，但也容易出現過寬、過嚴或是趨中等等的評估偏差。另一方面，此方法也無法幫助員工發展，因為評估者只打分數，卻沒指出原因，例如在表 8–7 中，員工的工作態度差強人意，可是評估者並沒有指出為何只是差強人意。因此，有些組織會對此略加修正，在評估結果下方增加一些空欄，由評估者撰寫簡短的評語或建議，以兼顧員工發展目的[12]。

第二個提到行為考核的方法是所謂的關鍵事件技術法，此一方法在第四章已有說明，本節僅就其運用於績效考核的部分再加補充。所謂的關鍵事件技術法，是由主管提列過去一段時間之內，受評者的具體工作行為（也就是「事件」），包括工作績效「特別好」或「特別壞」的情形，然後作為績效考核之用。

[12] 黃同圳 (2002)，〈人力資源管理策略——企業競爭優勢之新器〉，引自李誠主編，《人力資源管理的十二堂課》，頁 21–52，臺北：天下文化。

表 8-7 圖表評等尺度法範例

評估者：XXX 受評者：YYY	最不滿意 1	不太滿意 2	差強人意 3	還算滿意 4	很滿意 5
1. 該員的工作態度	□	□	■	□	□
2. 該員的生產效率	□	□	■	□	□
3. 該員的工作品質	□	□	□	■	□
4. 該員的專業知識	□	□	□	■	□
5. 該員的學習能力	□	□	■	□	□
考核總分			17		

一般說來，此方法很少單獨使用，通常是作為績效考核的輔助工具，例如當評估者與受評者共同討論工作績效時，這些關鍵事件就可拿來作為討論的例證。此外，關鍵事件技術法的優點還包括：①由於事件是累積的，有助於評估者對受評者的績效考核，不會僅著眼於最近的表現而已；②具體的事件有助於使部屬瞭解，以後該如何改善其工作績效⑬。然而，關鍵事件技術法也有其缺點，包括第四章提到的，記錄關鍵事件對主管而言相當耗時，而且由於這並不是量化的指標，所被觀察到事件的「關鍵」程度，也有自由心證的問題，再加上每位受評者發生的關鍵事件不盡相同，所以不容易比較彼此之間的績效。

另外三個行為考核的方法，都是採用量化的方式，包括行為觀察尺度法、行為定位尺度法、以及加權選擇表。其中，行為觀察尺度法往往是根據員工親自參與的工作分析結果而來，主要是列出各種必要的行為，然後由評估者針對受評者出現某種行為的頻率一一給分，再把每一種行為頻率分數加總，如表 8-8 所示，至於表 8-9 則是其優點與限制的比較。

除了行為觀察尺度法，另一個類似的方法是行為定位尺度法，指的是在量化的績效尺度上，對每個等級給予重要事件的描述（也就是定位），所以此方法兼有圖表評等尺度法與關鍵事件技術法的優點，其範例如表

⑬ 李正綱、黃金印 (2001)，《人力資源管理：新世紀觀點》，臺北：前程企管。

表 8-8　行為觀察尺度法範例

評定教師的行為

5 表示	90～100% 都能觀察到這一行為;
4 表示	80～89% 都能觀察到這一行為;
3 表示	70～79% 都能觀察到這一行為;
2 表示	60～69% 都能觀察到這一行為;
1 表示	0～59% 都能觀察到這一行為;
NA 表示	從來沒有這一行為

指引學生學習態度

(1)課前會準備課程大綱;
(2)課堂中會進行 Q&A 互動;
(3)會安排適當的作業;
(4)會對作業進行討論;
(5)會針對落後學生加強輔導;
(6)會使用豐富的教材(例如多媒體)

6～12 分: 未達標準; 13～18 分: 差強人意; 19～24 分: 表現優秀; 25～30 分: 相當出色。

表 8-9　行為觀察尺度法的優點與限制

優　點	限　制
・明確陳述工作行為 ・容易進行績效回饋 ・可以用做對新員工或求職者的職務描述介紹	・發展尺度耗時費錢 ・部屬很多時，主管如何觀察其行為是一大挑戰 ・量表過長，當人員很多時，使用起來不太方便

8-10，而其優點與限制則如表 8-11 所示。此外，由於此方法標示出組織認為的良好行為(得分高的行為)，故也稱為行為期望尺度 (Behavioral Expectation Scale，簡稱 BES)。

在行為考核中，最後要介紹的是加權選擇表，其建立方式是先透過工作分析，收集大量工作中有關於績效的各種行為，然後整理成行為題項，並請多個與工作相關的人員，例如主管、工作者、人資專家等等，評定各個題項的權重值(例如可以分成 0、0.5、1、1.5、2、2.5、3)，再將大家的評定意見，進行算數或是加權平均，就是該項目的權重值，必要時可以刪除 1 以下的題項，因為該題項權重過低，不足以代表重要的工作行為。

表 8-10　行為定位尺度法範例

	員工工作態度
7	該員工以極高的熱情對待組織的工作，並自覺地投入組織的工作
6	當組織發生危機時，可以依靠該員工
5	該員工在主管不在場的情況下，可以自覺地工作
4	員工能達到工作的基本要求
3	當工作負擔過重時，員工就會藉口生病而缺勤
2	工作中出現問題時，員工並不關心組織，因而並不向上匯報
1	員工有意地放慢工作，怠工

資料來源：整理自葉椒椒編著 (1995)，《工作心理學》，臺北：五南。

表 8-11　行為定位尺度法的優點與限制

優　點	限　制
・考核標準伴隨著關鍵事件，相當具體明確、公正、員工也容易瞭解 ・關鍵事件的定位，表達出組織期望的行為，有助於績效回饋	・無法羅列全部的工作行為 ・有時會同時出現得分高與低的工作行為，只是有的行為多，有的行為少 ・若受評者未必有完全相似的行為時，主管考核倍增困難

至於題項設計好之後，就可以列表交由評估者進行評估，但不會將每一題的權重列於表中，而是在評估之後加權計算。例如表 8-12 中，假設第一題至第五題的權重分別為 2、2、1.5、1.5、1，而被評估教師有第一題、第二題、以及第五題的行為發生，則其得分為 2+2+1=5。雖然此方法的優點是比較簡便，評估者只要判斷某一行為是否出現即可，不用像行為觀察尺度法那樣，還需要考慮行為的出現頻度，但其限制則是設計過程相當耗時。

表 8-12　加權選擇表範例

如果教師有出現下列行為，請打 "V"，否則打 "X"	
1. 課前會準備並發放課程大綱	V
2. 課堂中會對上課內容進行 Q&A 互動	V
3. 會安排作業並進行討論	X
4. 會針對落後學生加強輔導	X
5. 會使用多媒體的教材	V

產出考核型

產出考核是以員工的產出多寡為準則，進行績效考核，大致上有以下幾種方式：①目標管理法（Management by Objectives，簡稱 MBO）、②績效標準考核法 (Performance Standard Appraisal)、③成就記錄法 (Accomplishment Records)。

首先，目標管理是在 1950 年代左右被提出來的，此方法源自於目標設定理論，而其流程大致上包括目標建立、方案執行與督導、以及結果評估[14]。在目標建立部分，往往會先由主管與部屬共同討論，訂出可以衡量的績效目標，然後透過方案的執行，並定期督導與檢討方案進度，最後再評估目標達成的情形。此外，目標管理也隱含著目標可以展開的假設，也就是組織目標可以切割成部門目標，然後再細分成單位與個人目標，因此運用此方法進行績效考核時，所要設定的目標就包括了組織整體的績效目標、各部門的績效目標、各單位的績效目標、以及員工的短期績效目標。當然，這些目標都必須符合目標設定理論的基本要求，包括明確具體、限期達成、具挑戰性、以及要有回饋等等。另外，由於目標往往不只一個，所以也要排出目標重要性的優先次序，並盡量讓個人、單位、部門以及組織的目標之間，具有一致性。

另外一種以員工產出為依據的考核方法，稱為績效標準考核法，是以一些客觀的績效指標，例如業績量、處理件數、生產量、不良率、缺勤率等等，來評估部屬的績效。此種考核方式與目標管理的差別在於，目標管理會先訂出目標，然後考核目標的達成情形，並據以進行後續的獎勵或其他措施，但是績效標準考核法則不一定會先訂出目標，而有可能是按件計酬，做多少拿多少，或是缺勤一天扣多少錢等等。當然，組織對於不同職務，往往會採用不同的績效指標，例如對管理職可能會用整個單位的績效（利潤、成本、員工滿足度等等）來衡量，而對非管理職，則會用個人的生產力（業績、出勤等等）來衡量。

---

[14] Greenberg, J. (2002), *Managing Behavior in Organizations* (3rd Ed.), N. J.: Prentice-Hall.

上述這些方法，對於一些專業或學術工作者而言，可能都不太適合，因為其工作成果無法用適當的工作行為或產出量來衡量。因此，成就記錄法就成為較常採用的考核方法，也就是以他們的創新或專業貢獻，來對這類工作者進行考核，但這時並沒有辦法用既定的產出標準來衡量其貢獻，而需將其工作成果送由外部同行專家進行評估，以決定其成就的總體價值⑮。

最後，表 8–13 所列，為本節所提到的績效考核方法中，其中一部分的彼此之間異同處與優缺點。

表 8–13 績效考核方法之異同處與優缺點

方法 / 工具	異同處	優 點	缺 點
圖表評等尺度法	都是絕對的評分尺度，只是有些加上行為描述（定位），目的在於以客觀的準則為基礎，衡量員工	・容易使用 ・提供每位員工的定量評分	・標準不夠清楚 ・容易產生暈輪效應、集中趨勢、過於寬鬆、偏見等等問題
行為定位尺度法		・標準明確 ・有助於績效回饋 ・提供行為「目標」	・必須輔以重要事件法，否則不易推行，很難發展
交替排序法	都是根據與其他員工比較後，所評估出來的相對績效	・容易使用（但不如圖形評分法） ・可避免集中趨勢	・可能會不被員工接受 ・若所有員工皆很優秀，可能造成不公平的問題
強迫分配法		・每一評分級距皆有預定的員額	・評估結果與一開始決定的分割點有關 ・若受評者人數過少，將不易進行考核
關鍵事件技術法	主觀的、敘述性的績效評估方法，但一般不會進行員工間的相對比較	・可具體說明員工的對與錯 ・強迫主管以持續的方式評估部屬 ・適於作為績效考核之輔助工具	・很難比較員工間的評分與排序 ・因此不宜直接單獨地對員工進行績效考核

⑮ 黃同圳 (2002)，〈人力資源管理策略——企業競爭優勢之新器〉，引自李誠主編，《人力資源管理的十二堂課》，頁 21–52，臺北：天下文化。

目標管理法	設定目標、執行方案、結果評估	・目標與績效結合 ・目標清楚	・耗費時間

資料來源：摘譯自 Dessler, G. (2000), *Human Resource Management* (8th Ed.), N. J.: Prentice-Hall.

第三節　績效回饋面談

組織在運用不同方法對員工進行績效考核之後，接著需要進行回饋，以提供受評者適度的激勵與導正。此一階段通常是透過績效面談來完成，由評估者與受評者共同討論績效表現以及後續的改善方案，甚至會討論到員工的生涯規劃等等。也就是說，績效面談之目的主要有二：①回饋員工績效、②擬定未來計畫。因此，若以績效管理中的員工發展目的來看，績效面談是相當重要的一個步驟。

至於如何進行有效的績效面談，表 8–14 列舉了一些重要原則。其中，有研究指出，受評者對於評估者的知覺，包括評估者的可信度 (Credibility)，也就是在進行績效考核時，評估者是否值得信賴的程度，以及評估者的權力 (Power)，也就是在建議改善方案時，評估者是否真的具有影響力之程度，都會影響受評者對績效回饋的反應，包括了對回饋的理解程度、回饋被視為正確的程度、以及願意接受改善方案的程度⑯。因此，主持績效面談的評估者，最好能夠獲得員工的信賴，以及具有一定的決策權力。

除了對評估者的知覺之外，評估者所表現出來的行為，包括若評估者越瞭解受評者的工作與績效、越能夠表達對受評者的支持（例如願意提供資源）、以及越樂於讓受評者參與考核過程等等，都對面談效果有正面的幫助⑰。此外，如果面談者對於面談時的互動，包括在內容上、對受評者的體諒上、以及雙向溝通方面，都有所注意的話，也會對面談的進行有所幫

⑯ Ilgen, D. R., Fisher, C. D. & Taylor, M. S. (1979), "Motivational Consequences of Individual Feedback on Behavior in Organizations," *Journal of Applied Psychology*, 64: 349–371.

⑰ Cederblom, D. (1982), "The Performance Appraisal Interview: A Review, Implications and Suggestions," *Academy of Management Review*, 7: 219–227.

表 8–14 影響績效面談是否有效的因素

評估者（通常是主管）特質	值得信賴、有權利
評估者（通常是主管）行為	對部屬的工作與績效相當瞭解、對部屬支持（例如願意提供資源）、樂於讓部屬參與
面談時的互動	• 內容：直接而具體、著重行為而非動機或人格 • 體諒：替受評者考慮設想、不涉及人身攻擊、不過度挑剔、強調可經由努力而改善的事項、不要將焦點只集中在當事人的負面表現上 • 雙向：雙向溝通並給予辯駁的機會、鼓勵員工發言、盡量尋求共識而非強制採行、盡量多分享少命令
其他的一般原則	• 績效標準的一致性應用、確定評比結果與證據、訂定改善步驟 • 事先準備、選擇適當的面談方式、面談後的跟進觀察

助。例如，面談內容最好是直接而具體，盡量依據客觀資料來進行討論，包括受評者的缺席記錄、訂單處理流程、顧客意見、或是意外事件的報告等等，都是可茲佐證的資料。

其次，面談內容也應該著重於受評者的行為面，而非將焦點放在當事人的動機或人格之上。當然，面談者也要能夠替受評者多加考慮設想，不要過度挑剔或是只將焦點集中在當事人的負面表現上，而且也要避免人身攻擊，並將重點放在受評者可以努力改善的部分。至於在溝通方式上，面談以雙向溝通進行比較好，包括鼓勵受評者發言，例如詢問一些開放問題，「你覺得我們該如何改善這一部分?」甚至允許受評者辯駁，例如詢問「你認為這樣的評估適不適當?」等等，以及盡量尋求共識而非強制要求受評者採行既定的改善方案，同時要盡量多分享而少命令。研究指出，雙向溝通並給予受評者辯駁機會，往往有助於增加受評者對績效面談的接受性與公平感受，而使績效面談更為有效[18]。

最後，表 8–14 所列的其他原則，包括了關於績效標準擬定、評估及應

[18] Greenberg, J. (1986), "Determinants of Perceived Fairness of Performance Evaluations," *Journal of Applied Psychology*, 71, 340–342.

用之原則，這部分在前面幾節都已經說明了，另外一部分則是績效面談的事前準備、選擇適當的面談方式、以及面談後的跟催等等，請見以下的說明。

績效面談前的準備[19]

1. 做好會議安排

通常在績效面談之前的一至兩個禮拜，應由評估者親自通知受評者面談的日期、時間及地點。最好還能夠讓被面談者瞭解到面談目的、內容及事先需要準備的資料，而面談地點也最好能夠選擇在比較中性而雙方熟悉的地點，例如會談室或小會議室，而不要選擇在主管辦公室，以免造成被面談者的壓力，同時也可以避免主管受到電話或其他雜務的干擾。

2. 讓部屬先自我評估

為了讓受評者做好面談的準備，評估者最好能於面談前，先交給受評者一份自我評估表，請其針對目前的工作及未來發展計畫，先行分析與填寫，用於面談時的比對討論。

3. 蒐集相關資訊

評估者在面談前，應該事先審閱受評者的職位說明書或工作目標，以及受評者在評估期間的工作績效、重要的行為事件等等資料，必要時可於面談時攜帶這些資料，有助於佐證或討論。

選擇適當的績效面談方式[20]

1. 告訴及銷售 (Telling and Selling)

此一面談方式著重在由面談者告訴員工評估的結果、原因、希望員工未來努力的方向、以及應該採取的措施等等。基本上，此方式屬於一種單向溝通，比較容易引起被面談者的防禦反應，而抗拒改善方案，所以並不是很理想的一種方式。然而，如果受評者在工作能力或態度上不夠成熟，甚至於在面對績效問題而瞭解原因之後，仍然無法自己處理這些問題或提出方案時，此種「指導」取向的面談方式，可能就會有一些效果[21]。

---

[19] 黃同圳 (2002)，〈人力資源管理策略——企業競爭優勢之新器〉，引自李誠主編，《人力資源管理的十二堂課》，頁 21–52，臺北：天下文化。

[20] Maier, N. R. F. (1958), *The Appraisal Interview: Objectives, Methods, and Skills*, N. Y.: Wiley.

[21] House, R. J. & Baetz, M. L. (1979), "Leadership: Some Empirical Generalizations and

此外，這種面談方式最容易被有權威取向的評估者所採用。

2. **告訴及聆聽** (Telling and Listening)

此種面談方式是由評估者將他所認知到的受評者缺點，告訴受評者，並讓對方針對這些看法表示意見，屬於一種雙向溝通。此過程雖然能夠讓受評者感覺舒服一些，而且評估者在面談結束時，也會將這些意見納入；但由於彼此討論的不夠深入，也不夠有系統，結構鬆散的結果，通常會變成一種由評估者告訴對方，其績效方面的缺點，然後讓受評者進行情緒發洩，評估者雖然聆聽與記錄，但最後對當事人的績效改善效果不彰。

3. **問題解決** (Problem Solving)。

此種方式強調評估者與受評者之間，建立主動、開放且具建設性的對話關係。首先，雙方分享彼此的認知，進而共同討論，尋求問題的解決方案與改善途徑、以及所欲達成的目標。由於此種面談的難度較高，包括了如何分享、如何有系統的討論、如何提出方案、如何共同建立目標等等，都需要相關的技巧。因此，評估者需要接受面談訓練，受評者也要有一定的問題解決能力，而其結果則是產生有助於受評者的改善方案與未來發展規劃。

4. **混合面談** (Mixed)

以上方式，前面兩種面談比較適合用在管理決策的告知，例如告知受評者，績效結果在後續獎懲上的可能運用，至於第三種的問題解決方式，則比較適於員工的發展規劃。由於目的不同，所以面談方式最好也有所區隔，然而有的時候，評估者受限於時間與精力，必須在一次面談中完成這兩種目的，就可以採用混合面談。例如先採取告訴及聆聽，讓部屬瞭解評估的結果與理由，接著用問題解決方式，讓部屬積極參與討論績效的改善方案，最後再由主管針對彼此共識的改善目標進行總結。

面談後的跟進觀察

面談如果要有成效，仍然需要搭配後續的跟進 (Follow Up) 措施，以落實雙方共同擬定的改善方案與目標。包括評估者要繼續觀察，受評者是否

New Research Directions," In B. M. Staw (Ed.), *Research in Organizational Behavior*, Vol. 1, pp. 341–424, CT: JAI press.

確實瞭解組織的期望，以及受評者是否有適當的行為來達成目標。另一方面，組織也要對行為的改善，提供強化機制，例如對正確改善的員工給予回饋，包括口頭嘉許、書面肯定、乃至於具體的獎勵等等，表 8-15 所列，即為績效面談的前後，面談者或是組織應該採取的一些措施。

表 8-15　組織在績效面談前後應該採取的措施

之前	・經常與受評者溝通其績效表現 ・進行必要的訓練，特別是評估者的訓練 ・不要忘了，部屬的績效主管也要負責 ・建議與鼓勵受評者事先對績效面談進行準備
之後	・經常與受評者溝通績效改善的狀況 ・定期對績效改善進行評估 ・建立績效基礎，以及績效改善基礎的獎酬系統

第四節　常見的績效考核問題

任何衡量或測量，都有所謂的信度與效度問題，信度是指績效考核結果的可靠度而言，例如不同的考核者之間，使用同樣的工具進行考核，其結果會不會差異很大，若是如此，則該考核工具的信度很差。其次，效度則是指測量工具能夠正確衡量出所欲測量之物的程度，例如以圖表評等尺度法所得到的分數越高，能否「真的」表示該員工的「績效」越好等等㉒。關於信度與效度，在本書第六章的甄選工具設計中，有比較詳盡的介紹，本節主要是針對影響考核效果，也就是影響其信度與效度的各個因素進行說明。

影響考核效果的因素

影響績效考核信度與效度的因素，主要可以分成三類，包括：①績效考核的情境因素，例如考核的時間安排、考核表格的良窳問題等等；②受評者因素，包括受評者的身心與家庭狀況，或是對評估者的知覺等等；③評估者因素，包括評估者的態度、知覺、與作風等等。其中，在影響績效

㉒ 簡茂發 (1993)，〈信度與效度〉，摘自楊國樞主編，《社會及行為科學研究法》(十三版)，臺北：東華書局。

管理的情境因素方面，最常發生的就是對一些考核工具的不當使用，例如前面曾經提到的，某些考核工具適合用於員工發展目的，某些工具則適合用以進行管理決策，如果組織在工具與目的 (Means and Ends) 之間，選擇不當的話，將無法有效達到績效評估之目的。

其次，考核時間的選擇，包括確定考核週期的長度，以及確定每次考核的時點等等，也是影響考核效果的情境因素之一。由於定期考核比較容易管理，所以大多數組織會採用固定的考核週期，例如每半年到一年，進行一次正式的績效考核，一般最常見的作法是在同一時間對大多數員工進行考核，其優點是可以比較不同單位或員工的績效表現，缺點則是考核工作過度集中，使得評估者有較重的負擔。

雖然定期考核比較容易管理，但也有人指出，組織應該根據工作特性來決定考核週期，如此才能夠發揮考核的效果㉓。例如，對於簡單而低層級的工作，可能短至數分鐘就要考核一次（可以透過機器監督記錄，而不一定要人為考核），但高階經理的考核，就可能要長達數年，而若是專案的進行，則應該於專案完成後就進行考核。至於考核資料的運用，則可以視考核目的而定，如果是為了溝通或是短期的評估與獎懲之用，可以考慮單一期間的結果，但如果是為了比較長期目的，例如升遷或訓練發展的設計等等，最好能將幾個期間的績效一併納入考量，以觀察員工的成長曲線與績效穩定度。

除了情境因素之外，某些影響考核效果的因素，則可以歸類為來自於受評者本身，例如年長的受評者，其績效考核結果往往比年輕的受評者低，意謂著受評者的年齡會影響其績效考核結果，但由於年齡並不等同於績效，所以若以年齡來判斷績效，就會降低績效考核的效度。另一方面，前面一節也有提到，當受評者對評估者的知覺是不值得信賴或是沒有影響力時，受評者將對績效考核的結果以及績效改善方案等等都會存疑；而若是受評者的身心與家庭狀況不太穩定，則會影響其績效表現的一致性，這種員工

㉓ Mohrman, A. L., Resnick-West, S. M. & Lawler, E. E. (1989), *Designing Performance Appraisal System*, San Francisco: Josey-Bass Publishers.

對績效考核的存疑，或是員工績效時好時壞的現象，都會造成組織在績效管理上的困難。還有就是，如果受評者一直都不知道組織期望的績效標準，也許是因為組織未能清楚溝通，但也有可能是因為受評者自己的不注意，則其績效考核的效度也會受到影響。

最後，許多研究指出，在相關的考核過程中，最大的影響因素往往是評估者本身㉔。例如當評估者的工作經驗豐富，或是熟悉考核工具時，其考核品質往往就會提高，而另一方面，有些評估者因為其作風很吹毛求疵，或是評估者本身的自信水準很低，甚至於評估者可能習慣以任務導向 (Task Oriented) 來領導部屬，這樣的評估者就比較容易對受評者有較多的批評和負面看法，而其績效考核所給的分數也就偏低，此一現象稱之為嚴苛偏差 (Strictness Error)。相對地，有些評估者就顯得相當寬鬆，特別是當績效標準不明確，而組織又沒有設定分配的比例時，評估者為了免於衝突，往往會傾向於給員工比較好的評價，造成整個績效分數的偏高，稱為寬大偏差 (Leniency Error)。

不論是嚴苛偏差或是寬大偏差，都屬於極端導向 (Extremity Orientation) 的評估，其所提供的績效考核結果，很容易造成組織的誤判。然而，也有另一種現象，叫做集中傾向 (Central Tendency)，指的是評估者對於員工，不論他們工作表現的差異，都不願意給予極端的分數，而給予極為接近的評等㉕。其主要原因，可能是評估者不願意得罪人，也可能是由於績效標準模糊，或是所要評估的對象太多，造成無法區別受評者表現的實質差異，於是以模糊的態度，對所有受評者給近似的分數。至於受評者其他有關於考核的知覺偏差，本節在以下就分別逐一加以說明。

評估者的知覺偏差

許多人，包括評估者，在其社會知覺 (Social Perception) 的過程中，也

㉔ Premack, S. Z. & Wanous, J. P. (1985), "A Meta-Analysis of Realistic Job Preview Experiments," *Journal of Applied Psychology*, 70, 706–719.

㉕ Landy, F. J. & Trumbo, D. A. (1980), *Psychology of Work Behavior* (Rev. Ed.), C. A.: Brooks/Cole.

就是瞭解與判斷他人的過程中，都會發生暈輪效應 (Halo Effect)，指的是根據他人的某個特質來判斷對他人的整體印象。暈輪效應包括對受評者正面的判斷，例如評估者根據受評者的全勤記錄，認為受評者應該是個很努力的員工，而在績效考核中給予較佳的評語；相對地，也有對受評者負面的判斷，例如有人因為遲到早退而得到較差的績效考核成績，甚至與出勤無關的績效，都因此而變得比較差，這也是一種暈輪效應，但因為是對受評者負面的影響，所以也有人稱之為警笛效應 (Horn Effect)。

上述的暈輪效應或是警笛效應，都是一種評估者以偏概全的判斷，而這種現象也會反映在績效考核的時間選擇上，造成所謂的最先效應 (Primacy Effect) 與最近效應 (Recency Effect) 的知覺偏差。當考核的期間過長時，如果評估者沒有經常保持觀察與記錄，極有可能會依據對受評者最早的印象或資料進行考核，稱之為最先效應，也有人稱為第一印象 (First Impression)；反之，若是根據受評者最近的表現或行為來進行評估，稱之為最近效應。例如，老師根據同學的期末報告表現，考核其整學期的分數，就是最近效應，而若是根據期初一開始，老師對哪些人最有印象來打學期分數，就是最先效應。

時間對評估者的影響，還包括了膨脹壓力 (Inflationary Pressure)，也就是評估者對受評者的考核分數，容易有逐年遞增的現象。這個現象可能來自於評估者錯誤的激勵想法，認為逐年提高受評者的考核分數，對受評者有激勵作用，而若不提高分數，似乎就表示受評者不進則退，反而要承受對方抱怨的壓力，因此評估者傾向於逐年提高考核分數。然而，若受評者發現，不論績效改善與否，其考核成績都會逐年增加時，反而會使得考核失去意義，當然無法產生應有的激勵效果，甚至因而破壞了整個績效管理的公平性。

另外一種常發生，而且對績效考核有影響的知覺偏差是投射效應 (Projection Effect)，指的是個人往往會認為他人應該和我們一樣，特別是在負面行為或特質方面，人們容易有此一傾向，認為他人也會具備和我們一樣的某些缺點。這也就是前面提到，低自信的評估者，其考核結果往往會有嚴苛偏差的原因之一，因為自信低，評估者就比較容易看到自己的缺點，也就比較容易看到受評者有類似的缺點。同時，投射效應也可以說明，為何績效不好的主管，其部屬的績效往往也就不太好。當然，這不完全是因為投射效應，更重要的可能是這種主管往往對考核工具不熟悉，或是領導無方，不懂得如何激勵員工與提升員工能力等等因素，造成員工表現不佳或是不知道該如何表現；不過，投射效應告訴我們，當主管無法完成任務時，他就比較不容易相信部屬完成任務是來自於自己的能力，而比較容易認為部屬是靠運氣完成任務的，於是影響了主管在考核部屬績效時的判斷。

與投射效應相近的另一種偏差是類己偏差 (Similarity Error)，指的是評估者對於那些與自己特性或專長等等方面類似的受評者，往往會給予較高的評價。此一偏差，往往會增加組織內的同質性，因為大多數組織都是科層結構 (Hierarchical Structure)，由上而下的進行績效考核，然後再根據考核結果安排升遷，於是越類似高層的人就越容易走向高層，組織逐漸走向同質化。然而，組織同質化的結果往往會降低創新能力，而要避免此一結果的發生，方法之一就是進行多元化的招募，請見本書第六章。

最後要介紹的知覺偏差是刻板印象 (Stereotypes)，指的是人們傾向於將他人分類，通常是根據他人所屬的團體進行分類，然後認為同一類的人就有相同的特質或行為。這種知覺偏差，簡單的說，就是一竿子打翻一船人。例如，評估者進行績效考核時，會受到受評者的畢業學校（某某學校畢業的比較不合群）、政黨屬性（支持某某政黨的比較有創意）、是否為教徒（信教的人比較堅定）、性別（男人比較容易起衝突）、乃至於籍貫（南部人比較忠厚老實）或興趣（學音樂的人不會變壞）等等的影響，而認為某一類的人就有某種特質，於是影響其考核結果。

然而，並不是所有屬於某一類的人都會有某些特質，例如不是所有南部人都忠厚老實，更何況這些特質未必與績效有關；因此，刻板印象會降低績效考核的效度。此外，刻板印象的影響還不止於此，如圖 8–4 所示，刻板印象還會造成偏見態度 (Prejudicial Attitude)，並會產生一些負面反應的傾向，最後如果表現在行為中，就是一種歧視 (Discrimination)，也就是對某種人，沒有事實根據的非善意，甚至有傷害意圖的行動，這不但會傷害組織聲譽、不利於組織多元化的管理，有的時候還會觸犯法令，例如觸犯二性平權的相關法令等等。

偏見態度			歧　視
負面刻板印象 ⟶	負面態度 ⟶	負面行為傾向 ⟶	負面行為
例如：這類人很懶 A 屬於這類人	我不喜歡懶人 我不喜歡 A	我不會給懶人 升遷機會	我對 A 的績效 考核很差

資料來源：摘譯自 Greenberg, J. (2002), *Managing Behavior in Organizations* (3rd Ed.), N. J.: Prentice-Hall.

圖 8–4　負面刻板印象造成歧視的心理行為過程

至於刻板印象以及前述的一些知覺偏差對績效考核的影響，表 8–16 列出部分的補救建議。然而，這只是針對評估者知覺偏差的補救，而組織績效考核還受許多其他因素的影響，這些因素之間往往又都會相互關聯，例如表 8–17 就列舉了一些評估者與受評者之間的交互效果。因此，組織並不宜只針對某一種知覺或原因加以改善，而是要一體考量所有因素，經由權重排序逐步地將各個因素改善，漸次增加績效管理的效果，以下就是說明績效考核改善的一些重要原則。

表 8–16　各種績效考核知覺偏差的補救方法

知覺偏差	補 救 方 法
極端導向	‧強迫分配法 ‧要求一定的平均數或標準差
集中傾向	‧員工比較法或強迫分配法
暈輪效應	‧增加績效考核次數 ‧進行不定期的績效考核
最先效應	‧增加績效考核次數 ‧進行不定期的績效考核
投射效應	‧員工比較法、強迫分配法 ‧交叉績效考核（多個評估者）
類己偏差	‧交叉績效考核 ‧委員會績效考核
刻板印象	‧交叉績效考核

表 8-17　績效考核的評估者與受評者交互作用

性　別	沒有交互作用效果
種　族	組織中不同種族的成員比例升高時，比較不會有評估者對同種族之受評者績效高估的問題
認知相似	評估者與受評者之間，若彼此都認為有共同的想法與觀點，往往會有績效高估的現象

資料來源：整理自葉椒椒編著 (1995)，《工作心理學》，臺北：五南。

考核改善的原則

要改善績效考核，主要需要先有適當的考核工具與方法，並且提供評估者訓練，以及增加多方面的考核資訊來源，最後還要反求諸己、自我考核，也就是針對績效管理制度的考核評鑑。其中，在考核工具與方法上，需要涵蓋所有必要的向度，但是每一個向度都應該指向單一的活動，單獨被考核，而非涵蓋一群活動的所有內容。例如，「請評估該員工的出勤狀況與工作態度」這個題項就設計的不好，至少要分成二句，「請評估該員工的出勤狀況」以及「請評估該員工的工作態度」。其次，整個考核的時程與工作分配，最好是多次考核、立即考核，而評估者所要評估的對象不要太多。

另一方面，正如前面提到，評估者是影響績效考核非常主要的因素，所以評估者一定要經過訓練。首先，要訓練評估者隨時保持記錄，留意受評者的表現，以關鍵事件法記在本子上，或是輸入電腦存檔，同時也要收集平時的會議記錄、客戶滿意調查、或是要求受評者定期繳交報告等等。其次，還要訓練評估者該觀察些什麼（什麼才是客觀的證據），而不僅僅是學習如何觀察，因為資料的選擇往往會引導最後的考核結果，所以評估者除了要懂得收集資料之外，還要懂得收集什麼樣的資料。同時，由於評估者有可能發生知覺偏差，所以也要訓練他們能夠熟悉前述各種知覺偏差的來源及避免之道，例如容易有過嚴偏差的評估者，可以訓練他建立自信心，或是給予角色對換扮演等等，都有助於減少其偏誤。至於評估者的訓練到了最後，還要能夠建立起共同的考核參考架構，也就是讓彼此對考核中的元素，包括組織與部門目標、考核標準與重點、證據的意義等等，都能有一定的共識，減少不同評估者之間的歧異。此一過程主要是由所有評估者嘗試針對某案例（可能是真實或是虛擬的案例），根據設定好的考核標準進行評估，然後比較評估結果的差異處與討論原因，再進行下一個演練，持續到大家的評估，漸漸能基於較客觀的理由，而使結果相當一致為止。

除了前面二個原則，分別是適當的考核工具與評估者訓練之外，第三個績效改善的原則是：盡量增加多方面的考核資訊來源，此原則也就是 360 度回饋的精神，可以由上司、同事、部屬、客戶等等人員共同提供資訊。例如，在矩陣型組織中，員工雖然編制仍屬於單一部門，但其實際工作往往需要參與不同的專案任務，所以員工的考核可以同時參考部門與任務主管的意見，然後由上一級主管覆核。或是像有些工作，例如外勤業務人員，主管往往無法有效地觀察員工表現，此時都應該收集更多方面的資訊，避免以主管為唯一的評估者，而造成資訊不足下的偏差。

最後，要改善績效考核，先要知道績效考核哪裡需要改善，這就需要組織能夠反求諸己，進行績效管理制度的自我評鑑。例如，透過對評估者的考核結果與被評估者的自我評估比較，看看是否存有過大或經常性的差異。此外，也可以檢視各種考核記錄，包括面談記錄等等，或是實施員工意見調查，瞭解員工對績效考核的看法，以及最重要的就是，確認績效管理的每一環節都配合組織策略目標而建立，並有朝目標前進的跡象。

第五節　績效考核的重要議題與趨勢

評估中心 (Assessment Center)

本書第六章曾經介紹了「評估中心」的甄選方法，主要是用來預測應徵者的潛能，若是潛能優秀者就錄取任用。事實上，評估中心也可以用於績效考核，但其目的多半是針對未來績效，也就是考核員工的潛力，而且多用於管理階層。至於評估中心的涵義，與第六章說的一樣，只是用於績效考核時，就要將應徵者改為受評者，於是評估中心就是指受評者被要求參與一連串組織所設計的練習、模擬或測驗，然後由一群評估者共同觀察，通常包含受評者的直接主管，另外還有三至四位瞭解受評者情況的管理者共同組成，而且往往有人資專家參與，然後根據事先擬定好的標準，對受評者進行評估。因此，評估中心有以下幾點特徵㉖：

1. 評估中心的受評者，通常是管理階層的可能人選，以 10～20 人的團體接受評估。他們可以分為幾個較小的組別，以進行不同的作業，不過基本策略是根據團體中的其他成員的表現來評估每個個人。
2. 由數個評估者負責評估，有時也會包含心理學家，但通常是由組織內部熟悉評估工作的人擔任，而且通常需要接受如何進行績效評估的訓練，訓練時間可能長達數小時甚至數天。
3. 評估中心所使用的績效考核方法有許多種，包括團體互動式的，例如無領導者群體討論，以及個人式的測驗，例如個人履歷表以及面談等等，通常這些測驗進行下來，往往必須耗費一至數天的時間。

由於評估中心的測驗非常多樣化，所以受評者可以提供許多與工作相關的資料，而評估者就根據這些資料來評估受評者，評估的項目通常與管理職務非常有關，包括受評者的領導能力、決策能力、實務判斷以及人際關係的技巧等等。接著，評估者會為每一位受評者準備一份摘要報告，回饋給受評者，並將後續的人事建議提供給組織，作為檢討與參考之用。此方法的優點主要在於多人評估，如此可以減少直接管理者的個人偏好及相關的知覺偏差，然而其花費則相當高，而且有的時候很難找到對受評者工作表現熟悉的其他管理者㉗。至於評估中心對受評者潛能的預測，與受評者後來的發展是否有關，表 8–18 是一份研究整理，該研究檢視了 12 個評估中心的預測，然後對受評者第一年與第八年的晉升情形比對。結果發現，整體而言，評估中心的長期預測力比短期預測力高，也就是此方法確實比較適用於「潛能」的預測，而且其中以積極性與自信最適合用以預測受評者的長期發展。

㉖ Muchinsky, P. M. (1993), *Psychology Applied to Work : An Introduction to Industrial and Organizational Psychology* (4th Ed.), C.A.: Brooks/Cole Pub. Co.

㉗ 葉椒椒編著 (1995)，《工作心理學》，臺北：五南。

表 8-18 評估中心預測特質與晉升效標之間的相關

特 質	與晉升情形的比較	
	第一年	第八年
積極性	.27	.69
說服與銷售能力	.29	.59
口語溝通	.35	.50
自 信	.46	.60
人際關係	.34	.48
決 策	.36	.42
壓力承受力	.41	.42

資料來源: 摘譯自 Hinrichs, J. R. (1978), "An Eight-Year Follow-Up of A Management Assessment Center," *Journal of Applied Psychology*, 63: 596–601.

360 度回饋

所謂 360 度回饋，如圖 8–5 所示，是將多方面的考核資訊來源，同時納入考核體系之中。此方法可以讓受評者瞭解不同評估者對自己的評價如何，而不同的評估者對不同的評估內容也會有不同的效果；例如一些員工，其工作性質與客戶的關係密切，那麼客戶的評估就相當有價值，而且還可以透過這些資訊來改善服務品質。另外，由於受評者的部門同事或團隊成員，往往具有與受評者相近的專業知識，而且有較多的機會去觀察受評者日常的工作行為，因此同事考核也具有一定的效度[28]。

有調查指出，採用 360 度回饋的企業，92% 將之用於評估主管之發展需求、80% 用於主管績效指導的參考、僅有 20% 用於決定績效等級或薪資獎勵，顯示出多數組織採用此方法，仍是以發展目的為主[29]。還有就是，雖然 360 度回饋有其優點，但也相對地有一些限制，例如前述的同事考核，就有可能因為友誼關係而導致偏袒，或是當考核結果用於獎懲，而影響到

[28] Wexlot, K. & Klimoski, R. (1984), "Performance Appraisal: An Update," In K. Rowland & G. Fervis (Ed.), *Research in Personnel and Human Resource Management*, 2. Greenwich, CT: JAI Press.

[29] Amerstrong, M. & Baron, A. (1999), *Performance Management: The New Realities*, London: Institute of Personnel and Development.

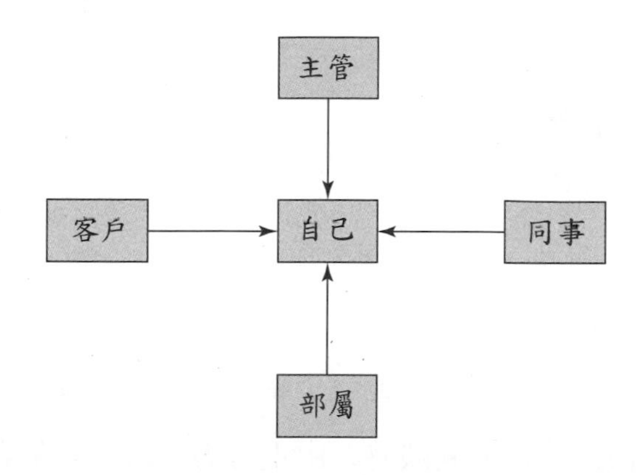

圖 8–5 360 度回饋

受評者的利益時，評估者與受評者都會感到不舒服。因此有人認為，同事考核用於績效回饋的發展目的比較好，而且最好能配合關鍵事件技術法的運用，以增加考核的客觀性㉚。

至於同事考核的具體作法，可以按照三種方式來進行㉛：①同事提名，也就是組織內的每位成員，為組織提名一定數量的績優者；②同事評估，即組織內的每位成員，按照績效評定量表（例如 BARS）的各個向度，對同事的績效進行評估；③同事等級排列，也就是組織內的每位成員，為本組織成員按績效的各個向度，從優到劣的順序進行等級排列。這三種方式中，以同事等級排列和同事提名的效度較高㉜。

360 度回饋的另一類評估者：部屬，主要是針對主管的專業與領導能力進行評估，通常僅用於當作主管發展的參考。因為，若部屬考核的結果會影響主管的考績時，則有可能出現挾怨報復的現象，或是主管為了迎合員工，而只顧滿足員工需求，卻輕忽任務的情形。此外，部屬考核若不匿名，也容易出現扭曲的情形，故至少應有三位以上的部屬參與考核，而且應由第三者處理考核結果再轉送主管參考，以免影響其正確性㉝。

㉚ Cederblom, D. & Lounsbury, J. W. (1980), "An Investigation of User Acceptance of Peer Evaluations," *Personnel Psychology*, 33, 567–580.

㉛ Kane, J. S. & Lawler, E. E. III. (1978), "Methods of Peer Assessment," *Psychological Bulletin*, 85, 555–586.

㉜ Love, K. G. (1981), "Comparison of Peer Assessment Methods: Reliability, Validity, Friendship Bias, and User Reaction," *Journal of Applied Psychology*, 66, 451–457.

最後，關於員工自我評估的部分，員工往往會有自我膨脹的現象，也就是高估自己的工作績效，特別是當自評結果可以用來作為管理決策的參考時，例如調薪的參考等等。在一份對工程師的研究中，發現被評估者在進行自我評估時，都認為自己的績效應該在前四分之一，表示有將近四分之三的人過度膨脹其績效[34]。然而，也有研究指出，當對員工進行績效回饋時，其自我評估過寬的現象就會減少[35]；因此，組織可以在面談前，先請受評者自我評估，然後於面談時，由主管與受評者共同討論彼此對績效結果的不同看法。至於自我評估的其他應該注意之處如下[36]：

1. **激勵員工進行正確的評估，例如告訴員工，自我評估結果將會和其他的評估結果進行比較。**
2. **讓員工依相對標準（例如平均以下、平均、平均以上）來進行評估，而不是按照絕對標準（例如優秀、差）來評估。**
3. **對員工進行績效回饋。**
4. **對評估結果保密，直到自我評估結果與其他評估結果的偏差得到解決。**

其他趨勢

1. **強調團隊工作的績效考核標準**[37]

   例如「資訊分享意願」、「協調能力」、「激勵他人的能力」等等項目，都可能會納入評估中。

2. **更公開化**[38]

---

[33] 黃同圳 (2002)，〈人力資源管理策略——企業競爭優勢之新器〉，引自李誠主編，《人力資源管理的十二堂課》，頁 21–52，臺北：天下文化。

[34] Meyer, H. H. (1980), “Self-Appraisal of Job Performance,” *Personnel Psychology*, 33, 291–296.

[35] Steel, R. P. & Ovalle, N. K. (1984), “Self-Appraisal Based upon Supervisory Feedback,” *Personnel Psychology*, 37: 667–686.

[36] Muchinsky, P. M. (1993), *Psychology Applied to Work : An Introduction to Industrial and Organizational Psychology* (4th Ed.), C.A.: Brooks/Cole Pub. Co.

[37] 劉清彥譯 (1999)，《管理大師聖經》，臺北：商周。

[38] 第二至七點，引用自 Anderson, G. C. (1993), *Managing Performance Appraisal Systems*, Blackwell, Oxford.

許多組織已經允許員工看到完整的評估報告，績效考核的結果也需要員工簽署，目的在使評估的過程與結果更公正。

3. **更多員工參與**

包括建立績效考核的面談制度，以及事前的員工自評。

4. **結果導向**

以目標為基礎的考核制度，將大幅取代傳統的以員工特質為主的考核方式。

5. **綜合式考核制度**

越來越多組織會採用不同的方法與效標進行考核。

6. **直線部門負起更多的職責**

不論是績效考核的標準形成階段或是執行階段，都會越來越納入直線經理的建議與行動的投入。

7. **適用於更廣泛的對象**

績效考核已擴大適用於各層級的員工，包括主管、職員與現場員工，由於涵蓋範圍廣泛，許多組織也漸漸會依據工作性質的差異，引進不同的績效考核方案。

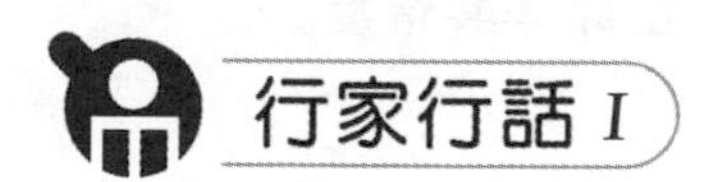

行為觀察尺度的設計步驟

資料來源：節錄整理自葉椒椒編著 (1995)，《工作心理學》，臺北：五南。

1. **運用關鍵事件技術法進行工作分析（第四章有說明關鍵事件技術法）**

對一組既瞭解工作性質、目的，又能經常觀察到這項工作（包括工作的領導、任職者、下級、客戶等等）的人員，透過面談或書面提列，以瞭解他們所觀察到的工作之操作情況。此時，工作分析專家需要運用技巧，引導工作觀察者對事件進行正確而具體的描述，同時也會要求觀察者描述工作操作行為中的有效和無效事件。例如，針對服務態度不好之行為，可以具體描述為「與顧客爭吵」、「讓顧客等待過久」、「把顧客的食物或飲料弄灑了而沒有向顧客道歉」等等。

2. **將關鍵事件依照行為分類成 BOS 標準(通常被歸為三至八個 BOS 效標)**

當兩個或多個觀察者都描述了某些類似的行為，則可將這些類似的行為歸於一起。例如若許多人都提到，飯店服務人員需要回答顧客對菜單的一些特殊問題，那麼這些就可以被歸類為「回答顧客對菜單提問」的行為項目中。

3. **評估內部判斷一致性**

所謂內部判斷的一致性，是指不同個體之間，對於同一關鍵事件，是否會一致判斷可歸入同一行為的效標之中，若越一致判斷則效標的分類越適宜。至於具體作法可以先將關鍵事件按照隨機順序，呈現給另外一些工作觀察者進行歸類，比較他們是否把事件歸類於上述相同的三至八個 BOS 效標，而若歸類結果的差異過大，意味著此 BOS 標準的內部判斷一致性過低，需要重新執行前面步驟。

4. **建構行為觀察尺度**

把每一個行為項目設計成 Likert 式 5 點或 7 點量表，要求觀察者指出其所觀察員工的每一行為出現的頻率，然後將不具有鑑別意義的項目去掉，也就是將次數過少和過多的項目去掉。

5. **確定各個 BOS 效標的相對重要程度（權重），並計算其信度。**

問　題

建立很多的 BOS 效標(例如超過十個)適不適宜?而又如何判斷各個 BOS 效標的相對重要程度（權重)?

行為定位尺度的設計步驟

資料來源：節錄整理自葉椒椒編著 (1995)，《工作心理學》，臺北：五南。

1. **確定工作向度**

設計行為定位尺度的第一步，通常是先找出每項職務重要的工作向度或職責領域，其方法與BOS方法相似，也是採用面談或以書面提列方式，要求一組熟悉某一工作的管理者及員工，確定該項工作對員工能力要求的各個向度。例如某一個工作需要員工在工作知識、動機、人際關係、管理等等方面，所需要達到的某些特定要求。

2. **發展績效構面與行為描述**

針對每一工作向度，列舉出行為表現的各方面例子，以定義績效好、中等、與績效差的標準。例如針對人際關係的工作向度，「績效好」是指這個員工總是樂於助人，所以其他員工不僅願意和他談工作中的問題，也願意和他談個人的問題；「績效中等」是指這個員工雖然能夠友好地幫助別人，但有時其自以為是的態度，也使別人不敢與之交談；「績效差」則指這個員工自己有錯誤，卻向上級或同事發火，使得大家很反感。

3. **將每一行為項目賦值**

讓觀察者對上一步驟的各向度中每一行為項目（通常可能有20個以上的項目），進行Likert式5或7點評定，1點表示觀察者認為該行為所代表的績效非常差，最高點表示觀察者認為該行為所代表的績效非常好，中數點則表示績效中等。若某一行為項目，觀察者的評定分數變化很小，意味著觀察者之間，對該行為項目的判定，具有較高的一致性，所以該項目可以保留下來，並計算其評定的平均值。

4. **建構行為定位尺度**

將上一步驟所保留各工作向度之行為項目，依其賦值（評定的平均值）大小，按順序排列，形成行為定位尺度。

問 題

行為定位尺度與行為觀察尺度的主要差別何在？

績效回饋面談的注意事項

資料來源：摘譯自 Muchinsky, P. M. (1993), *Psychology Applied to Work : An Introduction to Industrial and Organizational Psychology* (4th Ed.), C.A.: Brooks/Cole Pub. Co.

在進行績效回饋面談時，管理者首先要注意的是，雙方盡量在有證據的情況下來討論事情，而不要單憑印象就對部屬的行為任意歸因 (Attribution)，也就是不要任意解釋部屬行為的原因。因為大多數人會有知覺上的自利性誤差 (Self-serving Bias)，也就是認為做好的部分是自己的因素，做不好的部分則是外在因素造成（例如別人不配合等等），不應該由自己來承擔責任。相對地，大多數的管理者會發生基本歸因誤差 (Fundamental Attribution Bias)，也就是低估外在因素對部屬績效的影響，而認為部屬應該為其行為負大部分的責任，特別是當部屬績效不好時，管理者更容易發生此一誤差。於是當管理者認為部屬該為其不良績效負責，而部屬則認為不是他的原因時，績效回饋面談將沒有共同的焦點，也達不到績效改善之目的，所以雙方最好都能夠根據績效的事實證據再來討論才有意義。

此外，還該注意的事項包括：1.管理者最好能先受過訓練以及充分瞭解績效考核之目的與工具；2.在進行績效面談前，不妨先詢問一下部屬的感覺；3.可以先稱讚部屬做得好的部分，再指出他們沒做好的地方，然後試著以正面評價（例如強調部屬有長處的方面，當然也要求對於績效不足之處的改善）作為結束；4.舉出部屬說過或做過的事，要求他們說明這些事的意義；5.告訴部屬，關於組織或是管理者的要求，以及他們為什麼不符合這些要求；6.對於不需要洩漏的績效資料（例如他人的績效分數）嚴格保密，但可以透過相對的百分比等等方式，來比較部屬與其他人的表現結果；7.對事不對人，千萬不要評斷部屬的性格資料，因為一個人的工作方式只有工作績效的好壞，而沒有「個人」本身的好或壞；8.不要讓部屬以為管理者只憑單一的測驗或績效指標做決定。

問　題

績效回饋面談與工作性質是否有關，例如對於結構化較強的工作，員工是否會因為比較明確的績效標準以及清楚的工作方向，而比較不需要接受面談？

Human Resource Management

第九章　薪資管理

第一節　何謂薪資管理

薪資管理的目的

組織提供給員工的實質給付稱之為薪資 (Compensation)，包括直接的財務給付（直接薪資），例如本薪、津貼、獎金等等，以及間接的非財務給付（間接薪資），通常稱之為福利，例如員工保險、帶薪休假等等❶。至於組織為何需要支付員工薪資？這是因為員工與組織之間是一種互惠關係，隨著薪資的提供，組織得以招募到適當員工，而招募來的員工對組織提供服務並產生貢獻，於是組織針對其服務給予酬償，並藉此來維繫員工的地位、滿足員工需求，進而激勵員工對其服務貢獻的維持與增加。因此，組織需要擬定相關的薪資策略、薪資制度設計、以便及執行各種相關行政作業，以便能夠在合理的成本效益之下，進行薪資管理，達到招募與激勵員工之目的。

影響薪資決策的因素

雖然組織薪資管理之目的，簡單來說就是為了要召募與激勵員工，但是影響組織薪資決策的內外部因素卻非常多，如表 9–1 所示。其中在內部影響因素的工作內容與職務權責方面，工作的價值與貢獻度往往以該職務所負責任的輕重、工作複雜度、決策範圍的大小、督導人數的多寡、工作環境危險程度與使用體力多寡等等來決定。若薪資制度主要根據此一因素設計，則可以稱為工作基礎薪資 (Job-based Pay)，或稱之為職務薪，表示只要執行相同職務，即給付相同的薪資，所以薪資水準與個人條件，例如年資、學經歷或技術水準等等，就沒有直接關聯。此種方式雖然比較符合同工同酬的精神，但主要缺點是職務之間較難調動而缺乏彈性（因為只要調

---

❶ Dessler, G. (2000), *Human Resource Management* (8th Ed.), N. J.: Prentice-Hall.

動職務，薪水就改變，很少人願意由高薪職務調往低薪職務)。

表 9–1　影響薪資決策的因素

因素		說明
外部因素	勞力市場供需	勞力需求極大時，薪資水準容易升高，勞力供給過剩時，薪資水準較易持平或下降
	政府法規	例如政府規定的最低工資
	工會影響	工會最常與資方協商的就是工資與工時問題
	景氣情況	景氣好，企業獲利佳，薪資水準可望較佳，反之亦然
	生活與物價水準	生活水準或物價指數較高的地區，往往有較高的薪資水準
內部因素	組織態度	只考慮股東利益者，容易基於成本考量，壓低薪資水準
	組織策略	採積極策略者，往往會以較高的薪資水準來吸引人才
	工作內容與職務權責	職務權責較重、工作時間較長、危險性較高、需要較大的體力者，其薪資往往較高
員工因素	個人年資	年資越高者往往薪資越高
	個人績效	績效較高者，往往可以領較高的薪資
	個人能力	學經歷、技術能力等等越高者，往往薪資較高

其次，在表 9–1 的員工因素部分，若組織主要根據年資因素設計薪資，則可以稱為年資薪 (Seniority Pay)，通常適用於低職位且重複性高的工作，因為其工作內容的價值往往不高，卻又必須要存在，同時因為重複性高，所以越資深的人往往越熟練，貢獻也就越大。此外，此種薪資方式對於資深員工的留任有很正面的功效，但比較無法符合同工同酬的精神，所以容易引起其他員工的不公平感覺。

另一方面，若組織以員工績效為給薪基準的話，則是一種績效基礎薪資，或稱之為績效薪 (Performance-based Pay)，適用於工作結果能被員工掌握、能明確衡量、可被合理預期者。此種方式對員工而言具有激勵作用，對組織而言則具有成本控制的效果，但相對於員工的薪資穩定性而言，就比較沒有保障。至於最後一種員工因素則是根據員工能力來決定薪資，屬於技能基礎薪資 (Skill-based Pay)，或稱之為技能薪。此種方式適用於專業工作（例如專業技術人員和工程師)、技能快速更新的產業（例如高科技產業)、具有高度彈性且員工須具備多樣技能的組織中（例如團隊組織）❷，而且通常要透過證照制度或技能檢定，來判定個人技能的多寡與層級，以作為核薪與調薪的標準，所以其優點是有較大的彈性，可以支持組織技術快速發展的需求，但主要缺點則是需要大量訓練（幫助員工提升技術）以及進行技能檢定的成本。

薪資制度設計

組織在設計薪資制度時，首先需要注意到的是該制度能否配合外在環境，包括法律規定、工會協商的意見、以及勞力市場供需等等；其次，既然薪資是人力資源管理的一環，所以也要顧及組織的人力資源管理目標，並有助於完成組織整體的經營目標。此外，一個好的薪資制度，其可行性要高、要能有助於人才招募、以及要注意到公平性與保持彈性，而表 9–2 即列舉一些組織在設計薪資制度時，需要注意的事項。

表 9–2　薪資制度設計注意事項

配合外在環境	・應配合法律規定，比如像是勞基法對基本工資以及延長工時的規定等等 ・要面對工會的意見或協商 ・應考慮勞力市場供需
配合策略目標	・應可協助組織達成整體人力資源管理的策略目標 ・應可協助組織達成整體經營目標
有助於招募	應有助於組織聘僱符合組織文化與價值觀的員工
保持彈性	能隨市場及組織的變動而機動調整
可執行性	薪資管理系統應便於解說、瞭解、作業與控制
公平性	內部公平性、外部公平性、以及員工的公平感覺

除了以上的注意事項之外，薪資制度設計還需要針對薪資組合進行配置，而所謂薪資組合，一般包括了本薪、津貼、獎金和福利，不同的薪資組合，代表組織不同的激勵方式。其中，所謂本薪，也就是基本薪資 (Basic Salaries)，或稱之為底薪，通常是職務薪合併年資薪，亦即根據員工的職務等級進行薪資給付，並考慮年資或升遷予以調薪，而除了本薪之外，組織

❷ 林文政 (2002)，〈員工激勵與薪資管理〉，引自李誠主編，《人力資源管理的十二堂課》，頁 155–192，臺北：天下文化。

也會視實際情況提供員工相關的津貼 (Allowances) 或加給，例如職務津貼、危險津貼、外派津貼等等，這些通常也是屬於職務薪。由於職務薪是隨工作內容改變而改變，若組織沒有進行工作再設計或是其他造成工作內容變動的因素，則此類薪資的結構往往固定不變，並不會因為企業獲利多寡或員工績效高低而有所增減，故又稱之為固定薪，本章的薪資結構設計主要就是以此類薪資為範例，進行說明。其次，許多組織也設有獎金制度，通常是採用績效薪，也就是根據員工績效表現給予的獎酬，屬於一種變動薪，至於福利方面則往往是間接薪資，也就是組織給予員工間接的非財務報酬，包括保險、交通車、午餐供應、帶薪休假等等。

既然組織的薪資組合有四大部分，所以組織的薪資制度設計就必須針對本薪與津貼的設計、績效基礎薪資的設計、以及福利的設計。其中，本章第五節將說明績效基礎薪資的設計，第六節將說明福利的設計，至於本薪與津貼的設計，也就是主要的薪資結構設計，大致上可以分成圖 9–1 的三個步驟，本章將分別於第二節至第四節加以說明。

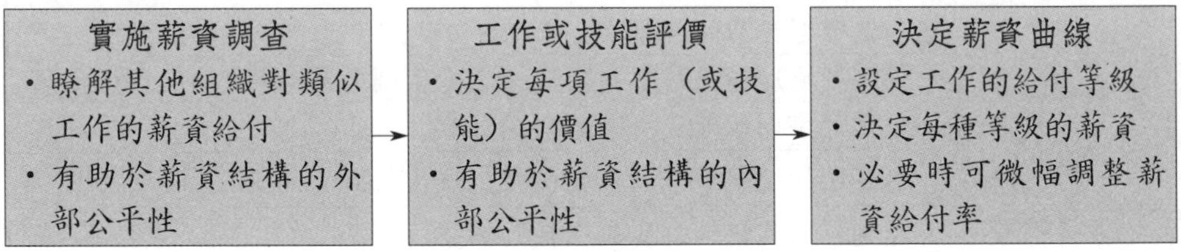

實施薪資調查
・瞭解其他組織對類似工作的薪資給付
・有助於薪資結構的外部公平性

→

工作或技能評價
・決定每項工作（或技能）的價值
・有助於薪資結構的內部公平性

→

決定薪資曲線
・設定工作的給付等級
・決定每種等級的薪資
・必要時可微幅調整薪資給付率

圖 9–1 薪資結構設計步驟

第二節 薪資調查

許多組織在設計薪資結構時，會先進行薪資調查，這主要是因為薪資調查有助於改善薪資結構的外部公平，而讓員工感受到薪資的公平性，則是薪資制度能順利執行及達到效果的重要關鍵。所謂薪資公平，又可分成外部公平 (External Equity) 與內部公平 (Internal Equity)，其中的內部公平是指薪資給付在組織內部的公平性，包括能否做到同工同酬或同能同酬，而這部分的公平性，主要是透過工作評價或技能評價來實現，在本章的第三節中，會有更詳細的說明。至於外部公平，也就是組織員工的薪資所得，與其他組織員工的薪資所得相比，是否公平。就需要透過對其他組織的薪資水準進行調查，並在瞭解業界現有行情之後，才能夠與組織的薪資制度進行比較❸。此外，薪資調查最起碼還有以下二種功能❹：

1. **薪資水準調整政策的參考**

   隨著策略的不同，組織可能會訂出不同的薪資水準，例如成本導向的組織，不太可能會訂出高於業界水準的競爭性薪資，但是採取擴張策略的組織，為了吸引更多的人才，就比較可能會訂出較具競爭力的薪資水準。

2. **薪資組合與結構調整的參考**

   有的時候，調整薪資水準會讓組織面臨兩難局面，例如具有競爭力的薪資水準，往往就會增加人事成本。此時，組織或許可以透過薪資組合與結構的調整，來平衡這種兩難局面，一方面可以顧及成本，一方面也能產生比業界更具競爭力的薪資水準。例如，組織可以增加變動薪資的比率，同時減少固定薪資的比率，如此一來，景氣好或是員工績效好的時候，不但組織賺錢，而且替員工創造較高的薪資水準，在招募與留住人才上，都比其他組織相對具有競爭力，但是當景氣差或是員工績效不夠好的時候，組織則因為員工所領的薪資減少，而可以比較節省人事成本。

至於薪資調查的步驟可以分成：決定調查內容、選擇代表工作、選擇調查對象、資料收集、以及決定薪資政策與薪資水準，如圖 9–2 所示。其中，決定調查內容部分，指的是組織要清楚描述，對於工作薪資的內容，哪些部分需要進行調查。包括是否要調查某項職位的最低薪資與最高薪資、該職位的平均起薪及目前平均薪資、該職位的薪資給付方式（按月、雙週或計時等等）、以及該職位包含變動薪資的比率和變動薪資的給付條件等等。

其次，在選擇代表性的工作方面，由於一個大型組織，其工作職務可能上千個，而若每個都進行調查則太過繁複，也沒有必要（因為有些工作

---

❸ Muchinsky, P. M. (1993), *Psychology Applied to Work : An Introduction to Industrial and Organizational Psychology* (4th Ed.), C.A.: Brooks/Cole Pub. Co.

❹ 林文政 (2002)，〈員工激勵與薪資管理〉，引自李誠主編，《人力資源管理的十二堂課》，頁 155–192，臺北：天下文化。

的核心部分是大同小異的)。因此組織不必將所有工作皆列入調查，而只要將基本又重要的工作列入調查即可，但為了避免調查結果的失真，所以最好還是能對組織中 30% 以上的工作進行調查❺。至於在選擇代表性工作時，要能夠將每項工作都加以定義，而這些工作也必須能夠代表組織中重要的工作等級，甚至最好每一等級都有代表性工作列入薪資調查。最後，該工作內容應該已相當穩定，而非最近新增或變動的，同時該工作應該在產業中具有普遍性，其工作者也必須有一定的數量。

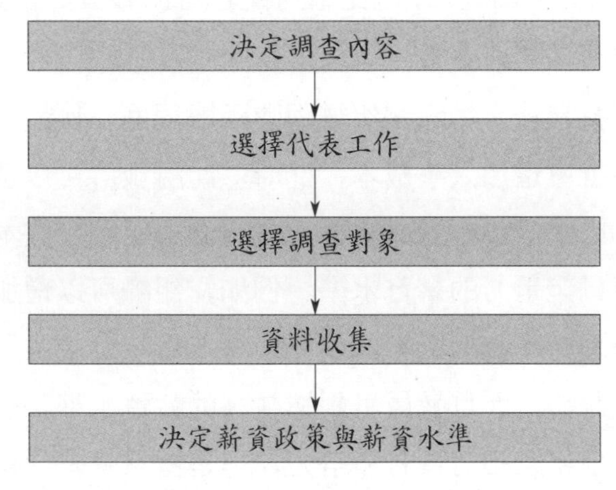

圖 9-2　薪資調查的步驟

在代表工作決定後，組織要選擇調查對象，也就是在調查地區內，組織所面對或可能面對的市場競爭對手，而若競爭對手為數甚多，則可以從中尋找具有代表性的對手進行薪資調查。其次，由於組織可能擁有多個不同的市場，例如多國籍企業同時面臨不同國家的市場，所以需要針對每個相關市場進行薪資調查。至於薪資調查的資料收集，可以是次級資料，例如國家的薪資統計報告等等，也可以經由問卷調查、訪談或是座談來收集資料，而在收集資料以及進行比較之後，組織需要決定薪資政策與薪資水準，例如是否要採取競爭性薪資、要如何組成薪資（本薪、津貼、獎金、福利的配置）、薪資結構是否要偏重固定薪資或變動薪資、以及薪資基礎是工作內容還是技能程度等等。

❺ 李正綱、黃金印 (2001),《人力資源管理：新世紀觀點》，臺北：前程企管。

第三節　工作與技能評價

工作評價

工作評價 (Job Evaluation) 與第四章所提到工作分析在某些方面很接近，二者都需要收集與工作相關的資料，也都需要分析與比較這些資料，只是工作分析基本上不涉及價值判斷，而工作評價則會透過對工作因素的選擇與比較，進而決定各種工作的相對價值。因此，我們可以說工作評價是工作分析的延伸，用來決定組織中各項工作對組織重要程度的差異，以期提供公平的薪資❻。

關於工作評價的程序，大致上如圖 9–3 所示，首先需要確認為何要進行工作評價，也就是工作評價的需求何在。雖然理論上，工作評價有助於將工作內容進行標準化的說明與比較，進而協助組織在設計薪資制度時，能夠顧及薪資的內部公平性。除此之外還要注意的是，工作評價究竟是來自於員工還是高階管理者的要求，若只是高階管理者的要求，最好能先獲取員工的合作，因為正如工作分析一樣，許多員工容易將組織進行的工作評價視為一種「調查」或是稽核，而直覺的抱持反感，所以最好能先與員

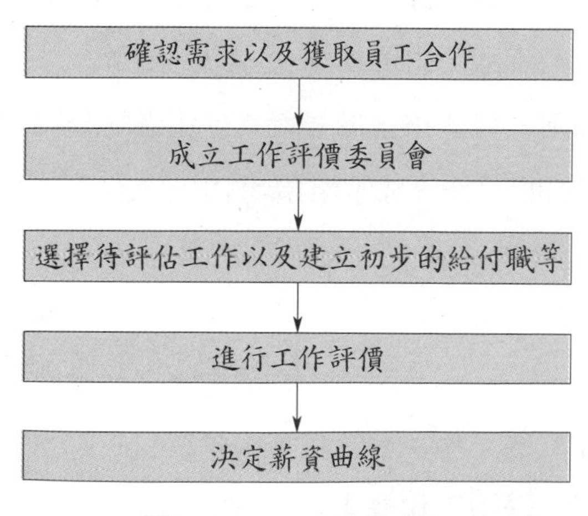

圖 9–3　工作評價流程

❻ Muchinsky, P. M. (1993), *Psychology Applied to Work : An Introduction to Industrial and Organizational Psychology* (4th Ed.), C.A.: Brooks/Cole Pub. Co.

工進行溝通並取得合作。

在確認了工作評價的需求之後，接著組織會成立一個委員會，其成員要能夠熟悉工作評價的方法，而且對組織中的各種工作都相當瞭解，還要具備一定程度的溝通技巧及說服力，通常可以包括人資人員、員工代表、以及管理階層等等。至於該委員會的任務，主要是選擇待評估的工作，並在考慮組織規模之後，建立初步的給付職等，最常見的是 10 到 15 職等；接著，委員會就要正式進行工作評價，並將工作排序之後，擬定出薪資曲線。其中，不管委員會採用何種工作評價的方法，應該都是針對工作帶給組織的價值來進行比較，但這些方法大致上又可以區分成兩種類型❼，一種是從工作整體的角度來進行比較，常見的包括工作分類法 (Job Classification Method) 與工作排列法 (Job Ranking Method)，而另一種則是從工作的各個構成角度來進行比較，常見的包括因素比較法 (Factor Comparison Method) 和點數法 (Point Method)，以下就針對這四種方法逐一加以介紹。

首先，關於工作分類法的操作，是先要將工作的類別決定好，並清楚說明其分類標準，例如某類工作的特色為何，以及該類工作需要多少獨立判斷能力、技能或是體力等等，然後據此擬定工作類別說明書 (Class Description)，並將組織內的現有工作，依據其工作說明書與工作規範，就其整體價值符合工作類別說明書的標準者，分別歸於某一類別的工作。至於工作類別的決定原則，可能來自於模擬其他組織的分類方式，也可以是根據過去的研究，例如將工作分成策略頂端 (Strategic Apex)、中階幹部 (Middle Line)、作業核心 (Operating Core)、支援幕僚 (Support Staff)、以及技術結構人員 (Technostructure) 等等❽。其次，類別決定之後，還要決定類別中工作的給付等級 (Pay Grades)，而這主要是根據工作的難度或重要程度來區分，越困難或越重要的工作，其給付等級越高。

既然工作分類法是由工作評價者依據分類標準對工作所進行的主觀分

❼ 葉椒椒編著 (1995)，《工作心理學》，臺北：五南。

❽ Mintzberg, H. (1979), *The Structuring of Organizations: A Synthesis of the Research*, N. J.: Prentice-Hall.

類，由於人們的認知能力有限，所以此方法比較不適用於工作職級過多，或是變化相當大的組織，至於一般的公共部門或政府機構，因為工作職級相對較少而且穩定，故比較可能會採用此方法進行工作評價⑨。至於此方法的優點是操作起來非常簡單，但也有主觀成分過強的缺點，容易產生誤差。其次，在決定類別與給付等級時，組織還需要考慮到本身的特定需求與能力，包括組織的工作環境與條件，以及組織適合的控制幅度 (Span of Control) 有多大，還有組織對於分權管理 (Decentralization) 的看法以及執行能力等等⑩。

至於第二種透過工作整體角度來進行比較的方法是工作排列法，這是一種簡單、快速、成本也很小的工作評價方式，主要是將整個工作的內容或價值，與其他工作進行相互比較，比較的方式可以是直接排序、交替排序、或是配對比較法（第八章有這些方法的說明）。不過，此種方法往往沒有特定的評估標準，所以容易流於主觀判斷，特別是當評估多種工作時，往往很難找到對所有工作都非常瞭解的個人，於是使得評估結果很難解釋，也比較難以被員工所接受。因此，當工作數量很多時，就不適宜採用這種工作評價的方法，而若組織要採用工作排列法時，可以參考以下步驟⑪：

1. **決定是否要分群組評估**

 若組織內各部門或工作群組 (Job Cluster) 的工作性質差異很大時，將組織內所有工作進行排序並不切實際，比較適合的反而是區隔出不同部門或工作群組（所謂工作群組是一些符合邏輯分類的工作，例如分成工廠工作、事務性工作、內勤工作以及外務工作等等），然後就同一部門或群組內的工作進行比較。

2. **取得工作資料**

 往往是從工作分析的結果，也就是工作說明書與工作規範中取得。

---

⑨ 林文政 (2002)，〈員工激勵與薪資管理〉，引自李誠主編，《人力資源管理的十二堂課》，頁 155–192，臺北：天下文化。

⑩ Greenberg, J. (2002), *Managing Behavior in Organizations* (3rd Ed.), N. J.: Prentice-Hall.

⑪ Dessler, G. (2000), *Human Resource Management* (8th Ed.), N. J.: Prentice-Hall.

3. **找出工作中的可報酬因素 (Compensable Factors)**

所謂可報酬因素，乃是根據各項工作的工作說明與規範，找出工作中某些共同的基本因素，這些因素會對組織產生不同程度的影響或價值，稱之為工作可報酬因素，組織並因為這些因素可能帶來的價值，而決定了工作者應有的薪資。理論上，組織可以根據任何理由，只要判定某因素足以帶給組織價值，即可設定為可報酬因素，但在實際運作中，工作所需的技能與情報、努力程度、解決問題（決策）能力、責任範圍、以及工作環境與條件等等，都是典型的可報酬因素。

4. **清楚說明可報酬因素的定義**

希望能讓評估者更一致地進行工作評價。

5. **進行排序**

例如給每位評估者一套指標卡,每張卡片上面都有某項工作的簡短說明,然後進行直接排序或是交替排序等等（基本上這裡還是主觀認定，並沒有客觀的給分準則）。

6. **彙總所有評估者的評估結果**

除了以工作整體的角度來進行比較之外，也可以從工作的各個構成角度來進行工作評價，例如因素比較法與點數法。其中，因素比較法是針對各個可報酬因素，就工作與工作之間進行評比，區分出不同工作的價值。至於因素比較法的具體操作包括⓬：①選擇十五至二十個關鍵工作，這些工作經評估專家一致認定，屬於報酬適當的工作；②列出工作可報酬因素，例如技能需要、責任範圍、決策能力、工作條件、努力程度等等；③工作評估專家們對這些關鍵工作的可報酬因素進行排比；④評估專家們根據關鍵工作的現行薪資比率，將這些工作的每一個可報酬因素應該給予多少報酬，進行比率的分配（排序之間未必會呈現等距，也就是排名第一與第二的差距，未必等於排名第二與第三的差距），而表 9–3 就是關鍵工作因素比較法結果的範例；⑤將其他工作的可報酬因素與關鍵工作比較，並透過可報酬因素的報酬比率決定所有工作的應得薪資。

⓬ 葉椒椒編著 (1995)，《工作心理學》，臺北：五南。

表 9–3　關鍵工作因素比較法範例

關鍵工作	現行報酬	技能需要 報酬—等級	責任範圍 報酬—等級	決策能力 報酬—等級	努力程度 報酬—等級	工作條件 報酬—等級
T	630	185 — 1	230 — 1	70 — 5	105 — 2	40 — 5
G	535	115 — 3	170 — 2	95 — 4	100 — 3	55 — 4
K	520	55 — 4	90 — 4	185 — 2	70 — 4	120 — 2
R	450	135 — 2	160 — 3	15 — 6	125 — 1	15 — 6
B	420	25 — 6	40 — 5	190 — 1	40 — 5	125 — 1
P	350	30 — 5	25 — 6	160 — 3	30 — 6	105 — 3

等級 1 代表最高分
報酬單位：薪點（1 薪點換算 100 元新臺幣）

資料來源：整理自葉椒椒編著 (1995)，《工作心理學》，臺北：五南。

由以上的說明可以知道，因素比較法的的設計雖然比較複雜、費時，但設計好之後，就可以直接運用於組織中各種工作的比較，相當方便，而不像前兩種方法，若是組織中的工作太多種時，就很難操作。其次，雖然工作排列法與因素比較法都要確認出工作的可報酬因素，但因素比較法是就每一個可報酬因素進行比較，而工作排列法則是針對所有的可報酬因素進行整體的比較，所以相對來講，如果設計良好，因素比較法的客觀性應該是比較高的。

雖然工作分類法、工作排列法、以及因素比較法的操作過程各有不同，但這三種方法大致上都強調對現有工作的比較，而本節接下來要說明的第四種工作評價方法，也就是點數法，則與前面幾種方法在邏輯上不太相同。點數法的重點在於清楚確認各種可報酬因素，並量化其價值，於是任何一個工作，不論是組織現有工作或是新增的工作，乃至於原來工作內容經過改變之後的工作，只要能計算出其可報酬因素的多寡與程度，就能根據其點數決定薪資。因此，點數法必須很清楚組織的價值所在，而何種工作內涵能有利於組織價值的創造，以及這些能創造價值的工作內涵，也就是工作可報酬因素，其不同的高低程度所能代表價值創造的程度，最後才能定出各種可報酬因素的詳細點數，以及點數與薪資間的轉換，然後評估每個工作的點數加總。表 9–4 是點數法對可報酬因素點數計算的範例，而表 9–5

則是對以上四種工作評價方法的比較，包括其特色與優缺點⓭。

表 9–4　工作可報酬因素點數法範例

因　素	1 級	2 級	3 級	4 級	5 級
技　能	46	92	138	184	230
1. 知　識	22	44	66	88	110
2. 經　驗	14	28	42	56	70
3. 創造力	10	20	30	40	50
責　任	20	40	60	80	100
4. 設備或過程	5	10	15	20	25
5. 材料或產品	5	10	15	20	25
6. 他人的安全	5	10	15	20	25
7. 他人的工作	5	10	15	20	25
工作條件	10	20	30	40	50

資料來源：整理自葉椒椒編著 (1995)，《工作心理學》，臺北：五南。

雖然各種工作評價的方法都能夠提供有用的資訊，但因為工作評價所收集的資料主要來自於工作分析，所以最根本的關鍵還是在於工作分析，如果工作分析的資料品質不良，則工作評價就會深受其害⓮。同時，研究也指出，雖然點數法的操作過程比較費時，成本也高，但只要是訓練有素的工作評價者，就容易對工作形成一致的評估，顯示出點數法的可行性以及工作評價者訓練的重要⓯。此外，在工作評價時，若能提供愈豐富的工作相關資訊，則愈能夠形成正確可靠的工作評價⓰。

⓭ 李正綱、黃金印 (2001)，《人力資源管理：新世紀觀點》，臺北：前程企管。

⓮ Gomez-Mejia, L. R., Page, R. C. & Tornow, W. W. (1982), "A Comparison of the Practical Utility of Traditional, Statistical, and Hybrid Job Evaluation Approaches," *Academy of Management Journal*, 25: 790–809.

⓯ Doverspike, D. Carlisi, A. M., Barrett, G. V. & Alexander, R. A. (1983), "Generalizability Analysis of A Point-Method Job Evaluation Instrument," *Journal of Applied Psychology*, 68: 476–483.

⓰ Hahn, D. C. & Dipboye, R. L. (1988), "Effects of Training and Information on the Accuracy and Reliability of Job Evaluations," *Journal of Applied Psychology*, 73: 146–153.

表 9–5　四種工作評價方法的比較

工作評價方法	主要特色	主要優點	主要缺點
工作分類法	・以整個工作內容進行比較 ・與某些特定標準（分類標準）進行比較 ・較為主觀	・簡單而容易操作 ・適用於工作職級相對較少而且穩定的組織	・容易受主觀影響 ・容易產生誤差
工作排列法	・以整個工作內容進行比較 ・工作與工作之間進行比較排序 ・較為主觀	・方法簡便 ・成本低廉 ・易於瞭解	・僅適用於工作種類不多的組織，通常是小型組織 ・此法假定排序的間隔相等，但往往並非事實 ・容易受主觀影響 ・容易產生誤差
因素比較法	・以工作的各個構成因素來分別評價 ・工作與工作之間彼此比較 ・較為量化	・此法相當詳細，但又比點數法較容易發展 ・設計好之後，很方便運用於組織各種工作之間的比較	・不容易對員工解說 ・工作內容變動時，此法不容易適應
點數法	・以工作的各個構成因素來分別評價 ・與某些特定標準（可報酬因素）進行比較，計算點數 ・較為量化	・此法以計量為基礎，故較易為員工所接受 ・工作變更時，此法仍可推行	・此法發展起來頗費時 ・此法成本高昂

技能評價

愈來愈多組織以團隊方式來完成任務，而員工也被要求能夠很有彈性地在各種工作之間輪動，此時因為員工經常變化其工作內容，如果組織再以工作評價來制定員工薪資，就顯得不切實際了。相對地，由於要員工保持工作調動的彈性，組織會希望員工擁有更多的技能，所以技能基礎薪資，就成為這類組織在設計薪資制度時的另一種選擇。所謂技能基礎薪資，乃是根據員工的技能與知識多寡及其程度（而不是以他所處的職位），來作為酬賞基礎的薪資制度。這種以技能為基礎的給付 (Skill-Based Pay, SBP)，以及以工作為基礎的給付 (Job-based Pay, JBP)，二者之間的一些重大差異如表 9–6 所示，至於表中所提到的技能評價，大多數組織會透過內外部的資格認證、比賽成績或考試制度來進行員工的能力評估。

表 9–6　技能基礎與工作基礎薪資的比較

項　目	工作基礎薪資	技能基礎薪資
薪資決定的主要因素	根據員工所從事工作的工作評價	根據員工本身與工作相關的技能評價
工作改變對薪資的影響	員工的薪資會隨工作改變而自動調整	員工薪資不會隨工作改變而調整，但會因具備新工作所需的技能而調整
年資及其他因素對薪資的影響	通常年資對於薪資有影響力，年資愈久，薪資愈高	通常年資與薪資較無關，能力才是決定薪資的因素
升遷機會與工作調動的彈性	升遷機會正常，但工作不容易調動	升遷機會較多，因為除了直線升遷，還可以跨部門升遷，而且只要肯學習新技能，就有升遷機會；另外，職務調動的安排也比較容易

資料來源：摘譯自 Dessler, G. (2000), *Human Resource Management* (8th Ed.), N. J.: Prentice-Hall.

雖然技能基礎的薪資制度有助於鼓勵員工能力提升，而在員工增加能力之後，往往使得組織在工作調度上更為容易，員工也比較會自動自發地改變工作內容或提升工作的品質，同時對於管理知識的下傳也比較可行，因為員工逐漸有能力參與。不過，技能基礎薪資也遭受到不少批評，包括同工不同酬造成員工的不公平感受，因為同一職位的員工，可能因為技能評價的結果（例如有人參加與通過的資格認證比另一人多），而造成不同的薪資待遇。其次，技能基礎薪資往往會增加一些額外的成本，例如訓練成本以及因員工技能增加而增加的薪資成本（即使員工仍然做一樣的工作）。最後，技能的評估不易，例如何種證書對於組織比較有價值，以及即使通過認證，但技能可能會退化的問題等等，都是技能基礎薪資以及技能評價制度很難處理的部分。

第四節　建立薪資曲線

所謂薪資曲線 (Wage Curve)，指的是工作評價結果，也就是各工作之間的職等排序，與薪資給付之間的關係曲線，如圖 9–4 所示[17]。至於如何描繪出薪資曲線，首先必須在工作評價之後，決定出每個給付職等的給付率，此時，因為每個給付職等皆包含了數項工作，所以必須先計算每一個給付職等的平均給付率 (也就是該職等所有工作的平均給付率)，然後針對每一給付職等，標示出其平均給付率，並將通過的點描繪成一直線，也就是薪資曲線。關於薪資曲線的畫法，可以直接用手繪出，也就是隨手畫法，或是採用統計方法，包括半平均法或是迴歸分析等等，本書的第三章有針對這些方法進行詳細說明。

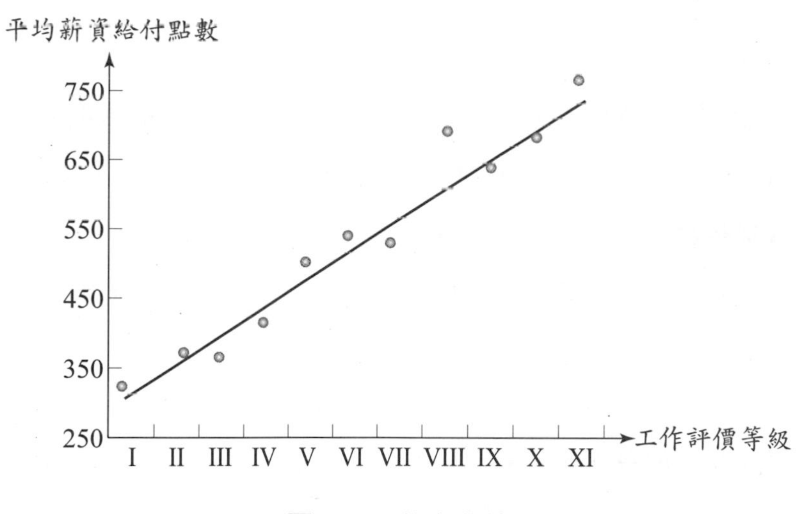

圖 9–4　薪資曲線

在薪資曲線畫出之後，還需要進行工作定價 (Price Job)，也就是以給付職等對應到薪資曲線上的各個點，作為各給付職等的目標薪資或是薪資率，而若目前的給付率在薪資曲線之上或之下，則表示「偏離了標準」，可以透過給付率調整或是於加薪或凍結給付的時候予以規範。

組織進行給付率調整之目的，多半在於修正偏離標準的給付率，而這

[17] 李正綱、黃金印 (2001)，《人力資源管理：新世紀觀點》，臺北：前程企管。

可以透過建立薪資幅度，也就是給付率幅度範圍 (Rate Range) 來加以修正。對於大多數組織而言，往往不會給同一職等的所有工作單一給付率，反而會建立給付率幅度範圍，例如針對某職等再分成十個職級，並各有其相對應的給付率。其次，如果某工作的給付率偏離薪資曲線太多，意味著該工作與組織中其他工作的平均給付相比，顯然過高或過低，若是過低表示需要加薪，而這通常沒有什麼問題，員工也很樂意接受。反之，對於給付偏高的工作等級，或是稱為落點於紅色警戒圈 (Red Circle) 的工作等級，則要小心處理，因為若是貿然減薪，可能會造成員工的反彈。一般的處理方式可以包括：①凍結此等級工作的給付率，直到其他工作經調整後而能與其並列為止；②晉升或調任紅色警戒圈的員工，直到他們可以在現行水準得到合理的工作給付；③凍結此一給付率六個月，在此期間內盡量晉升或調任超過水準的員工，如不可行，則將無法調任的員工薪資減到其給付等級的最高幅度[18]。

除了前面提到給付率調整的考量之外，薪資幅度的設計還要注意到以下一些事項：

1. **配合組織規模**

   組織規模越大，往往同一職等的員工越多，所以薪資幅度就越大。

2. **配合組織的職等數**

   職等越少，往往同一職等的員工越多，所以薪資幅度就越大。

3. **考慮不同職位的薪資幅度**

   越高階的工作，越容易有晉升瓶頸，使得員工待在同一職等中的時間越久，而為了激勵員工在同一職等中繼續努力，往往會有較大的薪資幅度，也就是即使沒有晉升，薪資水準也可能逐年提高，而產生激勵作用。

4. **不同職等的薪資重疊程度**

   各職等的薪資幅度之間可能重疊，但不宜重疊太多，否則晉升就失去意義(可能晉升了三職等，薪水還高不過低職等的人)，也就缺乏激勵作用，所以薪資幅度的重疊最好不超過三個職等。

---

[18] Dessler, G. (2000), *Human Resource Management* (8th Ed.), N. J.: Prentice-Hall.

最後，在建立薪資曲線、工作定價、以及調整給付率（包括薪資幅度確認）之後，組織就可以將各種工作（職位）的職等、職級與薪資擬定出來，並建立一份薪資結構表，如表 9–7 所示。該表顯示了該組織共有 15 職等，每一職等又分成 15 職級，表右邊所列出的是組織中不同專業人員可能跨越的職務等級，左邊則是管理人員所跨越的職務等級。同時，該表也顯示每一職等的薪資幅度各有不同，1 職等的薪資幅度 97 薪點，而 15 職等的薪資幅度則達到 756 薪點。另外，由表 9–7 中也可以看到，其薪資幅度的重疊大致上是三個職等，例如 1 職等的最高薪是 297 薪點，超過 3 職等的最低薪，但未達到 4 職等的最低薪，其薪資幅度的重疊程度就是三個職等。

第五節　績效基礎薪資

績效基礎薪資指的是以員工績效作為給薪基準的薪資制度，也就是薪資或獎金的給付與績效高低有關，又可以稱為績效薪，而此種薪資制度所產生的效益包括：①將組織利益（績效）與員工利益（薪資）相結合，有助於同時增加員工收入與僱主收益、提高員工績效、以及改進工作方法等等；②透過績效標準的擬定，能指出組織所期待的方向（也就是績效所在），進而鼓勵員工更有效率地朝組織方向前進；③若採用按件計酬的績效薪資制度，將有助於計算產品的單位成本；④員工如果要增加報酬，自然就先要提高績效，而不需要組織的監督，故可以減少組織的監督成本。當然，此種薪資制度也有缺點，包括：①薪資穩定性較低，甚至可能會受到景氣影響而時好時壞；②若績效標準無法與品質產生正相關，則員工往往重績效而輕品質；③績效計算與薪資換算都比較複雜；④薪資成本經常變動，所以較難擬定人力成本的預算。至於採用績效薪資應該注意的事項、適合時機、以及可採行的步驟，則分別列如表 9–8 所示。

雖然所有績效薪都有一些共同的特色與優缺點，但是隨著獎勵方式的不同，績效薪大致上又可以分成二類，一類是功績薪 (Merit Pay)，另一類則是激勵薪 (Incentive Pay)。其中所謂的功績薪是以加薪當作獎勵方式，並且以員工過去績效作為加薪依據，亦即員工績效會反映在加薪中，而其主

表 9–7　薪資結構表（又可稱薪點表）範例

單位：薪點（薪點現以每點 70 元計。）

職位	薪等	等差	第一級	第二級	第三級	第四級	第五級	第六級	第七級	第八級	第九級	第十級	第十一級	第十二級	第十三級	第十四級	第十五級	級距 一～五級	級距 六～十級	級距 十一～十五級	職位
經理	15		1,500	1,546	1,592	1,638	1,684	1,730	1,784	1,838	1,892	1,946	2,000	2,064	2,128	2,192	2,256	46	54	64	工程師、管理師
	14	200	1,300	1,340	1,380	1,420	1,460	1,500	1,546	1,592	1,638	1,684	1,730	1,784	1,838	1,892	1,946	40	46	54	
副理	13	175	1,125	1,160	1,195	1,230	1,265	1,300	1,340	1,380	1,420	1,460	1,500	1,546	1,592	1,638	1,684	35	40	46	
	12	150	975	1,005	1,035	1,065	1,095	1,125	1,160	1,195	1,230	1,265	1,300	1,340	1,380	1,420	1,460	30	35	40	
課長	11	130	845	871	897	923	949	975	1,005	1,035	1,065	1,095	1,125	1,160	1,195	1,230	1,265	26	30	35	管理員、技術員
	10	115	730	753	776	799	822	845	871	897	923	949	975	1,005	1,035	1,065	1,095	23	26	30	
主任	9	100	630	650	670	690	710	730	753	776	799	822	845	871	897	923	949	20	23	26	
	8	85	545	562	579	596	613	630	650	670	690	710	730	753	776	799	822	17	20	23	僱員、工務員
班長	7	75	470	485	500	515	530	545	562	579	596	613	630	650	670	690	710	15	17	20	
	6	65	405	418	431	444	457	470	485	500	515	530	545	562	579	596	613	13	15	17	
	5	55	350	361	372	383	394	405	418	431	444	457	470	485	500	515	530	11	13	15	
	4	45	305	314	323	332	341	350	361	372	383	394	405	418	431	444	457	9	11	13	作業員
	3	40	265	273	281	289	297	305	314	323	332	341	350	361	372	383	394	8	9	11	
	2	35	230	237	244	251	258	265	273	281	289	297	305	314	323	332	341	7	8	9	
	1	30	200	206	212	218	224	230	237	244	251	258	265	273	281	289	297	6	7	8	

資料來源：整理自李正綱、黃金印 (2001)，《人力資源管理：新世紀觀點》，臺北：前程企管。

表 9-8　績效薪的應注意事項、適合時機、以及採行步驟

注意事項	適合時機	採行步驟
・良好的績效標準訂定與信守 ・應選擇適當的可行辦法而不可流於形式 ・計算要能夠力求簡單 ・可以同時考慮與其他薪資基礎合併實施 ・需要尋求員工的認同	・當組織無法進行良好的督導時 ・績效要能夠容易衡量 ・員工要能夠控制績效（可能是產量、工作進度、品質或其他衡量標的物） ・員工要可以知覺到努力與產出之間的正相關	・確定實施對象 ・採用有效的績效考核方式（個人或團隊、考核項目與工具等等） ・設定績效的標準要求與獎金率 ・加強溝通與宣導 ・執行、檢討與改進

要的特色如下[19]：

1. **功績薪往往是根據個人的績效表現進行加薪，而不是根據部門或組織的總體績效表現。**
2. **功績薪通常是衡量年度績效，而不會以某個短期時點的單一績效作為依據，例如不會以某個月的成本節省或是獲利貢獻程度來作為加薪依據。**
3. **功績薪是根據個人過去的工作表現，而非未來可能的潛在表現，但是加薪所造成的結果，卻是讓員工擁有比以往更高的薪資水準，即使員工未來的表現並不如預期，薪資水準往往也不太容易降回來。**

另一類績效基礎薪資是以獎金作為獎勵，稱之為激勵薪，主要是根據過去績效以及事先制定好的獎金率，經過換算之後，給予員工一個固定額度的獎金，而不是以加薪的方式來對員工獎勵，此筆獎金可能按月發放，也可能採取總額獎金制 (Lump-sum Merit) 的方式，將所有獎金於年底一併發放。至於設計激勵薪資的原則，除了要有明確目的與簡單易懂之外，績效標準也必須是可以量測的，而且是員工可以掌握的。此外，激勵薪資還需要符合期望理論 (Expectancy Theory) 的精神，包括使員工相信有可能達到高績效、相信績效與報酬之間有相關、以及要使員工在乎金錢報酬[20]。

[19] 林文政 (2002)，〈員工激勵與薪資管理〉，引自李誠主編，《人力資源管理的十二堂課》，頁 155–192，臺北：天下文化。

[20] Greenberg, J. (2002), *Managing Behavior in Organizations* (3rd Ed.), N. J.: Prentice-Hall.

所以，激勵薪資所據以發放獎金的績效衡量，通常不會超過三個月，其目的就在於拉近績效表現與獎勵的時間，以強化期望理論的運用效果（讓員工感受到績效與報酬之間的關係）。

至於激勵薪與功績薪不同的地方，除了獎勵方式之外，其他還包括了激勵薪往往會設定任務導向的績效指標，可能是生產力、成本、或是客戶滿意度等等，並依據指標高低所反映的績效，決定獎金的給付。其中，激勵薪常用的績效指標如下：

1. **針對生產製造**

產量、產量成長率、人力生產力（產量 / 勞動人數）、生產達成率（實際產值 / 預定產值）、品管不合格率（退貨量 / 檢驗量）、固定成本、人力成本、單位變動成本、作業效率（完成工作天）等等。

2. **針對銷售服務**

個人業績、營業額、營業額成長率、費用控制、獲利率、客戶增加數或比率、服務態度、客戶滿意度等等。

3. **針對維修與操作**

故障率、設備使用率、可用率（可用設備 / 總設備）、維修量、職業災害人次、使用成本（例如汽油）、技能增進情形等等。

另一方面，激勵薪與功績薪在績效衡量的對象上也不太一樣，功績薪通常是根據個人的績效表現進行加薪，但是激勵薪所衡量的績效對象，則可以是個人，也可以是部門或整體組織，並根據其績效給付獎金。以下，本節就針對個人與團體（包括部門與組織），分別說明一些組織常用的激勵薪資制度。

個人激勵薪資

表 9–9 是一般組織常用的個人激勵薪資制度彙總，其中以產量來計算薪資或是獎金者，包括直接按件計酬、泰勒式按件計酬、麥力克多重按件計酬、以及艾默生效率紅利計畫，都是一種按件計酬的激勵薪資制度 (Piece Work Plan)。此種制度適用於反覆性很高、可標準化、以及可按數量計薪的工作，主要是以員工的工作產出數量作為薪資或獎金給付的標準，也就是

每完成一件產出或是超出標準的一件產出，員工就可以根據每單位工資率 (Piece Wage Rate) 或獎金率 (Premium Rate)，而獲得一份酬勞或獎金。至於按件計酬的主要優缺點，請見表 9–10。

表 9–9　個人激勵薪資制度彙總

以產量來衡量績效，並以產量來計算薪資	
直接按件計酬 Straight Piece Rate System	薪資 = 產量 × 每單位工資率
泰勒式按件計酬 Taylor Differential Piece Rate System	• 制定每工時的工時產量 A • 未達到工時產量者，每單位工資率 A1 (較低)，薪資 = 產量 ×A1 • 達到工時產量者，每單位工資率 A2 (較高)，薪資 = 產量 ×A2 • 容易產生學習曲線效應，也就是有經驗者的報酬遠高於初學者的報酬
麥力克多重按件計酬 Merick Multiple Piece Rate Plan	• 類似泰勒式按件計酬制 • 制定每工時的工時產量 • 設定標準 A (83% 的工時產量) 與 B (100% 的工時產量) • 產量在 B 以上、A 以上、A 以下，分別有不同的單位工資率，各相差 10%
以產量來衡量績效，並以產量來計算獎金	
艾默生效率紅利計畫 Emerson Efficiency Bonus Plan	• 制定每工時的工時產量 • 員工效率低於工時產量的 67%，按時計酬 • 員工效率達到或高於工時產量的 67%，除了按時計酬之外，也根據獎金率，按件核發獎金
以時間或產量來衡量績效，並以標準工時的節省來計算獎金	
標準工時制 Standard Hour System	• 針對工作制定標準工時 • 若員工在標準工時內完成工作則依其所節省的時間給予獎金
哈爾賽獎工制*,** Halsey Premium Plan	• 制定標準工時以及每工時的工時產量 • 未達到工時產量者，按時計酬 • 達到工時產量者，除了按時計酬之外，還給予獎金 (與標準工時相比超前的時間 × 獎金率)
以產量來衡量績效，並以工作效率來計算獎金	
巴爾斯獎工制 Barth Premium System	• 制定每工時的工時產量 • 達到工時產量者，除了按時計酬之外，還給予獎金 (按時計酬的 1/3)

	·未達到工時產量者，小時工資率折價計算（每小時工資率×工作效率，工作效率＝實際的工時產量／標準的工時產量）
其他：以業績或提案來衡量績效暨薪資計算的變項	
佣金制 Commission System	業務人員根據業績達成率或額度來抽取佣金
提案制度㉑ Suggestion System	·組織需要有助於提高生產效率與品質，以及降低成本的提案 ·鼓勵員工對業務、生產、事務、工程等等方面提出建議 ·根據員工提案多寡及其貢獻發放獎金

* 另外有百分獎工制 (100% Premium System) 以及巴都士獎工制 (Bedaux Premium System)，都與哈爾賽獎工制類似，只是採用不同的獎金率。

** 還有羅旺獎工制 (Rowan Premium System) 也與哈爾賽獎工制類似，但其獎金率為「(每小時工資率×實際工作時間)／標準工作時間」，其中標準工作時間與每小時工資率是固定的，也就是當實際工作時間越少，其獎金率越低，其用意在於激勵不熟練的員工，並防止熟練員工的過度高額獎金。

表 9–10　按件計酬的主要優缺點

主要優點	主要缺點
·鼓勵員工改善工作數量的效率 ·有助於預估單位成本	·員工容易忽略品質 ·當產量增加是因為使用了新設備或新的管理方法，如果再給予員工更高的薪資或獎金，就不太合理了（因為產量增加並非因為員工的改變） ·若組織已經採取按件計酬，碰到上述情形打算不根據原有標準給付較高薪資，而意欲降低原有的計薪標準，容易造成員工的誤會與不滿，引起怠工或罷工等不理性的後果

資料來源：整理自李正綱、黃金印 (2001)，《人力資源管理：新世紀觀點》，臺北：前程企管。

雖然直接按件計酬、泰勒式按件計酬、麥力克多重按件計酬、以及艾默生效率紅利計畫，都是按件計酬的激勵薪資制度。但其中又可以再分成完全計件制（例如直接按件計酬、泰勒式按件計酬、以及麥力克多重按件計酬）與部分計件制（例如艾默生效率紅利計畫）。所謂完全計件制指的是不設定最低薪資，所有薪資的給付完全依工作（產品）數量的多寡而增減；至於部分計件制，乃是為了保障員工的最低薪資，不論產量多低，仍然給

㉑ 林秀雄 (1995)，《品質管制》（再版），臺北：前程企管。

付此最低薪資（或是改成按時計酬），以保障員工的生活，等產量高於標準後，再按件核發獎金。

除了按件計酬之外，也有一些個人激勵的制度，其重點在於鼓勵員工節省工作時間，包括標準工時制以及哈爾賽獎工制。由於這些制度都要先制定標準工時，然後才能計算是否有效地節省了工作時間，也就是實際工作時間越低於標準工時，其時間的節省越多。至於組織建立標準工時的方法，可以透過成例法，依據過去經驗（例如參照過去實際工時的平均數）而決定出標準工時。其次，組織也可以根據觀察的主觀判斷，或是更客觀的測試法，包括參考各種記錄、進行目測觀察（負責觀察者最好是經驗豐富以及態度客觀，而且最好是多人進行觀察）、進行影片分析、或是透過儀器測試等等，來制定標準工時。至於以節省標準工時來計算獎金的激勵制度，其適用情況如下：

1. 注重時效的工作，包括會有延遲違約金或是限時完成的工作，例如工程建設、研發一項新產品、顧問師輔導 ISO 認證、或是設計一套軟體等等。
2. 品質不會受到速度影響的工作，也就是要有良好品管或是有驗收與認證制度等等的工作。
3. 員工產出數量不易計算的工作，包括難以核計個人工作量的團隊工作等。
4. 員工產出數量不易進行標準化計薪的工作，也就是不同的產出帶給組織不同的價值，而無法以相同比率計薪，例如服務業就常針對不同任務所需的時間及人員之不同，而採用不同的人時率 (Hour Rate) 來進行報價，於是對員工的獎勵就不適合按件計酬，而是要看不同任務的人時率以及完成時間來計算。

團體激勵薪資（部門或組織）

團體激勵薪資往往是採用收益共享的原則，也就是當團隊達成某種績效目標時，全體成員都可以獲得酬賞而共享利益[22]。至於組織常用的團體激勵制度，如表 9–11 所列。其中的團體獎工制，事實上是團體的按件計酬制，也就是先根據團體產量決定團體的獎勵金額，然後再將獎金分配給個

[22] 劉清彥譯 (1999)，《管理大師聖經》，臺北：商周。

人，這對於一些裝配線或輸送帶作業員，由於其產量（例如生產一個產品）是整組作業線的共同產出，所以團體獎工制相當適用。

表 9-11 團體獎勵薪資制度之例舉

團體獎工制 Group Premium System	・先由團體獲得工作獎金 ・再將團體獎金分配給個人
成果分享計畫 Gain Sharing	・當團隊有助於組織績效的改善，即給予獎勵的制度
史坎隆計畫 Scanlon Plan	・若員工的建議能夠節省勞工成本，即給予獎勵
利潤分享計畫 Profit Sharing	・組織按照預先決定的利潤百分比給予員工

至於表 9-11 的成果分享計畫，是指當組織的績效獲得改善時，例如生產力提升、顧客滿意度提高、成本降低、更好的產品與服務的安全性記錄等等，就會獎勵相關的團體與人員，而此計畫除了要先獲得高階主管的支持，以及鼓勵員工全體參與之外，主要實施步驟還包括[23]：

1. **擬定績效目標**

   這些目標可能是生產力增加、品質提高、成本降低、交貨期縮短、團隊精神與服務精神的加強等等。

2. **定義績效的衡量指標**

   指標定義清楚，在績效衡量上才不會有爭議。

3. **建立成果分享公式**

   包括當績效目標達成時，團隊可以分享成果的比率或額度，以及個人可以分享的比率之計算公式（通常獎勵金為個人薪資的 10% 以上，低於 5% 恐怕不會引起員工的興趣）。

4. **決定獎勵金的給付形式**

   獎勵金給付通常以現金為主，有時也會以股票給付。

5. **決定獎勵金給付的頻率**

   可以每年一次，或是一季一次，也可以是一個月給付一次。

---

[23] 李正綱、黃金印 (2001)，《人力資源管理：新世紀觀點》，臺北：前程企管。

嚴格來講，成果分享計畫的範圍相當廣泛，不過在勞動成本的降低方面，史坎隆計畫是最常被提及的，這是一種給予員工財務獎勵，以鼓勵他們能夠節省勞動成本。由於此計畫能讓勞資雙方分享成本降低的利得，所以往往能夠強化員工的合作精神與降低抱怨，不過當生產線或成本不固定時，或是當監督不良以及管理者與勞工之間關係並不和諧的情況下，此計畫就比較不容易推行。再加上組織的利潤決定，並不是只有勞動成本而已，還需要考量其他成本以及附加價值或是銷售額的高低等等，所以有些組織會採用利潤分享計畫，這是以提高整體組織的獲利為目的之獎勵計畫，通常是按照組織預先決定的利潤百分比分享給員工，而使員工和組織的利益達到一致。

由於利潤分享往往是一年計算一次，所以基本上屬於長期激勵薪資，也就是以一年或一年以上的績效為標準所設計的激勵薪資制度，而此類薪資設計的主要著眼點在於較長的組織利益，並對降低員工離職率有正面效益[24]。其中，年終紅利的發放（要先扣除稅捐、公積金以及其他依法應分配項目），就是一種常用的利潤分享措施，而其發放又可以分成當前利潤分享 (Current Profit Sharing) 以及遞延利潤分享 (Deferred Profit Sharing)[25]。所謂當前利潤分享，指的是組織將已經確定的利潤，依其原先決定的百分比，盡快地在當期發放給員工，例如以現金給付或是分紅入股的方式進行發放。至於當前利潤分享的優點，主要包括對於員工財務獎勵的即時回饋、員工可以對所獲得之獎勵進行自由支配、以及組織在操作上的簡單易懂等等，而其主要缺點則是員工無法逐年根據其績效累加獎金，所以每次獎勵的金額都不會太大，使得其激勵作用有限。

除了當前利潤分享之外，組織也可以透過遞延利潤分享來發放紅利，也就是將需要發放的獎金放在一個不可撤銷的信託基金內，此基金通常投

[24] 林文政 (2002)，〈員工激勵與薪資管理〉，引自李誠主編，《人力資源管理的十二堂課》，頁 155–192，臺北：天下文化。

[25] Mondy, R. W., Noe, R. M. & Premeaux, S. R. (2002), *Human Resource Management* (8th Ed.), N. J.: Prentice-Hall.

資在證券上，盈餘則可以撥進員工的帳戶，但只有當員工（或其眷屬）退休、離職或死亡時，方可兌現（若是發放組織本身的股票，也可以存入員工帳戶，但也是要當員工離職、退休或因故無法工作時才發還）。此種方式的最大優點在於對員工留任具有長期激勵的作用(特別是紅利積存越多時，越有留任的激勵作用)，同時可以協助改善員工退休後或因故無法工作時的經濟條件，但其缺點則是員工對於獎金看得到，用不到，也就是無法自由支配其獎金，而且因為基金投資於股市，所以股市漲跌會影響員工的工作心情，同時也因為要管理基金，所以會增加相關的基金管理成本。因此，有些組織會採用折衷辦法，也就是將組織的盈餘紅利一部分以現金發放給員工，一部分存入基金。

利潤分享制度除了以上所提到的優缺點之外，如果執行不當，還可能會造成員工在獲得獎金或紅利入股時仍然不滿的情緒，例如當員工已經習慣領到高額獎金時，一旦組織利潤不如以往，使得員工薪資相對縮水的話，將會造成員工心態上的不滿。關於此一問題，最主要是因為員工在取得獎勵時，並不清楚他們是因為協助組織取得了較多的利益，同時也因為組織獲利所以自己才有獎勵。如此一來，員工容易將獎金或紅利入股視為一種津貼，也就是認為只要職務沒有變動就應該獲得的某種報酬，於是開始期待並依賴此一津貼，而當獎金或分紅入股減少時，就會產生一種不滿足感。因此，組織需要清楚地傳遞獎金與分紅入股的意義與計算方式，並時時刻刻提醒員工，其獎金或分紅入股基本上是維繫在組織的利潤上，組織獲利越多，員工才有可能得到越多的激勵。

第六節　間接薪資（福利）

組織提供給員工的本薪或績效薪，例如津貼與獎金等等，基本上都是一種直接薪資，也就是直接以貨幣方式支付給員工的報酬；此外，組織也會以間接方式，提供給員工一些相關的獎酬，可以統稱為福利，其花費大約是直接薪資的 40% 以上[26]。由於福利能夠增進勞資和諧以及提高員工的

[26] Greenberg, J. (2002), *Managing Behavior in Organizations* (3rd Ed.), N. J.: Prentice-

工作意願，所以適當的福利管理對組織而言是很重要的。另一方面，員工福利也可以視為組織的社會責任之一，因為福利往往會涵蓋到員工的生活所需，包括食、衣、住、行、育、樂、生、老、病、死等等，一旦員工生活無慮，而且可以從事組織所提供的正當活動時，將有助於促進社會安定。因此，組織的福利管理，不論是就經營的角度或是社會責任的角度來看，都是很重要的。

一般而言，當組織在設計福利制度時，除了要考慮與組織營收的配合以及資源的適當運用之外，也要盡量設計一些切合多數員工需要或是能夠解決特殊需要的福利措施，並要能夠顧及各種福利的多元化，還要培訓一些相關的活動企劃與執行人員，最後要注意各種活動適當的時間與地點，以期能夠讓員工多多參與。表 9–12 是 2000 年針對臺灣企業福利措施的調查，其中所顯示的各項福利措施，事實上並不夠多樣化，反而是表 9–13 所列關於組織中常見的福利項目涵蓋性比較廣。

表 9–12　2000 年臺灣企業提供之福利項目調查

設施性福利	家數	%	經濟性福利	次數	%	娛樂性福利	家數	%
停車場	644	34.9	三節禮金、禮券	1,485	80.5	國內旅遊	1,221	66.2
餐飲服務	437	23.7	團體保險	1,176	63.7	國外旅遊	708	38.4
員工宿舍	394	21.4	員工認股	624	33.8	社團活動	460	24.9
運動休閒設施	263	14.3	激勵獎金	529	28.7	休閒藝文	352	19.1
交通車	223	12.1	分紅配股	461	25			
醫務室	64	3.5	股票選擇權	146	7.9			
托兒服務	20	1.1						

資料來源：整理自 104 人力銀行 2000 年薪資福利調查（調查期間：2000.09.06～2000.10.09，有效樣本 1,845 家）。

在表 9–13 中，關於帶薪休假方面，通常組織會先根據政府的人事行政局國定假日規定，並考慮一些組織的內部因素，例如組織文化或是員工期許以及生產作業的需要等等，最後根據員工的資格條件，例如到職時間或

Hall.

表 9–13 常見的福利項目

帶薪休假	國定假日給付、年休假給付、病假（甚至事假）的給付、暫時停工給付等等
離開員工的福利	退休人員健保補助、退休金、資遣費、失業保險（失業稅）
生、老、病、死	生產給付、員工帶薪產假、育嬰托兒、特約醫院、身心諮商、員工安全衛生、企業診所、醫療給付、保健給付、牙齒保健、職業災害與疾病給付、喪葬補助等等
食、衣、住、行	員工餐廳 / 餐飲補助、制服提供 / 置裝補助、員工宿舍 / 購屋貸款或租屋補助、搬家協助、交通車、購車貸款 / 通勤補助等等
育、樂	員工子女獎學金、助學貸款補助、員工旅遊、球類活動、影劇欣賞、展覽、社團活動、演講、聚餐等等
保險儲蓄	員工儲蓄優惠、壽險、意外險、醫療保險等等
生活協助與互助	福利社、公司製品優待、慰問金（婚喪喜慶、災害）、信用合作社等等
其　他	殘障者保障（特別假期、最低錄用率）、法律服務、諮詢服務（家庭、性格與前程、財務、謀職與退休諮詢服務……）等等

過去績效等等，而計算出所有員工可以有的帶薪休假以及不休假時的補助方式。其次，在員工的退休金計畫方面，組織首先要參考法律的規定，包括應該如何設定員工的退休資格，如何決定退休金的給付方式，可以是整筆給付、按月攤提、或是定額無限攤提（例如公務人員的月退俸），同時也要設計退休金的計算公式，讓員工能夠清楚瞭解自己退休後的福利；此外，組織也要先準備好退休金的來源，並應顧及通貨膨脹對退休金的影響。至於退休金的來源，則可以包括優惠的員工儲蓄計畫、遞延分紅（也就是替員工將紅利存起來）、以及由退休基金提撥等等。通常法律會規定，當組織達到一定規模（例如員工超過多少人以上）時，就需要提撥退休基金（可能是資本額、營業額或員工總薪資的一定比率），也會要求組織成立基金管理委員會，而這筆基金往往會存入具公信力的金融機構，並設定要在特定用途（例如退休）之下，經過委員會決議後方能領用。也有法律會採用可攜式年金的觀念，來規範組織的退休金提撥，但通常會由相關單位加以管理。

最後需要說明的是，傳統的福利制度，員工對於福利項目是沒有選擇的，也就是只要達到一定資格就有一定的福利，員工只能選擇要或不要，而不能以某一項福利來換另一項福利，例如子女就讀公立學校的員工可能不需要助學貸款補助，但也不能因此而增加購屋貸款的補助額度。不過，此種傳統的福利設計方式，在彈性福利計畫 (Flexible Benefit Plan)，或稱作自助式福利計畫 (Cafeteria-style Benefit Plan) 之下，已經有了改變[27]。該計畫是指組織會設計一整套包含許多福利項目的措施，並註明各種項目之間的共通轉換單位，例如可以透過福利點數來進行轉換，然後計算出每一位員工所擁有的福利點數，於是員工可以從這些福利項目中，依其點數分配而自由選取自己最需要的項目，甚至可以將未用完的福利點數儲存，以選擇更昂貴可是更被員工需要的福利。

基本上，彈性福利計畫也是來自於期望理論的觀念，該理論認為獎勵必須符合人們的需求才有意義，也才能產生價值，而由於人們的需求不盡相同，所以要讓人們能夠選擇他們最需要的獎勵[28]。當然，組織對於員工在福利的選擇上，並不是沒有限制的[29]，至少應該規定每位員工只能選擇一定額度的福利，而這可以依據員工的年資、績效或職位等等來決定其限額；其次，每位員工所選擇的福利組合，也必須包含基本的福利項目，也就是法律上所規定的以及組織對於員工「必須」提供的部分，例如最起碼的保險等等。此外，雖然彈性福利計畫符合期望理論，但因為執行起來比較繁瑣，也比較不容易管理，所以其行政管理費用也就相對較高，因此並不是所有組織都願意（或有能力）採行此一福利制度的。

---

[27] Schrage, M. (2000, April 3), “Cafeteria Benefits? Ha, You Deserve A Richer Banquet,” *Fortune*, p. 274.

[28] Porter, L. W. & Lawler, E. E., III. (1968), *Management Attitudes and Performance*, IL: Irwin.

[29] 李正綱、黃金印 (2001)，《人力資源管理：新世紀觀點》，臺北：前程企管。

薪資擠壓的原因與處理

資料來源：摘譯自 Dessler, G. (2000), *Human Resource Management* (8th Ed.), N. J.: Prentice-Hall.

薪資擠壓 (Salary Compression) 是指資深員工的薪資，低於目前剛進入公司員工的薪資，或是二者之間的薪資差距縮小。此一現象主要是因為組織往往會在考慮員工的生活費用增加、外部市場的薪資變化、以及經營績效的提高之後，進行全面性的薪資調整，而其調整結果造成資深與資淺員工之間，薪資差距的縮小。例如，組織可能為了要擁有外部市場的薪資優勢，以利招募員工，因而提高新進人員的起薪，同時縮小了資深與資淺員工間的薪資差距。其次，許多組織為了要吸引願意外派的人員，或是招募外國人工作，往往會執行生活成本調整方案 (Cost of Living Adjustment, COLA)，也就是根據不同國家的生活成本，調整個別員工的薪資，於是當新進人員是外國人時，或是外派新進人員出國時，組織會依據外國的生活條件，補助員工的薪資，進而可能形成新進人員薪資高於資深員工薪資的現象，甚至有可能形成二套薪資系統 (Two-tier Pay System)，也就是新舊員工或是不同國家的員工，會採行不同的計薪標準。

雖然績效平庸或不夠積極的資深員工，最容易受到薪資擠壓，但在彼此渲染之下，薪資擠壓很容易就會影響到資深員工的士氣，使資深員工感受到不公平的待遇而心生不滿，甚至帶著豐富的經驗離職他去。因此，組織需要很有技巧的來處理薪資擠壓問題，例如以年齡加上技能來作為加薪計畫的基礎，此時的資深員工比較容易被加薪；另外也可以開放主管的建議權，針對對公司有高度價值卻遭受薪資擠壓之不公平待遇的員工，在薪資上採取某種程度的個案調整或加薪。

問 題

1. 產業環境的變化速度，是否會影響組織薪資擠壓的現象，為什麼？
2. 何種職務的資深人員，比較容易面臨薪資擠壓的困境，為什麼？

擴大薪級寬度的趨勢

資料來源：摘譯自 Dessler, G. (2000), *Human Resource Management* (8th Ed.), N. J.: Prentice-Hall.

薪資制度有一個趨勢就是僱主傾向於擴大薪級寬度 (Broadbanding)，也就是將薪資級數減少，例如從原來的十個以上降至三或五個薪資等級，於是每一薪級的寬度就增加，可以容納更多的職務與薪資水準。其最大優點在於員工薪資可以擁有更大的彈性，因為較大的薪資寬度可以同時涵括主管與部屬的薪資，也可以促進調職員工，依據應給付的範圍內作微幅調整即可，而不致於讓該員工跳躍至另一個新的薪資幅度（這必須在晉級加薪或降職減薪時才會發生）。

擴大薪級寬度不但對組織在進行階層扁平化或採用自主管理團隊的組織結構時，相當適用。同時也有助於發展較不具專業性的「無邊界」(Boundless) 工作，例如奇異公司已經採行這種無邊界作業方式的組織結構，讓一些沒有絕對專業必要的工作，透過無邊界的合作，允許更多跨部門的參與。一般來講，由於無邊界工作意謂著工作者的任務與職責擴大，加上其各種生涯軌跡有更多的轉換機會，不必受到傳統工作邊界的限制，所以其薪資寬度也須要更為擴大，薪資決定也往往不再是根據職銜，而是根據個人對企業的貢獻有多少來決定。

至於這種根據個人對企業的貢獻有多少來決定其薪資的制度，又可以稱為績效薪，主要是來自於代理理論 (Agent Theory) 觀點，認為當員工利益與組織利益同方向時（組織賺錢，員工就有獎金），員工將成為組織的代理人，努力爭取組織的利益。然而也有一些對於績效薪的批評，包括了績效薪的成本問題、公平性問題、可能造成高流動率的問題，以及認知評價理論認為工作的外在動機，也就是獎金，會削弱員工工作的內在動機，使得大家工作只是向錢看齊等等問題。

問　題

1. 薪級寬度擴大往往會配合績效薪的實施，如何在其中掌握其優點（例如彈性），又降低其缺點（例如公平性與高流動率的問題）？
2. 組織規模是否會影響薪級寬度擴大的執行，例如小型組織是否需要擴大薪級寬度，為什麼？

薪資調整

組織隨著員工的生活費用、外部的薪資市場、以及經營績效的改變，常常會進行全面性的薪資調整，調薪方式可以是：1.同額調薪，也就是大家的薪水都會加上相同額度，但此種方式對於高薪者而言，調薪幅度就相對較低，而顯得不公平；2.同比率調薪，也就是大家按同一比率調整薪資，其缺點是容易拉大高薪與低薪者的差距，也就是薪資曲線變得比較陡。基於同額與同比率調薪各有優劣，所以有些組織採用異比率調薪，也就是不同職級有不同的調薪比率。

薪資溝通

在薪資設計與執行的過程中，人資人員經常要與員工進行薪資溝通，而根據美國薪資協會 (ACA) 的建議，溝通事項應該包括：工作說明書、工作評價、薪資調查的資料和分析結果、薪資結構的發展、績效薪的設計、績效考核制度、薪資管理的行政流程、以及福利計畫等等。即使有了這些項目，組織仍然要注意，應該針對不同職級的員工，就這些項目進行不同的溝通重點。

員工認股計畫

員工認股計畫 (Employee Stock Ownership Plan, ESOP) 是指企業提出一定數量的股票，請員工前來認購這些股權而言。此種計畫具有一些優點，包括：1. 員工可以分享企業經營的成果；2. 提高員工身為企業所有者的感覺；3. 有助於鼓勵員工對企業承擔義務的承諾；4. 促進員工團隊精神之建立；5. 員工按面值認股，可享受市價與面值之間的差額。

有償配股

所謂有償配股又稱為現金增資配股，主要用於管理者的薪資規劃中，屬於分紅配股的一種方式。其作法是管理者有企業的認股權，如果現金增資配股溢價合算，則管理者自然會享受其認股權，而若現金增資配股的溢價太高的話，管理者也可以放棄認股權。其次，有償配股通常也會將每次現金增資的 10%～15%，提供給員工認購。

薪資管理的新思維

資料來源：節錄整理自張火燦 (2003.6.19)，〈薪資管理的創新思維〉，《經濟日報》(40版)，副刊企管。

1. 薪資的組合

未來經營環境的競爭日趨激烈，所以企業宜採用基本薪資與績效獎金混合的方式來設計薪資制度，其組合也應該隨組織內各階層人員而不同，基層員工以 80/20，中階人員以 60/40，高階人員以 50/50 為原則。至於福利部分，員工的需求大致上可以分為三個層次：1. 法令的規定；2. 公司獨有的；3. 依據員工個人需要而定的，也就是所謂的彈性福利，此為未來重要的發展趨勢。若是組織想要發展一些額外的福利，可以由組織與員工共同負擔，其中基層人員負擔的比例宜比高階人員為低，同時可考慮將福利與員工的工作績效相結合，使福利的支出更為合理。

2. **薪資的結構**

擴大薪級寬度（請見「行家行話」II)。

3. **薪資的市場地位**

組織的薪資水準若要高於市場水準，至少需要高出 15～20% 以上（此為心理關卡)，否則員工不易感受到。當然，組織若欲採用高的薪資水準，其產品或服務必須是具有高附加價值的，因為只有獲利高，組織財務才能負擔薪資成本。另一方面，為了減輕組織的用人成本，並非所有員工的薪資都要高於就業市場水準，可依工作的性質、市場人力的供需狀況等等來考量調整。

4. **薪資調整**

組織未來最好能依績效調薪，而在作法上可以採用個人表現佔 50%，工作團隊或組織表現佔 50% 的方式來評定績效。結果可分為三個等級：有待改進、表現良好、表現優異，其中的有待改進者不調薪，表現良好者依物價指數調薪並發給獎金，表現優異者可依物價指數加上績效指數來調薪，而且也加發獎金。另外，如果員工的基本薪資已經很高了，顯示著組織的固定人事成本也會很高，此時不妨透過調薪的方式，將固定薪資中的一部分轉為獎金來發放，可逐漸將固定成本轉為變動成本。

5. **薪資管理的型態**

由於未來的組織趨向扁平化，各部門的自主性增大，再加上外部環境競爭激烈等等因素，所以比較適合採用分權方式來管理薪資，亦即採用多套的薪資制度，例如研發、行銷等人員，隨其工作特色而有各自的薪資制度，以吸引並留住組織的核心人才。此外，勞資關係將由僱傭關係轉為合夥關係，所以讓員工適當的參與，將可以協助制度的擬定與執行。由於薪資制度不可能百分之百的完善而令所有人滿意，加上員工個人的知覺，往往傾向於自己的表現優於其他同仁（事實上未必如此)，故薪資還是採保密方式比較好，但在基本原則上，例如薪資職等與幅度等等，則應公開讓員工瞭解，以作為其生涯努力的方向。

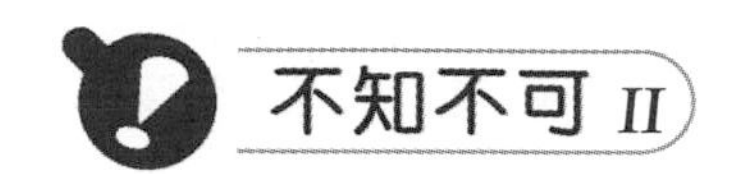

薪資成本控制的方法

資料來源：節錄整理自林文政 (2002)，〈員工激勵與薪資管理〉，引自李誠主編，《人力資源管理的十二堂課》，頁 155–192，臺北：天下文化。

1. **以各職等最高薪控管最高薪資支出**

組織對於各類的工作職務，都應該設定最高與最低的給付額，特別在最高薪的設定上是重要的薪資成本控制手段。由於薪資的高低基本上是根據產出價值或勞動付出來決定，因此薪資上限即代表某項工作或某位員工的職能資格。其次，薪資是組織經營成本的主要成分之一，反應了組織的支付能力，而任何組織都有其支付能力的上限，所以薪資設定上限即是組織薪資支付能力的指標之一。不過，有些組織會針對高階主管、行政管理人員、或是專業人員，給予豁免權而沒有薪資上限。

2. **以薪資均衡指標控管調薪**

薪資的年度調薪額度，可以透過「薪資均衡指標」(Compa-ratio) 來作為計算依據，該指標是以各薪等的中點薪為基準，乘上該薪等內的員工人數後，求出薪等中點總額的方式來計算與分配年度的調薪預算。此方法最大優點在於不會受到員工薪資分布不均的影響，同時也較為固定而不會每年變動。

3. **以變動薪控管績效薪資成本**

功績薪與激勵薪都是績效薪資，具有激勵員工的效果，但功績薪通常會將調薪的部分累加在本薪上，形成企業薪資成本的複利效果，而激勵薪則不會累加在本薪上，所以考慮薪資成本，不妨多採用激勵薪而少採用功績薪。

當代個案

新鮮人起薪調查

資料來源：節錄整理自廖瑞宜 (2003.6.2)，《中國時報》(A13 版)。

根據一份人力銀行於 2003 年 3 月 1 日至 4 月 4 日針對二十種行業、十大熱門職務，抽樣 100 家企業進行 2,000 通的電話訪問調查指出。企業對於新鮮人的起薪，如果和去年相比，約七成企業表示和去年差不多，二成企業表示比去年略低約 1,045 元，而也有一成企業認為比去年高。其中，會給新鮮人起薪較高的企業，若依產業別來分，主要包括：金融保險證券業 31,140 元、科技產業 30,671 元、以及光電通信業 29,379 元；至於薪資最低的則是旅遊觀光業 25,200 元，倒數第二是餐飲娛樂業 25,531 元，倒數第三則是人民團體的 26,508 元。

至於在學歷方面，調查顯示學歷對於新鮮人起薪的影響越來越小，例如碩士起薪平均比學士多 2,800 元，學士則比專科多 2,400 元，而往年每級學歷之間動輒就有 3,000 元的差距。然而另一方面，不同職務別的起薪差距則有拉大的趨勢，其中起薪較高的前三名依序為：研發設計 32,325 元、軟體程式 31,509 元、硬體工程 30,652 元，起薪最低的則是行政管理的 25,548元。

該人力銀行營運長表示，由於 E 世代新鮮人偏好「坐辦公桌型」的行政管理職務，但此類職務供過於求，所以往往起薪偏低。另外根據其他人力銀行的工作機會資料庫顯示，2003 年 5 月底的工作機會較 5 月初下跌 3%，並較去年同期下跌 5%，所以人力業者多預估今年畢業季的就業機會將比往年緊縮。不過即使如此，根據《CHEERS 快樂工作人雜誌》調查，仍有 50% 的新鮮人期望起薪為 30,000～40,000 萬元，與企業願意給付的 25,000～32,000 有很大落差。

討論題綱

1. 雖然行政管理類的職務供過於求，但因為新鮮人對工作起薪的期望過高，使得許多組織（特別是小型組織）仍然很難找到人，若你是小型組織中的人資主管，你認為該如何解決這個問題？
2. 對新鮮人來講，一方面工作不好找，一方面找到的工作又覺得待遇太低，你若是還在就學，你覺得該如何讓自己在就業市場找到待遇不錯的工作？而如果你已經就業了，你認為是否會受到新鮮人的競爭與工作排擠效應影響？你該如何準備自己應付這些挑戰？

第十章　勞資關係

現代人力資源管理包含的內容，已經不只是一些對於人員管理上的行政活動而已，還包括了如何以經營者的視野協助組織策略規劃，以及如何整合各種人力資源活動，以使員工、組織與社會等等的利害關係人，均能互蒙其利。由於人力資源管理希望員工與組織之間都能互蒙其利，所以對內部人員而言，人力資源管理的意義或目的之一，應該就是要達成和諧的勞資關係，包括在招募、績效評估、薪資福利設計、或是訓練發展計畫等等，最好都能夠在勞資共識與信任之下進行，而且也期望能夠讓勞資雙方滿意，以維繫彼此互惠的合作關係（互蒙其利）。

根據我國的勞動相關法規，勞資關係的範圍大致上也涵蓋了人力資源管理的相關活動，例如員工僱用、解僱、工資水準與福利、工作時間及休假日等等。勞資關係也應該包括工會組織、團體協商、工作安全、員工健康等等的討論。由於本書的前幾章，已經對於員工僱用與工資水準等等主題有了概略的介紹，所以本章僅針對工會組織、團體協商、工作安全、以及員工健康的管理進行說明，而其中的員工健康部分，本章將著重在員工的壓力管理方面，以下就是本章的各部分內容。

第一節　工會組織

根據我國工會法規定，工會 (Labor Union) 是以保障勞工權益、增進勞工知能、發展生產事業、改善勞工生活為宗旨而組成的勞工團體，工會法的第二條賦予了工會的法人法律地位，第三條則規定了工會的中央主管機關為內政部。由於工會可以透過協商或是某些合法的手段（例如罷工），以維護或改善勞工們的勞動條件，包括工時、工資、僱用與遣退等等，同時工會還可以作為勞資雙方意見溝通、關係維持與和諧合作的橋樑，因此許多國家認為工會的組成，對於勞資雙方都有益處，所以鼓勵成立工會。

既然工會對勞工有一定的好處，所以理論上員工對於工會的組成，應該是抱持相當認同的態度，事實上卻又不盡然。有學者發現，員工並不一定會輕易地認同與組成工會，不過若是員工對於工作條件並不滿意，同時又判斷自己無力改變此種不滿意的狀況，再加上有夠多的一群員工相信，透過集體行動有助於改善問題時，員工組成工會的可能性就相對增加。事實上，工會的工具性功能，也就是員工是否相信工會可以成功地改善問題，一直是籌組工會的決定性指標之一❶。

至於其他與工會化歷程有關的因素則如圖 10–1 所示，其中可以看到，員工對於工會的態度，主要還是來自於對工會工具性高低的認知，也就是員工對於工會能否幫助員工解決問題的看法，會決定員工對於工會的態度。其次，在圖 10–1 中也可以發現，員工對於工會工具性的認知，受到員工本身特性的影響，例如有些人認為勞工團結有助於解決問題，有些人則不一定這樣認為。同時，工會工具性的認知也會受到員工工作情境的影響，工作環境較差的員工比較可能認為組成工會是有用的（也就是工會工具性認知較高）；相對地，工作條件較好的員工，其工作滿意度較高，就比較可能會認為沒有必要組成工會，表 10–1 就是關於工作滿意度與支持工會之間的相關性研究結果。

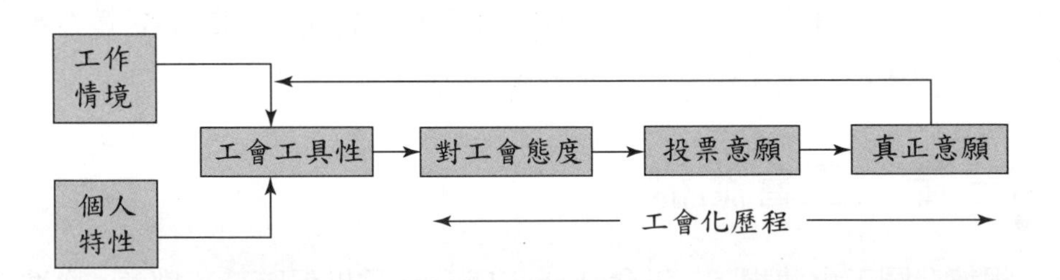

資料來源：摘譯自 DeCotiis, T. A. & LeLouarn, J. Y. (1981), “A Predictive Study of Voting Behavior in A Representation Election Using Union Instrumentality and Work Perception,” *Organizational Behavior and Human Performance*, 27, pp. 103–118.

圖 10–1　影響工會化歷程之決定因子模式

當員工對工會形成了一定的態度之後，會影響到員工參與或組成工會的意願，同時也會影響員工參與工會投票的意願，並使投票結果反應出工

❶ Dessler, G. (2000), *Human Resource Management* (8th Ed.), N. J.: Prentice-Hall.

會員工真正的意圖。因此，圖 10–1 所反映出來的工會化歷程，顯示著工會的形成及其效力，往往鑿因於員工對工作情境的滿意度與個人特性，並據以形成對工會的態度之後，影響了後續的各種參與意願。

表 10–1　工作滿意度與支持工會之間的相關性

項　目	與支持工會之間的相關性
在此公司中，你對工作的保障感到滿意嗎?	–0.42
你對薪資滿意嗎?	–0.40
若整體加以考量，你對公司的工作環境滿意嗎?	–0.36
公司的主管對待每個員工公平嗎?	–0.34
你對福利滿意嗎?	–0.31
當工作表現不錯時，主管會對你加以讚許嗎?	–0.30
你覺得在此公司有晉升的機會嗎?	–0.30
你對所從事的工作形態滿意嗎?	–0.14

資料來源：摘譯自 Dessler, G. (2000), *Human Resource Management* (8th Ed.), N. J.: Prentice-Hall.

一旦員工組成工會之後，工會往往就背負了二大目標需要實踐，其中之一是要維護工會本身的安全 (Security)，也就是成立與維持工會的運作，另外則是要為工會會員爭取包括工資、工時、工作條件以及福利等等的改善❷，而在爭取員工福利改善的過程中，工會又可以發揮表 10–2 所列舉的幾種功能。至於工會如何實現這些功能與目標，其中的一種方式就是透過團體協商，於是本文在下一節就將針對勞資的團體協商進行概略說明。

表 10–2　工會為會員爭取福利的功能

維護勞工的地位與利益	理論上，勞資雙方可以透過自願的方式，自由締結彼此的工作契約，由資方提供報酬以換取勞方的時間、技術與能力等等，然後雙方在可接受的合理條件下簽約。然而事實上並非如此，由於資方的資源較為豐富，加上勞工的各自為政，勞動市場的資訊不足等等因素，所以資方比較有主控權，而會以不對等的方式締結工作契約，此時勞工只有透過組成工會，以團體力量將不利的地位提升，然後與資方在平等的基礎上進行協商，以維護勞工合理的地位與利益

❷ Dessler, G. (2000), *Human Resource Management* (8th Ed.), N. J.: Prentice-Hall.

制衡管理階層的專斷	組織如果不重視工作環境，或是採取專斷管理與威權領導，使勞工不受到尊重或受到歧視，此時如果有工會組織，勞工就可透過工會組織反應，並以合法手段或協商，來制衡管理階層的專斷，以獲取適當的尊重、關心與照顧
協助員工對在職保障的掌控	在職保障，也就是在職者有充分與確實的勞動保護、勞動促進與福利權益保障，而能遠離失業與職災風險之威脅。此一保障是勞工應有的權利之一，勞工需要能夠自己掌控，特別是在工作機會不足的情況下，勞工將會渴望維護其在職保障。此時，工會可以協助勞工與資方在薪資、年資、福利、調職、資遣、退休、調薪等等問題上的協商，以掌控其對於在職保障的要求

第二節　團體協商

西方在 19 世紀有了工會組織之後，隨著彼此的利害與共，以及追求共同利益的意識之下，勞工們開始相互團結，集體地與僱主協商其工作條件，而各國政府也賦予勞動者爭議權，於是形成所謂的勞動三權，也就是「團結權」、「協商權」與「爭議權」。相對於西方，我國也相繼公布施行了團體協約法，並陸續進行相關修法，同時隨著社會經濟的轉型，勞資之間的團體協商也就日益重要，其中的團體協約與勞資會議，可以說是團體協商最主要的兩種形式❸，以下就分別予以說明。

團體協約

所謂團體協約，是指「僱主或有法人資格之僱主團體，與有法人資格之工人團體，以規定勞動關係為目的所締結之書面契約」❹。其中所謂的勞動關係，也包括了學徒關係、企業內之勞動組織、關於職業介紹機關之利用、關於勞資糾紛之調解機關或仲裁機關之設立或利用等等事項。其次，由於團體協約是契約的一種，故需要雙方當事人同意，而非某一方的片面規定，例如僱主依勞動基準法第七十條訂定之工作規則，或工會自行制頒的會員守則等等，都不能算是團體協約，至於團體協約的功能與一般的制

❸ 臺灣勞工陣線 (2000)，《2000 臺灣工權報告》。

❹ 由於團體協約事涉較廣，且通常內容繁雜，為避免權利義務不明確，故各國立法例多規定團體協約應以書面為之，而不同於勞動契約可為口頭約定。

定程序則如表 10–3 所示。

表 10–3　團體協約的功能與一般制定程序

團體協約的功能	一般的團體協約制定程序
・權利義務明確化：工會透過團體協商，規範公平、合理的勞動條件，使勞工的權益獲得合法的保障 ・避免發生爭議：團體協約使僱主無後顧之憂，依預定計畫從事經營，在協約有效期間，可避免因罷工、怠工及其他爭議所引起之損失，並防止同業間之惡性競爭 ・促進勞資合作：團體協約結合勞資雙方利益，成為勞資合作之規範 ・穩定勞資關係，團體協約之締結可促使勞資關係穩定，社會安定，經濟繁榮，使勞資雙方俱蒙其利	・協商代表的選派：勞資雙方選派團體協商和簽約的代表 ・協商策略的決定：勞資雙方進行團體協商前，宜充分準備，蒐集完善之資料，擬定團體協約草案，決定應採態度及準備讓步之最大限度 ・協商會議的召開：協商會議通常由勞資雙方代表推定一位主席或輪流擔任主席，控制會議之進行，協商應以雙方所提之團體協約草案為基礎，予雙方代表充分及平等發表意見之機會 ・團體協約之簽訂：協商達成協議後，須由勞資雙方當事人簽訂團體協約 ・送主管機關認可：團體協約簽訂後，應報請主管機關認可

通常，只要是與勞資雙方有關，經雙方同意者，均可列入團體協約的內容，但必須以不違背法令規定為原則，並應注意其公平與合理性，而其內容大致上可以包含工資、工時、休息、休假、僱用與解僱、賞罰與升遷、請假、童工及女工保護、學徒之保護、安全與衛生設施、福利設施、關於勞資爭議事項之處理、促進生產事項、關於違約之賠償規定、協約適用範圍與效力、締結協約之程序、以及其他。然而，由於團體協約是保障勞方權益的重要制度，特別是大部分無法憑藉自己力量與僱主談判的弱勢勞工，往往需要藉著團體協約的制度，才能夠獲得相當程度的保障。所以也有學者認為，其內容不該只侷限在以上的這些部分，還應該就勞工的生涯規劃、就業輔導等等面向也進行討論，同時政府對於團體協約的效力，也應該有明確的認定，以避免造成勞工的疑慮❺。

另一方面，對於僱主而言，團體協約也可以使僱主在一定期間內，比較精確的估算出經營成本並控制勞動流動率，甚至於以產業別所進行的團

❺ 臺灣勞工陣線 (2000)，《2000 臺灣工權報告》。

體協約，由於是整個產業工會與資方團體進行談判與簽訂，所以同產業的不同僱主之間，等於已經將勞動費用的因素中性化了，亦即同產業不同僱主所付出的勞動成本幾乎一樣，因此有助於達到競爭中立的效果，讓僱主能更專心於在生產技術、行銷、或研發方面的彼此競爭，也對於整體經濟能力的提升有相當幫助。

一旦團體協約簽訂之後，就具有一定的法律效力，也就是如果沒有特別限制，協約關係人（亦即僱主及勞工）就需要遵守協約中所定的勞動條件，而當協約屆滿時，若新團體協約尚未訂立，則原團體協約關於勞動條件的規定，仍繼續為該團體協約關係人的勞動契約內容。雖然如此，不過並非所有團體協約的內容都具有法規性效力，通常具有「法規性」效力的部分僅限於「勞動條件」的規定部分（協約法第十六條），而若參照日本工會法第十六條規定，此部分的內容大致上包括：工資工時條款，以及升遷、調動、解僱、懲戒、退休等人事條款，還有服務規律、勞災條款等等。至於「採用」與「僱用」方面的規定，由於是勞動契約成立前的事項，所以非屬規範的部分。其次，團體協約與法令、工作規則、勞動契約之法律效力的順序依次為：法令效力最大，其次為團體協約、再來是勞動契約、最後才是工作規則的效力。

最後，讓我們來看看我國在 1997 年至 1999 年，團體協約簽訂的統計數字，如表 10–4 所示。其中可以發現，這三年來的團體協約簽訂數目並無明顯成長，如果我們再把觀察拉到從 1989 年到 1999 年的十一年間比較，其團體協約（含公民營職業工會）數字的演進是 346、289、302、306、292、296、287、289、297、300 及 301，可見邁入 90 年代的臺灣，團體協約簽訂的數字在急遽下降後（減少近 20%），即大致穩定在三百件左右上下。其次，有意義的團體協約應該包含某些具體的內容，例如工資數額、薪級、勞動條件（解僱預告期間、試用期間、每週工時的長短及分配、三班制、休假、提前退休、在職進修、組織的合理化措施之保護）等等，也就是在法律保障的最低基礎上（如我國勞基法中的強行規定），進一步由勞資雙方做更優於法律規範的約定，但目前國內企業與工會所簽訂的團體協約，大部分規定還只是在重述應該依照法律規定辦理的原則而已❻。

表 10-4　1997～1999 年臺灣簽訂團體協約統計

團體協約簽訂	公營產業	民營產業	總計（不含職業工會）
1997 年底	121	172	293
1998 年底	122	174	296
1999 年底	123	174	297

資料來源：整理自行政院勞委會編印 (2000.2),《勞動統計月報》。

勞資會議

勞資會議是由勞資雙方各派代表參加的定期或不定期會議，會議中的勞資雙方應該處於對等地位，可輪流當主席，並針對組織所面臨的種種問題，共同尋求生產力與勞工生活的改善，例如❼：

1. 資方可於勞資會議中，報告業務或生產狀況，讓勞方代表能夠更瞭解組織的產銷營運現況。
2. 勞資會議可以擴大為產銷問題或是組織發展的研討會，雙方開誠布公地集思廣益，針對如何提高品質、降低成本、提高生產力、以及改善工作安全等等問題，互相討論以謀求改進與解決之道。
3. 勞資會議也可以針對常見的人力資源管理問題，包括如何降低流動率、提高出勤率等等，雙方攜手合作，共同解決。

由以上的舉例可以看出，勞資會議所討論的範圍並不只限於勞動條件部分。事實上，根據勞動基準法第八十三條中的規定，勞資會議之目的就是要「協調勞資關係，促進勞資合作，提高工作效率」，只要在此目的之下，勞資會議可以談任何議題，包括所謂的「勞工動態、生產計畫及業務概況、勞動條件、勞工福利籌劃事項、提高工作效率事項」等等，也就是綜合一切「關於協調勞資關係、促進勞資合作的事項」（勞資會議實施辦法第十三條）。因此，勞資會議能夠處理的議題，其涵蓋面已經遠遠超過團體協約的範圍，有些甚至可以直接涉及資方的經營與管理層次，所以成為勞工行政

❻ 臺灣勞工陣線 (2000),《2000 臺灣工權報告》。

❼ 李正綱、黃金印 (2001),《人力資源管理：新世紀觀點》，臺北：前程企管。

主管機關寄予厚望的團體協商方式。

既然勞資會議的範圍更廣，所以勞資會議的舉辦，往往有助於勞資關係的改善，至少在消極方面，可以減少勞資雙方的糾紛，以及消弭勞資雙方的對立與衝突，而在積極方面，則能表示對勞工人格的尊重，以及有助於提高勞工的身分地位，從而激發勞工的工作潛能，並進一步提升勞資協調的合作精神。因此，組織應該善用勞資會議，透過勞資之間的團體協商，共同解決問題，而我國內政部也於民國七十四年五月，正式發布勞資會議實施辦法，並希望以勞資會議，而非團體協約為核心，進行所謂的勞資協議制度。

最後，讓我們審視一下，臺灣的勞資會議究竟有沒有達到其效果。根據勞委會的資料，雖然 1997 年至 1999 年國內進行勞資會議的數量有相當大的進展（請見表 10–5），而如果再拉到 1989 年至 1999 年的 11 年間進行比較，也可以看到絕對數字上的進步，由 835、806、851、932、970、980、994、1,011、1,013、1,052、一直到 1999 年的 1,296 件。然而，若根據臺灣勞工陣線的觀察，則認為勞資會議的量雖然增加，在本質上卻還沒有成為有意義的勞資協商機制，這一方面是因為沒有明確而詳盡的法律規範，另一方面則由於企業廠內資方獨大的權力關係，所以並不容易產生真正的對等協商氣候❽。

表 10–5　1997～1999 年臺灣進行勞資會議的統計

團體協約簽訂	公營產業	民營產業	總　計
1997 年底	451	562	1,013
1998 年底	491	561	1,052
1999 年底	547	749	1,296

資料來源：整理自行政院勞委會編印 (2000.2)，《勞動統計月報》。

第三節　員工工作安全

組織基於經濟與道德的雙重因素，需要注意到員工的工作安全，因為

❽ 臺灣勞工陣線 (2000)，《2000 臺灣工權報告》。

如果員工發生工作意外時，不但會造成勞動生產力的下降，也會造成僱主道德上的虧欠感。因此，當今許多組織都越來越重視員工工作安全的改善與維護，並將其視為基本的勞資關係之一。一般來講，員工意外事件的發生原因如圖 10–2 所示，大體上可以分成來自於個人不安全的工作行為、不安全的工作環境、以及個人不安全的特質，而其後果除了造成個人與他人的小傷害之外，也有可能造成重大傷亡以及組織的生產力受損。以下，就分別針對員工工作意外的原因、意外發生的損失、以及意外的防範等等方面進行說明。

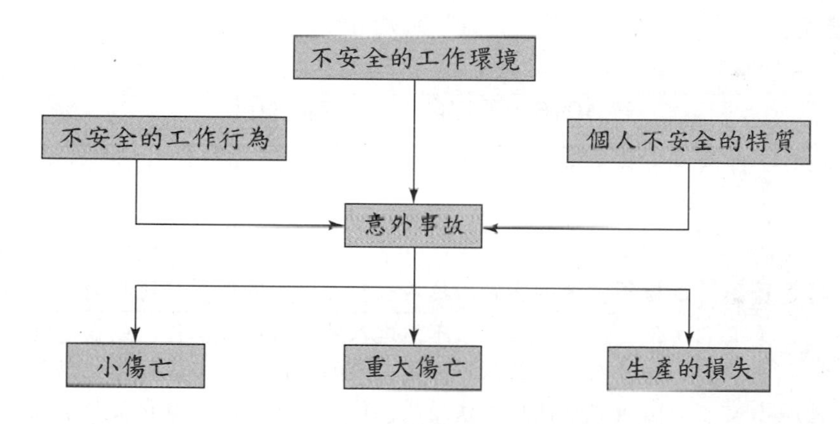

圖 10–2　意外事件發生的原因與結果

員工工作意外的原因

從圖 10–2 中，我們可以發現，個人不安全的工作行為往往是意外事件發生的主因之一，其類型如表 10–6 所示，大致上又可以分成：因為工作時程安排不當造成不安全的工作行為、因為員工個人的不注意或是疏忽造成不安全的工作行為、以及因為操作程序不當造成不安全的工作行為等等，而根據表 10–7 顯示，未經許可而使用機器的行為，是最危險的一種不當工作行為。其次，除了不安全的工作行為之外，不安全的工作環境也是員工發生意外事故的原因之一。由於不同的工作，其工作環境的安全性也往往不同，而根據表 10–8 所示，建築工人應該算是高危險群的工作之一，不過比較意外的是，像水管工、泥瓦工、木工以及油漆工等等這些工作，反而比其他輕體力職業的意外事故率還低，顯示著工作是否需要體力，未必能夠反映出工作環境的安全性高低，而以下則是一些關於一般員工經常遭遇到的不安全工作環境例舉：

1. 機器設備與工具的老舊或有缺陷，或是無適當的安全防護。
2. 安全堪虞的設計或建造，以及設備擺設不當（危險器材置於易接觸的地方，例如高溫設備放置於員工通道）。
3. 設備之間的程序設計不良或是危險的儲存方式（例如超載或擁擠等等）。
4. 光線或通風不良的工作場所，或是有噪音、高溫、震動、輻射的工作場所，以及充滿灰塵、毒氣、瓦斯、致癌物、細菌、蕈類或昆蟲等等的工作場所。

表 10-6　不安全工作行為的類型

工作時程安排不當	造成員工與機器的疲勞，而疏忽安全，例如：工作負荷過重、工作時間太長
員工個人的不注意或是疏忽	工作不專心、在工作場所爭吵或嬉戲、在工作區域亂扔廢料、手觸摸不安全的物質、越過或爬上開動的機器、送料過猛
操作程序不當	・位置問題：進入了不該進入的危險區域工作、站在懸置物下方 ・方法錯誤：員工不懂得正確的操作規程、工作方法錯誤、安全防護設備使用方法錯誤、使用不適當的工具與安全裝備 ・不守規定：未經許可而使用機器、未穿戴安全防護設備、不遵守工作場所的安全規定、拆除應有的安全裝置

表 10-7　不安全行為與事故發生頻率之間的關係

不安全的工作行為	與事故的相關
未經許可而使用機器	0.90
在工作區域亂扔廢料	0.77
手觸摸不安全的物質	0.69
越過或爬上開動的機器	0.56
員工不懂得正確的操作規程	0.62
在工作中胡鬧	0.51
送料過猛	0.46

資料來源：整理自葉椒椒編著 (1995)，《工作心理學》，臺北：五南。

表 10–8　不同職業的事故率

職　業	事故率 (%)
建築工人	170
水管工	83
泥瓦工	44
木　工	39
油漆工	19
領　班	12
其他輕體力職業	114

資料來源：整理自葉椒椒編著 (1995),《工作心理學》, 臺北：五南。

最後，除了不安全的工作行為與環境之外，員工本身的一些特質，包括年齡、人格、智商、感官技能（例如視力、知覺能力與運動能力等等)、操作技巧、以及經驗等等，也可能會影響工作意外的發生。至於其影響的過程如圖 10–3 所示，個人特質可能會影響其行為傾向，進而影響其工作的行為類型，甚至於會導致意外事件的發生及影響其嚴重性。例如在圖 10–4 中，我們可以看到年齡與事故嚴重程度的關係，其中年齡很大的員工(60 歲以上)，往往因為體力或是其他運動能力較差，所以比較容易發生較嚴重的工作意外，但相對於很年輕的員工（18 至 24 歲)，因為高齡員工的經驗較為豐富，而且會更小心，也就是有較高的安全知覺，所以其工作意外的嚴重性反而比年輕人低，至於 42 至 54 歲左右的員工，因為具備了一定的經驗，體能也還未強烈衰退，加上對於安全的重視，故其發生嚴重意外事故的情形最少。

意外發生的損失

工作意外所帶來的整體損失往往是很驚人的，例如就 1980 年左右的美國經驗來看，根據美國國家安全委員會 (National Safety Council) 所發表的統計數字指出，每 8 分鐘就有一個美國工作者死於工作意外，而由意外事件所帶來的薪資損失、醫療費用、財產損失、以及保險等等成本，已經超過美金 511 億元，其對經濟所造成的影響，幾乎等同於美國全國的工業整週停工所造成的損失❾。

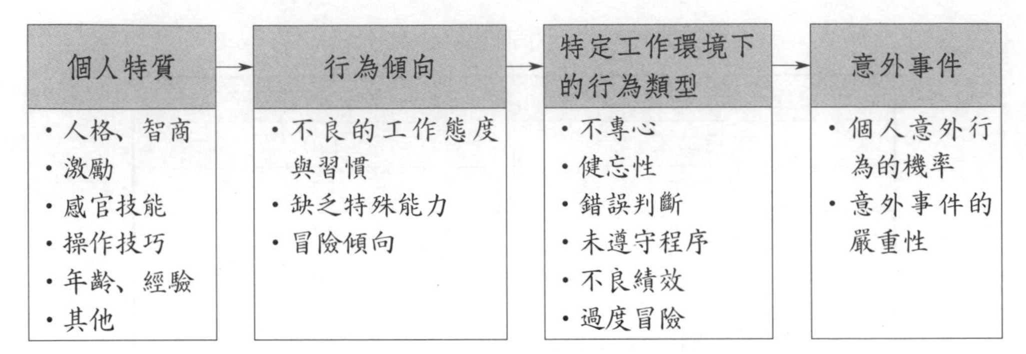

資料來源：摘譯自 Dessler, G. (2000). *Human Resource Management* (8th Ed.). N. J.: Prentice-Hall.

圖 10-3　個人因素如何影響員工意外的行為

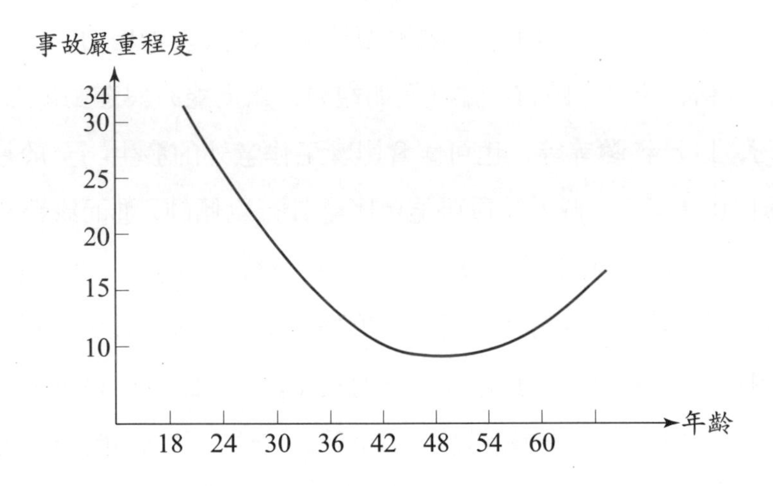

資料來源：整理自葉椒椒編著 (1995),《工作心理學》, 臺北：五南。

圖 10-4　年齡與事故嚴重程度的關係

即使不從國家的整體損失來看，員工的工作意外也會對個別組織，造成包括表 10-9 所列的各種直接或間接損失。此外，因為長期固定且不當的暴露在對健康有影響之工作環境中，進而引起的身體不正常或不適，也就是所謂的職業疾病，也會對組織造成類似的損失（雖然職業疾病通常是慢性的）。至於職業疾病的病因很多，若是依據環境危害的來源而進行分類的話，大致上可歸納成四種[10]：

[9] DeReamer, R. (1980), *Modern Safety and Health Technology*, N. Y.: Wiley.

[10] 李正綱、黃金印 (2001),《人力資源管理：新世紀觀點》, 臺北：前程企管。

表 10–9 工作意外對組織造成的損失

直接損失	間接損失
・受傷員工的醫藥費及保養費 ・嚴重傷害員工的遣散費 ・死亡員工的撫卹金 ・機器設備的維修費用及更新成本 ・材料毀損的損失成本	・受傷員工工作能力降低的損失 ・生產線復原費用 ・生產團隊精神受損的損失 ・新人招募、遴選及訓練的費用 ・機器設備維修成本 ・生產停頓 (line stop) 的損失 ・產品、在製品、原物料毀損的損失 ・其他損失

資料來源：整理自李正綱、黃金印 (2001),《人力資源管理：新世紀觀點》，臺北：前程企管。

1. **化學性危害**

勞工長期不正常暴露於有害的化學物質下，容易引起職業疾病，例如有害化學物質以氣體、蒸氣、煙霧等型態，經由皮膚、黏膜吸收或經由呼吸器官吸入而進入人體，或是有害化學物質藉由飲食，經過消化器官而進入人體等等。

2. **物理性危害**

長期暴露於輻射、強光、噪音、振動、高低溫、高低氣壓等等的工作環境之下，而引起的職業疾病。

3. **生物性危害**

在工作場所受到病源生物或黴菌感染，所引起的職業疾病。

4. **人體工學危害**

因為照明不適當或是工具與工作場所設計不良等等，而引起的職業疾病，例如視力耗弱、肌肉酸麻等等。

意外的防範

當組織的安全管理不足時，包括沒有從事或缺乏工業安全訓練、員工缺乏安全意識、領導階層疏忽安全問題、安全標示不足或標示不清、以及對於有意外傾向的員工（例如個性上容易健忘的人）缺乏照顧或輔導等等，員工就容易發生意外。因此，組織透過安全管理來防範意外是很必要的，而其措施大致上可以包括：組織對安全的承諾、進行安全教育、安全管理的協調、做到人與環境的最佳配合、以及針對安全管理進行評估。

首先，關於組織對安全的承諾，這是安全管理的最基本要求，也就是組織經由高階主管的主動介入與承諾，進而鼓舞由上而下的所有成員，共同貫徹安全制度。其次，組織有必要透過教育訓練或工作指導，甚至以競賽及海報標語等等，來提高員工的安全意識，深刻體會安全的重要性，並瞭解到如何避免不安全的行為，以及降低意外事件。至於組織對於安全管理的協調，可以先組成安全委員會，成員包括直線經理人、安全專家、以及人力資源專家等等的相關主管，其特定責任是檢視安全，並為預防將來的意外提出必要建議，而委員會在組成之後，也會進行安全紀律的維持、安全誘因的設計、以及安全檢查等等任務，其主要內容如表 10–10 所示。

表 10–10　安全委員會的重要任務說明

安全紀律之維持	・強調安全規則、強化安全行為的需要 ・懲戒違規者、獎勵安全行為者 ・若組織對員工善盡教導與管制之責，當員工違反安全措施而導致意外時，將會被視為一獨立事件，僱主較不須擔負法律責任
安全誘因之設計	・有些組織會使用安全競賽，並獎勵具安全行為的員工，以鼓勵有良好安全記錄的員工
安全檢查	・由安全委員會定期與不定期自行檢查，而且標準應該比政府機關嚴格 ・在調查意外事件時，應盡速判定實體和環境因素的影響，並對發生意外的員工之主管或事件目擊者進行訪談，判定發生了何事及如何發生，以提出防範之道 ・最後應依據法規所提供的格式，製作意外調查報告，並對於該如何防制及改變提出建議

資料來源：整理自吳美連、林俊毅 (2002)，《人力資源管理：理論與實務》(三版)，臺北：智勝。

至於組織如何進一步做到人與環境的最佳配合，主要有以下的三種方法可以採用⓫：

1. **工程心理學方法** (The Engineering Approach)

工程心理學的方法主要是改變工作環境，使之更適應人的能力和特徵。首先，它需要對工作場所、工具和機器設備進行相當仔細的分解與分析，

⓫ 葉椒椒編著 (1995)，《工作心理學》，臺北：五南。

以診斷出環境中的不安全因素，並透過工程技術消除這些因素。例如，改善通風系統以降低環境中的有害物質濃度，或是鍋爐加上安全裝置以免意外爆炸等等。

2. **人事選擇的方法** (The Personnel Approach)

此方法主要是依據個人的人口特徵，例如婚姻狀況、性別、年齡等等，比較其與事故發生之間的關係，從而對員工進行判斷與篩選。例如，以全國性或地區性事故發生的資料進行統計分析，可以看出某些人口特徵具有較高的事故率，意味著這些人可能具有「事故傾向」。因此當工作環境比較可能發生意外時，也就是工作環境相對不安全時，就需要認真考慮對此種人口特徵的員工之篩選與安置。

3. **工業社會方法** (The Industrial Social Approach)

此方法是採用激勵的手段來提高員工安全行為，包括鼓勵員工在工作上碰到困難時，仍能在心中保持安全標準等等。例如，透過行為修正 (Organizational Behavior Modification) 的方式來改善員工工作行為，也就是先設定安全行為的底線，然後找出不安全行為的發生原因，並設法使員工注意到其行為的不當，接著要設計修正行為的方案，最後也會透過獎勵制度將修正後的行為進行強化與持續。

在組織承諾，以及進行安全教育、安全管理協調、人與環境的最佳配合之後，組織還需要針對安全管理進行自我評估。主要可以包括評估其安全政策是否符合法令標準，以及比較前期的意外傷害記錄，看看安全用具的更新、安全訓練的進行、以及進行意外調查與意外事件報告等等的安全管理措施，是否有助於預防意外事件的發生，另一方面，組織也可以將這些記錄與同業進行比較，然後再持續改善。

第四節　員工壓力管理

壓力往往是工作環境中的隱形殺手，根據 2002 年瑞士洛桑管理學院的報告指出，臺灣人每年工作時數 2,282 小時，居世界第一，而國人平均一天坐在椅子上的時間也超過 6 小時。像這樣日積月累長期的工作，我們所承受的工作壓力及影響可想而知；因此，如何做好壓力管理，就成為組織協助員工健康、維繫勞資關係的重要措施之一。以下，本節就分別針對工作壓力的來源、影響、以及如何管理進行說明。

首先，關於工作壓力的來源，一般而言，員工的工作壓力最主要來自於與工作相關的因素，包括各種工作角色的問題，其次則是來自於整體組織的特性，以及一些個人的因素等等⓬，表 10–11 即列舉一些相關的工作壓力來源，表 10–12 則列舉一些最有壓力的工作，意謂著這些工作的壓力來源較多，或是造成的壓力程度較高。

其次，在壓力的影響方面，由於壓力具有累加性，也就是不同來源的壓力會累加在一起，如果沒有得到適當化解的話，壓力在到達一個臨界點之後，就會對個人形成張力 (Strain)，甚而影響到個人的生理、心理以及行為，如圖 10–5 所示。其中，壓力是否會超過臨界點，除了受到壓力來源的性質與程度影響之外，也會受到個人不同的認知所影響，例如越認為壓力來源對個人可能造成強烈威脅，同時又感受到無法控制該壓力來源時，其所承受的壓力越大，也越可能到達臨界點。此時，隨著張力所出現的一些壓力症候群，往往包括：神經緊張、失眠、長期憂鬱、菸酒或藥物的濫用、無法應付事物的感覺、情緒不穩定、消化方面的問題、高血壓、以及不合作的態度等等⓭。此時若再不降低其壓力，最後將會反映在工作的態度與行為上，形成工作倦怠與衰竭 (Burnout)，包括生理上有精疲力竭的感覺，經常感到痠痛、不舒服、甚至有各種病症，進而覺得體力難以負荷；另外在心理上，員工也會有精疲力竭的感覺，例如沮喪、無力感等等，同時在工作態度上也漸漸失去熱情，而朝向有日復一日，飽食終日的想法，於是容易覺得自己一無是處，也喪失了工作信心。這些工作倦怠所造成的影響與損失，可能會反映在員工的工作錯誤率增加、生產效率降低、以及出勤率降低等等。

⓬ Beehr, T. A. & Newman, J. E. (1978), "Job Stress, Employee Health, and Organizational Effectiveness: A Facet Analysis, Model, and Literature Review," *Personnel Psychology*, 31, 665–699.

⓭ 吳美連、林俊毅 (2002)，《人力資源管理：理論與實務》(三版)，臺北：智勝。

表 10-11 工作壓力的來源

	壓力來源	原因或例舉
工作因素	工作變動	例如因為工作時間、數量、方式的改變，而造成挫折或工作安全感的缺乏
	工作情境不佳	‧極差的物理條件：例如溫度過高或過低、過度擁擠、過大的噪音、燈光不足、裝備老舊等等 ‧工作時間不規則或三班制輪流服勤影響作息 ‧單獨工作而缺乏歸屬感
	工作分派不當	‧對所派任工作的不適任，例如尚未具備工作所需的技能，或員工要花費過多的時間才能完成工作，甚至於學非所用
	工作負荷過重或過輕	‧授權困難或其他因素，使得工作過多、過量或工時過長 ‧長官不授權或其他因素，使得工作過少或是閒閒沒事
	決策時間壓力	在時間壓力下進行決策，特別是重大決策或時間緊迫
	過度晉升或晉升不足	‧過度晉升造成工作恐懼感，也就是擔心工作會執行不當或工作會失敗 ‧晉升不足造成雄心受挫
角色因素	角色模糊	因為管理不善、說明不清、或是權責設定的不當，造成員工角色的不確定或不清楚
	與期望衝突	‧員工與組織的價值觀不同 ‧組織與員工期望的行為或觀念相互衝突 ‧非正式組織（例如組織內部所組成的社團）與員工期望的行為或觀念相互衝突
	角色衝突	組織對個人角色的要求（例如晚上要開會），以及其他團體，例如家庭，對個人角色的要求（例如晚上要接小孩），彼此之間的衝突
	工作關係	與同事、主管、以及部屬之間的工作關係不融洽
	對人的責任	對部屬、對客戶、對長官等等的責任，責任越大壓力越大
組織因素	組織結構與組織氣候	‧缺乏效率 ‧員工行為與互動受到限制（例如凡事講程序，層層限制） ‧員工不能參與相關決策 ‧權力鬥爭
	失業的威脅	例如經濟不景氣，擔心會被僱主遣退
個人因素	家庭問題	例如家庭不和或是家人不認同此份工作
	財務問題	例如房貸或是其他因素背負債務
	人格因素	例如情緒不穩定、過於內向封閉、以及抗壓性過低等等
	無法應付變化	彈性與適應力較差，因此無法伺機而動、隨遇而安

表 10–12 高壓力來源的工作

1. 秘書	16. 警衛
2. 檢驗員 (Inspector)	17. 理髮師
3. 臨床試驗室技術人員	18. 屠宰業者 (Meat Cutter)
4. 行政主管或經理人員	19. 護士助理
5. 侍應生 (Waiter/Waitress)	20. 水管工人
6. 機器操作員 (Machine Operator)	21. 警員
7. 農場主人 (Farm Owner)	22. 實習護士
8. 採礦工人	23. 公共關係人員
9. 油漆工人	24. 鐵路看柵人
10. 銀行出納員	25. 合格護士
11. 神職人員	26. 業務經理
12. 電腦程式設計師	27. 營業代表
13. 牙醫助理	28. 社工人員
14. 電器技師 (Electrician)	29. 教學助理
15. 消防員	30. 接線生

資料來源：摘譯自 Mondy, R. W., Noe, R. M. & Premeaux, S. R. (2002), *Human Resource Management* (8th Ed.), N. J.: Prentice-Hall.

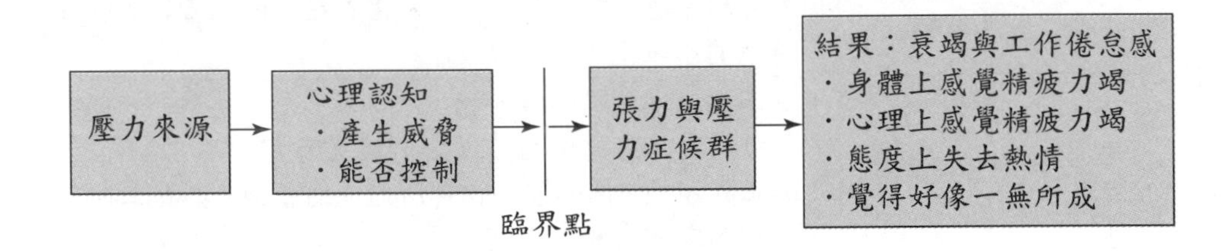

資料來源：摘譯自 Greenberg, J. (2002), *Managing Behavior in Organizations* (3rd Ed.), N. J.: Prentice-Hall.

圖 10–5 壓力的影響過程

由於壓力對個人的影響，進而影響到個人在工作上的表現，因此組織有必要協助員工管理壓力，而員工本身也可以透過一些方法，進行個人的壓力管理。其中，組織的壓力管理主要可以透過以下幾種方式進行：

1. **甄選與任用**

   對於壓力較大的職務，先透過招募甄選的過程，以人格測量或是採用情境面談，觀察申請者或員工的抗壓性及其在壓力情境下的反應，然後任用比較能夠承受壓力的人。

2. **組織溝通**

例如透過教育訓練，或是增加與員工的上行、下行、與平行溝通，將有助於減少角色模糊以及可能的角色或期望衝突，進而降低員工壓力。

3. **工作設計與再設計**

這種方法認為，工作環境或任務環境中的某些特點，對於員工所認知到的壓力狀態會有重要作用，所以只要改變這些客觀特點，壓力狀態的水準就可以降低[14]。例如，增加績效回饋、改變工作時間要求、改善工作流程、增加決策自由度、以及改善工作外在條件等等。

4. **員工協助計畫** (Employee Assistance Programs, EAP)

所謂員工協助計畫，是指組織對於員工情感、生理與其他個人問題，包括婚姻、家庭、工作表現、情緒、心智健康、財務、酗酒、毒品濫用等等，有系統地給予協助之各種方案。例如，有些組織會透過身心保健計畫 (Wellness Programs)，引導員工有一個健康的生活型態，像是養成運動習慣、戒菸、減肥、或是改善飲食等等。其次，也有一些組織會經由彈性休假計畫 (Absence Control Programs)，允許員工因為個人或家庭等等因素，彈性地暫時中止工作，進行休假，以降低員工面對包括角色衝突等等的壓力來源。至於壓力管理計畫 (Stress Management Programs)，也就是訓練員工的個人壓力管理技巧等等，也是常見的員工協助計畫之一。

雖然組織可以透過許多方式來協助員工管理壓力，但因為壓力來源非常多元，組織未必具有專業人才替員工逐一解決或給予意見。所以許多組織會與外部諮詢顧問有合作關係，一旦員工有問題時，便可以自行或由僱主引薦尋找該顧問，而諮詢費用由僱主支付或訂定某一限額。其中，最常見的有法律、財務金融、身心疾病、以及婚姻等等的諮詢服務，例如 IBM 就提供員工一定時數的免費心理諮商，而新竹科學園區也有許多公司會與當地醫院合作，由醫院派醫生或護士至公司內駐診。

壓力管理除了需要組織的協助之外，個人也可以學習一些相關技巧，例如養成運動習慣，這除了有助於宣洩壓力之外，也可以增進體能（身體狀況越好越容易應付壓力）以及提高意志力。其次，做好時間管理，包括要學習瞭解自己的效率週期（何時的生產力最有效率），然後要安排計畫，

[14] 葉椒椒編著 (1995)，《工作心理學》，臺北：五南。

例如記下每天要做的事情，並排定其輕重緩急的優先順序，然後盡量按照計畫進行一天的活動。另外，尋求社會支持 (Social Support) 也是常被建議的壓力管理方法之一，也就是當壓力過大時，不妨找人傾訴，將會紓解壓力。最後，學習如何放鬆也是相當有效的方式，例如透過靜坐冥想 (Meditation)，在安靜的環境、舒適的姿勢、重複的心理刺激等等狀態下，讓自己達到深層放鬆；或是利用生物回饋 (Biofeedback)，以儀器測量個人在不同情境下（例如觀賞不同照片或聆聽不同音樂）的生理狀態，找出其中不論是心跳或耗氧量等等的生理狀態最平和的時候，此時個人所處情境將是最有利於降低壓力的情境，於是可以建議個人在面對壓力時，想像當時的情境（例如想像一幅最令人沒有壓力的圖畫或是一段音樂），將有助於紓解壓力症候群。

最後不要忘了，保持愉快的心情工作，偶而讓工作能夠輕鬆的像玩樂一樣，也是一種降低壓力的良好習慣。

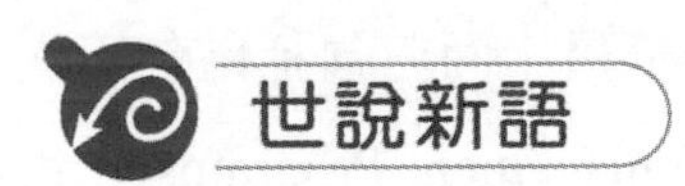

失能傷害

所謂失能傷害 (Disabling Injuries) 是指員工在意外事件中，受傷害後損失一天或一天以上的工作而言。組織可以透過失能傷害來計算傷害頻率、傷害嚴重率、以及平均損失。

傷害頻率

傷害頻率 (Injury Frequency Rate) 是指組織在每一百萬人工小時中，所發生的失能傷害次數，其公式如下：

$$\text{傷害頻率 (F)} = \frac{\text{失能傷害次數} \times 10^6}{\text{工作總人工小時}}$$

傷害嚴重率

傷害嚴重率 (Injury Severity Rate) 是指組織在每一百萬人工小時中，所發生的失能傷害之人工日數（也就是因失能傷害造成的工作日數損失），其

計算公式如下:

$$傷害嚴重率\ (S) = \frac{失能傷害之人工日數 \times 10^6}{工作總人工小時}$$

平均損失

平均損失 (Average Loss) 是指組織的平均損失日數，其計算方式是全部損失日數除以全部損失傷害次數(也就是失能傷害次數)，計算公式如下:

$$平均損失 = \frac{傷害嚴重率}{傷害頻率} = \frac{全部損失日數}{全部損失傷害次數}$$

工作壓力的前因後果

資料來源：節錄整理自徐儆暉 (2003),〈工作場所職業壓力〉,《勞工安全衛生簡訊》,第 58 期。(原文摘譯自 Cordia Chu 於 2001 年臺灣公共衛生學會年會專題演講 “Globalization, Workplace Pressures and Mental Health at Work: Challenges and Sustainable Strategies.”)

許多研究指出，心理壓力與物理環境、工作、社會及組織等等因素都有關係，所以工作壓力與工作環境或工作條件應一併處理，而不能只是將工作壓力視為單一課題，或僅僅是以工作者個人適應不良的角度來處理問題。其次，當員工承受過大的工作壓力時，往往會導致健康上的一些症狀發生，加上全球勞動力的逐漸老化，所以這些與壓力有關的慢性病，例如心臟疾病、聽力損失及骨骼肌肉不適等等，更會隨著組織勞動力老化而更趨嚴重。因此，組織與相關單位應該營造健康的工作場所文化，建立支持性的環境，以預防工作壓力的不良影響，進而提升員工的工作滿意度、工作效率及工作品質。至於工作壓力的前因與相關症狀如下。

一、工作壓力因子

1. **工作因子**

工作緊張 (例如工作負荷過重、步調過快)、工時過長或不規律、無技術性單調工作或重複性工作、期限壓力、輪班作業、加班、缺乏工作技能或無法發揮工作技能、工作過少、工作設計不良（例如工作內容含糊不清、責任過重或過少）、新技術、過多人工操作……。

2. **物理環境因子**

噪音、冷熱、不良照明、振動、工作臺設計不良……。

3. **社會及工作場所文化的因子**

工作不安全感、工作場所文化（例如人際間衝突、暴力、恃強欺弱、同事間的孤立）、工作與家庭間的責任衝突、士氣低落、顧客需求增加……。

4. **組織及管理因子**

不良領導及管理模式、組織改變或組織再造管理不良、期限及監督壓力、過度遏制措施、工作分配不均、缺乏升遷及受訓機會、缺乏自主性、無法控制工作或工作條件、缺乏主管支持、生涯發展、溝通不良、顧客需求增加……。

二、工作壓力相關症狀

1. **生理症狀**

心跳加快、高血壓、昏睡、皮膚症狀（例如過敏）、背痛、腸胃問題、頭痛、心血管疾病、膽固醇增加……。

2. **心理症狀**

動機低下、自我評價低、工作滿意度低、焦慮、沮喪、失眠、易怒或易躁、自殺傾向……。

3. **行為症狀**

不專心、曠職及怠職、酗酒、抽煙……。

4. **組織症狀**

生產力低、員工更換率高、勞資關係相關問題、員工士氣低、公司負面形象……。

問　題

壓力過低，人們可能沒有衝勁，壓力過高對身心與組織都不好，組織與個人該如何管理壓力，讓壓力適當存在？

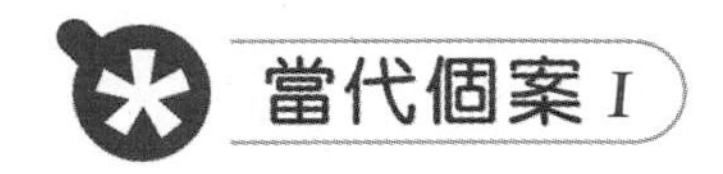

當代個案 I

壓力是工作環境的隱形殺手

資料來源：節錄整理自邱莉燕 (2003.8.2～8)，〈小心工作環境的隱形殺手〉，《今周刊》，第 345 期。

日本厚生勞動省 2003 年 6 月出爐的國民健康報告，日本人過勞死 (Death from Overwork) 創下新高，從 2002 年 4 月到 2003 年 3 月，共有 317 人因為過勞引發心血管疾病，是過去一年（143 人）的 2.2 倍，平均每隔 1.15 天，就有一名日本人因為工作而死。更驚人的是，死者當中有七十一位是主管、72 人從事通訊業、128 人為五十歲上下的年齡層，而有 100 人之前因為過度工作而引發心理疾病，如焦慮與沮喪等等。

反觀臺灣，也有許多高科技產業的工作者，因為科技快速進步、新技術一直被開發、加上產品生命週期非常短，於是產生工作壓力，一直有「快跟不上」的感覺，深怕有一天會被淘汰掉。此外，由於臺灣大部分的公司屬於戰鬥型，管理者的步調往往比較快，下屬跟不上的話，心理壓力就會很大，若是再加上不景氣，眼見同儕一個個被資遣，留下來的員工只好拚命努力，常常是一人身兼數職。於是像辦公室暴力 (Office Rage) 或是所謂的「電腦狂暴症」（也就是將氣出在電腦上，特別是當網路過慢或是當機時，一些顯示器、鍵盤、滑鼠和硬碟就可能遭殃了）就會出現了。同時，根據勞工衛生安全研究所的調查也發現，有四成的上班族表示在工作壓力下，有睡眠障礙的問題，對他們而言，入睡變成一種奢侈，特別是愈高學歷的工作者，其罹患工作壓力的比率與症狀也就相對更嚴重。

討論題綱

1. 臺灣應不應該也仿效日本，進行過勞死的調查？
2. 臺灣哪些產業最容易產生壓力？為什麼？若某一個組織屬於該產業，則該組織應該如何管理壓力？組織中的工作者又應該如何管理壓力？
3. 臺灣有哪種工作職務最容易產生壓力？為什麼？組織應該如何管理這類職務所帶來的工作壓力？該職務的工作者又應該如何管理壓力？

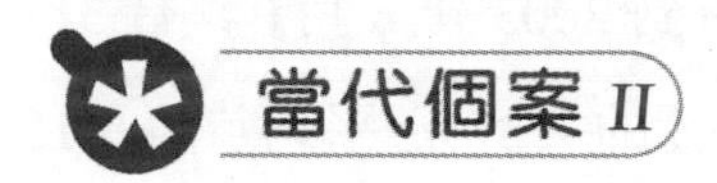

外籍勞工運用及管理調查

資料來源：節錄整理自統計處 (2002.4.26)，「外籍勞工運用及管理調查」新聞稿（調查期間 2001 年 8 月，以僱用外籍勞工之製造業及營造業者為調查對象，回收有效樣本 4,032 家）。

一、外籍勞工薪資

外籍勞工的平均薪資為 19,502 元，其中經常性薪資是 16,353 元，而與年資未滿二年的本國基層勞工比較，本國勞工的平均薪資為 24,681 元，其中經常性薪資是 22,227 元。由此可以看出，外籍勞工薪資並不如本國基層勞工。

二、外籍勞工工時

外籍勞工的平均工時為 225 小時，其中正常工時為 196.6 小時，加班工時為 28.4 小時，而與本國勞工（含藍領及白領之所有受僱員工）相比，本國勞工的平均工時約為 191.4 小時，其中正常工時為 181.7 小時，加班工時為 9.7 小時。由此可以看出，外籍勞工的工時，不論是正常工時或是加班工時，都比本國勞工要長。

三、外籍勞工的生活管理

1. 住宿管理

對於外籍勞工的住宿管理，事業單位多半是自行管理 (96.5%)，其中以「撥用部分原有員工宿舍」佔 46.4% 最多，其次為「購建員工宿舍」佔34.6%，再其次為「租賃員工宿舍」佔 13.4%、「住宿組合房屋（工地工寮）」佔 5.1%、「委由仲介公司辦理」佔 2.3%、「由外勞自理」佔 0.2%，其他方式者佔 1.9%。

2. **生活輔導**

事業單位對外籍勞工之生活輔導有採取措施者佔 69.5%，其中以「建立外勞申訴管道」佔 36.2% 居首、「工作、休閒均派專人輔導」佔 26.2% 居次、「設立文康中心」則是 22.6% 居第三、「安排例假日休閒活動」亦有 20.3%。

3. **提存薪資**

事業單位為避免外勞逃跑或便於管理起見，大多對外勞提存薪資，俟其離境時領回，其提存方式主要分成「薪資比率提存」（平均提存薪資比率為 18.7%，或是平均每月提存為 2,998 元）以及「定額提存」二種。

四、事業單位運用及管理外勞產生之困擾

以「語言隔閡，溝通不容易」最多，佔 72.6%，其次為「衛生習慣不佳」佔 41.7%，再其次為「生活習慣不同」、「喜歡喝酒、打架鬧事」分佔 37.1%、16.0%，其他所佔比率甚低，分別為「生活環境無法適應」佔 2.4%、「有偷竊行為」佔 2.3%、「工作環境無法適應」佔 2.3% 及「與本國勞工相處不融洽」佔 1.3%。

討論題綱

1. 勞資關係中，勞工薪資與工時的問題是非常重要的，而外籍勞工在薪資與工時方面，其條件明顯比本國勞工為差，請問若就政府角度，以整體經濟與勞動市場供需的觀點來看，你認為這樣對嗎？同時也請分別就企業主、本國勞工、以及外籍勞工的觀點來進行討論。
2. 事業單位對外籍勞工以提存薪資的方式進行控管，你覺得適當嗎？還是可以有其他方法進行控管？
3. 事業單位管理外籍勞工的困擾，前三個因素都跟跨文化管理與溝通有關，請問你認為該如何解決這樣子的問題？

精英成長篇

Human Resource Management

Human Resource Management
Human Resource Management

第十一章 國際人力資源管理

隨著國際化的浪潮不斷湧起，既有的人力資源管理也必須考慮到如何在國際環境中運用，這不但造成複雜性增加，也使組織所要面臨的問題更加困難。然而對於一個國際化的組織而言，就必須有成熟的國際人力資源管理能力，才能有效的將總部的競爭優勢推至世界各個分支機構中。本章接下來，將以各種不同觀點，針對國際人力資源管理的基本作法與相關議題一一探討。

第一節 何謂國際人力資源管理

簡單來說，將 HRM 功能應用於國際環境時，就成了所謂的國際人力資源管理 (International Human Resource Management, IHRM)，不過事實上，IHRM 往往會以更複雜的面貌出現，這是因為多國組織的僱員包括了不同國籍的組合，於是人力資源管理政策就必須適應組織所在地的國家文化、商業文化和社會制度。至於 IHRM 的主要考量因素，可由圖 11–1 來詮釋，該圖顯示 IHRM 最少包含了三個要素，除了基本的人力資源功能，例如對員工的招募、配置、以及使用等等之外，還必須考量到國家因素，包括母國、當地國（地主國）以及相關的第三國等等。此外，也因為組織的員工組成往往是多國籍的，所以也要考慮不同員工型態，例如地主國人員、母國外派人員、以及第三國人員等等的管理。

一旦組織跨出了國際化的腳步之後，因為經營範圍變廣，複雜性增加，而每一個變化又會因為時空的不同而有不同考量，所以在人力資源管理上，組織就會面對比本國更多的變化與挑戰，包括 IHRM 需要執行更多的不同功能、面對更多樣化的目標對象、涉及員工更私人的生活領域、以及要應付更多的外界環境壓力等等❶。例如在 IHRM 的功能中，除了一般的 HRM

❶ Dowling, P. J., Schuler, R. S. & Welch, D. (1994), *International Dimensions Human Resource Management* (2nd Ed.), CA: Wadsworth Publishing Company.

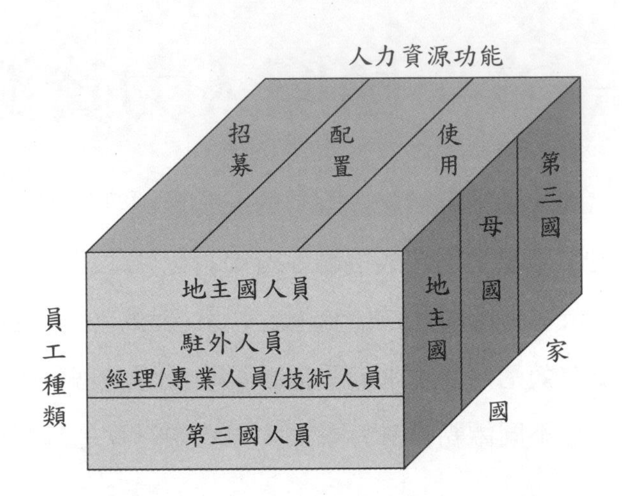

資料來源：整理自邱立成等譯 (2000),《多國管理戰略要徑》，北京：機械工業出版社。

圖 11–1 IHRM 模式

任務，包括人力資源規劃、招募任用、績效評估、薪資福利、訓練發展、以及勞工關係之外，IHRM 還要考慮到外派人員的課稅及工作重配置 (Relocation) 問題。其中在課稅方面，組織需要思索如何減少外派人員的租稅負擔，以及讓同樣國家派駐不同當地國的外派人員，能夠負擔相同的公平租稅，而在外派人員的工作重配置方面，組織也需要舉辦各種外派的事前訓練，並考慮外派人員的薪資報酬問題、回任銜接問題、以及員工配偶及其子女的生活照顧問題等等。

另一方面，由於 IHRM 會牽涉到母國人員 (Parent Country National, PCN)、當地國人員 (Host Country National, HCN) 和第三國人員 (Third Country National, TCN)。這些員工可能在同樣的地區工作，卻面臨不同的報償制度、不同的稅賦計算、以及不同的福利津貼等等。因此在單一組織內，如何使來自不同地區的員工，其薪酬福利計算能夠保持公平，也是 IHRM 的一大挑戰。至於 IHRM 的目標對象，並不同於國內 HRM 的施行重點均為國內員工，IHRM 所顧及的對象會逐漸由母國人員擴及至當地國人員，甚至第三國人員，再加上組織對外派人員的選派、訓練，一直到派任、省親、以及回任等等的過程中，往往都會牽涉到員工的個人與家庭生活。因此，IHRM 部門必須和更多樣化的員工，有更深層的互動，甚至包括對員工的家庭進行溝通與說服，讓員工瞭解所有與外派相關的資訊（例如當地情形、組織能提供的支援、薪酬計算、以及回任期限）等等。

既然 IHRM 牽涉到多國環境，所以 IHRM 就比國內的 HRM 需要處理更多來自不同國家所訴求的不同議題，而對於國際政情、經濟發展情勢、商業法規的變化等等，也都是 IHRM 所關注的層面。例如，針對已開發國家的 HRM，往往較重視勞資關係與福利、環境保育、弱勢族群的僱用等等議題，而開發中國家則較強調就業率以及勞工管理等等議題，這些不同國家的不同議題，也就形成 IHRM 所需要處理的外界環境壓力。

至於外派人員的赴職過程，大致上可以分為三個階段，如圖 11–2 所示。其中在第一階段與第二階段時，組織主要面臨如何設定遴選標準以選擇外派人員、外派的訓練課程設計、以及人員派駐海外後的適應問題等等，第三階段則是面臨外派人員返國回任的問題，而以下本章就分別針對外派人員的甄選、訓練、適應、以及回任問題進行說明。

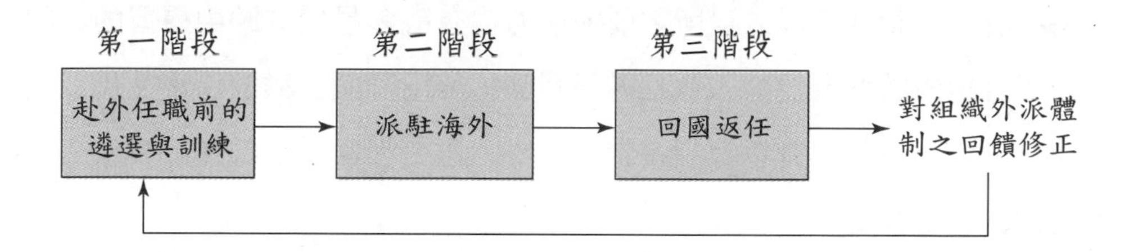

資料來源：摘譯自 Harvey, M. C. (1989), "Repatriation of Corporate Executives: An Empirical Study," *Journal of International Business Studies*, 131–144.

圖 11–2 外派過程的不同階段

第二節 外派人員的甄選

在外派過程中的每個時點，都有不同的人力資源管理考量。其中，在外派人員的甄選方面，組織往往需要先考慮到具備何種特質的人員較適合外派，然後根據所需要的人力特質進行甄選，並事先設計好外派人員的薪資制度，以於甄選時能夠讓員工瞭解，而以下就是這三方面的說明。

外派人員的合適特質

以往國內的管理者只需具備處理國內事務之能力即可，但隨著地球村的來臨及全球化趨勢下，管理者需面臨更加複雜的環境；除了需有能力面對全球化的產品、全球化的顧客之外，更需具備跨國的溝通及協調能力。根據過去的研究指出，跨國管理者在人格上往往有人際導向、創造性、自信寬廣、開拓精神、以及理性秩序的特色❷，而跨國管理者往往也比傳統管理者更需要具備全球化的觀點、瞭解多元文化的特質、能夠同時與不同文化的人一起工作和學習、能適應不同文化的生活環境、並且具備跨文化的互動技能等等❸。關於這些能力，大致上又可以再分成二類，一類是內在部分，包含管理者本身的內在人格特質、責任動機、基本能力與觀念等等（例如瞭解多元文化的特質）；另一類則是外在部分，也就是管理者對外在環境的管理能力，包括管理者對資源的經營、市場狀況的瞭解、當地幹部的聘請、當地的政治 / 法律 / 經濟 / 社會與文化等等環境的瞭解，以及能夠進行溝通與決策的能力（例如跨文化的互動技能）❹。

由於以上這些外派人員所需要的能力，有許多是從經驗中學習的，因此跨國管理者的學習能力，包括尋找回饋、善用回饋、樂於探索文化、找尋機會學習、接納批評以及保持彈性等等，也是相當重要的部分❺。

外派人員之甄選

當組織走向國際化與全球化時，許多組織將不斷增加其外派人員的數量，以因應國際化時代的來臨❻，同時也會開始要求組織人才的國際化與

❷ 戚樹誠 (1996),《全球化趨勢與企業經理領導特質之實證研究》(行政院國家會專題計畫)。

❸ 林彩梅 (1994),《多國籍企業論》，臺北：五南出版社。

❹ Adler, N. J. & Bartholomew, S. (1992), "Managing Globally Competent People," *Academy of Management Executive*, 6 (3), 52–65.

❺ Spreitzer, G. M., McCall, M. W. & Mahoney, J. D. (1997), "Early Identification of International Executive Potential," *Journal of Applied Psychology*, 82 (1), 6–29.

❻ Black, J. S. & Gregersen, H. B. (1995), "When Yankee Comes Home Factors Related to Expatriate and Spouse Repatriation Adjustment," *Journal of International Business Studies*, 20, 671–694.

全球化視野及能力，而如何從有限的人力資源中，正確有效的遴選出具備適當能力的外派人員，已成為組織在國際化與全球化過程中的首要考量。通常，組織在甄選海外派遣人員時，往往會從一般資格與業務知識兩大方面來考量，所謂一般資格，主要包含是否具有世界觀、語言能力、健壯的體力、精力充沛、當地適應性、豐富見識與高度修養等等，而在業務知識方面則包含經營的基本知識、國際商業的知識、組織本身的知識、商品知識、決策能力與管理經驗等等❼。此外，甄選海外派遣人員時，還要注意員工個人的成熟度與個性穩定程度，當然，關於業務上的專業知識、領導與管理技巧、主動與創造性、良好的溝通能力、個人海外工作的經驗與意願等等，也是甄選中的重要考量因素❽。本文將以上這些考量因素，歸類為以下幾個重點進行說明：

1. **個人的狀況及能力**

對大多數組織而言，甄選外派人員時，業務上的專業知識與技能，仍然是最重要的考量之一，例如日本松下公司就將其海外派遣的經驗，歸納成一個英文字 "SMILE"，其中 S (Specialty) 代表的就是海外派遣人員所具備的專長，而 M (Management Ability) 代表管理能力、I (International) 代表國際觀、L (Language) 代表語言能力、E (Endeavor) 則代表熱誠認真。此外，許多研究也指出，良好的體能是挑選外派人員時，不可或缺的考慮因素，也可以說是必備的條件之一❾。

2. **當地國的適應能力**

外派人員在海外居住的前幾年，常會因文化差距而造成一些跨文化衝擊 (Culture Shock) 與適應不良的問題，主要是因為海外派遣人員必須面臨與適應不同文化與風俗，進而承受相當大的壓力。故在外派甄選的標準上，適應能力也是重要的因素之一。此外，海外派遣人員的家人無法適

---

❼ 林彩梅 (1994)，《多國籍企業論》，臺北，五南出版社。

❽ Tung, R. L. (1981), "Selection and Training of Personnel for Overseas Assignments," *Columbia Journal of World Business*, 16 (1), 68–78.

❾ Gonzalez, R. F. & Negandhi, A. R. (1967), *The United States Executive:His Orientation and Career Pattern*, Michigan States University.

應當地國的生活與文化，更是造成海外派遣失敗的要素之一，所以海外派遣人員所需具備的適應能力，應該還包括「配偶及家族的適應性」[10]。

3. **個人的生涯規劃與意願**

早期組織在甄選海外派遣人員時，僅有少數組織會考慮到員工的外派意願，但今日有越來越多的管理者及專業人士，希望對自己的未來能加以掌控，而不是被動地等待其發生。因此，海外派遣人員的外派意願，愈來愈成為組織在甄選外派人員時的重要依據；此外，海外派遣的工作如果與員工的長期生涯規劃相符合，往往也有助於海外派遣的成功[11]。

關於上述對外派人員甄選的考慮條件，也有人將其分成五類（或說是五種外派的關鍵成功因素），包括專業與技術能力、國際動力、交際能力、家庭狀況、以及語言能力，其中專業與技術能力以及語言能力可以視為是個人的狀況及能力，而交際能力則可以視為當地國的適應能力之條件，至於國際動力和家庭狀況則可以包括在個人的生涯規劃與意願之內。此外，在甄選外派人員時，不同的甄選方法，例如面談、測試、評估中心、個人資料、工作樣本、推薦等等，往往對於某些外派所需要的能力有較好的區辨效果，也就是不同方式適用於甄選具備不同關鍵成功因素之外派人員，而表 11–1 就列舉了一些不同的甄選方式，以及這些甄選方式適合篩選的外派關鍵能力。

雖然透過不同的甄選方式，可能篩選具備駐外能力的外派人才，不過究竟哪些能力對外派任務的成功較為重要，則取決於外派工作的任職條件，包括任職的時間長短、文化相似性、需要與東道國（也就是當地國）僱員必要的溝通、以及工作複雜性和責任等等，而不同的任職條件，其重視的外派人員能力也有所不同，如表 11–2 之整理所示。其中，還可以看出，當母國與當地國文化差異很大的時候，對外派人員專業與技術能力的要求，就不是很明顯，反而是其他幾種能力，包括交際能力、國際動力、家庭狀況以及語言能力，就非常重要了。

---

[10] Tung, R. L. (1987), “Expatriate Assignments: Enhancing Success and Minimizing Failure,” *Academy of Management Executive*, 1 (2), 117–126.

[11] 同上。

表 11-1 外派人員關鍵能力合適之甄選方法

外派人員的關鍵成功能力	甄選方法					
	面談	測試	評估中心	個人資料	工作抽樣	推薦
專業與技術能力						
技術能力	✓	✓		✓	✓	✓
行政能力	✓		✓	✓	✓	✓
領導能力	✓	✓	✓			
交際能力						
溝通能力	✓		✓			✓
文化容忍與接受力	✓	✓	✓			
對不確定性的容忍力	✓		✓			
行為與態度的彈性能力	✓		✓			✓
適應能力	✓		✓			
國際動力						
願意接受外派的程度	✓			✓		
對派遣國家的文化興趣	✓					
對國際任務的責任感	✓					
與生涯發展的吻合度	✓			✓		✓
家庭狀況						
配偶願意到國外的程度	✓					
配偶的交際能力	✓	✓	✓			
配偶的教育目標	✓					
對子女的教育要求	✓					
語言能力						
用當地語溝通的能力	✓	✓	✓	✓		✓

資料來源：整理自邱立成等譯 (2000)，《多國管理戰略要徑》，北京：機械工業出版社。

外派人員之薪資

外派是一件高度風險與不確定性的工作，組織也明白國際派遣對員工及其家庭而言涉及風險與犧牲，因此都會提供合適的報償，讓員工感覺到海外派遣是值得的，而且也會盡量允許員工維持目前的生活型態，如此則員工對組織較可能產生高度的承諾，並在海外派遣時會提高其績效。至於海外派遣人員的薪資結構，大致上包含了基本薪資、特別津貼以及一般津

表 11-2 任職特色與外派人員關鍵成功能力之優先程度

外派人員的關鍵成功能力	任職特色			
	需要外派很久	文化差異很大	經常需要與當地人溝通	工作複雜且責任很大
專業與技術能力	高	N/A	中	高
交際能力	中	高	高	中
國際動力	高	高	高	高
家庭狀況	高	高	N/A	中
語言能力	中	高	高	N/A

註：N/A 表示在該任職特色之下，對外派人員的該關鍵能力沒有特定要求。
資料來源：摘譯自 Tung, R. L. (1981), Selection and Training of Personnel for Overseas Assignments. *Columbia Journal of World Business*, 16 (1), 68–78.

貼三種，特別津貼的部分主要有海外特別津貼、契約到期支付津貼與回國休假津貼等等，而一般津貼的部分則有住宅津貼、生活費津貼、稅率差異的津貼、子女教育津貼、調職與適應津貼等等，至於其內容則分別敘述如下[12]：

1. **基本薪資** (Base Salary)

   以原來在母公司的薪資作為海外派遣人員在海外的基本薪資。

2. **特別津貼** (Bonuses or Premiums)

   這一部分主要包括了海外特別津貼 (Overseas Premiums)、契約到期支付津貼 (Contract-termination Payment)、以及回國休假津貼 (Home Leave)。其中的海外特別津貼是為了鼓勵人員到海外工作，而當派駐國的生活條件較為惡劣時，組織也會給予較高的海外特別津貼。至於契約到期支付津貼，則是在工作契約所載到期日時發放，目的在鼓勵海外派遣人員繼續留在海外工作，不要輕易中途離職或拒絕外派。另外，關於回國休假津貼，則是為了滿足海外派遣人員於休假時，可以回國與家人團聚的期望，主要包含了交通費與其他雜費等等。

3. **一般津貼** (Allowances)

---

[12] Selmer, J. (2001), "Antecedents of Expatriate/Local Relationships: Pre-Knowledge vs. Socialization Tactics," *The International Journal of Human Resource Management*, 12 (6), 916–925.

這一部分主要是針對海外派遣人員在派駐國的生活，包括食衣住行等等，所給予的各種津貼。例如，住宅津貼 (Housing Allowances) 是對外派人員在當地的住宿給予津貼，調遷津貼 (Moving Allowances) 則是根據外派人員因職務調任而產生的費用進行補助，包括交通費用、家具搬運費等等，而適應津貼 (Orientation Allowances) 則是為了協助外派人員及其家人適應當地生活所給予的補貼，包括語言學習費等等。另外，組織往往也會補貼外派人員在派駐國與母國日常開支上的差異，也就是生活費用津貼 (Cost of Living Allowances)，例如額外的交通運輸與醫療費用等等。至於稅異津貼 (Allowance for Tax Differential)，則是當外派人員在派駐國所支付的稅額超過原先在母國所繳的稅額時，組織對超額部分的補貼。某些組織除了以上這些津貼之外，也會提供外派人員的子女教育津貼 (School Allowances)，讓外派人員的子女在派駐國接受教育時，能夠獲得補助。

由於海外派遣員工大部分是高技術、受過良好教育的專業人員或高成本的經理人，所以其人力成本相當高，而組織在發展其外派人員的報償政策時，也就不能掉以輕心，必須盡力滿足下列目標：①建立及維持一套公平、合理而有效之制度，使全體員工能接受，並且樂於為公司效力且其政策能吸引和留住優秀合適之派外人才，並鼓勵人才接受海外派遣；②能夠幫助組織以最具成本效益的方式在國際間調派員工；③能夠配合組織整體的策略、結構以及業務需求等等。以下，是常見的二種外派報償方式[13]：

1. **資產負債平衡法** (Balance Sheet Approach)

   此方法是最常用的外派人員薪資設計方式，主要是使外派人員在國外與在母國時，能夠擁有相同的購買力，並且再提供另外的激勵津貼，以抵償不同派遣地點之間所產生的差異。

2. **當地化組合** (Localized Package)

   此方法是將外派人員的基本薪資，大體上比照當地人員進行給付，而僅以小幅調整來支付外派人員的住宅與海外服務等等相關津貼。因此，此方法適用於區域間的兩國，其薪資與生活水準差異不大時的外派人員移

[13] Allard, L. A. C. (1996), "Managing Globetrotting Expatriates," *Management Review*, 5, 38–43.

動，因為如果員工由高薪資國家移至低薪資國家時，外派人員及家庭將因此而遭受財務上的損失，降低其外派意願。

第三節 外派人員之訓練

有研究指出，日本外派經理人的失敗率低於美國外派經理人，其主要原因之一，即在於日本的多國籍企業在海外派遣前，對海外派遣人員會施以更多的系統化教育訓練，而有助於海外派遣人員與其家人在當地國的適應[14]。至於外派人員的訓練內容，則會因為海外派遣人員本身的經驗、當地國與母國的差異性、以及外派人員的文化暴露強度而來決定。其中，所謂文化暴露強度是指外派人員對當地文化的融合程度以及將在海外停留時間的長短。當外派人員的海外停留時間越久，或是與當地文化的融合程度越低時，顯示著文化暴露強度越高，也就越需要接受更完整的訓練[15]。當然，這些教育訓練的對象，不僅應該包括海外派遣人員，更應該將其家人也納入訓練的課程對象中，以幫助海外派遣人員及其隨行家人適應當地國的生活。

一般而言，針對海外派遣人員的職前訓練，其內容大致上可以歸納為兩類：個人能力的訓練以及當地國生活與文化介紹的訓練。其中，在個人能力方面，通常會包括當地國語言的訓練、相關業務知識的訓練、以及相關技術的訓練等等。此外，透過當地國生活與文化的介紹，將有助於讓外派人員深入瞭解當地國的環境，而有助於海外派遣人員及其家人的適應，也可使其能夠面對與處理一些因文化不同所引起的突發狀況。以下，本文先從跨文化的意涵說起，然後將針對外派人員的跨文化衝擊予以說明，最後再就跨文化訓練的種種技巧加以討論。

跨文化的意涵

文化一詞的涵義甚多，概括而言，文化可說是存在於社會中的一切人

[14] Tung, R. L. (1984), "Human Resource Planning in Japanese Multinationals: A Model for U.S. Firms?" *Journal of International Business Studies*, 15 (2), 139–149.

[15] 陳小悅譯 (1999),《國際管理教案與案例》, 北京機械工業出版社。

工製品、知識、信仰、法律、價值與規範等等因子，以及由其所構成的整體，而這些因子代代相傳，經由社會學習而得，或可經由成員創造而更新。其中，文化概念的定義可分為廣義與狹義的兩種，廣義定義是指人類在社會歷史發展過程中所創造的各種物質與精神、財富的總和，狹義定義則是指教育、語言、文學藝術、習俗、宗教信仰、傳統、制度等等具體的人類系統。另外，文化也可以用來區別群體成員或來自其他地區的人之集體計畫，而此一群體可能是國家（形成國家文化）、職業（形成專業文化）、商業型態（形成企業文化）等等⓰。

Goodman 曾把文化比擬成冰山 (Iceberg)，意思是指有一小部分的冰山是露出在水面上的，這部分也就是文化中較容易被觀察到的項目，諸如語言、食物、飲宴、穿著、建築和藝術等等；而另一大部分的冰山則是被海水淹沒，這部分隱含的即是價值觀、道德、肢體語言、男女關係、家庭忠誠、學習模式、工作態度等等⓱。

由於各國都有自己不同的文化，於是當外派人員面臨本國文化與他國文化在溝通、協商或是種種工作與生活有關的態度、時間與空間等等各方面的概念出現差異時，就形成所謂的文化差距 (Cultural Distance)⓲，而可能使得外派人員產生文化上的不適應，甚至發生跨文化衝擊的問題。

跨文化衝擊

通常，跨文化衝擊 (Culture Shock) 對於移民群以及外派人員特別容易發生，這是指當人們初到海外時，由於不熟悉當地國的文化，所以不瞭解其行為應該如何才適當而有效率，以至於不能夠發揮必須扮演的角色與技巧，從而產生焦慮、敏感、無力感與各種心理不適應的狀態⓳。一般而言，

⓰ Hofstede, G. H. (1980), *Culture's Consequences*, Beverly Hills, Calif.: Sage.

⓱ Goodman, N. (1994), *Cross Cultural Training for the Global Executive in Improvement Intercultural Interactions: Modules for Cross Cultural Training Programs*, London: Sage Publications.

⓲ Church, A. T. (1982), "Sojourner Adjustment," *Psychological Bulletin*, 91, 540–571.

⓳ Taft, R. (1977), "Coping with Unfamiliar Cultures," In N. Warren (Ed.), *Studies in Cross-Cultural Psychology*, 1, 125–153.

外派人員之所以會發生跨文化衝擊，主要是因為外派人員需要面對新環境或新情境，或是外派人員在不同文化與人際間的無效能溝通，以及當外派人員的情緒或心理安寧受到威脅時[20]。至於外派人員的跨文化衝擊影響究竟如何，則要看個人在面對跨文化時，其所依據的態度傾向於正面或負面，以及其所適應調整的策略傾向於積極還是消極。例如圖 11–3 所示，若是個人對不同文化抱持著較正面的態度，包括開放、接受、相信與彈性的態度，而且採用較積極的調整策略，包括多觀察、傾聽、以及詢問，則其跨文化適應的結果往往是能夠融入當地國的文化，而不是產生疏離與退縮。

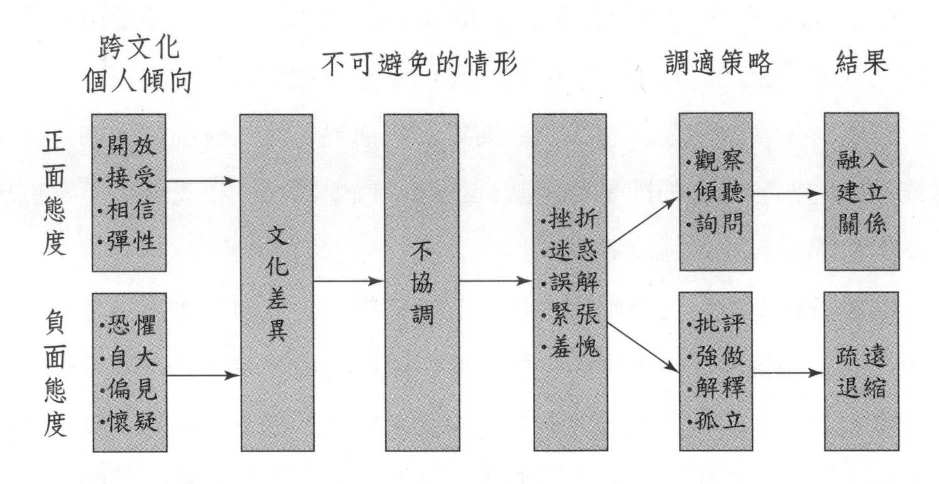

資料來源：整理自趙必孝 (2000),《國際化管理——人力資源觀點》，臺北：華泰書局。

圖 11–3　跨文化衝擊過程

另一方面，一般的外派人員發生跨文化衝擊的階段，大致上如圖 11–4 所示，由初到海外的蜜月期，此時外派人員對當地國生活的新鮮感足以讓其有良好的適應。進而發展到危機階段，也就是跨文化衝擊的不適應症狀最明顯的階段，然後透過學習或是支持團體的協助而逐漸恢復，並漸漸達到調適甚至於進入最後一個階段，也就是相當習慣於海外的生活與工作。

跨文化訓練

如果外派人員無法處理其跨文化衝擊，結果往往會導致其外派的任務失敗。因此，組織能否有效地協助外派人員因應其跨文化衝擊，就成為組

[20] 趙必孝 (2000),《國際化管理——人力資源觀點》，臺北：華泰書局。

蜜月階段 (Honeymoon Stage)
此時外派人員剛到海外，因此對當地國的一切事物仍抱有新鮮感，而當地國人士對外派人員亦有相當的好奇心，於是彼此保持著欣賞、熱誠及迷惑的表面關係階段，外派人員將有良好的適應

↓

危機階段 (Crisis Stage) 或是文化衝擊期 (Culture Shock Stage)
在蜜月期之後，外派人員必須試著去適應當地的生活與工作環境，此時會發現在語言、觀念、價值、符號運用等等方面，都可能與當地國發生差異。於是許多在母國可以被接受的行為，在當地國將不被允許，而外派人員又不知道哪些是被允許的或不被允許的，導致焦慮、緊張、生氣、挫折等等的不適應感產生

↓

恢復階段 (Recovery Stage)
外派人員透過學習駐在國的語言、文化，或是尋求支持團體（例如與駐在國人建立友誼，或是與同樣母國前往的外派人員建立互助會）等等方式，解決了危機階段的各種問題與感受

↓

調適階段 (Adjustment Stage)
經過一段摸索後，外派人員開始能夠清楚地分辨哪些行為是被允許的或不允許的，同時對當地國的生活環境也有了更多的認識，此時的適應情況將有所改善

↓

熟悉期 (Mastery Stage)
此時的外派人員對地主國生活方式與文化已經能完全適應，並能發揮其專長

資料來源：摘譯自

1. Oberg, K. (1960), "Culture Shock: Adjustment to New Cultural Environment," *Practical Anthropology*, 7, 77–182.
2. Harris, J. E. (1989), "Moving Managers Internationally: The Care and Feeding of Expatriates," *Human Resource Planning*, 12, 49–53.

圖 11–4　跨文化衝擊的感受階段

織能否國際化成功的一項重要因素，而外派人員能否發現跨文化差異，以及適應新的文化，也成為其能否成功完成任務的重要指標之一。至於組織的跨文化訓練，最重要的目的也就是要幫助外派人員提升其跨文化適應能力，特別是當外派人員的工作需要與當地居民有所接觸，或是母國與當地國的文化差異過大時，則外派人員就應該接受各種跨文化訓練，例如地區研究 (Area Studies)、文化同化 (Cultural Assimilation)、語言訓練 (Language Preparation)、敏感度訓練 (Sensitivity Training)、或是實地經驗模擬 (Field

Experience) 等等（尤其是後兩項的訓練）[21]。當組織對國際經理人進行適當的跨文化訓練之後，將有助於經理人瞭解不同文化的價值、增加文化敏感性、提升文化知覺，促進不同文化團隊的合作，以及增進不同文化間的溝通協調能力[22]，進而幫助他們在新文化中克服無法預期的事、適應新環境、降低文化衝擊、以及有效地執行海外工作。

至於組織可以選擇哪些不同的跨文化訓練方法，表 11–3 列舉了一些提供參考。不過，由於此分類架構並沒有比較各種方法的嚴謹度，也沒有指出不同方法是否有不同的適用情況，所以負責跨文化訓練的人資專家，很難從這個架構中找出最適切於外派人員的訓練方法。關於這點，Mendenhall 等人倒是提出了一個更為明確的跨文化訓練模式。他們首先認為，在選擇跨文化訓練時，除了要考量前面所提到的外派人員經驗、當地國與母國的差異性、以及外派人員的文化暴露強度之外，還要考慮到外派人員與當地國文化的互動程度，並根據這些考量來決定跨文化訓練的內容及其嚴格度[23]。例如，當外派人員的任務與當地國的文化互動不高，而母國和當地國文化的差異也很低時，則其訓練內容就應該針對與工作及任務相關為導向的課程，訓練方法的嚴格度也可以比較低。不過，如果外派人員的任務與當地國文化互動程度較高，而且也面臨母國與當地國的文化差異性很大時，就應該採取中高級的嚴格度，並進行一些跨文化技能和執行新工作的能力發展訓練。

此外，Mendenhall 等人更進一步提出三項與訓練相關的要素，包括：①訓練的方法、②訓練嚴謹度的高低程度、③外派人員與當地國的互動以及文化相似性相關之訓練時間長度。他們並依據上述要素，發展出跨文化

[21] Tung, R. L. (1982), "Selecting and Training of Procedures of U.S., European and Japanese Multinationals," *California Management Review*, 25 (1), 57–71.

[22] Tung, R. L. (1981), "Selection and Training of Personnel for Overseas Assignments," *Columbia Journal of World Business*, 16 (1), 68–78.

[23] Mendenhall, M. E., Oddou, G. R. & Dunbar, E. (1987), "Expatriate Selection Training and Career-Pathing: A Review and Critique," *Human Resource Management*, 26, 331–345.

表 11–3 跨文化訓練方法分類架構

訓練類別	訓練方式與目標
資訊或事實導向的訓練 (Information or Fact-oriented Training)	透過演講、錄影帶、以及書面資料，提供受訓者派駐國家的各種現況
文化同化或歸因訓練 (Cultural Assimilation or Attribution Training)	・協助受訓者學習以當地國人民的方式來解讀當地國人民的行為 ・學習瞭解當地國人民的行為原因 ・試著調整自己以配合當地國文化
文化知覺或是敏感度訓練 (Cultural Awareness or Sensitivity Training)	・透過對自身價值觀、態度及行為的瞭解，使受訓者學習到自己的行為如何受到文化影響 ・藉由以上的學習，讓受訓者更能理解，在當地國的不同文化下，當地國人民行為如何受到其文化影響
認知—行為修正 (Cognitive-behavior Modification)	・協助受訓者瞭解其自身文化中的賞罰結構 ・試著比較受訓者個人所熟識的賞罰結構與當地國文化中的賞罰結構之異同 ・藉由上述的察覺，讓受訓者能發展自己行為的有效策略，以能在當地國中獲得獎賞而避免受到懲罰
經驗學習或是實地經驗模擬 (Experiential Learning or Field Experience)	經由實地旅遊或見習、角色扮演、文化模擬等等方式，讓受訓者實際體驗到不同文化的生活方式
互動訓練 (Interaction Training)	透過非正式的討論或是角色扮演，讓受訓者與當地國人民或回任者進行互動，藉以幫助受訓者獲得第一手資訊

資料來源：整理自黃英忠、鍾昆原、溫金豐 (1996)，〈國際企業中跨文化的訓練與發展——重要事例法與社會學習理論之應用〉，《就業與訓練》，第十五卷，第三期。

的訓練模型，如圖 11–5 所示。其中，跨文化訓練的方法可以分為三大類，如下說明：

1. **資訊給予法** (Information Giving Approach)

   有點類似表 11–3 中的資訊或事實導向的訓練，主要是提供外派人員關於當地國當地的社會、地理環境、文化歷史、政府資料等等的人文書面資訊，以及一些基本的謀生語言訓練。

2. **情感投入法** (Affective Approach)

   主要是透過文化同化訓練、角色扮演、個案研究、爭議性事件、降低壓力訓練及中階語言訓練等等，使外派人員能夠對當地國的各種環境開始注意並試圖瞭解。

3. **融入法** (Immersion Approach)

此方法是針對派駐較久而且需要與當地國有較深入互動的外派人員，所以此類的訓練著重於影響外派人員實際行動，並使訓練能夠融入個人的觀念與行為，因而包含有評鑑中心、實地經驗、模擬、敏感度訓練及進階的語言訓練等等。

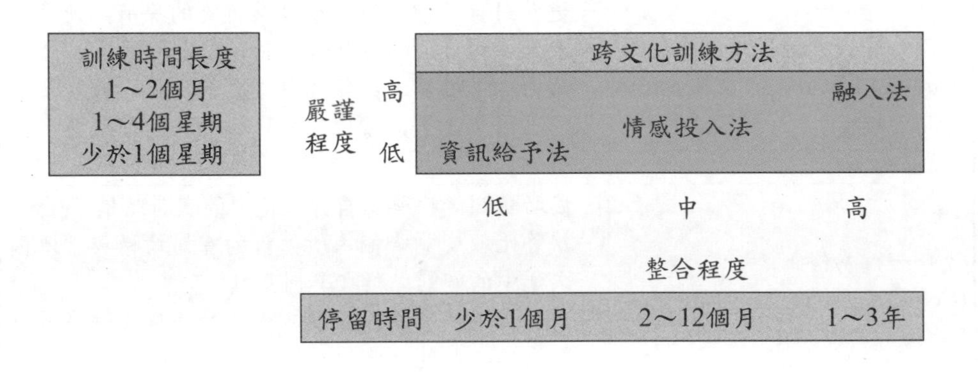

資料來源：摘譯自 Mendenhall, M. E., Oddou, G. R. & Dunbar, E. (1987), "Expatriate Selection Training and Career-Pathing: A Review and Critique," *Human Resource Management*, 26, 331–345.

圖 11–5　跨文化訓練模式

第四節　外派人員的適應

所謂適應是指個人在面對新環境時，其感覺與環境協調一致的程度，或是在各方面心理達到一定程度的舒適感，而這種感受往往來自於個人與環境間的互動關係，包括個人在不斷尋求自身的需要滿足以達成其目的時，同時也承受到環境中的壓力，所以適應包含了個人與環境之間的相互忍受 (Bearing) 與影響 (Influence)，也由於在成長過程中，人會改變，環境也會改變，因而環境與個體之間，將有不停的適應與再適應。其中，適應又可以分為積極適應和消極適應兩類，積極適應指的是一個人朝原目標邁進時遭遇阻礙，則會盡可能地努力以達成原目標，但如果仍然面臨失敗時，就會改變方式，釐定一個與原來相近的目標，然後再繼續努力並重新適應。

至於消極適應，則是指當一個人遇到挫折時，並不設法克服困難，而是放棄原來目標，改立一個不相干的目標來作為補償㉔。

至於外派人員的跨文化適應，主要是指當外派人員面臨到前面所提及的跨文化衝擊時，包括因為對當地國文化的不熟悉，從而產生的各種焦慮、敏感、或無力感等等的調適過程。此外，也有學者將其定義為外派人員對於在當地國的生活滿足程度、工作勝任程度等等之主觀評估，也就是對於異國文化價值的感覺程度㉕。因此，跨文化適應基本上是一種內部的、心理的情緒狀態，並可由個人對於外國文化經驗的主觀態度來衡量。

通常，外派人員的跨文化適應可區分為：工作適應、當地國的社會生活適應、以及一般適應㉖。其中在當地國的社會生活適應方面，與當地人士相處的適應也包含在內，這主要又可以分成三部分來看：與組織內的當地員工相處之適應、與組織外的當地人士相處之適應、以及與當地的一般人士相處之適應。假如外派人員跨文化適應良好的話，通常意謂著外派人員能夠維持好的心理健康和精神安康、能夠強調不同方面的生活滿意、能夠與當地國人們有好的關係、以及能夠有效地完成工作和對新工作的角色表現出一種正面態度等等。至於外派人員跨文化適應的時程，則以如圖 11–6 所示的 U 型適應理論最為常見。

關於跨文化適應的 U 型理論，也有人以社會學習理論 (The Social Learning Theory, SLT) 來進行說明㉗：

1. **SLT 與蜜月期**

若就社會學習理論來解釋為何會有蜜月期，我們可以發現，此一期間由

㉔ 趙必孝 (2000)，《國際化管理——人力資源觀點》，臺北：華泰書局。

㉕ 柯元達 (1994)，〈台商派駐大陸經理人適應問題研究〉，《中山大學企業管理研究所碩士論文》。

㉖ Black, J. S. (1988), "Work Role Transitions: A Study of American Expatriate Managers in Japan," *Journal of International Business Studies*, 19, 277–294.

㉗ Black, J. S. & Mendenhall, M. (1991), "The U-Curve Adjustment Hypothesis Revisited: A Review and Theoretical Framework," *Journal of International Business Studies*, 22 (2), 225–247.

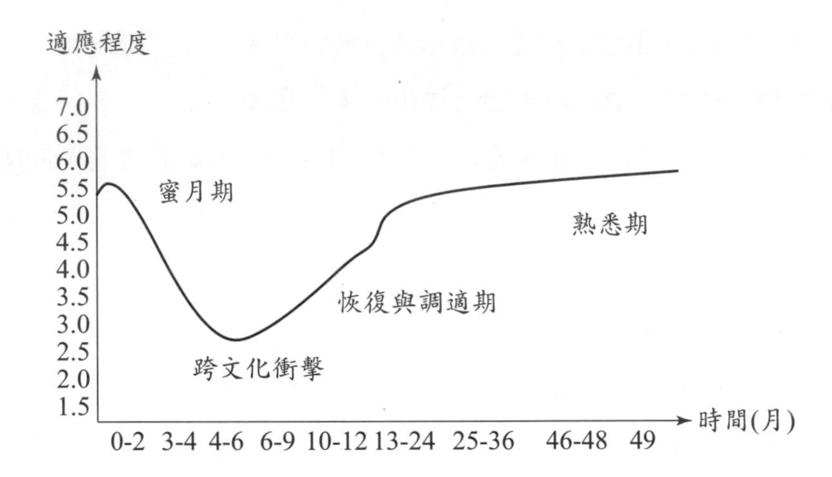

資料來源：摘譯自 Harris, J. E. (1989), "Moving Managers Internationally: The Care and Feeding of Expatriates," *Human Resource Planning*, 12, 49–53.

圖 11–6 跨文化適應 U 型理論

於時間太短，使得個體不易察覺他們不當行為所造成的負面結果，或者負面結果與行為之間的關係。另一方面，當地國表現回饋的形式可能與母國有所不同，再加上時間太短，所以外派人員累積的負回饋相對較少，使得個體可能不知道負回饋的發生及其原因，甚至有可能掩耳盜鈴地不想去認知到負回饋的原因，以維護先前的自我概念。

2. **SLT 與文化衝擊期**

隨著外派期間的增長，個體逐漸察覺到某些行為在新文化下可能是不適當的，但由於新文化與母國文化的差異太大，社會規範和價值觀有相當大的差距，所以個體並不完全知道在新文化下，何種作法或是行為修正才是適當。於是當個體開始察覺一些行為表現在新文化下是不適當的，卻又不知道該怎麼做才是適當，個體開始陷入挫折、焦慮和生氣。更進一步地說，文化差異越大，文化新奇性越高，在新文化與母國文化衝擊之下，適當與不適當的行為表現之差異就越大，文化衝擊也就越大。

3. **SLT 與恢復適應期**

在適應期，個體開始瞭解什麼是適當行為，以及獲得適當行為的表現能力，使得正向結果增加，負向結果減少。當個體有更多機會觀察模範行為，他越可能注意到在什麼情況下應該有什麼樣的行為表現，以及什麼樣的行為表現會有什麼樣的後果，他就越有機會表現適當行為，也越可能接受到更多的正向回饋，受到更多的增強，其自我價值感 (Self-worth)、自信心 (Self-confidence) 以及滿意度等等就會增加。同時，由於個體表現了更多的適當行為，使得個體與當地國人士互動的人際關係更增進，於是其適應情況也就更好。

4. SLT 與熟悉期

隨著個體的越來越適應，個體每出現適當行為之後便會受到正增強，於是加深了個體的注意 (Attention) 和記憶 (Retention)，此種行為就越重複出現 (Reproduction)，因而更增加其正向結果，而形成個體的內在行為習慣，以後便如此循環下去，而對海外生活與工作越來越熟悉與習慣。

外派人員要能夠克服跨文化衝擊，進而熟悉海外的生活及工作，並發揮其績效，往往需要擁有一些能夠達成跨文化效能 (Intercultural Effectiveness, ICE) 的能力，也就是在不同文化中，能夠有效的管理和轉換知識，以達成跨文化任務成功的技術和能力等等[28]。這些能力又可以分成表 11–4 所列的五項，其中的跨文化溝通能力是導致跨文化效能的一個主要能力，並可以透過四個指標來檢定，包括對當地國溝通系統的知識、對情境理解的能力、影響情緒的能力、以及行為能力[29]，而根據研究顯示，外派人員在當地國的調適和溝通是呈現正相關的，亦即愈好的溝通互動產生愈好的調適以及愈高的滿足感[30]。

其次，在處理心理壓力的能力上，當外派人員因為生活環境改變而面臨挑戰和刺激時，往往會試圖努力調整以適應環境；此時，壓力情境的解決可增強其內在能力，這些能力將可用以應付更多變的環境挑戰（當然，壓力過大或是個人適應力差，則將會有反效果，請見第十章的員工壓力管理），而外派人員常見的心理壓力指標包括：挫折、壓力、緊張、社會疏離

[28] Kelley, C. & Meyers, J. (1995), *CCAI (Cross-Cultural Adaptability Inventory)*, MN: National Computer Systems, Inc.

[29] Kim, Y. Y. (1988), *Communication and Cross-Cultural Adaptation: An Integrative Theory*, Cleveland, England: Multilingual Matters Ltd.

[30] Kim, Y. Y. (1991), "Intercultural Communication Competence: A Systems-Theoretic View," In S. Ting-Toomey & F. Korzenny (Ed.), *Cross-Cultural Interpersonal Communication*, Newbury Park, CA: Sage Publication, Inc.

感、人際衝突、以及財務困難等等㉛。至於表 11–4 中的第三項，也就是外派人員的關係建立能力，由於人們在不同的文化背景下，最成功的處理方式就是在兩個文化間建立一個穩定的社會網路，此一網路能夠提供外派人員在安全感、安寧上的一個情緒性支持，並且提供外派人員資訊和回饋，以培養他們在適應時所需要的各種認知、情意與行為能力，進而可以增強個人在不同文化下的抗壓性。因此，建立和維持關係，也是跨文化效能所強調的重要要素之一，其中又可以再區分成六項指標來加以度量，包括外派人員發展和他人人際關係的能力、維持和他人人際關係的能力、正確瞭解他人感覺的能力、和他人有效工作的能力、和他人產生共感的能力、有效地處理不同社會風俗的能力㉜。

最後，關於文化同理心是指外派人員能否把自己融入其他文化中，進而感受到當地國人士在該文化中的各種行為及可能原因，而文化同理心又可以再分成二方面來衡量，包括對當地國文化的容忍與涉入程度，因為忍耐和彈性會影響文化同理心和跨文化效能㉝，另一方面則是對於母國及當地國文化的差異知覺能力。至於表 11–4 的最後一項，也就是跨文化察覺能力，是指外派人員能否在和不同文化的人員接觸時，去接受其文化基本觀點，並在此觀點的限制下去行動，而且還能知道、瞭解和內化此種文化的基本信仰㉞。所以文化察覺包含了一個人對於不同文化的歷史、機制、儀式和每天的事物等等，能夠知覺的程度。

㉛ Hammer, M. R., Gudykunst, W. B. & Wiseman, R. L. (1978), "Dimensions of Intercultural Effectiveness: An Exploratory Study," *International Journal of Intercultural Relations*, 2, 382–393.

㉜ 同上。

㉝ Cui, G. & Van Den Berg, S. (1991), "Testing the Construct Validity of Intercultural Effectiveness," *International Journal of Intercultural Relations*, 15, 227–241.

㉞ LaFromobise, T., Coleman, H. L. & Gerton, J. (1993), "Psychological Impact of Biculturalism: Evidence and Theory," *Psychological Bulletin*, 114 (3), 395–412.

表 11–4　達成跨文化溝通效能之應備能力

跨文化溝通能力 (Intercultural Communication Competence, ICC)	重要指標： ・對當地國溝通系統的知識 ・對情境理解的能力 ・影響情緒的能力 ・行為能力
處理心理壓力的能力 (Dealing with Psychological Stress Competence)	・心理壓力的重要指標：挫折、壓力、緊張、社會疏離感、人際衝突、財務困難
關係建立的能力 (Relationship Building Competence)	重要指標： ・發展和他人人際關係的能力 ・維持和他人人際關係的能力 ・正確瞭解他人感覺的能力 ・和他人有效工作的能力 ・和他人產生共感的能力 ・有效地處理不同社會風俗的能力
文化同理心的能力 (Cultural Empathy Competence)	重要指標：容忍與涉入的程度、文化差異知覺的能力
跨文化察覺能力 (Cross-Cultural Awareness Competence)	對不同文化的歷史、機制、儀式和每天的事物，所能夠知覺的程度

資料來源：摘譯自 Han, P. C. (1997), *An Investigation of Intercultural Effectiveness of International University Students with Implications for Human Resource Development*, Unpublished doctoral dissertation.

第五節　外派人員回任之探討

所謂回任 (Repatriation) 是指外派人員完成海外任務之後，返回母國的延續過程，此時外派人員所要面對的是母國與總公司的環境影響[35]。根據一項在 1999 年對美國企業所做的調查顯示，公司對外派經理所花的成本，每年約 30 萬至 100 萬美金，但約 10% 至 20% 的外派經理未完成外派任務即提早回國。至於完成外派任務的回任人員，於回國一年內約有四分之一的人會離開公司，而大部分離職者會進入競爭者的公司。同時，回任人員的人事異動率是無海外派遣任務管理者的二倍。可見組織如果在人力資源管理方面，沒有訂定出較佳的回任政策，對組織與外派人員都是很大的損

[35] Dowling, P. J., Schuler, R. S. & Welch, D. (1994), *International Dimensions Human Resource Management* (2nd Ed.), CA: Wadsworth Publishing Company.

失。一般而言，外派人員回任過程的規劃，大致上可以分為四個階段：預備 (Preparation)、搬遷 (Physical Relocation)、轉換 (Transition)、以及再適應 (Readjustment) [36]。

以上四個階段，最容易出現問題的大概在轉換與再適應部分，例如有學者提出人員外派適應及回任再適應的 W 型曲線，如圖 11–7 所示。其中可以看到，外派人員在回任前，經歷了對當地國的蜜月期、危機期、以及適應熟悉期，但也因為逐漸融入當地國的生活，所以外派人員在剛回任時，反而不習慣母國的生活，於是在經過了蜜月期之後，又會再度面對母國環境的適應最低點，也就是回任的危機期，然後進行再適應的調整，適應曲線又再度提升。也就是說，外派人員在剛外派以及剛回任時，都面臨了相似的心理壓力，而此時均為適應曲線的最低點。然而，也有學者認為，回任對母國文化的適應，比外派對當地國文化的適應更困難，這是因為外派人員對當地國與母國的期望程度不同所導致，例如外派人員會預期外派適應的困難度而早做準備，卻往往不會預期回任適應的困難度而疏於準備。其次，當地國及母國人員在知覺的差異也有影響，例如當地國的人員，往往能瞭解外派人員的困難度而給予協助，但母國人員卻不會預期該人員回任的困難而可能沒有提供主動的協助等等 [37]。當然，外派人員與母國人員之間，彼此的期望差異也是造成外派人員回任不適應的重要原因。例如，當外派人員回任後，許多人會期望組織獎酬他們在海外的貢獻，包括一個英雄式的歡迎、一份高額的獎金、津貼或是福利、以及有一個高階職位讓其得以善用海外經驗等等。但真實情形可能是當這些人員外派之後，當初承諾獎酬的母國人員，可能就忘記有哪些已做成明確或模糊的協議，又或者是這些人已經轉換了一個新的職位或退休，以至於欠缺制度上的記錄去履行對外派人員的承諾，造成外派人員回任後，其內心的預期與實際情況

---

[36] Welch, D., Adams, T., Betchley, B. & Howard, M. (1992), "The View from the Other Side: The Handling of Repatriation and Other Expatriation Activities by the Royal Australian Airforce," In *Proceeding of the AIB Southeast Asia Conference*.

[37] Martin, J. N. (1984), "The Intercultural Re-Entry: Conceptualization and Directions for Future Research," *International Journal of Intercultural Relations*, 8, 115–134.

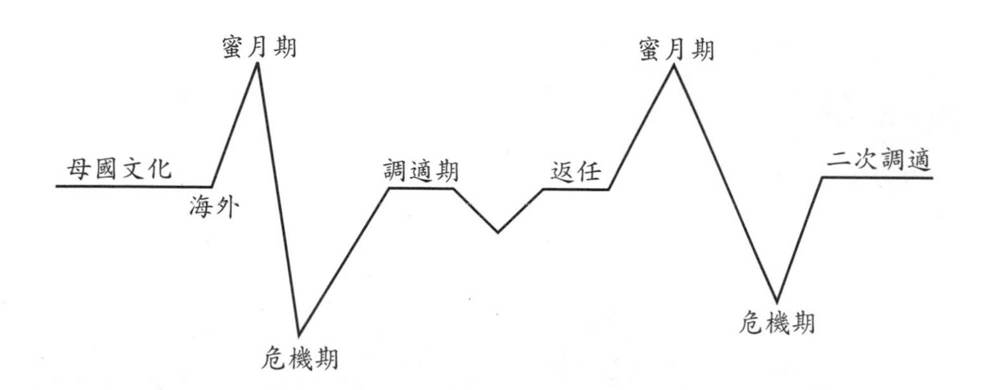

資料來源：摘譯自 Solomon, C. M. (1994), "Success Abroad Depends on More than Job Skills," *Personal Journal*, April, 58.

圖 11–7 人員外派及回任的二次適應（W 型）

並不相符，進而產生了適應上的問題。

至於外派人員如何適應回任後的危機期，圖 11–8 歸納出影響調適的四種變項，包括個人變項、工作變項、組織變項、以及非工作變項，而外派人員在回任前即透過這四個變項，包括個人的外派期間、工作是否自主、組織的聯繫頻率、以及二國的文化差異等等，建立其回任前的心理預期。等到真正回任後，也是透過這四個變項的不同內容，包括個人的回任調整與需求節制、工作上的角色確認、組織安排的生涯規劃、以及社會地位的變化等等，來進行實際的回任調適，並反映在工作面、人際互動面、以及總體環境面[38]。

[38] Black, J. S., Gregersen, H. B. & Mendenhall, M. E. (1992), *Journal of International Business Studies*, 4th Quarter, 745.

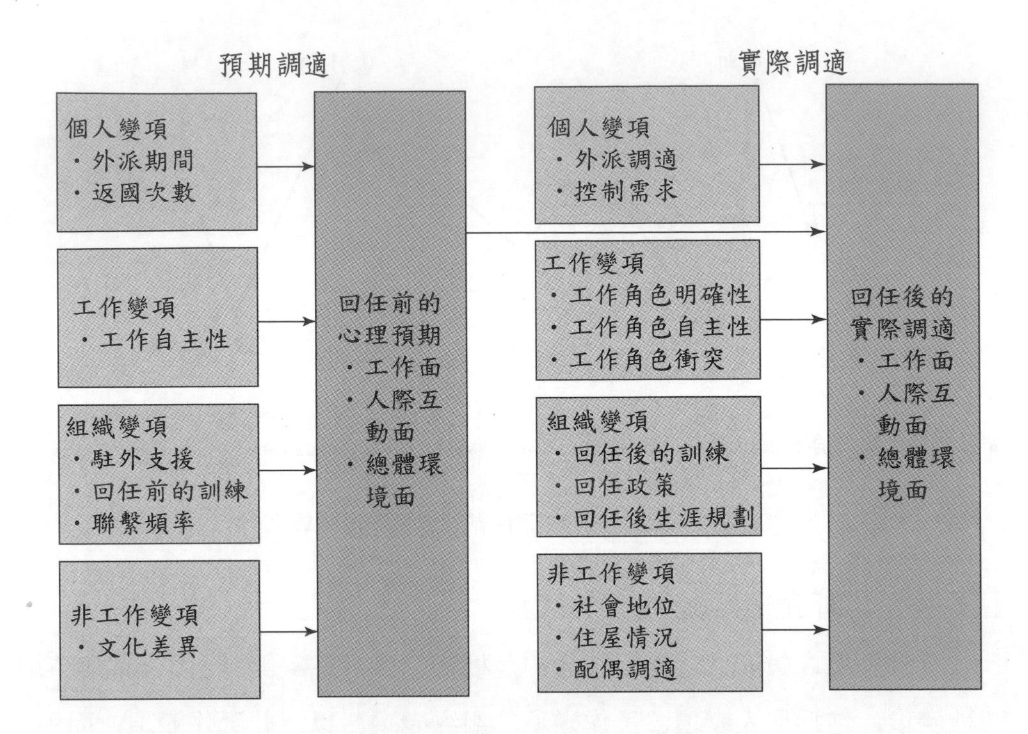

圖 11–8 回任適應的基本架構

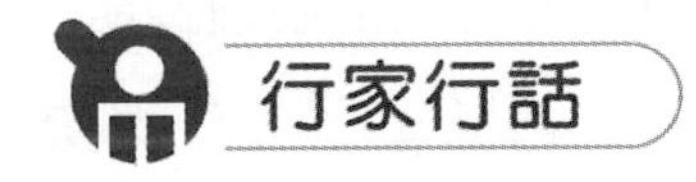

21 世紀國際經理人典範

資料來源：摘譯自 Howard, C. G. (1992), "Profile of the 21st Century Expatriate Managers," *HR MAGAZINE*, June, 96.

隨著經濟全球化的新世界來臨，跨國企業在現在或可預見的未來，將成為影響國際事務的重要角色，因而無論在母國或國外，整合、敏銳、文化同理心、彈性等等，皆成為成功國際經理人的先決條件。

本章在內文中，雖然已經對國際經理人應具備的關鍵成功能力多所描述。不過在此我們仍然再次強調國際經理人應該具備的各種技能，而這主要是引用 Howard 的整理，如表 11-A 所示。其中，國際經理人除了應具備一些必備的技能，也就是核心技能 (Core Skills) 之外，最好也能夠學習一些其他輔助而有用的技能，也就是擴增性技能 (Augmented Skills)。

表 11-A 21 世紀國際經理人應具備的技能

	能 力	管理意涵 (Managerial Implications)
核心技能	・多元化觀點 ・精熟管理技巧 ・決策能力 ・文化適應性與敏感度 ・團隊建立的能力 ・機智、健康、以及心智成熟	・拓展各種多元化的經驗，例如有跨產業、跨功能、跨公司、跨國家、跨文化、跨環境等等的工作經驗 ・有能力追蹤以及記錄成功的經驗，包括策略事業單位的營運、主要的海外投資專案等等 ・具備足夠能力以及善用追蹤記錄，以進行正確的策略制定 ・有技巧地讓當地國之行政體系瞭解及接納 ・能夠快速而順利地適應外國文化、種族、國籍、性別、以及宗教信仰等等 ・能夠整合以及帶領多元文化的工作團隊，以達成組織的使命及目標
擴增性技能	・電腦技巧 ・協商、談判技巧 ・變革能力 ・洞察力 ・有效的授權技巧	・運用電腦傳送以及轉換策略性資訊的能力 ・在多元文化的環境下，運用記錄與經驗達成成功的策略性商業談判 ・執行策略性的組織變革 ・建立參與式管理及有效授權

問 題

本章內文提到許多國際經理人的關鍵成功能力，再加上此處所提到的這些技能，你覺得有何異同之處？而你覺得哪些技能是國際經理人最需要養成的技能？

亞洲人的管理文化

資料來源：節錄整理自齊思賢譯 (1996)，《全球管透透——跨越文化看管理》，臺北：先覺出版社。

1. 人和文化

整個亞洲在管理人際關係方面都講究人和，讓自己為人接納與尊敬，避免和別人直接發生衝突（尤其是上司），如果讓別人「有失顏面」，別人也會以牙還牙。

2. **輕商文化**

古老的中國及日本文化把從商視為末流，有些商人發財後，搖身一變成為鄉紳，但是社會地位仍然偏低，日本尤其如此。

3. **管理時間與長期觀點**

日本人往往能證明自己很有耐心，能夠為下半輩子努力工作（一種長期觀點），而華人在這方面也很類似，會在時間管理方面不慌不忙，慢條斯理地同時完成對內和對外的磋商，然後至少可能保持表面上的和諧，盡量喜怒不形於色，這樣的文化就與某些希望「立竿見影」，馬上看到回報的文化（例如巴西人）非常不同。

4. **拒絕與同意的文化**

不要大張旗鼓地公然說「不」，只要口氣正確，雖然說「是」，只代表你瞭解，而不是你同意。大家不一定要達成百分之百的共識，只要沒有不同的意見即可，這種心態在日本最明顯。

5. **獨特的日本**

日本具有比較不受外來影響的特殊文化，而其神道教及穩定的王室也獨樹一幟，情形和歐洲大陸外的另一個島國——英國，似乎有異曲同工之妙。

6. **陽剛文化**

亞洲社會（包括香港、新加坡及臺灣三大華裔小島）既不偏陽剛，也不偏陰柔；但日本例外，似乎是比較陽剛的國家。因此，在亞洲人中，日本人對功成名就最為熱中。

7. **不確定性的規避**

日本似乎相當在意不確定，這點正好和香港及新加坡的華人相反，後者比較具有開創性，也屬於外來移民，比較能夠「容忍不確定」。日本人希望規避不確定，又透過團體的福祉強力追求個人福祉，這種文化特質似乎可以解釋日本的經濟成就。

8. **儒家文化**

儒家思想對華人社會的影響，遠遠超過宗教因素，而儒家思想除了重視人和之外，同時也強調節約克己、禮尚往來、忠信、以及保護傳統等等的觀念，這與菲律賓人大多將工作和娛樂混為一談，而印尼受其國教——回教影響大不相同。

9. **權威管理的文化**

華人基本上屬於高權力距離的文化，高階經理往往會自行制定決策，所以他們所講究的人和，也就不等同於西方的「參與」觀念。這是因為參與在西方的社會中，往往接受參與雙方都能夠表達反對意見，甚至允許無法妥協的結果存在；而在亞洲，由於長幼及尊卑皆有序，基本上傾向於由上而下的權威管理，所以人和並不等於參與。

10. **關係文化**

受儒家文化影響的中國人比西方人更重視「關係」，往往會強調人與人之間，要維持穩定的關係，而且會憑藉關係拉抬自己的身價，提高社會地位等等。因此，許多華人的管理階層，往往被認為需要考慮到員工的家庭及交友情況，而不厭其煩地在人與人之間建立互信，包括在作生意時，也比西方人花費更多的時間在拓展「關係」，例如在正式談生意之前，賓主雙方就必須先大費周章的熟悉一番。

11. **合約習慣**

中國大陸的人民，習慣把計畫或合約當成起點，日後隨著情勢演變再做修正，而非完整的藍圖，再加上華人的對人不對事傾向，使得在西方資本主義中，將公司視為法人，和經營者之間涇渭分明的觀點，並不容易被華人接受。

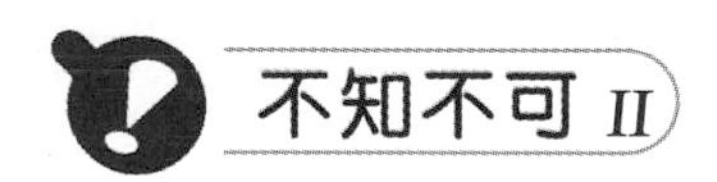

兩岸大學生未來該如何較勁

資料來源：節錄整理自修淑芬(2003.4.10)，《中時晚報》(7版)。

根據《CHEERS雜誌》的調查發現，臺灣企業一致認為臺灣大學生整體表現比大陸佳，但憂心臺灣學生若再不主動學習，好好培養英文實力，不超過三到五年，優勢將被大陸趕上。

調查中，有三成八企業認為臺灣的大學生素質比較好，一成五偏愛大陸人才，二成三認為兩岸學生素質不相上下。若細分行業，則五成的服務業及高科技製造業認為臺灣的素質比較好。其次，有企業觀察，臺灣的大學生靈活度比較高，學習能力與反應都很快，做事彈性度也比較高；反觀大陸學生，雖然容易管理，但是「腦筋有時轉不太過來」。不過，企業認為大陸內地的大學生素質，還是比不上北京或上海名校的學生，而就總體觀察來看，大陸的人才品質或數量，企業認為還是比不上臺灣。

至於兩岸就業機會的比較，臺灣的大學生若想去大陸工作，機會有多少？調查指出，已在大陸設點的臺灣企業中，有五成企業「不招募任何人才」，另五成企業中，只有傳統製造業、高科技製造業將只招一百人以下，至於金融業因受限臺灣法令，則完全沒有名額。而在薪資結構的比較上，《CHEERS 雜誌》的分析指出，臺灣學生還有幾年優勢可佔，以現在來講，在臺灣有近五成的企業，會給新鮮人起薪 25,000 元到 30,000 元；相較對岸，五成七的企業給予大陸的大學生 5,000 元至 10,000 元不等的薪資。

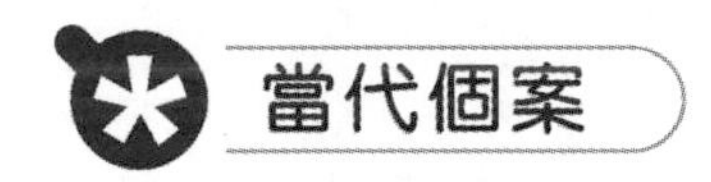

工程師的決定

賴葛蘭德是一位法國工程師，任職於一家位於法國的日本公司。有一天總經理田中先生請他到辦公室，討論在中東地區的一項新工程。田中告知賴葛蘭德，公司很欣賞他兢兢業業的工作態度，希望由他擔任新工程的總工程師。他接任新職後必須離開法國兩到三年，但他可以帶眷上任，工作方面的津貼相當優厚，當然他對公司的貢獻會非常卓著。賴葛蘭德先謝謝田中先生對他的信任，但他得和妻子商量後，才能決定是否接受新職。兩天後，他告知田中，他和妻子都不希望離開法國，因此他不願接受新職。對他的決定，田中嘴上雖然沒說什麼，但心中卻大感不解。

討論題綱

田中先生為什麼無法理解賴葛蘭德的決定呢？請選擇以下一個答案，並說明理由。

1. 他認為，賴葛蘭德拒絕新職附帶的所有津貼，相當不智。
2. 他不懂，賴葛蘭德為什麼如此重視妻子的意見。
3. 他認為，賴葛蘭德可能以退為進，希望田中提出更優厚的條件。
4. 他覺得，賴葛蘭德把個人喜好置於員工職責之上，顯然不當。

第十二章　人際關係

組織的人力資源管理有相當多部分是在管理人與人之間的互動，亦即針對組織內外的人際關係進行管理，不過由於人際關係所涉及的層面十分廣泛，從一對一的關係到社會群體的關係、從人生發展階段的親子關係到工作中的同儕關係、從人際關係的建立維繫到分離等等，都是在此範圍之內，所以如果要對人際關係有完整而深入的討論，是相當不容易的。正因為如此，人際關係管理已經發展成一門整合性的學術領域，包括心理學、社會學、社會心理學、心理諮商治療學、大眾傳播學等等，都對人際關係管理有其專屬的討論範圍與貢獻，而本章僅就與人力資源相關的議題予以探討。以下各節，將分別從最基本的人際關係理論，逐漸探討至人際溝通與人際網絡等等的相關議題。

第一節　人際關係的意涵與基本理論

人際關係在中文的意涵眾多，包括一對一、一對多、一群人的關係等等，而在英文的用詞則較有所區分，諸如 One to One Relationships、Personal Relationships、Interpersonal Relationships、Human Relationships、Social Relationships 等等❶。本文則以 Interpersonal Relations 來表示人際關係，指的是一種人與人之間，彼此的互動維持了一段較長的時間之後❷，雙方產生對另一方的看法、想法及作法❸，進而有了相互影響與依賴的心理狀態❹，甚至有彼此接納、控制及情感的需求之後❺，所形成的一種動態交互關

❶ 李佩怡 (1999),〈人際關係理論〉,《測驗與輔導》, 第 152 期。

❷ Hinde, R. A. (1979), *Towards Understanding Relationships*, London: Academic Press.

❸ 蕭文 (1977),〈國中學生人際關係欠佳之輔導研究〉,《教育與心理研究》, 第 1 期。

❹ Kelly, H. H., Berscheid, E., Christensen, A., Harvey, J. H., Huston, T. L., Levinger, G., McClintock, E., Peplau, L. A. & Peterson, D. R. (1983), *Close Relationships*, New York: W. H. Freeman.

❺ Schutz, W. C. (1960). *A Three-Dimensional Theory of Interpersonal Behavior*, Holt.

係❻。以下，就是關於一些常見的人際關係基本理論之說明。

平衡理論

平衡理論 (Balance Theory) 是 Heider 提出來的，其基本模式如圖 12–1 所示。其中，將 P–O、O–X、以及 P–X 的關係以正負號表示，若三者的乘積為正 (+) 時，其人際關係是平衡的，例如甲和乙是好朋友（P–O 為正），乙喜歡音樂（O–X 為正），甲也喜歡音樂（P–X 為正），則甲乙兩人若不涉及其他事項，其關係是平衡和諧的。反之，若三者的乘積為負 (–)，則產生不平衡的人際關係，例如甲和乙是好朋友（P–O 為正），乙喜歡音樂（O–X 為正），而甲不喜歡音樂（P–X 為負），則 P–O–X 呈現負的狀態，其關係是不平衡的。

在上述人際關係乘積出現負向的例子中，行為者 P 若要改善此種不平衡狀態，一種方法是減少對 O 的友好程度，使 P–O 變為負值，則 P–O–X 為正的關係。另一種方式是改變自己對 X 的態度，使 P–X 變為正，則 P–O–X 亦變為正的關係。再者，就是盡量改變 O 對 X 的態度，使 O–X 變為負值，則 P–O–X 也還是會維持平衡的關係。

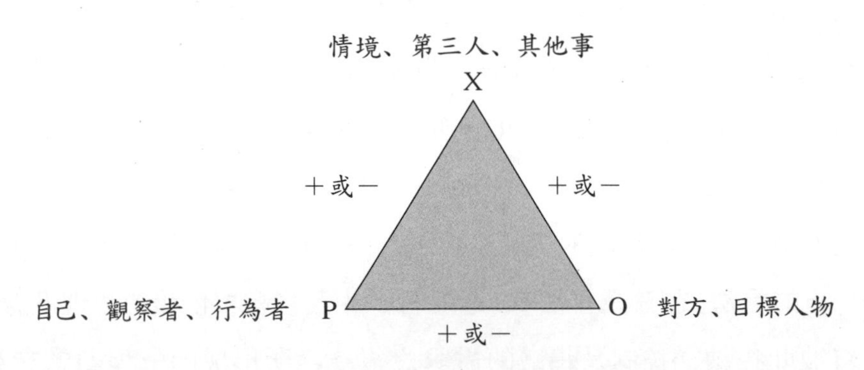

資料來源：引用整理自李燕、李浦群譯 (1998)，《人際溝通》，臺北：揚智文化。

圖 12–1　Heider 的 P–O–X 基本模式（平衡理論）

人際需求理論

人際需求理論 (Interpersonal Needs Theory) 是心理學家 Schutz 提出來

❻ 許勝雄 (1980)，〈如何促進良好的人際關係〉，《臺灣教育》，第 354 期。

的❼，他認為每個人都有人際關係的需求，而一段關係的開始、建立或維持，主要是根據雙方能否符合彼此的人際需求程度。這種需求的發生，主要是因為在人與人之間的交互關係中，每一個人對待別人的方式不盡相同，正如每個人有不同的動機、知覺、思想以及態度等等，於是隨著人們在生長過程中，逐漸形成個別對人際關係的基本傾向 (Fundamental Interpersonal Relations Orientation, FIRO)，或可稱之為人際反應特質，進而衍生出包括接納 (Inclusion)、控制 (Control) 和情感 (Affection) 的三種人際需求。

1. **接納需求**

   這是一種希望被他人接納，而能夠讓自己存在於他人團體中的需求。根據 Schutz 的看法，每個人都有被接納的需求，但這種接納需求的強度則因人而異，過度與不及都對良好的人際關係發展無所助益，唯有適度的接納需求，才能有良好的人際關係。

2. **控制需求**

   這是一種希望能夠成功影響周遭人、事、物的需求。此需求與接納需求一樣，具有個別差異，對於控制需求較低的人而言，他們往往會逃避責任，缺乏掌控事情的慾望，但對於有強烈控制需求者，就剛好相反。因此，控制需求適度的人較能夠成功扮演社會角色。

3. **情感需求**

   這是一個人表達和接受情感，以及與他人建立親密關係的需求。通常缺乏人際關係者，此種需求很低，會盡量避免親密關係的建立，也很少對人表達感情，以及逃避那些向他表達感情的人；反之，過度人際關係者，此種需求就很高，會渴望與人建立親密關係，極容易相信他人，並也希望被他人當做密友。然而，唯有情感需求合宜的人，才能合宜的接受他人的情感，也能接受他人的拒絕，並對自身人際關係感到滿意。

Schutz 除了區分出以上三種需求之外，也進一步將各種需求所展現的行為分成二類，包括主動表現者 (Expressed) 以及被動地期待他人行動者 (Wanted)，進而分出六種基本的人際關係取向，如表 12–1 所示。

交換理論

❼ Schutz, W. C. (1960), *A Three-Dimensional Theory of Interpersonal Behavior*, Holt.

表 12-1 基本人際關係取向

	主 動	被 動
接 納	主動與他人來往	期待別人接納自己
控 制	支配別人	期待他人引導自己
情 感	對他人表示親密	期待他人對自己表示親密

資料來源：摘譯自 Schutz, W. C. (1960), *A Three-Dimensional Theory of Interpersonal Behavior*, Holt.

交換理論 (Exchange Theory) 是 Thibaut & Kelley 所提出來的❽，他們認為人際關係中的互動行為，基本上是一種施與受的交換關係，可藉由在互動中，雙方所付出的代價 (Cost)，包括為了維持關係所需付出的心力與時間等等，以及獲得的報酬 (Reward)，包括滿足自己需求的各種活動等等，來解釋彼此的關係。於是，酬賞與代價相互抵銷之後，其結果是否值得，也就成為關係是否能夠持續的重要因素。

由於交換理論隱含著人們是有意識地、故意地衡量任何關係之代價與報酬，換句話說，也就是人們能夠理性地選擇繼續或終止關係，所以這個理論基本上是假定人們能夠從經濟觀點出發，對人際行為的互動進行理性判斷，不但尋求有利的關係，同時也避免付出太多。然而，批評此理論的人認為，雖然人們可能在大部分情況下是理性的，但依據現實經驗，人類行為中似乎有許多複雜關係並非絕對理性的，於是交換理論就沒辦法用來解釋這些複雜而可能不理性的人際關係。當然，若是以投資報酬率觀點來檢視某一段人際關係是否應該維繫下去，對於當事人而言，應該也是有幫助的，特別是在關係停滯時，可據以檢視雙方的代價和報酬，以便在關係完全惡化前調整某些層面的關係❾。

相互依賴理論

Levinger & Snoek 所提出來的相互依賴理論 (Model of Interdependence)❿，主要是描繪人們經由偶然的互動發展為親密關係的歷程，如圖

❽ Thibaut, J. W & Kelley, H. H. (1986), *The Social Psychology of Groups* (2nd Ed.), N. J.: Transaction Books.

❾ 曾瑞真、曾玲珉譯 (1996)，《人際關係與溝通》，臺北：揚智文化。

12–2所示。首先，兩個個體，也就是甲和乙，彼此完全不知道對方，也沒有發生任何互動，即是處於零接觸 (Zero Contact) 的階段。第二階段則是知曉 (Awareness) 階段，也就是某一方開始注意到另一方的存在，但彼此之間並未有任何直接的接觸。此時的知曉可以是單向 (Unilateral) 的，例如甲注意到乙的存在，而乙並未注意到甲的存在，或是雙向 (Bilateral) 的，也就是甲和乙都注意到對方的存在。至於第三階段則是表面的接觸階段，亦即雙方開始互動，不過此時的互動是短暫的，只有當雙方的互動開始增加，彼此關係開始發展之後，互賴的程度才會逐漸增加，也就是進入了相互的共同關係階段。Levinger & Snoek 認為此一階段是一個連續的過程，從輕微的互賴，到強烈的互賴，而甲和乙重疊的部分也就愈來愈多，彼此互賴的程度也就愈來愈高。

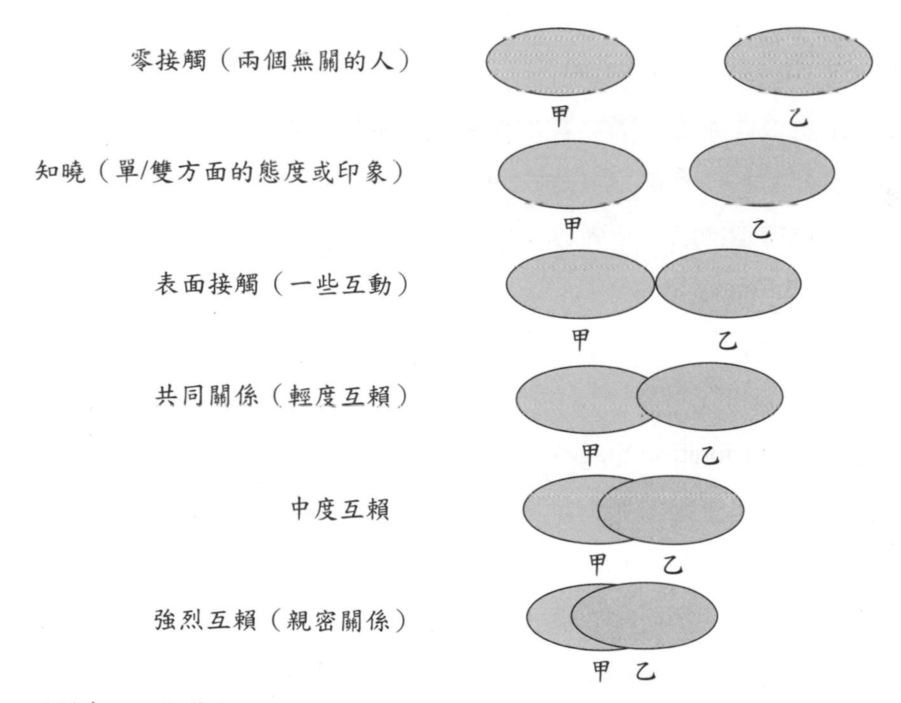

資料來源：摘譯自 Levinger, G. & Snoek, J. G. (1972), *Attraction in Relationship: A New Look at Interpersonal Attraction*, N.J.: General Learning Press.

圖 12–2　相互依賴理論

❿ Levinger, G. & Snoek, J. G. (1972), *Attraction in Relationship: A New Look at Interpersonal Attraction*, N. J.: General Learning Press.

第二節　人際關係之特性

人際關係的發展是從知曉、表面接觸，逐漸進入相互關係階段的，但也因不同人際關係的發展階段不同彼此討論的話題、深入程度亦不同，而彼此相互的影響力、依賴程度也會不同，以下將進一步介紹人際關係的各種特色。

人際關係發展是有階段性的

一般人的人際關係發展是有階段性的，通常可以分為六個階段，包括[11]：

1. **接觸期** (Contact Stage)

   此階段是人際關係的開始，很多學者認為在接觸階段，會依其給予的第一印象來決定是否願意和對方建立關係，以進入下一個階段。

2. **涉入期** (Involvement Stage)

   此階段是彼此開始認識，會進一步去瞭解對方，也讓對方瞭解自己，也就是雙方處於一種測試 (Testing) 的狀態，以瞭解彼此是否適合繼續交往，一旦通過測試，接著就可能開始會強化彼此的涉入程度。

3. **親密期** (Intimacy Stage)

   此階段開始與對方有了進一步的承諾 (Commitment)，並將對方視為重要關係之人。

4. **惡化期** (Deterioration Stage)

   並非所有的人際關係皆會進入此一階段，但若雙方因為衝突、外在環境的變化等等，而致使親密關係開始變質時，那就是進入了惡化期。此時，雙方對彼此關係都可能有些不滿，而無法像親密期一樣有強烈的承諾，若這種不滿持續增加，則可能進入人際不滿 (Interpersonal Dissatisfaction) 的階段，雙方可能會選擇進入修復期，運用建設性的方法，重新修復彼此的關係，但也有可能直接進入解體期，結束彼此的關係。

---

[11] DeVito, J. A. (1994), *Human Communication: The Basic Course* (6th Ed.), New York: Harper Collins College Publishers.

5. **修復期** (Repair Stage)

修復期也是選擇性的，其中包含了兩個不同的階段：內在修復期和人際修復期。在內在修復階段，個人會獨自分析關係惡化的原因，並試圖找出解決方法，而在人際修復階段，個人可能會和對方討論問題的癥結所在，以及彼此對關係的期待，並擬出可能的解決方法。透過內在和人際修復的工作，有可能解決問題，使雙方的關係回復到親密期，但也有可能彼此的關係無法修復，直接進入解體期。

6. **解體期** (Dissolution Stage)

人際關係最不好的結果即是彼此關係的終止，也就是解體期。此時，第一個階段是人際分離 (Interpersonal Separation)，也就是雙方不再有聯繫，接著可能進入社會 / 公眾的分離 (Social/Public Separation) 階段，也就是讓其他人知曉此段關係的終止。

至於以上這些階段的發展進程，則分別有四種可能，包括：①由淺到深的發展，例如由接觸期發展至涉入期；②由深到淺的發展，例如由親密期退回涉入期；③到某一階段以後便終止了雙方的關係；④在某一階段裡浮沉，時好時壞，也就是彼此的人際關係發展停留在某一階段。

人際關係有深度和廣度上的不同

人際關係會依其所處之階段，而展現出談論話題多寡（廣度，Breadth）以及深淺（深度，Depth）之不同。通常在人際關係的發展初期，雙方所談論到的事情範圍較窄，而且僅觸及比較表面的程度，但是當兩個人的關係逐漸發展後，彼此談論的主題將會增加，內容會更加深入，往往可以達到個人的內在感覺、價值觀、與態度等等，這也就是社會滲透理論 (Social Penetration Theory) 的主要論點。一般而言，若雙方交談的深度和廣度與彼此的關係不相配合，就會讓人產生不適當或不舒服的感覺⓬。

人際關係是獨特和不斷改變的

由於人際關係的發展是有階段的，加上其深度與廣度在每一階段都不會相同，所以人們與他人的人際關係是在不斷改變的，可能變得更好，亦

⓬ 陳皎眉 (1997)，《人際關係》，臺北：國立空中大學。

有可能惡化，但絕非靜止不動的[13]。此外，每一種人際關係都是獨特(Unique)的，不會有二種關係是完全一樣的。

人際關係是多向度的

任何人際關係都不是單向度的，而是具有不同類型以及不同層次的。所謂不同的類型，指的是人際關係可能針對不同群體，而表現出不同的情緒、態度、與行為。至於不同的層次，指的是不同的人際關係，可能與我們個人的不同層面，包括情感的、實體的、或是知能的等等，發生比較重要的關連。當然，一般的人際關係並不會有如此截然之劃分，而是各個層面皆有，只是某一層面佔了比較大的比重，也比較重要罷了。

人際關係是複雜的

在人際關係中，每個人都是非常獨特的個體，具有不同的經驗、思想、能力、需求、害怕、慾望等等，而這些因素都會影響與他人互動的過程。試想，兩個獨特而不盡相同的個體互相影響，彼此之間卻又各自不斷的改變，於是他們所形成的人際關係，自然就非常複雜[14]。因此，我們對任何一個人際互動的分析或瞭解，可能都是片面的或有限的；也就是說，我們對任何一個人際關係的瞭解，不論是我們自己與別人的關係，或其他人與別人之間的關係，都不可能是絕對完整或正確的。因此，對於我們的分析或看法，不能太過肯定和斷定，否則可能會導致人際衝突的發生。此外，我們對任何一個人際關係的預測力和控制力都是有限的，人際關係愈複雜，影響的因素愈多時，我們對它的預測力與控制力也就愈小。

人際關係是經由溝通來建立和維持的

所有人際關係都是經由溝通才開始的，而人際關係的維持也必須依賴溝通；換句話說，溝通是人際關係的基礎[15]。當人際關係一旦建立起來之後，能否持續發展，則溝通更是扮演重要的角色。舉例而言，人際間談論

---

[13] DeVito, J. A. (1994), *Human Communication: the Basic Course* (6th Ed.), New York: Harper Collins College Publishers.

[14] 陳皎眉 (1997)，《人際關係》，臺北：國立空中大學。

[15] 同上。

的話題愈多，內容愈深入，則彼此的關係是會更加的增進；反之，若彼此缺乏溝通，則會導致無法建立密切的人際關係。以下，本書將針對人際溝通進行說明。

第三節 人際溝通

良好的人際關係需要不斷的努力和經營，而溝通即是建立和維繫人際關係的主要途徑，經由溝通得以表達意見、態度、信念和感受，幫助他人和自我間更加認識。因此，溝通可說是人際關係的基礎，而本節將就溝通的基本概念、特性及障礙等等予以討論。

人際溝通的基本概念

溝通 (Communication) 一詞的英文字源，是來自於拉丁文 “Communis” (共同) 或 “Communication” (建立一個社會、一個共同性或分享)。因此，它代表的是一種分享、心靈交會、以及彼此瞭解的過程。溝通的一般定義常是指一方經由一些語言或非語言的管道，將意見、態度、知識、觀念、情感等傳達給另一方的歷程[16]，而此種訊息傳達的歷程可以發生在個人與個人之間，也可以發生在團體或組織之間[17]。一般學者普遍認為人際溝通至少需要兩人以上，彼此以口語或非口語方式，有目的的進行訊息傳遞之過程，而在傳遞過程中，雙方交流了彼此的感情、思想和知識，所以是一種有意義的社會互動行為。簡言之，人際溝通 (Interpersonal Communication) 的定義就是，個人經由各種管道，將所欲傳遞的訊息，透過有意義的符號編碼，傳遞給另一方，並接受另一方的訊息，而產生雙方互動的一種過程，其目的多半是在於分享意見、訊息、或態度，使發送訊息者和接受訊息者之間，能夠達到某種程度的共同瞭解[18]。

---

[16] 張春興 (1991)，《張氏心理學辭典》，臺北：東華書局。

[17] Deaux, K., Dane F. C. & Wrightsman, L. S. (1993), *Social Psychology in the '90s*, California: Brooks/Cole Publishing Company.

[18] Lewis, P. V. (1975), *Organizational Communication: The Essence of Effective Management*, OH: Grid.

在以上對溝通的定義中，包含了三個重要的概念[19]：①人際溝通是一種歷程 (Process)，也就是在一段時間內，有目的的進行一系列行為；②人際溝通的歷程是有意義 (Meaning) 的，包括溝通的內容 (Content) 是什麼？溝通的意圖 (Intention) 為何？以及溝通的重要性 (Significance) 有多少？③雙方在溝通歷程中所表現出來的是一種互動 (Interaction)，而不論是在溝通當時或是溝通之後，都有可能產生各種新的意義，所以在尚未溝通之前，任何人都不太可能完全預測出溝通之後的結果。

由以上對溝通定義的說明可以瞭解，溝通歷程是雙方互相的來回反應，任何話語的本身並不具有意義，而是需要在他人回應之後才顯出意義，自己也是透過他人的後續反應才顯出其意義，而達到溝通之目的。此外，人際溝通是一種具有目的性之行為，也是一種隨時隨地因人而異的社會變通行為，因為個人將自己的想法和感覺經由各種方式傳遞給他人，同時也接收別人的想法和感覺，於是在個人與對方有意和無意的溝通過程中，彼此互相不斷地修正溝通目標和溝通方式，使得任何一種人際溝通都充滿了個別的獨特性。

人際溝通的功能

人際溝通的功能，也就是溝通之目的或效果，主要反映在以下五點[20]：①滿足人類基本的溝通與社會需求，也就是滿足人類與他人互動的渴望；②能夠提供自我表達、建立人際關係、以及完成一些工具性目標（例如說服他人）的機會；③我們會透過溝通中對他人訊息的取得，而瞭解到在他人眼中的自己，於是有助於溝通者的自我剖析與認識；④藉著人際互動，人們創造了行為標準、角色關係、以及如何評估他人行為的方法等等，於是有助於社會結構的建立與穩定；⑤訊息可以經由不同的管道傳遞出去，使得不同的社會系統得以連結，例如在組織中，我們可以經由溝通，使得行銷系統與研發系統有互動連結。

人際溝通過程

---

[19] 曾瑞真、曾玲珉譯 (1996),《人際關係與溝通》，臺北：揚智文化。

[20] Wilmot, W. W. (1987), *Dyadic Communication*, (3rd Ed.), Iowa: Brown.

圖 12–3 所表達的是一般的人際溝通過程模式，在此模式中，傳遞者心中的想法或感覺，會受到本身的身心狀況、社會經驗、知識及技能等等所影響，而若傳遞者欲將想法或感覺傳遞出去，則需要將這些想法或感覺轉變成訊息，再經由編碼過程，透過適當管道傳遞之後，最後被訊息接收者經由譯碼過程而瞭解其意義。當然，在譯碼過程中，接收訊息者所選擇的譯碼方式，以及對譯碼結果的解釋，同樣也會被其自身的獨特經驗等等因素所影響。必要時，接收訊息者在理解傳遞者的訊息之後，還會進行回饋，也就是再將新的想法予以編碼傳遞出去，於是接收訊息者與傳遞者的角色互換，而此過程為一循環，將會不斷的重複。

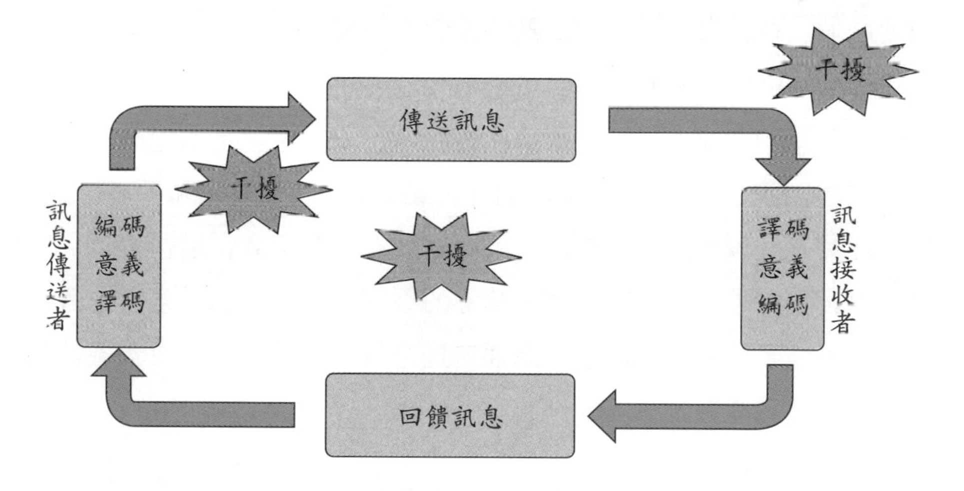

資料來源：整理自曾瑞真、曾玲珉譯 (1996)，《人際關係與溝通》，臺北：揚智文化。

圖 12–3　人際溝通的基本模式

在圖 12–3 的整個溝通過程中，傳遞者與接收訊息者互動時的背景因素，可以包括了物理的（例如彼此的距離）、社會的（例如彼此的身分地位）、歷史的（例如彼此的過去經驗）、心理的（例如彼此的心情起伏）和文化的（例如彼此的不同風俗習慣）等等因素，而各種外在的、內在的、以及語意上的干擾，也都會影響傳遞和接收者之間取得共識的程度。以下，本文針對人際溝通過程中的六個重要元素，分別加以說明㉑㉒。

㉑ 曾瑞真、曾玲珉譯 (1996)，《人際關係與溝通》，臺北：揚智文化。

㉒ 鄭佩芬 (2000)，《人際關係與溝通技巧》，臺北：揚智文化。

1. **溝通情境** (Context)

溝通情境是指在進行溝通時，雙方所處的時空背景，而這些情境隨時可能會出現在我們的日常生活中，甚至於是交互發生，並對我們的溝通產生影響。大致上，溝通情境又可以再分為幾個部分，包括：①物理情境 (Physical Context)，指的是一個比較具體的環境，例如聲光溫度以及各種擺設物等等；②文化情境 (Culture Context)，包含彼此的生活方式、價值觀、信念、行為、以及團體規範等等；③社會心理情境 (Social-psychological Context)，包含溝通者之間的關係，以及溝通雙方的家庭背景、友誼、或是工作經驗等等，乃至於溝通者的自信與價值觀以及彼此之間的情感交互作用程度等等，都會影響溝通過程；④暫時情境 (Temporal Context)，也就是個人在日常生活中面對隨時改變的情境。

2. **溝通者** (Communicator)

通常兩個越類似的人，越能夠預測彼此的行為，也就是溝通雙方的個人差異程度，往往會影響到溝通的過程與結果，而這些差異除了心理差異、社會經驗差異以及文化差異，在前面已經有提到之外，還包含了：①生理差異，例如性別、年齡、體能等等的不同，皆會對溝通產生影響；②知識和技能方面的差異，包括溝通者是否具有表達種種思想和感情的語言與溝通技巧等等。

3. **溝通訊息** (Message)

人與人之間的溝通，是經由傳遞與接受訊息而產生意義。通常，我們會透過編碼 (Encode) 以及譯碼 (Decode) 來處理訊息，而所謂編碼就是把想法和情感轉換成符號，並將這些符號組織起來進行傳遞的認知思考過程，至於譯碼則是反向處理，也就是將他人的訊息轉換成自己的思想和感情的認知思考過程。由於編碼和譯碼過程往往會影響溝通的有效性及正確度，所以當訊息意義比較複雜時，溝通者往往會對訊息加以分段或是透過一定順序來組織訊息，從而方便彼此的溝通。

4. **溝通管道** (Channel)

一旦溝通者的訊息形成之後，必須透過溝通管道加以傳遞，例如透過信件傳遞文字圖像、透過電話傳遞聲音、以及透過 VCD 傳遞影像等等。至於不同的溝通管道，往往適合傳遞不同的訊息形式，包括口語 (Verbal) 的訊息，例如語言文字、圖畫和口語聲音等等，以及非口語 (Non-verbal) 的訊息，例如說話的聲調、肢體動作、服裝、乃至於彼此保持的人際距離等等。通常，非口語訊息會因為溝通者的個人差異，或是不同情境，例如不同的背景與文化等等，而被賦予個別獨特的意義。

5. **干擾** (Noise)

干擾包括任何足以令訊息無法有效傳遞的因素，例如溝通者的內在或外在刺激，致使其在編碼或譯碼時發生誤差，或是發生與溝通管道的干擾，例如電話有雜音，使得訊息無法有效而充分的被傳遞等等。基本上，干擾可以分成外在干擾 (External Noise)、內在干擾 (Internal Noise)、以及語意干擾 (Semantic Noise) 三種。所謂外在干擾是指存在於環境中的景物聲音或其他刺激物，干擾了人們的傾聽或訴說，而如果溝通者的內在想法、成見、經驗或情感等等，足以干擾溝通過程的有效性，則這些干擾稱之為內在干擾。另外，所謂的語意干擾則是指任何妨礙正確譯碼的因素，而導致接收訊息者會錯意時，這些因素稱為語意干擾，例如不對稱的訊息（口語訊息與非口語訊息傳遞出不同意義）等等。

6. **回饋** (Feedback)

回饋是對訊息的反應，此反應映照出對原訊息意義的瞭解，所以接收訊息者的回饋能夠讓發出訊息者知道其訊息是否被聽到、看到或瞭解，或者它正在以何種方式被聽到、看到或瞭解。

人際溝通能力

人際溝通能力 (Interpersonal Communication Competence) 主要是指個人所具備有助於人際溝通的各種能耐，包括個人對於人際溝通的動機 (Motivation)、知識 (Knowledge)、以及技巧 (Skill) 三部分[23]。其中，溝通動機是指個人在感受上是否樂於溝通、願意溝通、以及是否覺得有溝通的必要等等，這些動機會影響到溝通發生的可能性。至於溝通知識則是指我們對於溝通的基本理解，例如是否理解溝通的過程有哪些、是否理解溝通的干

[23] Spitzberg, B. H. & Cupach, W. R. (1984), *Interpersonal Communication Competence*, Newbury Park.

擾因素有哪些、以及是否理解溝通者的背景或是溝通情境等等，而這方面的理解與溝通動機一樣，都屬於個人的內在能力，也就是個人自身的想法、認知、與感受。另一方面，溝通技巧則是溝通者的外在行為能力，包括個人是否能夠在不同的情境中進行有效溝通，以及是否能同時運用意義一致的口語及非口語訊息，或是能否選擇及運用不同的溝通管道等等，而當一個人有了強烈的溝通動機、正確的溝通知識、以及能夠運用適當的溝通技巧時，意味著這個人具有高度的人際溝通能力。

人際溝通的障礙

不良的溝通方式會阻礙雙方彼此的互動過程，但人們卻常在溝通的過程中，不知不覺的犯下此類錯誤，形成溝通障礙。為了避免此種障礙，我們必須先瞭解到導致障礙的原因，一般而言，這些原因可以分成以下三類[24]：

1. **價值判斷** (Judging)

   當溝通者對他人的溝通訊息進行價值判斷時，也就是針對其人、事、物等等方面，提出贊同 / 反對或是喜歡 / 討厭等等的意見時，往往不利於溝通的繼續進行。至於這些判斷的內容，可能是批評 (Criticizing)，例如對他人的人格、行為或態度做出負面評價等等，也可能是評價性的讚美 (Praising Evaluatively)，也就是雖然對他人的作為或意見表示讚美，但其中卻有太多的評價意味。另外，溝通中的判斷也可能是對他人進行命名或任意貼上標籤 (Name-calling or Labeling)，並透過標籤內容，對他人所溝通的事物，給予刻板印象與認定。此外，診斷 (Diagnosing)，也就是在溝通中喜歡分析他人行為的原因，也是常見的判斷行為。

2. **提供解決方法** (Sending Solution)

   溝通障礙的第二類原因，主要是指溝通者在沒有完全瞭解對方的情況下，就喜歡針對他人的問題，自以為是的提供各種解決方案，於是產生像是命令、威脅、說教、過多或不當的詢問、忠告等等的情形，結果反而徒增困擾。

---

[24] DeVito, J. A. (1994), *Human Communication: The Basic Course* (6th Ed.), New York: Harper Collins College Publishers.

3. **忽略對方關心的重點** (Avoiding the Other Concerns)

這一類障礙主要發生於溝通者只「聽到」對方講的話，卻沒有真正瞭解與感受到他們的話中意思與心理情緒，於是忽視了對方真正關心的重點。此時，溝通者往往會提出一些空泛的安慰、保證或是建議，並容易傾向於透過邏輯論證，而非同理心，來支持自己的說法，結果卻是讓對方感覺到溝通者並不是真正的關心他，而導致對方降低繼續交談的意願。

第四節　組織中的人際關係

對大多數人而言，其人際關係有一大半是發生在組織之中，由於組織是一群人為了合力完成一些個體無法獨立完成之目標而組成的集合體，所以有其獨特性質，如表 12–2 所示。這些組織特質深深地影響了我們在組織中的人際關係之發展與維繫[25]，包括長官與部屬之間的主從關係、同事間的關係、以及與顧客之間的關係等等。

長官與部屬的主從關係

工作中的關係以主從關係 (Supervisor-subordinate Relationships) 被研究的最多，這是因為組織往往會指派一位有權力的上司或督導者，負責監督其部屬表現，於是二人之間形成工作上的主從關係。為了維持這種關係，並有效監督部屬的表現，督導者必須具備良好的溝通能力，才能勝任此一任務。同時，督導者必須對其下屬之任務有充分的知識與瞭解，而且需要將此瞭解轉達給部屬。所以在針對績效，也就是部屬表現的溝通過程中，督導者必須清楚的描繪出部屬行為，並運用完整的語詞來提供建設性的批評等等。此外，為了得到部屬有效的回饋，督導者必須懂得如何稱讚以及善於傾聽，以便能察覺部屬的需求，得到有效回饋。另一方面，部屬也必須具備良好的溝通技巧，以能夠和上司維持良好的主從關係，例如懂得適當提問、要求回饋、自我肯定等等。如果主從之間，雙方都善於溝通（包括有強烈的溝通動機、充分的溝通知識、以及靈活的溝通技巧)，將使溝通障礙降到最低，如此一來，方能達到雙方需求的滿足。

[25] 曾瑞真、曾玲珉譯 (1996)，《人際關係與溝通》，臺北：揚智文化。

表 12-2 一般組織的特質

具有特定的目標	・組織具有其宗旨或任務，並追求具體的目標 ・組織目標決定了組織所重視的行為、成員們應該如何努力、以及努力後將會有何種報酬等等 ・組織以營利為目標（營利組織）、以政策執行為目標（政府組織）、或是非以營利而是以完成理念為目標（非營利組織），都會影響到組織的運作及組織內人際關係的發展
具有獨特的文化	・組織文化反映出成員共有的核心價值觀 ・不同組織有其不同的組織文化，而文化中所重視之層面（例如有些組織非常強調績效、有些則重視人性）亦不相同，這都會影響到人際關係的發展
每位成員皆有特殊的工作任務與不同的角色組合	・組織之目標眾多，每位成員都只能負責一部分的任務以及擔任某種角色 ・角色是指個體被期待的行為或應完成的任務，組織並會期望各種角色間能互相合作，共同擔負起責任 ・理論上，組織應該適當傳達對其成員角色的期待，否則容易使得成員陷入角色模糊的情況 ・組織目標要靠所有角色的統合，因此需要角色間的有效溝通，方能達成目標
成員有權級之分	・工作往往需要分層負責 ・組織中的權級有階層高下之分 ・權級使溝通存在了一些潛在問題，例如當訊息由上傳遞下來時可能會遭到扭曲，或是由下往上傳遞時，可能會被過濾

當然，主從關係也和其他的人際關係一樣，是會隨時間而產生變化的，而且不同的對象之間，也會產生相異的關係。例如，「雙人垂直聯結關係模式」(Vertical Dyadic Linkages Model, VDL) 就認為，督導者往往需要從部屬中找出願意從事超出原工作量的人，而為了使部屬之間有公平的交換感覺，督導者必須與他們協商合理的報酬，並因而形成了特殊的交換關係 (Exchange-centered Relationship)[26]。其中，如果部屬只願意或是只能從事份內之事，而不想多做一些額外的工作，在此情況下，該部屬與上司之間，就會形成所謂的外團體 (Out-group)，也就是彼此之間只維持與任務有關的角色關係 (Role-centered Relationship)。但如果部屬願意付出更多的勞力或時

[26] 葉忠達、梁綺華、林文政譯 (1997)，《組織行為》，臺中：滄海書局。

間，以從事額外要求的工作，則部屬就比較容易與上司維持一種工作以外，更彼此關懷的親近關係，彼此之間同屬於內團體 (In-group)。研究指出，屬於內團體的部屬，其工作滿意度與工作績效往往較高；相對地，屬於外團體的部屬，其工作滿意度與工作績效就比較低。

同事間關係

在一個複雜的組織內，成員很難獨自去獲取組織內所有的訊息，而需要依靠同事之間的關係來獲取訊息，而與同事的良好關係，往往也會對自身的工作品質及工作滿意度產生影響。至於要維持良好的同事關係，是需要靠溝通來建立的，例如透過傾聽、問題解決、同理心、團體溝通等等技巧，來建立良好的同事關係。此外，現在的組織型態越來越傾向於採用自我管理團隊的方式來遂行任務，而在這類的組織型態中，任何人都需要與同事共同負責做決定、工作分配、共同解決問題等等，於是使得同事間關係的重要性提高，相對的主從關係之重要性反而愈形下降。

與顧客之關係

傳統上只要不屬於組織中的人，而與組織有往來者，都可以被稱之為顧客，包括狹義的消費者，乃至於廣義的下游廠商與上游供應商等等。一般組織中，都會有一部分人負責與顧客做直接的接觸，建立所謂的工作關係 (Work-related Relationships)，此種工作關係的建立非常不容易，而且可能會因為幾個常犯的錯誤而導致關係毀壞。例如，組織誤以為彼此關係穩定了，就不再經營或是加強彼此的關係，而逐漸失去對顧客的吸引力（就像是原本人員的服務品質很高也很一致，但隨著關係穩定之後，人員的服務就開始比較隨便了)；或是忽視了關係中的彼此依賴性，而將對方依賴我們的部分輕易的割捨（就像是對方依賴我們的技術，我們卻貪圖技術轉讓金，而輕易的將技術賣掉）等等。

第五節　人際衝突

所謂人際衝突 (Interpersonal Conflict)，指的是人與人在互動之中，有著利益上的不同或出現相反意見之現象[27]，此種衝突往往發生於個人之間因知覺到彼此的目標不相容，意見或價值觀不一致，乃至於針對稀少資源的競爭等等，而導致對立現象的發生過程[28]。當然，造成人際衝突的原因有很多種，可能是他人外在的行為、內在的特質，也可能是因為競爭的情境使然。

對一般人而言，可能會認為衝突是不好的，並且會影響到彼此所建立的關係；但從另一方面來看，衝突本身並不會對人際關係造成傷害，比較可能的是在處理衝突時，使用了不當的方法，進而傷害了人際關係。此外，衝突也不見得就一定會損害人際關係，如果處理得當，衝突反而具有多種正面功能。例如把握住幾項處理衝突的原則，包括雙方都願意處理衝突、認清衝突的類型（內容衝突、價值觀衝突等）、以合作替代競爭、以及直接溝通等等，都有助於改善衝突的負面效果，反而能從中獲取眾多的經驗。

由於衝突的處理使得衝突產生不同的效果，於是當人際衝突發生時，究竟該如何處理，就成為本節的說明重點。首先，Kilmann & Kenneth 認為，衝突者可以先根據「關心自己」或「關心他人」這二個向度，對衝突因應方式進行分類。其中，所謂關心自己指的是個人面對衝突時，主要關注焦點在於自己目標的達成，而不論別人的態度如何；至於關心他人則表示個人在面對衝突時，其所考量的重點是如何與他人維持良好的人際關係，而非如何滿足個人的需求或達成自我的目標。最後，Kilmann & Kenneth 將衝突因應的方式分成五種型態，如圖 12–4 所示，並分述如下[29]。

1. **競爭型**

   採用此類衝突因應方式者，往往比較具有攻擊性，拒絕與人合作，不重視是否傷及他人的權益或與他人之間的關係，而只是關心自己所追求的

---

[27] Cahn, D. D. (1990), *Intimates in Conflict: A Communication Perspective*, New York: Lawrence Erlbaum.

[28] Forsyth, D. R. (1990), *Group Dynamics* (2nd Ed.), California: Brooks/Cole Publication Company.

[29] Kilmann, P. & Kenneth, T. (1975), “Interpersonal Conflict-Handing Behavior as Reflections of Jungian Personality Dimensions,” *Psychological Reports*, 37, 971–980.

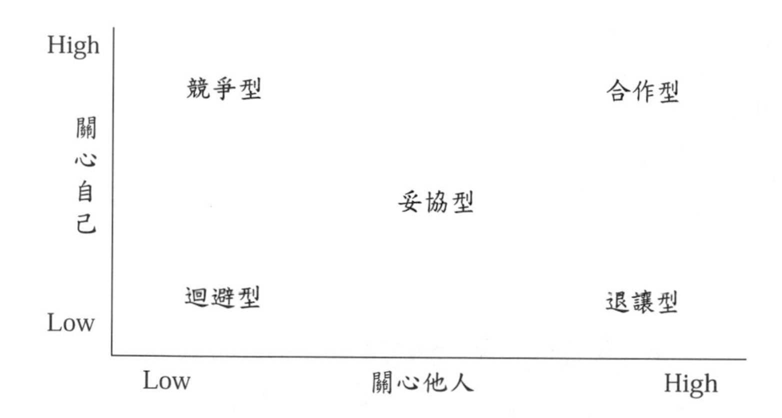

資料來源：摘譯自 Kilmann, P. & Kenneth, T. (1975), "Interpersonal Conflict-Handing Behavior as Reflections of Jungian Personality Dimensions," *Psychological Reports*, 37, 971–980.

圖 12–4 衝突因應之道

目標能否實現。於是這類人在發生衝突時，會採用直接的對質或在爭論中求勝以獲取權力，同時也會利用權力迫使對方接受自己的想法或作法。

2. **退讓型**

此類型的人傾向於忽視自己的目標，而尋求他人的需求滿足，也就是說，在面對衝突時，其主要考量因素是與他人維持良好的人際關係，而自己的目標需求則不怎麼重要了，他們最常表現出的是順從態度，而且經常發生於主從關係中。

3. **合作型**

此類型的人不但關心自己目標的達成，同時也關心與人人維持良好的人際關係，合作型的人能夠對別人的需求產生同理心，然後透過雙方的討論，尋求彼此皆能接受之途徑，使彼此的目標皆能達成。

4. **妥協型**

此類型的人並不像競爭型那樣強烈，同時也不會像退讓型一般，完全忽視自我的目標。至於妥協型與合作型的不同處，在於合作型的人努力尋找雙方都能接受且滿意的解決途徑，並不會覺得自己有所損失，但妥協型的人則是採取讓步方式，企圖謀求雙方還算滿意的結果，但可能會使自己與對方都失去一部分的東西。

5. **迴避型**

此類型的人傾向於被動，而不積極尋求與他人合作的態度，他們最常以冷淡不發表任何意見的作法呈現。此種型態的衝突因應，除非是特殊原因（例如問題與方案都還太模糊，可以暫時不表示意見等等），否則不但不能達成自己的目標，也未必能與他人維持和諧的人際關係。

第六節　人際網絡與關係

談到人際關係，就不能忽視「人際網絡」這個課題，而所謂的網絡分析，主要就是認為個人所處的網絡情境，會影響到個人的行為和態度，也就是和個人有連帶關係的重要他人 (Significance Others) 會影響個人的行為和態度。至於人際網絡的特色與形成原因主要包括：

1. **關係是人類的基本需求，人類會因為各式各樣的原因而創造關係，因人們皆需要關係，故每一個人都處在一個互賴關係的社會網絡中。**
2. **人們傾向於照著別人的期待去做，而可能形成人際網絡。**
3. **人們傾向於和自己相似的人聚在一起，也就是「相近似原則」，如俗語所說的「物以類聚」。**
4. **人際網絡中的成員的重複互動可刺激合作，包括發展出合作的傾向、技巧以及合作正向的效果。**
5. **人際網絡有助於獲得想要擁有的訊息或資源。**

其次，關於人際網絡的類型，大致可以歸納出二類，包括放射個人網絡 (Radial Personal Network)，也就是個體直接和其他幾個個體互動，而其他這些個體之間並無互動；另一種人際網絡則是交結個人網絡 (Interlocking Personal Network)，指的是一個個體和其他幾個個體互動，而這幾個個體間也彼此有互動[30]。

在人際網絡中，人與人彼此之間都有關係，而在華人社會中，「關係」

[30] Krackharts, David (1992), "The Strength of Strong Ties: The Importance of Philos," In Nitin, N. & Robert, G. E. (Ed.), *Networks and Organizations: Structure, Form, and Action*, Cambridge: Harvard Business School Press.

(Guanxi) 不但受到相當重視，而且華人所謂的人際關係，也比西方人對人際關係的看法來得複雜，這是因為西方人所重視的是獨立個體，所以會將人際關係定義為人際間的互動關係，而華人重視的是社會規範下的個人，因此除了人際互動之外，也特別重視倫理的觀念[31]。由此可見，西方和東方對所謂的「關係」，其定義相距甚遠（一個是人際互動，一個是人際互動加上倫理規範）。因此，「關係」一詞早已變為特定的專有名詞，並音譯成 "Guanxi"，用以表達華人所特有的人際關係。其中，華人認為的人際關係主要可以分為二個部分，一為既有關係，另一為交往關係；此一觀點主要是認為，人際關係是人與人之間先以「同」的既有關係開始，作為彼此的認同基礎，然後進一步考量彼此之間的情感與利害後，所表現出來的互動狀態，也就是彼此的交往關係[32]。

雖然華人與西方人對於人際關係真正的意涵，在看法上並不全然相同，不過不論是東方或西方的人際關係概念中，都有一個向度會探討到人際互動所產生連結的強弱，並經常以此作為關係程度的判準，例如連結強度愈強，則關係愈親近，連結強度愈弱，則關係愈疏遠。以下，本文就列舉一些關於強連結與弱連結的區分標準依據[33]。

1. **互動頻率**

互動頻率愈高，則可以增進彼此的瞭解，但產生的關係可能是好的也有可能是不好的，但若無頻繁的互動，也就不可能會有任何好的關係產生。

2. **人際間的信任**

人與人在互動的過程中，會由一開始的猜忌不信任，經過一次又一次嘗試錯誤的過程，使得彼此更加信任，也就是人與人之間的信任程度，會因為良好的互動而提升[34]。

---

[31] 曾仕強 (1997)，〈中國式的人際關係〉，《教師天地》，第 87 期，頁 2–7。

[32] 蘇裕隆 (1996)，〈個人工作人脈形成與發展〉，《輔仁大學應用心理研究所碩士論文》。

[33] 萬同軒、龐開基、王立華 (2002)，〈組織內人際關係型態之初探〉，《亞太社會科技學報》，第二卷，第 1 期。

[34] 楊中芳 (1999)，〈人際關係與人際情感的構念化〉，《本土心理學研究》，第 12 期。

3. **熟悉程度與自我揭露程度**

熟悉與關係的遠近有密切關聯，也就是關係愈近，熟悉度愈高。至於自我揭露程度則與互動有關，人與人在互動一段時間之後，往往會向對方表露更多自己的私事。

4. **承　諾**

當人與人互動的關係愈來愈密切時，這種承諾益加的明顯，其亦是由社會交換中所產生的情感因素之一。

5. **相互依賴的程度**

人際間越是相互依賴，其連結越強；反之，人際間若彼此的依賴程度低，則其連結越弱[35]。

6. **一體的感覺**

人與人在互動過一段時間之後，關係會愈來愈密切，於是彼此的情感因素形成凝聚，而產生一體的感覺[36]。

7. **情感的相融程度**

當人與人之間互動漸趨親密之後，不但可增進彼此的瞭解，彼此的情感相融程度也會提高。

8. **自在的感覺**

當人與人的互動越來越親密時，也就比較不會受到社會規範影響，而能表現出比較自我與自在的感覺。

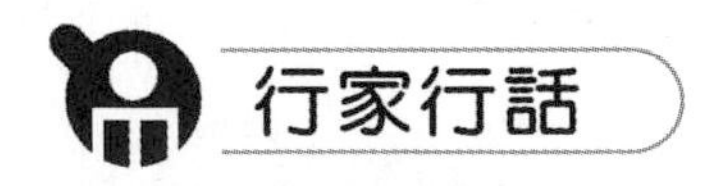

增進人際關係的溝通技巧

1. **增進同理反應的能力**

包括要懂得針對對方的感受、情緒、經驗或行為來反應，同時也要養成

---

[35] Higgins, M. C. & Kathy, E. K. (2001), "Reconceptualizing Mentoring at Work: A Developmental Network Perspective," *Academy of Management Review*, 26 (2), 264–288.

[36] Lawler, E. J. & Yoon, J. (1998), "Network Structure and Emotion in Exchange Relations," *American Sociological Review*, 63(3), 871–894.

主動關懷與專注傾聽的習慣，以及凡事最好都能先經過思考緩衝之後再反應，而不要過於快速的反應。

2. **採用合作原則**

如此可以促進彼此交談的凝聚力，使談話內容符合交談的目的。至於合作的內容可以包括量的合作（例如提供對方足夠或需要的適量資訊）、質的合作（例如提供對方真實的資訊）、關聯合作（例如提供切題的資訊）、以及態度合作（例如談話要具體而有組織，口語訊息與非口語訊息必須一致等等）。

3. **注意禮貌原則**

例如不要說一些粗魯的話等等。

4. **注意道德原則**

例如應該避免洩露機密資訊、避免要求特權、避免要求對方說不該說或做不該做的事、避免強迫對方討論不感興趣的話題等等。

5. **記得要歸功他人**

特別是當自己在語言溝通中借用他人的談話或想法時，要記得歸功於原本說話的人。

6. **注意要適度的輪流談話**

不要都是自己或某些人在交談，同時也要避免自己太常說話、避免一次說太長、要懂得適時中斷談話、安排談話的輪替（例如主動詢問某些較少發言者的看法）、以及引導接續交談（例如接著談話主題繼續下去，或是將談話主題或焦點改變等等）。

問　題

除了溝通之外，人際關係還會受到哪些因素影響呢？

同理心

同理心 (Empathy) 是指個體能夠對他人「感同身受」的一種能力，也就是個體善於觀察和指認他人情緒狀態，並有適當的同理反應之能力。通常具有同理心的人，往往可以做出適當的溝通反應，強化彼此的情感連結，並使對方有「被瞭解」的感受，而滿足其內在的心理需求。

人際距離

人際距離 (Interpersonal Distances) 是指在談話時，互動雙方所維持的距離，而這可以反映出兩人的關係，當關係愈密切時，彼此的距離愈接近，而關係不密切時，兩者的距離也就愈大。研究指出，親密距離（與最親密的人溝通時的距離）大約是 0～0.5 公尺左右，個人距離（與一般朋友溝通時的距離）大約是 0.5～1.25 公尺左右，社會距離（與陌生人溝通時的距離）大概是在 1.25～3.5 公尺左右，而公眾距離（向公眾演說時的距離）則在 3.5～7.5 公尺之間。由於人際距離能夠傳達出互動雙方的關係，當彼此喜歡的程度愈高時，雙方的距離也就愈接近。因此，如果我們想向他人表達好感時，可以盡量減少雙方的距離，但也不要太過分，才不會侵犯別人覺得舒適的範圍。

口語與非口語訊息的溝通特性

雖然人際溝通的訊息包括了口語以及非口語訊息，而且非口語訊息往往比口語訊息更讓人相信；但基本上，大多數人還是習慣以口語訊息來當做主要的溝通內容，而且往往會依循社會認可的規則來進行。通常，要在口語上發揮其溝通效果，溝通者需要注意：

1. **訊息要明確**

   例如用字要正確或精準，以能夠確實無誤的表達。

2. **訊息要具體**

   以將所要表達的涵義對焦至具體的對象。

3. **訊息要標示**

   也就是在口語上，要能夠標明事實的個別差異，以避免不當的推論，例如盡量以特定稱謂（人、事、物、數字、序號）來標示，而非大量使用代名詞。另一方面，也盡量對指涉物加以適當的描述，以避免錯誤推論。

另一方面，關於非口語訊息的溝通，則往往有一些獨特的溝通屬性，例如：

1. 溝通持續性，也就是自雙方溝通行為一開始，非口語訊息的傳遞就持續存在，而不像口語訊息可能暫停。
2. 可經由多重管道進行，包括眼神接觸、臉部表情、手勢、姿勢、姿態、說話音調、準備的飲料、乃至於身上香水的味道等等，都是非口語訊息，而可透過看、聽、感覺、聞、嚐等等，來進行傳遞。
3. 可呈現較深的情緒內容，也就是比較不容易掩飾情緒，也會常常不經意地透露訊息。
4. 訊息模糊性，例如肢體方面可能有象徵的動作，像是點頭表示同意、V字手勢表示勝利等等，也可能只是調和動作，也就是一些無意識的動作以解除緊張或壓力等等，所以非口語訊息的模糊性很高，也就容易使人誤解。
5. 文化差異性，因為在不同文化下生活的人，往往會有不同的非口語訊息表達方式，而造成文化的差異性。

人際衝突還是人際距離認知？

李明是一個部門主管，他的管理開明，並盡心為同仁服務。有一天李明部門內的同仁小四跑來向李明抱怨，說他已經受不了他的搭檔老王，他覺得老王每次與他會商案子時，總是咄咄逼人，讓人喘不過氣來。就在不久之後，老王也來向李明表示難以與小四合作，因為小四總是表現的很冷漠。

李明在聽到兩方的說辭之後，即開始觀察，以瞭解這兩個人的互動模式，結果他發現小四與老王並沒有什麼衝突，也沒有什麼相互不能容忍的習慣。但為何兩人會相處的這樣不愉快呢？李明在觀察數天之後，將小四與老王一同找來會談，並且向他們說明，他們兩人之間為何會感到不快的原因，而其原因應該就出在他們對於人際距離認知的落差（人際距離的說明請看本章的「世說新語」）。

討論題綱

1. 小四與老王之間是人際衝突，還是如李明所判斷的，是人際距離認知的問題？
2. 小四與老王的人際距離認知，出了什麼問題嗎？
3. 本章對人際距離的界定，是以西方文化下的人們為觀察對象，請問這是否適用於東方文化呢？

第十三章　組織多樣化管理

第一節　組織多樣化的起源

自 19 世紀末的工業革命以來，為期兩百多年的工業時代已進入尾聲，而種種訊息都告訴我們，舊環境已經過去了，現在持續發生的企業競爭，已經遠遠超越我們的想像，每個企業也都無法再繼續以一成不變的方式運作下去。例如，Piore & Sabel 就認為，大量生產的方式在 1970 年代已經面臨了失敗的結果，而其所造成的經濟危機，也造就了資本主義歷史上的第二次產業分化 (Second Industrial Divide) ❶，於是在 1980 年代的經濟重構之後，許多組織決定進行重整與變革，透過再組織化的策略來面對挑戰 ❷，這種產業組織的大轉型 (Grand Transition) 雖然劇烈，卻是從福特主義到後福特主義的長期演進結果 ❸，而且使我們處於一個即將轉化為新時代的混亂過渡時期。在這個新時代，除了充滿全球競爭與科技快速發展的議題之外，各階層的價值觀也越來越複雜與多樣化。因此，如何能與外部世界保持互動密切的聯繫，以及建立新的管理措施來因應多樣化的組織趨勢，即成為各個組織必須思量的議題。

由於國際間的移民流動，使得未來將有更多樣化國籍的工作者，再加上未來的新工作往往需要具備更高的技術，而知識工作者、在家工作者、以及兼職勞動人口也不斷增加。同時，組織內的員工平均年齡也會逐漸上升，以及會有更多女性與少數團體加入工作行列。這種種現象都將使得組織漸趨多樣化，而所謂的組織多樣化 (Diversity)，指的是組織成員有較高的差異化程度，主要可以包括圖 13–1 的兩大部分，也就是不易改變的主要構

❶ Piore, M. J. & Sabel, C. F. (1984), *The Second Industrial Divide: Possibilities for Prosperity*, New York: Basic Books.

❷ Harrison, B. (1994), *Lean and Mean: The Changing Landscape of Corporate: Power in the Age of Flexibility*, New York: Basic Books.

❸ Coriat, B. (1990), *L'Atelier Et Le Robot*, Paris: Christian Bourgois Editeur.

面部分，以及比較容易改變的次要或衍生構面部分。其中，主要構面指的是個人的天生特徵，例如性別、膚色、年齡、種族、肢體健全、以及身高等等，而次要或衍生構面指的是個人可被改變的特徵，例如信仰、家庭狀況、興趣、專長、學歷、價值觀、人格、道德觀、習慣、乃至於體重等等，這些通常會受情境影響或是與情境互動而產生不同的結果❹。至於組織漸趨多樣化的原因與起端，大致可以歸類為以下五點看法：

1. **組織多樣化的議題主要是自 1980 年代開始**

   不管組織轉變的原因及起源為何，一般都認為是從 1980 年代起，開始產生重大的轉變，包括組織漸趨多樣化。

2. **組織多樣化管理是為了因應環境變化**

   組織的多樣化管理雖然有各種不同形式，但其基本目標都是要幫助組織克服環境的變化，容許並管理組織中人與人之間的差異，以期增加其對組織正向的影響，同時減少其負面的影響。

3. **組織多樣化管理受全球化影響**

   組織多樣化與全球化的發展有高度相關，甚至被認為是全球化引領了組織的多樣化，而其中最重要的就是文化的全球化(也就是地球村的概念)。

4. **資訊科技與組織變革對組織多樣化的影響**

   一般認為，資訊科技的發展加速了組織變革，而組織變革則豐富了組織多樣化的內容。

5. **組織多樣化管理的焦點在於勞僱關係管理**

   大多數的組織對於多樣化的管理焦點，仍然在於勞動過程及僱傭關係的管理上。

經由以上的說明可以知道，大概從 1980 年代開始，許多組織即在自願或非自願的趨力下，進行組織重整與變革，使得原有的組織文化也面臨了改變壓力，同時影響了組織的多樣化程度，而表 13–1 所列出的就是一些近代主要的組織變化趨勢，以及這些趨勢對於組織多樣化的影響。其中，在生產方式方面，近代產業已經從大量生產的方式，逐漸轉移到以彈性生產

---

❹ 葉忠達、梁綺華、林文政譯 (1997)，《組織行為》，臺中：滄海書局。

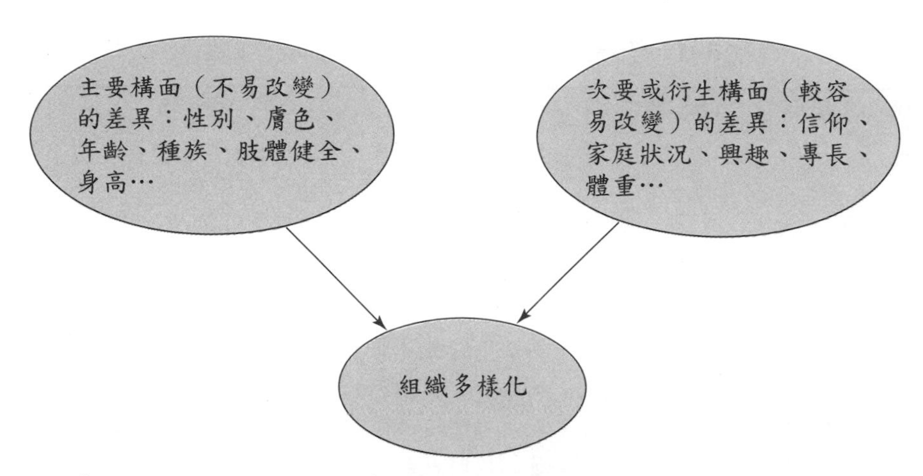

資料來源：整理自葉忠達、梁綺華、林文政譯 (1997)，《組織行為》，臺中：滄海書局。

圖 13–1 組織多樣化的涵蓋構面

為主的方式，或是所謂的從福特主義到後福特主義。這是因為近年來各種市場的競爭都逐漸激烈化，技術變革的速度也日趨快速，所以大量生產系統已經顯得過於僵化，對市場變化的敏感度也不夠。因此，彈性生產系統成為大多數企業的選擇，而此系統與大量生產模式有很大的差別。其中最明顯的就是，大量生產基本上是基於泰勒主義 (Taylorism) 的科學化管理，採取製程導向，也就是在需求穩定的假設下，衡量自己的設備、技術與能力，透過計畫進行生產，並嚴加控制，然後根據標準化、機械化、以及分工原則，追求高度的經濟規模，以發揮產能並降低成本。然而，彈性生產基本上是需求導向，也就是針對顧客需求，進行產品樣式與數量的變化，形成少量多樣的生產模式，而要達到少量多樣，其設備與技術就要同步調整，更重要的是組織成員要由供給面的思維轉變成需求面的思維，加上顧客的需求往往千變萬化，所以組織也就需要更多樣化的成員，以瞭解不同的顧客需求，以及使用不同的生產工具。

至於表 13–1 中的大型企業的分化，指的是近年來許多分析家不斷強調大企業的危機，同時認為中小企業在創新與彈性上具有相對優勢❺，加上全球市場的擴張與競爭，使得活力及彈性成為提升生產力與市場敏銳度

❺ Weiss, L. (1988), *Creating Capitalism: The State and Small Business Since 1945*, Oxford: Blackwell.

表 13-1 近代一些組織變化趨勢與多樣化的關聯

組織變化趨勢	與組織多樣化的關係
從大量生產到彈性生產	‧彈性生產系統除了牽涉到組織硬體設備與系統軟體之外，也會影響到組織成員在技術上、態度上、以及判斷上的多樣能力
大型企業的分化	‧企業追求小而美的同時，組織成員的彈性比同質性更重要 ‧多樣化的成員將有利於組織彈性
網絡體系的建立	‧網絡體系強調合作、機動性強、反應速度快 ‧以上這些都使得組織需要更多樣而有彈性的成員，同時也訓練出更多樣而有彈性的成員
組織趨向扁平化與全球化	‧組織扁平化使得組織成員在內部的學習空間增加（同層級的共事者增加，而能相互學習），而增加其多樣化 ‧組織全球化使得組織在用人方面必須要更趨向多樣化，同時考慮在不同文化與價值觀中生活的人

的最主要因素，因此也造成一些以大規模為主，強調垂直整合的企業體逐漸衰退❻。特別是當「知識經濟」興起之後，彈性與專精成為企業追求的關鍵核心能力，這也使得許多大型的科層組織，不得不進行企業再造與組織變革。然而，要讓企業變得小而美，卻又能夠維持原有的功能以支持其市場需求，這基本上是不太容易的，最可能的作法就是將企業功能集中於核心能力所擅長的部分，以提高其附加價值，然後將一些非核心能力的部分「請人幫忙」，而這樣的思維或多或少地造成了網絡體系的逐漸盛行。

另一方面，雖然傳統的策略領域裡，競爭是企業本質，所以如何建立持久的競爭優勢以擊敗對手，並防堵一切可能的攻擊行為，就成為企業生存的不二法則；但是在面對今日千變萬化的市場環境、大量的科技運用、全球化的發展、以及企業的瘦身壓力之下，企業幾乎沒辦法再以單打獨鬥的形態，完成其市場與生產的各種要求。代之而起的便是選擇更強更有力的專業分工夥伴，建構起合作的網絡體系，不但在瘦身之後還能維持企業原有的功能，而且有更強的機動性以及更快速的反應能力。這種新形態的

❻ Gereffi, G. (1989), "Rethinking Development Theory: Insights from East Asia and Latin America," Sociological Forum, 4:505–535.

網絡組織，快速地顛覆了傳統的組織觀念，使得組織間的藩籬越來越不明顯，彼此之間既能相互競爭也能相互合作，而這種機制基本上是一種界於市場交易與實質控制之間的關係，既不是完全根據契約進行合作，也不是完全由任何一個組織單一控制。例如，在委外關係 (Outsourcing) 中，委外者與受委外者往往都在契約以外，還有一定的合理空間，可以彼此變更需求與交貨時間等等。至於其他類似的合作關係還包括了策略聯盟、共同研發、以及聯合行銷等等；不過，通常大型組織會趨向於採用委外或轉包策略來形成網絡，而中小企業則較易選擇以水平整合的方式，例如採取聯合行銷，來進行網絡的建構。

不論是彈性生產，或是企業分化與網絡建構的趨勢，都會影響企業需要更多樣化的員工，或是造成員工的更多樣化。除此之外，企業為了適應新的競爭環境，同時還面臨了二大趨勢，包括組織的扁平化與經營的全球化，這也使得企業需要錄用或訓練更多樣化的員工。其中，組織扁平化指的是組織透過任務團隊的方式，或是以層級減少或合併的方式，將垂直的科層結構轉變成更扁平的系統。此時，由於科層減少以及水平互動的增加，所以組織本身彷彿就變成了一個網絡，內部的每個元素互動頻繁而能保有彈性❼。至於組織的全球化，也使得企業原有的視野、利益與競爭，均超越了任何特定的市場，而面臨全球化發展的企業，往往具有不同形式、產生於不同脈絡、以及擁有不同的文化特性，所以其複雜度與管理的困難，已非中心式的企業體所能適應，而需要更多樣化的組織成員來共同管理。

第二節　知識工作者的影響

勞動人口不斷地在變化中，例如 19 世紀時，最大的勞動力集中於農業與工匠之中，而工業革命之後的一百年，工廠工人成為最多的勞動力人口，佔所有勞動力的 35% 以上，而近十年來，工業勞動力則呈現穩定下降，如美國工業勞動力人員已下降到大約 15%，又回到了一百年前的水準，唯一

❼ Goodman, P. S., Sproull, L. S. & Associateds (1990), *Technology and Organization*, San Francisco, CA: Jossey-Bass.

迅速成長的是「知識工作者」，尤其是在已開發國家的勞動力中。「知識工作者」的工作需要正式的高等教育，他們現在在美國的勞動力中已達三分之一，是工業勞動力的兩倍，預估到 2010 年，他們佔富裕國家勞動力的比率可能接近五分之二。

至於知識工作者對組織多樣化的影響，首先是關於性別的部分，由於知識工作是「中性的」，基本上不需要特定的性別方能成為知識工作者，所以許多有關於知識集中的工作，其勞動力的性別藩籬已逐漸消失。其次，是關於知識工作者忠誠度的認知問題，由於知識工作者所擁有的生產工具就是知識，而知識已經變成重要且稀少的資源，所以知識工作者會認為他們是專業人士，而不是受僱員工，因此他們認為自己和那些運用他們服務的人（也就是僱主），是站在平等的地位上❽。於是知識工作者在自己的專業領域中，往往有高度的流動性，因為只要始終留在相同的領域裡，他們並不在乎從一個組織換到另一個組織，甚至不在乎從一個國家換到另一個國家。也就是說，知識工作者的組織承諾遠低於其專業承諾，他們效忠的對象往往是自己的專業領域。另一方面，知識工作者往往會產生其獨特的工作內容與方式，並可以三個向度來表示：價值創造、關係維持、以及決策制訂，請見表 13–2。

隨著知識工作者的工作內容變化，有許多知識工作者將會以在家工作的方式完成任務，也就是脫離定時定點的工作型態，而只要與組織簽訂工作契約（有的時候透過網路即可完成簽約），然後在家完成指定的工作內容後，再利用網路傳輸給僱主即可。這樣的員工形同在虛擬的職場裡工作，不必受到傳統工作形式的束縛，但也因為其工作是透過簽訂契約承攬，較難釐清穩定的勞資關係，加上這些員工分散各地，所以難以籌組工會，監督僱主落實其勞動條件。

❽ 劉真如譯 (2002)，《下一個社會》，臺北：商周。

表 13–2 知識工作者的工作內容

價值創造	・策略決策和規劃，大多由管理型的知識工作者進行 ・創新產品和過程，大多由研究型的知識工作者進行 ・應用包裝和創新，大多由設計型的知識工作者進行 ・對決策、創新、設計和執行之間的整合
關係維持	連結網絡系統中其他勞動力的能力，又可以分成： ・網絡工作者：以進取精神，獨自設定連結（例如與組織中其他部門的連結工程），並且是網絡企業動向的領航員 ・網絡勞工：在生產線上工作，隨時會依任務的開始與結束而形成新的工作團隊 ・被動工作者 (Switched-off Worker)：在沒有互動以及接受單向指令的特殊工作情境中工作
決策制訂	・決策者：制訂最終決策的人 ・參與者：參與決策過程的人 ・執行者：負責執行的人

資料來源：整理自夏鑄九等譯 (1998)，《網絡社會之崛起》，唐山出版社。

第三節 組織的多樣化管理

雖然有許多組織的管理人員仍然沿襲舊有習慣，而這些習慣多半發展自一個同質性很高的職場之中（往往以男性為主）。然而今日的勞動市場，已經具有勞動力多樣化 (Workforce Diversity) 的現象，也就是勞動力是由各種不同背景的人員所組成，特別是在人口統計變項上面的差異，又可稱之為人口統計多樣化 (Demographic Diversity)，例如不同的種族、性別、文化、國籍、身體狀況（殘障與健康者）、年齡與宗教等等。如果一個組織的員工大多數是屬於同一國籍的人口，或是大多數是屬於同一性別的人，那麼這個組織員工的國籍多樣化或是性別多樣化程度就很低。反之，若組織員工的國籍相當分散，而且各國籍的人數也很相近，那麼這個組織員工的國籍就可以算是高度的多樣化了。

此外，隨著不同背景成員所帶來的勞動力多樣化，同時也會產生文化多樣化 (Cultural Diversity) 的議題，如圖 13–2 所示。此時，多樣化就不單單是指對於膚色、性別、種族、國籍等等的差異，還包括了許多文化上的差異（即使團體中有許多共同的價值觀、態度及知覺，但仍有一定程度的文化差異）❾，而這些文化差異來自於員工自身的成長、信仰、婚姻與家庭、以及生活體驗等等，據此所形成的特有次文化 (Subcultures)，並結合其所屬國家的文化之後的外在顯現。因此，文化差異未必與前面的圖 13–1 所列舉之主要構面（包括性別、膚色、以及年齡等等）有關，反而比較可能與次要構面（包括信仰、興趣、價值觀、以及人格等等）有關，例如一群來自於泰國、香港與韓國的人，雖然他們都是亞洲人，但成長環境的不同，使得他們之間的差異性，可能遠高於一群都在美國約紐出生的中東人、非裔黑人以及亞洲人（雖然他們的膚色、國籍與種族的差別更大）。

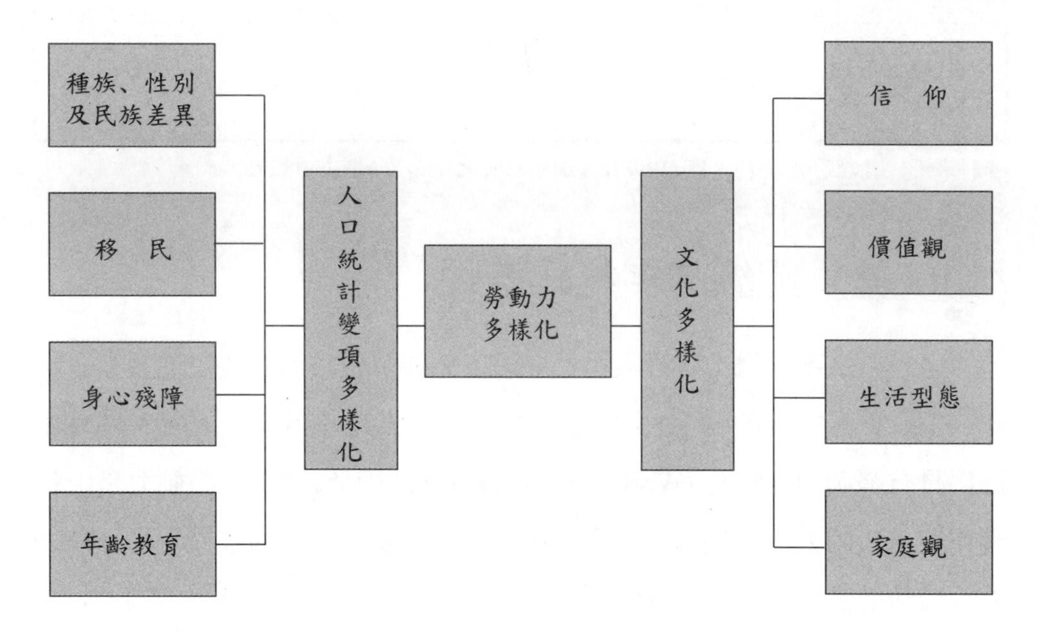

資料來源：整理自何明城審訂 (2002)，《人力資源管理》，臺北：智勝出版。

圖 13–2　勞動力多樣化與文化多樣化

隨著勞動力多樣化的趨勢，現代組織經常要面對一些與多樣化管理有關的議題，例如對於組織中不同性別、不同種族或是不同的宗教信仰習慣之管理，以及針對殘障人士、同性戀者或是老年員工的管理等等，而其具體事件可能包括組織是否有女性員工懷孕就必須辭職的不成文規定，以及組織是否會主動僱用老人、弱智者或肢體殘障者，甚至於包括組織是否會排擠同性戀者等等。由於上述這些人，在組織中往往人數較少，同時又比

❾ 何明城審訂 (2002)，《人力資源管理》，臺北：智勝。

較容易表現出與其他成員不同的特徵，因而容易受到組織的特殊（通常是偏低）待遇，所以我們稱他們為組織中的少數或弱勢團體 (Minority)。

由於組織中的弱勢團體往往會面臨其他團體的排擠，或是在升遷上受到無形限制，也就是所謂的玻璃牆或是玻璃天花板的問題。所以有些國家會基於公平正義的考量，針對此一議題在法律或行政條文上限制組織的歧視行為，例如美國自 1964 年人權法案通過之後，社會大眾對於各種族群與不同宗教團體的接受度愈來愈高，於是藉由推動平等就業機會法或其他公平法規，以保障組織多樣化的強制作為，也就逐漸成為該國在勞動相關法案上的趨勢，同時也影響到其他國家對相關法規的制定。目前，美國所努力的方向是將一群原本不屬於舊團體內的人口納入新的工作團隊中，包括稀有文化和少數族裔，以及女性員工等等。例如美國殘障法 (Americans with Disabilities Action) 就是用來保護殘障人士不受歧視，而 AA 法案 (Affirmative Action) 則是保護對不同性別與人種等等的任用公平性，其效果是造成今日的美國，大約有一半以上的工作人口不是美國本土的白種男性，而且預計這波趨勢將會延續下去。至於我國，也有相關的法令，包括兩性工作平等法、多元就業開發方案、以及進用身心障礙者工作績優機關（構）獎勵辦法等等。

雖然各國政府可能會基於公平正義的維護，進而干預或鼓勵組織的多樣化管理措施，但不管是哪種法規，多半只針對組織人口統計變項的多樣化提出規範，而比較沒有針對文化多樣化進行管理[10]。其次，如表 13–3 所列，組織多樣化有許多優點（雖然也有缺點），而最終也會反映在財務績效上，包括生產力的提高、股東權益報酬的提高、以及市場績效的改善等等[11]。因此，許多學者認為，組織應該更積極主動的進行多樣化管理，而非僅僅是依循政府的規定[12]。特別是依照現在的趨勢，以及在法令與社會對企業

[10] Schuler, R. S. (1998), *Managing Human Resources* (6th Ed.), Ohio: Thomson Publishing.

[11] BNA (1999), "Employers Battling Workplace Violence Might Consider Postal Service Plan," *BNA Bulletin to Management*, August 5: 241.

[12] 葉忠達、梁綺華、林文政譯 (1997)，《組織行為》，臺中：滄海書局。

社會責任的要求之下，多數企業必須比以前更開放，也能夠對各種多樣化有更高的接受度，才不致於有觸犯法令的風險，以及比較容易為社會所接受。

表 13–3　組織多樣化的優缺點

組織保持或鼓勵多樣化的好處	組織高度多樣化的缺點
・人才招募較易：因為接受多樣化的人才，所以擴大了招募範圍，可以針對以前沒想到的人力市場進行招募 ・降低僱傭成本：人力供給增加，自然可以降低僱傭成本 ・市場利基的擴大：多樣化的員工容易製造出多樣化的產品，而進入不同的市場，擴大市場利基 ・創造力的提升：一般而言，越多樣化的異質團體比同質性高的團體，會產生更多更豐富的點子 ・生產力與問題解決能力的改善：一般而言，對於一些非程序性的決策，也就是新奇及結構化很低的決策，異質團體的決策品質較高（不過要注意的是，於程序性決策，也就是一些重複及例行的決策，就不一定有同樣的結果，而對於一些比較複雜又需要相當程度合作默契的決策，或是在某些特定情境中，例如在層級化很深的組織中，團體的異質性也不一定有利於決策品質）	・容易發生衝突 ・意見分歧、價值觀不易統合，以至於不容易達到共識，許多決策要花比較久的時間才能完成 ・容易形成劣幣驅逐良幣，也就是若沒有良好的溝通、討論、以及衝突管理的機制，往往會造成不當的權力鬥爭，使長袖善舞的人出頭，而沉默認真的人受到壓制

所謂積極主動的多樣化管理，主要是指組織將員工差異的效益予以充分發揮，同時也盡可能地減少會阻礙多樣化運作的潛在障礙，然後藉由這些差異化的效益，建立起更有效率也更有競爭力的組織。至於組織在進行多樣化管理時，應該注意以下幾點[13]：

1. **強勢領導**

   成功管理多樣化的組織，通常是由支持多樣化的高階主管所領導，包括堅信多樣化管理的變革確有需要，以及帶頭示範的從自身開始改變起等等。

2. **狀況的分析研究**

   組織必須瞭解目前組織內的多樣化現況，透過對平等僱用的衡量（例如僱用的男女比率）、多樣化留任機制的衡量（例如對女性員工的任職安排）、員工態度調查、管理人員與員工的評估、以及焦點團體等等方法，來衡量組織目前的多樣化情形。

3. **提供關於多樣性的訓練與教育**

[13] Dessler, G. (2000), *Human Resource Management* (8th Ed.), N. J.: Prentice-Hall.

管理多樣化最普遍的起點就是針對員工進行教育訓練，教導員工如何感受不同類型同事的想法、態度與可能行為；然而，也有人認為一般的多樣化訓練，有的時候可能會產生反效果，例如會造成參加者經由訓練學到的刻板印象等等。

4. **改變文化與管理系統**

前述的教育訓練，最好能與其他的管理系統以及組織文化相結合，例如可以與績效評估系統結合，而將主管能否減少群際衝突等等，列為主要的績效評估指標。

5. **對多樣性管理計畫的評估**

計畫執行之後，需要再進行前述的第二步驟，也就是再度衡量僱用的平等性、多樣化的留任機制、以及調查員工的態度等等，以衡量管理計畫後，組織的多樣化改善情形。

雖然任何組織在進行多樣化管理時，其注意要點都如上所述，但各個組織對多樣化管理的真正態度，則有可能大異其趣。一般而言，組織對多樣化管理的態度大致上分成三種，包括：①基本型，也就是會承諾改善歧視行為；②道德型，認為組織應該無條件的接受與重視多樣化；③管理型，也就是希望除了在道德與社會責任的因素之外，管理多樣化的同時，也能夠有利於組織的經營。其次，關於組織的多樣化管理措施，大致上也可以分成三類，而且可以交互運用。首先是所謂的責任措施 (Accountability Practices)，也就是將多樣化管理視為一種責任，並建立責任制，透過一些負責的人、制度和單位，來進行以及監督組織多樣化的過程。第二種則是發展措施 (Development Practices)，主要是強調如何進行有利於組織多樣化的形成與維持，同時也有利於組織效能的各種訓練發展之措施。至於最後一種是招募措施 (Recruitment Practices)，也就是進行各種有利於組織多樣化的招募相關措施⓮。

以上的五點注意、三種態度與三種措施，不管如何選擇運用，對於組織而言，在進行多樣化管理時，大致上仍然可以分成表 13–4 所示的幾種具

⓮ 葉忠達、梁綺華、林文政譯 (1997)，《組織行為》，臺中：滄海書局。

體作為，包括高階主管的支持行動、勞動力的評估、吸引多樣化的員工、降低多樣化抗拒的人力資源政策、支持與獎勵、職務調動、以及員工參與等等。其中，在高階主管的支持行動上，正如前面提到的，強勢領導往往具有帶頭示範的作用，有助於多樣化管理的成功，所以高階主管需要表達出其對於多樣化的支持態度，至於如何表達出其態度，則可以透過與員工及外部環境的個人或群體，共同討論組織的多樣化計畫，或是將組織對多樣化的態度與管理方針，融入其使命報告 (Mission Statement)、策略計畫、或是執行目標之中。

表 13–4　多樣化管理的具體作為

多樣化管理的具體作為	內容說明
高階主管的支持行動	例如將組織對多樣化的態度，融入組織的使命報告，或是列入策略計畫與目標當中等等
勞動力的評估	例如針對組織文化、人資制度（招募、晉升、福利、薪酬等等）、以及勞動市場的勞工人口統計資料進行評估等等
吸引多樣化的員工	例如運用有效的招募方式，不再將招募廣告只針對某些特定人口，以及規劃不同員工在工作與家庭方面的安頓，並提供更有彈性的工作項目等等
降低抗拒的人力資源政策	例如進行多樣化的教育訓練與溝通
支持與獎勵	例如根據個人差異設計獎酬，鼓勵大家接受彼此之間的不同
職務調動	例如調至不需要與其他不同類型員工互動的職務上
員工參與	主要是決策時的意見參與

資料來源：整理自何明城審訂 (2002)，《人力資源管理》，臺北：智勝。

當多樣化管理目標確定之後，例如已經納入策略規劃，並訂出目標之後，組織接著需要進行勞動力評估，包括評估組織文化以及與勞動力有關的人資制度，像是招募、晉升、福利、以及薪酬等等方面的措施，同時也要考量勞工來源的人口統計資料。其目的是希望能夠及早發現問題，並在必要時有所修正。例如，美國過去是以白種男性為主要勞動力，不過在1995～2000 年進入勞動市場的勞動力中，大概只有 15% 是白種男性，其他85% 包括了白種女性、移民以及少數團體，而這意味著組織員工的人口統計多樣化會漸漸增加，此時的人力資源經理，可能就會發現有必要調整組織原有的文化價值觀（例如對玻璃牆的改善等等），以接納多樣化的員工。

除了對勞動市場多樣化的趨勢進行瞭解之外，組織還需要更主動的因應，包括主動吸引這些多樣化員工，並採取一些必要的人資措施，以降低組織內部可能產生的抗拒等等。例如，組織可以運用更廣泛的招募方式，而不是只針對某些特定人口進行招募，以及組織可以規劃不同員工在工作與家庭方面的安頓，或是提供更有彈性的工作項目等等。這些作為雖然在短期內可能增加組織的成本，但預計其長期效益應該可以沖銷這些短期成本，而其所產生的可能效益請見表 13–3。另一方面，組織為了招募多樣化員工而進行的改變，往往會在內部造成一些抗拒，這主要是因為員工在缺乏可靠資訊的情況下，隨著謠言四竄而產生的不確定以及不安感，於是對組織的措施產生抗拒。不過，組織在面對這種抗拒時，最好不要以鎮壓方式來解決，因為這不可能長期有效，而且往往會產生反效果，使員工們的不安感更強烈。此時，對於人資部門來講，化解抗拒的最好方法，應該就是不斷進行教育與溝通，將組織為何要進行多樣化的原因、未來可能改變的情況、員工們以及組織應該有的準備等等資訊，清楚地傳達給組織成員，使成員們因為改變而引發的不確定感，以及因為不瞭解而產生的恐懼感能降到最低。一旦將多樣化計畫背後的動機與理由，以及個人經過準備之後，可能獲得的好處說明清楚，則相關員工便能瞭解並容易接受因為改變所引發的衝擊，甚至進一步樂於學習新的能力，包括對多樣化的敏感度以及多元溝通的能力等等。

此外，在化解抗拒的溝通技巧方面，往往也包括了與潛在抗拒者的協商，例如與工會或是與相關部門的主管進行協商等等。其主要目的除了希望降低這些人的抗拒態度，同時也希望讓組織內的其他成員，在參與多樣化計畫時，能夠自由自在、不受威脅地與他人溝通（包括與潛在抗拒者的溝通），如此將有助於員工抗拒的降低。因此，如果組織透過教育訓練以及適當的溝通，建立起彼此尊重、互相體諒、不惡意批判的氣氛，將有助於打破抗拒者與支持者之間相互威脅與挑釁的惡性循環。如果此時組織還能夠搭配各種獎酬方案，以表達其支持的態度將會更好，例如可以為參與計畫的人安排晉升機會、金錢獎勵或公開表揚等等，甚至於將員工的個人差異納入獎勵制度之中，像是以學經歷或技術能力為基礎的技能基礎薪資等等，也有助於提高組織成員對彼此間多樣化的接納程度。

最後，對於一些真的無法與其他不同員工合作的人，組織還是有必要進行相關的處置，不過若是以解僱或其他比較嚴重的方式對員工加以懲罰，可能並不是很適當，因為容易引起反彈，而且容易讓人誤以為組織不容許員工有自我意見與選擇的空間，這就與多樣化的涵義有些出入了（組織多樣化基本上容許成員彼此之間有較高的差異化程度），於是對未來的多樣化計畫之進行，將更容易引發員工的抗拒。因此，組織比較常用的作法是將這些員工調離職務，調至不需要與其他不同類型員工互動合作的職務上。

當組織打算對員工進行職務調動時，最好能夠讓員工參與意見，甚至於可以在高階主管一開始規劃時、進行勞動力評估時、以及執行相關的人資政策時（包括招募、降低抗拒、以及獎勵措施等等），都能夠讓員工參與意見。因為這樣能夠使員工對於該計畫的規劃與執行內容，產生休戚與共的感受，並透過對事情原由與程序的瞭解，進而提高員工的動機，以及提高計畫被員工接受的程度。而若是組織中有工會存在，則多樣化計畫更需要他們的參與及支持，即使是潛在反對者，最好也能夠容許這些人表達意見，如此不但有利於計畫缺點的偵測，也有利於降低員工的抗拒。當然，在參與之前，所有人最好都能夠先接受訓練，包括釐清彼此對多樣化的定義、瞭解多樣化的可行措施、以及增進議題討論與決策的能力等等。

第四節　多樣化的挑戰與議題

多樣化的挑戰

本章所謂的多樣化的挑戰，指的是在管理多樣化過程中，不但要鼓勵組織成員接受與發展多樣化，同時還要對多樣化可能帶來的問題或困擾，進行瞭解與管理，而常見的多樣化挑戰如下：

1. 凝聚力的管理

凝聚力 (Cohesiveness) 是指一個團體緊密結合與否，以及成員對環境事物的感知、詮釋與回應方式的相似或同意程度之高低。當組織或團隊的多樣化較高時，將會因為成員們的語言、文化或是經驗上之差異，而使得凝聚力比同質性高的團隊來得低。因此，組織在進行多樣化管理時，同時也要透過一些措施，例如以非正式的聚會、人際敏感度訓練、目標設定（外在目標具挑戰性往往能夠提高團隊凝聚力）等等方式，來強化彼此之間的凝聚力。

2. **種族歧視或無知的管理**

有些失禮的言語可能是種族歧視，則組織需要嚴加管理，必要時可以對當事人進行嚴厲的懲戒。但也有許多失言，可能只是無知或表達不當的結果，雖然也會對別人造成傷害，卻不宜貼上種族歧視的標籤。此時，組織也就應該以不同的方式加以管理，例如改善當事人的溝通技巧或是進行同理心訓練等等。

3. **溝通困難的管理**

當組織或團隊的多樣化程度很高時，溝通方面可能就會發生一些困難，包括彼此之間容易發生誤會、用詞不精確、以及回應慢半拍（無法快速理解對方）等等。當溝通不夠流暢的時候，彼此之間就可能有雞同鴨講，誤會對方意思的狀況發生，或是成員之間必須花額外的時間進行解釋。如此種種都會影響工作的整體進度與品質，所以組織需要在溝通管理上更加注意（溝通管理的部分討論，可參考本書的第十二章)。

4. **信任管理**

人們往往習慣於「物以類聚」，也就是會傾向於和自己相似的人往來，而對於不同類型的他人之間，比較容易產生不信任感。然而，信任是影響組織或團隊互動的重要因素，當組織成員彼此之間不信任時，就比較容易產生壓力與彼此對峙的緊繃感，而當彼此之間有一定的信任時，就比較容易產生合作的意識。因此，組織或團隊成員之間的信任程度，可以決定這個組織或團隊能否合作，或是容易發生衝突，甚至發生不當的脫軌行為 (Deviant Behavior)，例如暴力相向、偷竊或是收賄等等。至於組織對信任的管理，可以包括對認同信任與制度信任的管理，其中的認同信任可以透過頻繁的互動來養成（例如舉辦每季的慶生會、員工旅遊、以及鼓勵雙向溝通等等），而制度信任則要靠組織在設計制度時，能盡量以明確、公正公開、落實執行等等的一致風格，來建立組織成員對組織制度的信任感。

多樣化的重要議題

1. 職場中的性騷擾

隨著組織的多樣化，性騷擾議題漸漸受到重視，而美國平等就業機會委員會（Equal Employment Opportunity Commission，簡稱 EEOC）於 1980 年針對性騷擾 (Sexual Harassment) 所訂出的指導方針中載明，性騷擾是性別歧視的一種形式，而僱主絕對有責任維持無性騷擾與無恐嚇的工作環境。若性騷擾行為具有嚴重影響個人工作績效，或造成令人恐懼、具敵意或具攻擊性的工作環境之意圖與效果時，受害者即可要求補償性之賠償金，若僱主對個人權利惡意或漫不經心地忽視，受害者亦可向其索取懲罰性的賠償金。其中，EEOC 對性騷擾的定義除了指一切令人不愉快的性侵犯之外，也認為任何口頭或肢體上含有性暗示的行為，並以此作為僱用或是績效的交換條件時，皆可視為性騷擾。

2. 僱用意志

過去曾有一段很長的時間，僱主有權利任意結束與員工的僱用關係，這項權利就是僱用意志 (Employment-at-will) 條款，它源自於中古時代的英國法律。然而，隨著組織多樣化的趨勢，雖然目前大多數的法律仍然承認任意僱用的（部分）效力，但越來越多的法規和判決承認，僱主不應該有終止個人僱用關係的絕對權利，因為這相對會傷害到員工的權利。所以美國的民權法、就業年齡歧視法、以及殘障者法案中都有規定，企業不得因為個人的某些特質（例如種族、膚色、年齡、以及性別等等），而影響其僱用決策。其次，僱用關係的終止應該是一系列有記錄的懲處步驟中的最後一個步驟，每個懲處步驟所有有關的證據和資料，都應該保有記錄與存檔備查。由此可知，僱主有權利解僱員工，但需要負舉證之責，表明終止僱用並無不當之處。

3. 宗教信仰

在多樣化的組織中，員工的宗教習慣往往也很多樣化，此時僱主就必須在合理的費用下，盡量給予通融。例如對僱主來說，如果通融員工的宗教習慣所產生的費用微乎其微，那麼僱主就應該負擔這筆費用，包括分配新工作或移轉工作時的記錄費用，以及採納彈性工時的費用等等。只有在這些宗教習慣對組織營運產生了極大的阻礙之時，僱主才有充分的理由拒絕員工有關宗教的要求，而且僱主在為自己辯護時，必須自行證明其理由。

4. **不同的壓力管理**

根據民國 92 年 6 月 17 日的《中時晚報》第四版新聞指出，四年級女性（民國 40 年至 49 年出生的女性）的壓力來源是以缺錢為主，五年級女性的壓力則多半來自家庭小孩，六年級女性的壓力是以工作的比例最高，七年級女性的課業則是最大的壓力來源。顯示出當組織勞動力多樣化以後，組織也將面臨員工多樣化的壓力（例如組織各有四～六年級的女性，其壓力來源就各有不同），如何在各種不同的壓力之間，協助員工進行壓力管理，將成為組織必須要面對的議題。

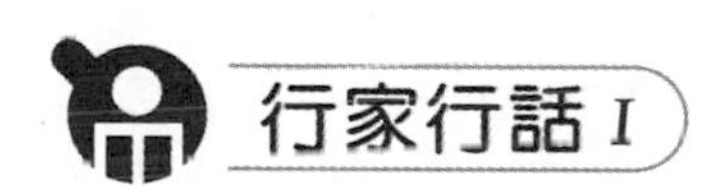

工作性別傾向的削弱

資料來源：節錄整理自何明城審訂 (2002)，《人力資源管理》，臺北：智勝出版。

在今日的職場上，仍然充斥著玻璃牆與玻璃天花板的現象，而這導因於過去的思維與制度。例如組織內可能形成工作性別傾向 (Job Sex Typing)，指的是一個工作被認為只適合由主導該工作的特定性別之人來擔任，於是一旦工作被貼上性別化的標籤，它就只會吸引特定性別的人，如果再加上性別角色刻板印象 (Sex-role Stereotyping) 的話，將使得男性與女性的工作選擇與偏好，自然就會受到傳統或過去規範的限制。

不過證據顯示，目前女性與男性的工作選擇與偏好的範圍，已經有擴大的趨勢，例如每四個美國人之中，便有一人受僱於女性僱主，而且是由女性主持的企業。這個結果的形成歸功於整個社會觀念與態度的逐漸改變，而運用中性化的工作頭銜，以及愈來愈多的女性畢業於專業學校，使得工作性別傾向的現象也有所改善（尤其是商學院）。最後，雖然健康照顧與其他的社會服務，傳統上往往被認為是「女人的工作」，但因為這類工作是成長最快的職業類別，未來將有更多男性移往這類工作，而 Y 世代（1979～1994 年出生）的工作者，除了更關心環境與成就之外，通常也比較能夠接受彼此的差異性。

問　題

1. 你覺得在臺灣的工作職場中，工作性別傾向以及性別角色刻板印象是否比以前低？
2. 你覺得現今臺灣工作職場中的性別多樣化，已經很充分了嗎？
3. 雖然整體來講，勞動力市場的女性工作者增加了，但如果某些行業仍然以女性員工居多，而某些行業則以男性員工居多，你覺得這樣子可不可以算是性別的多樣化？

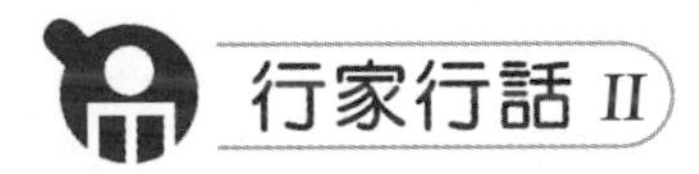

兼職人口的增加

隨著後福特主義時代的來臨，生產方式發生了一些基本上的變化，包括：1. 越來越多組織透過委外來串起整個生產流程；2. 組織規模變小以及工會萎縮；3. 工作內容變得零碎而盡量去技術性（例如以機器取代或是引進專家系統），如此才能使員工不必再侷限於專業，而能不斷轉換工作流程，以達到少量多樣的需求。於是，工人的勞動將因專業性降低與委外機會，而使得其替代性增加，使得組織可以更彈性運用勞動力。其中，彈性勞動又可以分成三個層面，包括了彈性工資、彈性工時、以及彈性勞動契約。在彈性工資部分，除了為人熟知的低底薪、高獎勵的形式之外，還可以將薪資調整成計件工資或是計時工資（第九章有更詳細的說明）；而在彈性工時的部分，是在總工時或總休假日不變的情況下，將工作日調整成輪班制，或是每日工作時間可以彈性調整，乃至於一日上班超過 8 小時等等（第三章有更詳細的說明）。至於彈性勞動契約則是將僱傭關係，以短期契約或兼職工作者（例如臨時工）來代替或是進行委外。

根據經濟合作暨發展組織 (OECD) 在 1999 年 6 月公布的就業報告中指出，工業國家近幾年來的就業成長，主要是受到兼職工作人口增加所致，OECD 的二十九個會員國目前的就業人口中，就有 14.3% 是屬於兼職工作者。這些兼職工作者的待遇遠低於全職工作者，例如在加拿大，兼職工作者的時薪要比全職工作者少 55.9%。所以現在工業國家貧窮問題的原因不僅是失業，低勞動條件的就業更是重要因素。

問　題

1. 你覺得經濟合作暨發展組織 (OECD) 的報告，是否符合臺灣目前的職場現象，而此類兼職工作者對企業與社會有何影響？
2. 第四章的「當代個案」中，提到了 Freeter 一族，你認為這樣的職場現象，包括本篇所提到的兼職工作者的增加等等，其主要原因為何？
3. 你覺得應該如何準備自己的職場能力，以能夠在彈性工資、彈性工時、以及彈性勞動的環境下，使自己更具有競爭力？

玻璃牆

玻璃牆 (Glass Walls) 是玻璃天花板 (Glass Ceiling) 一詞的延伸，其中玻璃天花板指的是組織層級間實際存在卻看不見的障礙，也就是雖然沒有明文規定，但某些人就是沒有辦法或是不容易晉升至某一層級；至於玻璃牆則是指職業團體間實際存在卻看不見的障礙，也就是組織中團體之間無形的隔閡，例如雖然沒有明文規定，但某些人就是無法參與某些委員會等等。一般而言，不論是玻璃牆或是玻璃天花板都是針對女性工作者的一種歧視，玻璃牆是指組織不成文地排斥女性工作者的參與，玻璃天花板則是指女性工作者在升遷上受到組織無形的抑制而形成職涯瓶頸。

福特主義

福特主義 (Fordism) 的字義源自於美國人 Henry Ford，他在 20 世紀初發明汽車的大量生產方式 (Mass Production)，因而成為美國的汽車大王。福特主義的原始意義即是指大量生產，其具體內涵則包括零組件規格化、勞動標準化、以及生產線科學管理化，而其精神與運作原理從美國快速普及至全球各地，成為 20 世紀生產方式的主流。之後，重工業取得了產業的龍頭地位，並伴隨著大量生產而形成大工廠制，進而促生出大眾消費 (Mass Consumption)、大眾民主主義 (Mass Democracy)、以及大眾民族主義 (Mass Nationalism) 等等的生活與政治意識，使得大眾的力量史無前例地登上歷史舞臺，也使得 20 世紀成為大眾的世紀 (Century of The Mass)。

後福特主義

所謂後福特主義 (Post-Fordism)，指的是從 1970 年代以來，全球受到石油危機與科技進步的刺激，社會的經濟生活樣態以及生產方式都發生了變化，例如生產方式從大量生產轉變為輕薄短小，大眾消費也逐漸發展為分眾消費，而代表福特主義的重工業，其龍頭地位也逐漸被服務業所取代，資訊與知識則成為影響經濟發展最重要的生產要素等等。這種思維不只是在生產方式中顯現，也普遍反映在組織的勞動過程與工作方式上，以及反映在經濟成長模式與政府管制方面，例如隨著後福特主義同時發展的新保守主義，就強調經濟自由化與私有化、減少政府對企業的管制、以及企業的全球化發展等等[15]。

聯合行銷

聯合行銷 (Joint Marketing) 意指兩個或兩個以上的廠商，以相同的品牌販賣同一商品或不同商品，而有研究指出，以聯合行銷的方式來經營品

[15] 許玉雯譯 (2003)，《當企業購併國家——全球資本主義與民主之死》，臺北：經濟新潮社。

牌，往往會有較高的品牌權益 (Brand Equity)，包括較高的品牌知名度與品牌忠誠度、較佳的品牌聯想及差異化、較高的品質知覺、以及較好的市場評估等等⑯。

認同信任

認同信任 (Identification-based Trust) 主要是基於彼此的情感因素，從而建立起一種相互認同的忠誠 (Good Faith) 關係。此種信任有的時候會受到一些值得信任的證據所影響，例如所知覺到對方的意圖善惡、相關能力、是否言行一致等等。通常，這種信任會隨著與對方的互動而改變，例如與對方在經過一段時期的互動之後，往往會因為更瞭解對方的善意和可信任性，以及對對方產生依賴與情感的依附之後，而增加了認同信任。

制度信任

制度信任 (Institution-based Trust) 指的是人們對於一些維繫組織或社會秩序的相關制度之信任程度，包括對於各種規範、法律、命令、措施、公告等等的信任。此種信任往往受到這些制度的明確性、可應用性（也就是融入工作或生活中）、歷史性（很久以前就建立的制度）、以及效果性（搭配獎懲並且嚴格實施）等等的影響。例如當一個組織在獎懲方面一向都是公事公辦，那麼久而久之，成員將會相信組織在獎懲方面的公平性。

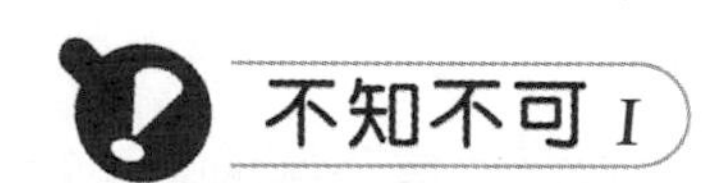

人事任用上的負面影響

當組織在人事聘用、職位安排、或是晉升方面等等的作業上，明顯地排斥弱勢族群時，稱為對當事人的負面影響 (Adverse Impact)。其中，故意的負面影響往往會受到當事人告訴，而美國最高法院曾經公布一些故意的負面影響之判斷準則，包括：1.求職者歸屬於弱勢族群；2.求職者應僱主招募前去應徵工作，且適任此工作；3.雖然求職者適任此工作，但仍遭拒

⑯ 方敏 (2002)，〈以行銷聯盟經營品牌對品牌權益的影響〉，《國立交通大學管理科學學程碩士論文》。

絕； 4.在上述求職者遭拒後，此職位空缺仍然存在，且僱主仍持續徵求適任人選。

至於一般人可以透過以下四種方式，來判斷組織對某些人的負面影響有可能存在：

1.**差別淘汰率（或 4/5 法則，Four-Fifths Rule）**

這是比較弱勢族群與其他族群應徵時遭到拒絕的比率，也就是弱勢族群應徵工作的比率與其得到工作比率是否有所差異？如果答案是肯定的，那麼就必須對發生此種情形的公司採取法律行動。至於究竟比率多少才是有差異，EEOC 是以 4/5 法則來確認，舉例來說，假設 55% 的男性應徵者得到工作，但女性應徵者得到工作的比率只有 28%，即就受僱率而言，女性不到男性應徵者的 4/5，如此一來，負面影響便有可能存在。

2.**限制政策**

這是指出僱主（不論其是否有意）所採用的某些甄選政策，是否明顯地將弱勢族群排擠在外（例如「限男性」等等）。

3.**人口比較**

這是透過對組織內弱勢族群員工的比率，與周遭社區弱勢族群人口的比率進行比較，如果組織內的比率明顯過低，則可能有負面影響。

4.**統計數據**

也就是運用統計分析，來證明弱勢族群的受僱比例過低。

一旦員工有初步證據證明自己的觀點時，僱主就需要負後續的舉證責任，以證明所有考試、申請表、面談或其他招募以及職務安排等等的程序，確實有某種業務上或是人力需求上的目的，而一些相關限制也是必要的，並且這些過程可以測出應徵者未來的工作表現（或是在職者現在的工作表現），所以組織根據這些測試結果進行人事篩選基本上是公平的，而非有特殊差異的。

不知不可 II

美國的平等就業機會法

美國於 1972 年制定了聯邦平等就業機會法案 (Equal Employment Opportunity Act of 1972)，並設立專屬之執法機構——平等就業機會委員會 (Equal Employment Opportunity Commission，簡稱 EEOC)，以保護弱勢團體與婦女，同時也負責管理 1963 年的平等薪資法案與 1967 年的就業年齡歧視法案等等。EEOC 是根據美國民權法案第七章而設立，由五名成員所組成，各成員由總統指派，經參議院推薦並同意，任期為五年，並制定相關法令的實施規則，而這表示聯邦的代理構機有責任和權力對違法企業進行調查與制裁。

EEOC 設立後，接受並調查個人提出的工作歧視申訴案件，而於 1972 年的平等就業機會法案規定，EEOC 可代表申訴者或由申訴者本人提出受歧視的指控，若查證屬實，即嘗試透過調解的方式取得消弭歧視的協議，若調解不成，EEOC 即有權直接要求法院執法。之後，美國聯邦政府執行平等就業機會法的能力顯著提升，例如 2000 年時，EEOC 為遭受歧視的受害者，爭取到了 3 億 730 萬美元的賠償金。此外，EEOC 還提出 AA 法案 (Affirmative Action)，此法案更超越了平等就業機會法案，要求僱主作出額外的努力，以僱用或拔擢受保護團體之成員，EEOC 規定僱主最好能遵循 AA 法案，採取以下要點：

1. 公布平等就業政策與執行 AA 法案的決心，例如制定書面的平等就業政策，表明支持平等就業機會，並作出決心採用 AA 法案的聲明。
2. 指派一位高階主管，賦予責任與權力，讓他主導並實行人力資源政策。
3. 依據部門與職務類別，調查少數團體與婦女目前的僱用狀況。
4. 設定目標與時間表，以改善弱勢團體與男女性在各領域中的就業情形。
5. 建立與執行特定計畫以達成這些目標。在此，僱主必須檢視整個人資管理制度（包括招募、甄選、晉升、薪資與懲戒），以找出平等就業機會的障礙並進行必要之改革。

6. 建立內部審核與提報系統，以監督並評估計畫各方面的進度。

7. 於組織內部（例如在主管之間）與組織外部（例如各種社團之間）發展出支持 AA 法案的力量。

臺灣的進用身心障礙者工作績優機關（構）獎勵辦法（民國 92 年 10 月 2 日修正）

第 1 條　本辦法依身心障礙者保護法第三十五條第二項規定訂定之。

第 2 條　符合下列資格者得申請獎勵：

一、義務進用機關（構）進用身心障礙者人數達員工總人數百分之五以上者。

二、非義務進用機關（構）進用身心障礙者人數達五人以上者。

違反本法第四條規定之事實，經身心障礙者保護委員會確認者，不予獎勵。

進用身心障礙者人數計算基準日，為每年十二月三十一日。

第 3 條　進用身心障礙者工作績優義務機關（構）與非義務機關（構）應分別評比，其評比標準以「身心障礙員工百分比」及「身心障礙員工平均工作年資」之乘積為標準值。

進用重度身心障礙者，一人以二人核計。

第 4 條　進用身心障礙者工作之績優義務機關（構）及非義務機關（構）之評比標準值達〇・一以上者，依下列方式分別予以獎勵：

一、優等獎：標準值列第一名至第十名者，發給優等獎牌一座。

二、一等獎：標準值列第十一名至第二十五名者，發給一等獎牌一座。

三、二等獎：標準值列第二十六名至第五十名者，發給二等獎牌一座。

四、三等獎：標準值列第五十一名至第一百名者，發給三等獎牌一座。

前項各款獎勵之評比標準值相同者，以進用人數多者為優先；進用人數相同時，以僱用年資評比。

評比標準值達〇·一以上而不在第一項各款獎勵範圍者，由直轄市、縣（市）勞工主管機關依權責獎勵。

第 5 條　獲頒優等獎累積五次之績優機關（構），頒給三等楷模匾額一幀；累積十次者，頒給二等楷模匾額一幀；累積十五次者，頒給一等楷模匾額一幀。

第 6 條　進用身心障礙者機關（構），得於每年二月一日至二月二十八日，檢附下列文件向當地直轄市及縣（市）政府提出獎勵申請：

一、進用身心障礙者績優機關（構）獎勵申請表。

二、進用身心障礙者名冊及其工作年資。

三、行政院勞工委員會指定之相關證明文件。

第 7 條　前條獎勵申請由各直轄市及縣（市）政府審核後，送行政院勞工委員會評比。

第 8 條　進用身心障礙者績優機關（構）之獎勵，應公開表揚之。

第 9 條　本辦法自發布日施行。

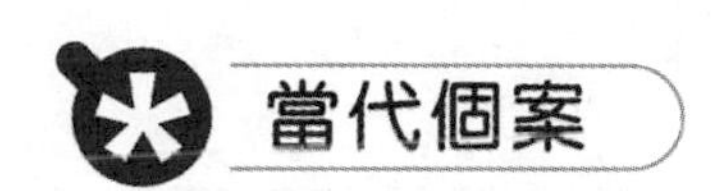

迪吉多電腦公司的尊崇差異計畫

資料來源：節錄整理自何明城審訂 (2002)，《人力資源管理》，臺北：智勝出版。

名列《財星雜誌》五百大電腦製造商的迪吉多電腦公司，正首度嘗試建立多樣化的勞動力。迪吉多電腦公司特地設計兩間工廠提供女性與少數團體成長的機會，且在派遣他們進入其他職務前先建立一個舒適的學習環境。

高階主管希望每位員工可以充分發揮其潛能，這意味企業文化不僅只是容忍個人差異，更能進一步尊崇甚至褒揚個人差異。該公司聘請 Barbara Walker 來推展平等就業機會法案以及 AA 法案 (Affirmative Action) 的概念。於是，Walker 展開尊崇差異計畫，其哲學基礎是：若干作團隊中的差異性愈廣，則員工之間的綜效愈高、想法愈具創意、而組織績效也就愈佳。職稱為「尊崇差異經理」(Manager of Valuing Differences) 的 Walker 成功地將計畫推廣至全公司。

尊崇差異計畫的目標，在於幫助員工瞭解文化差異相關的刻板印象與假設，並試圖減少各族群之間的偏見。公司也指派許多資深經理，組成各種不同文化的董事會 (Culture Boards of Directors)，以及參與尊崇差異董事會，這些團體提倡對個人差異的開放接納，鼓勵年輕的管理者盡力達成多樣化的目標，並贊助各種族、性別及族群差異性的慶祝活動（例如西班牙民俗週與黑人歷史月）。

迪吉多電腦公司希望透過更多樣化的勞動力、更高昂的士氣，以及更理想的工作環境以贏得競爭優勢，並希望能吸引各領域中最頂尖的高手，以留住專業人才來面對競爭。

討論題綱

迪吉多電腦公司的高階主管如何計畫幫助員工發揮其潛力?你同意這個作法嗎? 請說明理由。

第十四章　知識管理

第一節　何謂知識管理

何謂知識

知識就是力量 (Knowledge is Power) 這句古老的諺語，在新經濟時代，隨著資訊科技的進步以及全球化競爭的加劇，更顯現出其重要性。然而，究竟什麼是知識呢？自古以來，許多知識論者 (Epistemologist) 窮其一生，都在探尋知識的真諦，但至今仍然無法有一個為普世所接受的共同定義。所以本章在討論所謂的知識時，也就不打算建立任何普世原則，而只是單純的以組織能否運用該知識的角度來進行討論。首先，在瞭解何謂知識 (Knowledge) 之前，我們有必要先瞭解什麼是符號 (Sign)、資料 (Data)、以及資訊 (Information)，然後才能進一步判斷什麼是知識，而相關名稱與涵義的彙總請見表 14–1。

表 14–1　符號、資料、資訊、與知識的涵義

名　稱	涵　義
符號 (Sign)	能夠傳遞意義的載具 (Carrier)
資料 (Data)	一堆有結構的符號
資訊 (Information)	具有一定脈絡意義的資料
知識 (Knowledge)	一群有關聯的資訊，有助於瞭解或推論某特定領域的各種屬性與動態變化，進而幫助擬定各種決策與行動指南，以解決問題

資料來源：摘譯自 Probst, G., Raub, S. & Romhardt, K. (2000), *Managing Knowledge: Building Blocks for Success*, New York: John Wiley & Sons.

表 14–1 中提到的符號，基本上是一些能夠傳遞意義的載具 (Carrier)，它們往往是物理性的，並可由感官接收的，例如能夠傳遞意義以及可被閱讀的文字、能夠傳遞意義以及可被觸摸的名牌皮包、能夠傳遞意義以及可被聽到的 Rap 音樂等等。至於符號傳遞意義的方式，大致上可以分成三種，

包括❶：①透過聲音或是影像等等的相像性，來傳遞其意義，例如以V字型手勢代表勝利 (Victory)、以 886 代表「拜拜囉」等等；②以指示或暗示的方式來傳遞意義，例如以箭頭代表依循方向、以眨眼睛代表別有意圖等等；③以規則或約定的方式來傳遞意義，通常各地的語言或文字都是以此種方式來傳遞意義，例如我們與英國人各自創造文字，分別約定以「老師」或是以 "Teacher"，來代表同樣角色的意義。

當一堆符號結構性的聚集在一起，而且該結構，或是稱為符碼 (Code)，通常來自於人為的清楚定義時，則這群符號就稱為資料，例如一個人的訪談記錄，其中的每個字句都是符號，但彼此之間結構性的聚集在一起（在一固定的時間地點，由某一個人說出來的語句），於是成為該人的口語資料之一。至於這些資料若具有一定的脈絡意義時，就是一種資訊，例如該次訪談如果是基於特定目的而進行，而其訪談記錄也能代表該人對特定目的之看法時，則該筆記錄就是一種資訊（也有可能該記錄的某一部分是資訊，其他例如寒暄或是閒聊的部分則不是資訊）。此時，該資訊的脈絡意義，通常是透過相關使用者（例如訪談者）的詮釋，所以具有一定的主觀與可改變之潛在特色。也就是說，究竟一群資料是否為資訊，往往會因人而異，某些人在資料中所找到的資訊，未必會成為另一些人的可用資訊。

最後，所謂的知識是指一群有關聯的資訊，而且往往可用於特定的活動領域中，並有助於瞭解或推論該領域的各種屬性與動態變化，進而幫助擬定各種決策與行動指南，以解決問題❷。例如，財務知識是許多與財務有關的資訊組合，然後配合知識擁有者的經驗、價值觀、方法、資訊與認知能力等等，而能夠幫助知識擁有者有效的閱讀財務報表、衡量財務指標、預測財務狀況，進而對財務問題產生看法以及提出可行的財務建議。因此，本章所謂的知識，基本上是融入在日常工作與實踐當中，並能夠配合知識擁有者發揮其效用，進而解決問題以及產生價值的資訊組合，如此才能夠

---

❶ 張錦華等譯 (2001),《傳播符號學理論》，臺北：遠流。

❷ Probst, G., Raub, S. & Romhardt, K. (2000), *Managing Knowledge: Building Blocks for Success*, New York: John Wiley & Sons.

稱為知識，而組織所產出任何有價值的產品與服務，往往就是透過這些知識的轉化成形。

在瞭解本章所謂的知識之後，我們還要知道，一般在組織中的知識，又可以分成內隱知識 (Tacit Knowledge) 與外顯知識 (Articulated Knowledge) 兩大類。其中，內隱知識存在於個人身上或整個團體之內，往往與其個別情境的經驗有關，屬於比較主觀獨特的，而且往往難以具體化與共同化；至於外顯知識，則大多存在於人與人或團體與團體之間，其內容比較具體客觀，可以用明確的語言形容，因此知識可以在成員（個人或團體）之間相互流通，並容易向外部延伸擴散。由於存在於個人身上或整個團隊之內的內隱知識，往往是各種外顯知識的源頭，而外顯知識又會再度影響個人或團體對經驗的認知，於是影響了個人或團體中，內隱知識的形成。因此，組織的知識創造過程大致上可以如圖 14–1 所示，包括先將個人的內隱知識，轉化成團體的內隱知識（稱為社會化過程），然後再將這種形成團體共識的內隱知識加以外顯化（稱為外部化過程），也就是成為具體明確且可有效使用的知識。此外，組織也要將來自於各種不同來源，略顯片段的外顯知識進一步組合（稱為連結化過程），方能有效改善組織整體的知識系統，並提高其最終產品與服務的價值。最後，組織需要再進行內部化過程，也就是將整合過的外顯知識，再度內化成員工的內隱知識，逐漸融入成為個人習慣與行為的一部分，並透過共同行動成為組織文化的一環。

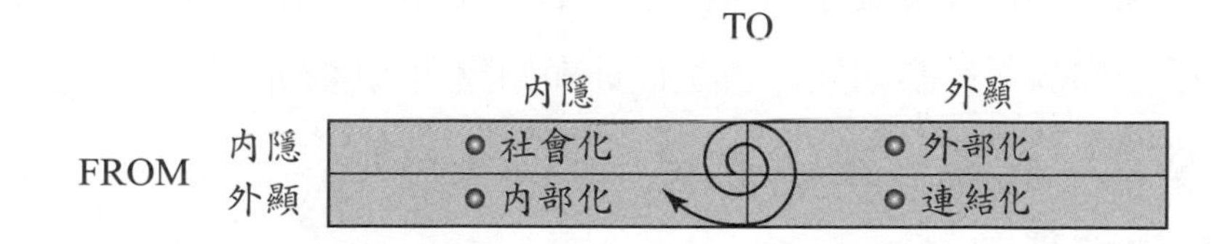

資料來源：摘譯自 Nonaka, I. & Takeuchi, H. (1995), *The Knowledge-Creating Company*, Oxford University Press.

圖 14–1 知識形成之螺旋結構

此外，有人認為知識的類型也可以分成數量以及非數量的知識，所謂的數量知識是指可以透過科學量化的知識，如果以管理方面的知識來看，就像是關於科學管理、管理經濟學、管理會計學、統計學、決策理論、作業研究、系統分析、電子資料處理、管理情報資訊系統等等的知識❸；而非數量知識則是指不易量化的部分，例如管理原則、人群關係、組織機能及系統知識等等。然而，隨著各種知識多元化的交互發展，許多知識都有部分可數量化、部分不易數量化，所以此種分類方式已經不切實際了。因此，近年來開始有學者提出了其他的分類看法，認為組織知識可以分成管理知識與專業知識❹。其中，管理知識的創造過程主要是透過成員之間的社會化互動而產生或是取得，而專業知識的建立，則可以透過實驗或實習等等方式取得。另一方面，也有人認為，組織知識事實上可以分為系統知識與意識知識。所謂系統知識，泛指一切具有系統與整體性的知識，這些知識往往具有一定模式，能夠具體呈現出明確的規章、步驟與配套措施，例如在組織中推行的全面品管、組織電子化、以及財務管理系統的建置等等，而這類知識很像前面提到的外顯知識。至於意識知識，則是指知識本身是一種意識或態度，較不具有特定的模式，例如組織之間對於性別尊重、環境生態保護、組織文化等等的看法與認知，而這類知識很像前面提到的內隱知識❺。

平心而論，以數量或非數量來分類知識並不夠清楚，因為有些知識同時具有可數量化以及不可數量化的部分，而以管理知識與專業知識來進行區分又太褊狹，因為有些知識既非管理知識也不是專業知識（例如組織成員對於人文的關懷），但這些知識卻往往會影響組織文化與其價值態度。因此，以系統知識與意識知識，或是以外顯知識與內隱知識來進行區分，可能比較適當。

何謂知識管理

所謂知識管理，可以定義成組織持續管理其所有知識，以吻合各種需

❸ 張玉文譯 (2000)，《知識管理》，臺北：天下文化。

❹ 李國光、丁上發、白榮吉 (1999)，〈企業知識管理建構模式之探討——以資訊業為例〉，《1999 中華民國科技管理研討會論文集》。

❺ 沈介文、陳銘嘉 (2001)，〈組織導入管理知識之學習缺口初探性研究〉，《大葉學報》，第十卷，第 2 期，頁 15–29。

要，並標示及運用現有及先驗的資訊來衍生新機會❻。此一定義顯示出知識管理需要運用知識來創造更多元的價值，而且認為知識管理是經由一連串的過程，針對組織知識的形成、運用及評估，進行主動的干涉與管理。此一過程往往包括組織知識目標的建立，以及知識的辨別、獲得、開發、分享、配置、運用、保留與評估等等，而其涵蓋的範圍除了硬體技術與管理功能之外，也經常與人性因素，包括團體互動、信任、組織文化等等有關❼。

雖然以往企業的競爭基礎，主要是來自於企業本身的差異化，例如高品質、低成本、良好的顧客服務、或是大量的廣告等等；但由於這些差異化很容易被模仿與學習，於是愈來愈多的企業體認到組織的最大價值，應該是來自於內部長久累積的知識資本。同時，隨著全球進入知識經濟(Knowledge-based Economies) 的新經濟形態之時，此種以知識為基礎的經濟體系，往往反映出高度不確定性與競爭強化的特性❽，所以企業對於累積知識資本的體認就更形堅定。因此，如何有效的累積及運用知識資本，就成為企業知識管理的重要目的之一，也就是知識管理的目的不只是要蒐集資訊，更要能夠提高組織的智慧，否則只是蒐集一些無用的資訊，然後進行無效能的運用，形成 Garbage in Garbage out 的無意義過程。

為了要有效的進行知識管理，避免無意義的蒐集和運用垃圾知識，組織必須要有很多回饋與建議機制，以釐清哪些知識有用或是垃圾。其次，知識的運用往往有乘數效果，也就是越多人使用適當的知識，該知識的效果越會以倍數發揮。因此，知識管理的重點應該在於知識的分享與回饋，包括如何營造一個分享的組織文化與溝通形態，能夠讓知識的分享形成正向循環，而如果可以再加上資訊科技的輔助，讓知識的搜尋、擷取、以及分享都更容易的話，那麼所衍生出來的組織能量將是非常可觀的。

---

❻ Quinn, J. B., Philip, A. & Syndey, F. (1996), "Managing Professional Intellect: Making the Most of the Best," *Havard Business Review*, Mar-Apr.

❼ Probst, G., Raub, S. & Romhardt, K. (2000), *Managing Knowledge: Building Blocks for Success*, New York: John Wiley & Sons.

❽ 李淑華譯 (2001),《知識共享型組織》, 臺北：商周。

當然，知識管理最後之目的總是希望能夠結合個體與團體、內隱與外顯的知識，並透過圖 14–1 的發展過程，進而提升組織績效。一般而言，我們可以將這些知識管理目的，歸結為以下幾個項目❾：

1. **增加組織整體知識的存量與價值。**
2. **應用知識以提升技術、產品、與服務創新的績效，同時提升組織整體對外的競爭力。**
3. **促進組織內部的知識流通，提升成員獲取知識的效率。**
4. **指導組織知識創新的方向。**
5. **協助組織發展其核心技術能力。**
6. **有效發揮組織內個體成員的知識能力與開發潛能。**
7. **提升組織個體與整體的知識學習能力。**
8. **形成有利於知識創新的企業文化與價值觀。**

通常，組織基於以上目的而進行知識管理時，最容易和以下兩種類型的活動有關，包括：①將個人的知識文件化，然後透過公司的資料庫散播出去；②透過群組軟體、電子郵件以及網路等等的方式分享知識，進一步創造新的知識❿。雖然這兩種活動的執行並不困難，不過大多數組織在進行知識管理時，仍然會發生一些問題，影響了知識管理的效果，這些問題發生的原因主要包括⓫：①組織沒有建立起如何散布及取得知識的共同模式；②組織沒有任何系統或程序可以支援上述活動；③組織沒有建立評估指標，以瞭解知識創造、散播及運用的有效性；以及④組織沒有針對知識管理，建立核心的指揮系統。因此，組織在進行知識管理時，應該先討論出一套可運用的共同模式，並且要有統一的指揮系統，以及建立出支援程序與相關的評估指標等等。

---

❾ 劉常勇 (1999)，《對於知識管理的基本認識》，http://www.cme.org.tw/know/start.html。

❿ Laurie, J. (1997), Harness in "Harnessin the Power of Intellectual Capital," *Training & Development*.

⓫ Demarest, M. (1997), "Understanding Knowledge Management," Long Range Planning, 30 (3), 374–384.

第二節　知識管理的架構

理論基礎與架構

關於知識管理的文獻，雖然各家的切入點差異頗大，有討論知識創造的，也有討論知識擴散的，不過整體而言，大部分的論述會採用「程序觀點」(Process Perspective)，也就是將組織內的知識活動，切分成知識的創造、知識的儲存與整合、以及知識的移轉等等程序⓬。所以本章也依此觀點來進行探討，並將知識管理的議題分為九大類，包括知識之選擇管理、知識之取得管理、知識之學習管理、知識之創造管理、知識之擴散管理、知識之建構管理、知識之儲存管理、知識之管理制度、知識之管理文化，如圖 14–2 所示。其中，組織知識有一部分是求自於外部，也就是外來知，另外一部分則是創造自組織內部，也就是內造知。關於外來知又可以分為知識

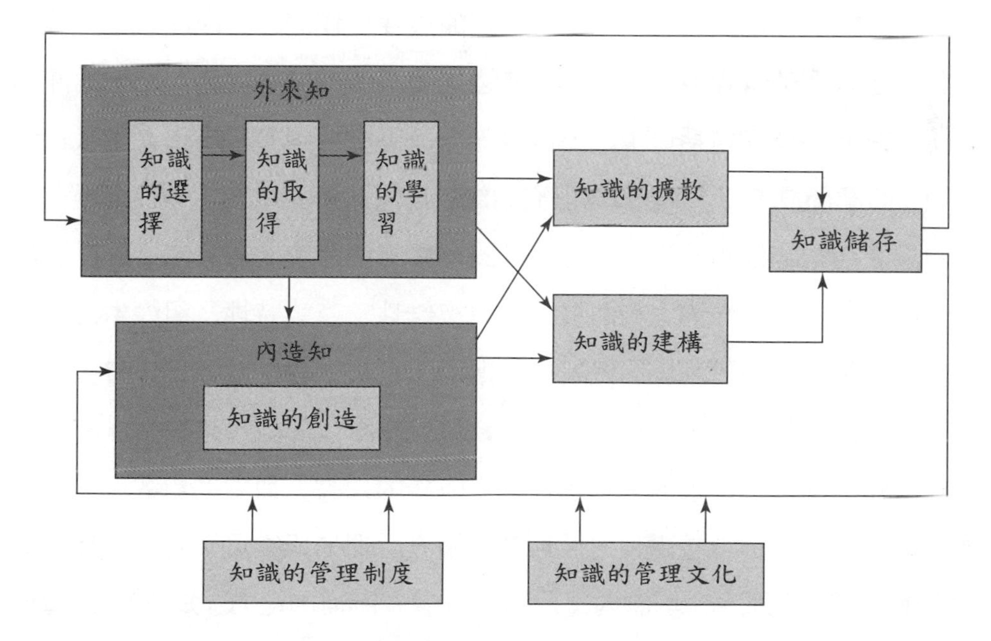

資料來源：整理自譚大純 (2001)，〈知識管理文獻之回顧與前瞻——以知識作業及知識策略為分類基礎〉，《管理評論》，第二十卷，第 4 期，頁 93–136。

圖 14–2　知識管理準則程序觀

⓬ Davenport, T. & Pursak, L. (1998), *Working Knowledge: How Organizations Manage What They Know*, Boston: Harvard Business School Press.

的選擇、取得和學習三種程序，而當外來知識被學習或內造知識被創造完成之後，若干知識將會需要擴散至其他的成員或單位（知識擴散），同時也有若干知識需要建構成更系統化的知識，也就是進行知識建構。最後，各種擴散與建構的知識，將會以特定的方式形成組織記憶，也就是知識儲存的過程。以上這些關於知識管理的活動，都是建築在妥適的知識管理制度與文化基礎之上。以下，本文在這一節的討論焦點，將放在知識管理的各種程序上，包括知識的選擇、知識的創造、知識的移轉、以及知識的儲存，而對於知識管理的制度與文化層面，將於下一節討論。

知識選擇

由於知識的種類繁多，加上社會上的資訊量暴增，使得個人與組織均處於資訊負荷過重 (Information Overload) 的情形。此時，組織如何有效率且有效果的選擇所需要的知識來源與內容，以節省知識搜尋的時間與成本，進而提升知識效能，也就成為知識管理的重要工作之一，而此一程序被稱之為知識選擇的管理⓭。其中，組織選擇知識的來源可以包含組織內部與外部的來源，亦即包括員工、上游供應商、下游配銷商、市場人士（例如客戶、商業間諜等等）、學術與研究組織、以及政府組織等等⓮。不過在選擇知識之前，組織應該考量本身對於既有知識的瞭解度、專精度、以及深化度；另一方面，知識本身的多元性與複雜性、產業特性、組織本身的單純度、以及知識的可用期間或是成熟期間的長短，也都應該加以考量。

當組織經過種種考量與判斷之後，發現組織內部缺少某種知識時，便會產生知識的缺口，進而需要引進或吸收新的知識。通常，組織可以透過外部取得和內部創造這兩種途徑來產生知識。例如組織可以建立一種鼓勵創新的組織文化與氣候，讓內部成員自行發展所需的能力（知識），這種透過內部創造的方式，所產生的知識往往具有獨特性，而令競爭者難以模仿。

⓭ 譚大純、劉廷揚、蔡明洲 (1999)，〈知識管理文獻之回顧與分類〉，《1999 中華民國科技管理研討會論文集》，頁 734–736。

⓮ Smith, K. (1995), "Interactions in Knowledge Systems: Foundations, Policy Implications and Empirical Methods," *STI Review*, 16, 69–102.

此外，組織之間也可以相互合作，利用購併、交叉持股、策略合作、以及聯盟等等方式，取得或是移轉相關的技術與知識，而表 14–2 就是將一些內部創造與外部取得知識的方式，進行大致上的分類。

表 14–2 組織產生知識的方式

方式		涵義
外部取得	收購	收購某個組織，或是僱用擁有這項專才的人員
	租用	租用知識的來源，例如支援某個大學或是研究組織，以換取研究成果發表後，首先應用在商場上的權力，也就是進行技術移轉
	網路	與一些利益或興趣團體，透過正式或非正式的網絡關係，建立各種溝通與合作的管道，分享彼此的專長與知識。例如進行正式的策略合作，或是建置一些開放而非正式的網路討論等等
內部創造	融合	把組織內觀點各異的成員集合起來，共同為某個計畫或是問題而努力，使他們攜手找出答案
	適應	努力的適應環境，不斷激發創造與追求進步
	指派專責單位	設立專門負責的單位或團體，例如研發單位

資料來源：摘譯自 Davenport, T. & Pursak, L. (1998), *Working Knowledge: How Organizations Manage What They Know*, Boston: Harvard Business School Press.

知識創造

在確認需求以及如何選擇知識之後，若是組織發現知識缺口，則往往會透過外部取得或是內部創造的方式來產生知識，而關於知識的創造，一般皆以圖 14–1 的 Nonaka & Takeuchi 知識形成之螺旋結構為主要依據⑮。該圖是根據知識屬於內隱或外顯知識，以及知識的流向等兩個構面，將知識的轉化關係分成四種模式：社會化 (Socialization)、外部化 (Externalization)、連結化 (Combination)、以及內部化 (Internalization)，而且認為其知識創造過程會呈現螺旋式的發展。其中，Nonaka & Takeuchi 認為，主管應該營造一個安適的管理制度、組織文化、組織情境、以及知識流動的管道，以刺激組織員工來創造新的知識，如此才能建構學習型的組織。同時，他們

⑮ Gilbert, M. & Gordey, H. (1996), "Understanding the Process of Knowledge Transfer to Achieve Successful Technological Innovation," *Techonovation*, 16 (6), 301–312.

認為此四種模式會以社會化→外部化→連結化→內部化的方式，依序進行並循環發生，就像螺旋一樣的提升組織知識[16]，至於各個模式的說明如下：

1. **社會化 (Socialization)：從內隱到內隱**

   此一過程是組織成員藉由觀察、模擬、體會、以及練習等等的互動，來分享彼此的共同經驗，而將自行獲得的內隱知識移轉給其他組織成員，成為整個團隊的內隱知識。此時，彼此之間比較重視心靈的交流與感受，但由於知識還未轉化成組織有系統的外顯知識，所以對組織的貢獻較小。

2. **外部化 (Externalization)：從內隱到外顯**

   這是將一些經過學習所得到的內隱知識，進一步予以概念化與明確化的過程，並藉由隱喻、類比、觀念、假設或模型的方式，來進行知識的轉換，從而與其他成員分享心得。此時，為了將個人或團體的內隱知識，轉換成對組織有用的外顯知識，所以成員之間很重視對於知識觀點的說明，以及對於彼此疑點的澄清。

3. **連結化 (Combination)：從外顯到外顯**

   連結化是指組織成員將前面經由學習與交流所得到的片段知識，經由分類、增加和結合等等方式，重新整合成有系統的知識，並使這些已知的知識，更具有解釋及運用的效果。

4. **內部化 (Internalization)：從外顯到內隱**

   內部化是螺旋循環週期的最後關卡，其主要功能在於將外顯知識化為組織個別成員的內隱知識。在此階段中，當經驗由社會化、外部化、連結化到內部化，而成為自己心中的知識，並成為個人行為的習慣，進而綜合成為組織的文化時，知識才具有了心智分享的實質功效。

知識移轉：知識的擴散與轉化

知識移轉並不是一種特殊現象，而是每天都會在我們身邊發生的事情，例如我們經常透過聊天「傳達」給他人某些知識，而他人也「吸收」了這些知識，於是我們就進行了知識移轉，也就是進行了知識的擴散（傳達）

---

[16] Nonaka, I., Takeuchi, H. & Umermoto, K. (1996), "A Theory of Organizational Knowledge Creation," *International Journal of Technology Management*, 11, 833–845.

與轉化（吸收），而這種傳達與吸收的過程，正是知識移轉的兩個重要步驟[17]。此時，知識移轉的成功與否，除了要看知識提供者能否有效地傳達出所擁有的知識之外，知識接受者有沒有能力吸收也是相當重要的。至於知識移轉的過程，大致上可以分成以下幾個階段[18][19]：

1. **取　得**

在知識移轉前，它必須先被取得，而正如前面所提到的，組織可以透過內部創造或是外部取得知識，至於個人也可以從過去經驗或是向他人取得新知識。

2. **溝　通**

溝通可以以書面、語言、或是非語言的方式進行，而組織（或是個人）必須要先有溝通的機制，才能有效地移轉知識。不過由於知識包括了內隱知識，而內隱知識主要是透過經驗所得，所以比較無法訴諸言語，再加上每個個體的背景、觀點與動機皆有差異，因此想要將此種知識與他人溝通或傳遞給他人，也就比較困難。然而，一旦內隱知識能被對方理解之後，將有可能與外顯知識產生強烈互動，此時成員也就可以藉著進一步的溝通，而將知識表達的更為明確。

3. **應　用**

獲取知識的目的是要應用知識，換言之，知識接受者是要應用知識，而不僅僅是接受知識而已。所以當成員之間，對於知識的溝通到達一定程度之後，便應該開始確認知識或觀念的適當性，並進行過濾，找出真正有價值的知識，然後轉化成較具體的原型加以應用。

4. **同　化**

此為知識移轉的最重要關鍵，主要是將知識應用的結果，篩選出對組織

---

[17] Davenport, T. & Pursak, L. (1998), *Working Knowledge: How Organizations Manage What They Know*, Boston: Harvard Business School Press.

[18] Gilbert, M. & Gordey, H. (1996), "Understanding the Process of Knowledge Transfer to Achieve Successful Technological Innovation," *Techonovation*, 16 (6), 301–312.

[19] Nonaka, I., Takeuchi, H. & Umermoto, K. (1996), "A Theory of Organizational Knowledge Creation," *International Journal of Technology Management*, 11, 833–845.

有幫助的部分，轉變成為組織的常規，使其成為組織日常工作中的一部分，並逐漸擴展到組織內部的各層級之間，甚至擴張到組織外部。通常，組織的日常工作並不會隨意改變，即使是新知識的應用效果很好也是如此，所以新知識在被組織接受之前，往往要先經歷「邊做邊學」、「從歷史中學習」、「監視」、「控制」和「回饋」的過程，然後才可能會發生「同化」。

由以上這些知識移轉的過程可以看出，知識移轉並非靜態地發生，它必須經由不斷地動態學習才能達成目標，而這意味著組織必須經由過去經驗、實做、自外界引進技術、不斷對外界監督，以獲取與學習所需要的知識之後，還必須建立溝通機制，以使知識能夠有效率地進行移轉，並鼓勵大家應用知識以及整理其結果，然後在高層主管的強力推行之下，將應用結果內化至組織的日常活動中，直到組織全體的行為習慣與思維都改變之後，才算達到真正的同化。

不過，知識移轉的各種過程，並非只有在正式場合或某些特定場合中才會發生，而究竟在一個組織之中，哪些場合容易發生知識的移轉？基本上只要有利於知識提供者能夠與知識接受者面對面接觸的情境，都是知識移轉的好地方，例如：

1. **面對面的會議場合。**
2. **說明組織故事、播放錄影帶、以及進行師徒制的場合。**

   這三種方式往往有助於內隱知識的移轉。
3. **知識展覽會的場合。**

   讓各部門員工有機會向別的部門展示自己的知識，進而跨越部門藩籬，促進彼此的交流，而像讀書會也是屬於這一類的交流。
4. **茶水間與談話室的場合。**

   讓員工有自由交流的空間，鼓勵一些無法預測的、可能含有創意的知識融合與分享。雖然過去的管理階層認為，在茶水間的談話是沒有效率的，但其實不然，在茶水間談話往往提供了彼此交流的機會，以及提供了共同解決問題的可能性，而像是日本企業的經理人，往往在下班後會到居酒屋聚一聚，也是屬於這一類的交流。

儘管有以上各種促成知識交流的方式，但我們不能忽略組織文化與價值觀的重要性，因為如果組織文化不鼓勵意見的交流與知識移轉，那麼一切的設計都將沒有用。例如，儘管在組織內設立了茶水間或談話室，卻不允許員工在上班時間進行交談，那茶水間的立意就發揮不了效用。此外，Davenport & Pursak 也發現，人與人之間的知識分享並不是一個自然行為，而是必須有強烈動機才能促成，所以他們建議可以透過獎勵制度等等方式來強化知識移轉的動機。

知識儲存

當組織取得所需要的知識之後，應該如何被整理成易懂的形式或符號，以便提供給需要的人使用呢？Davenport & Prusak 認為，整理知識絕對不是把組織上下所有的知識（還包括資訊與資料等等）都抓出來整理，而是先要考量幾項前提，然後再動手整理知識，這些前提包括[20]：確立整理的目的、想要達成什麼目標、評估有用的知識、找出適當的媒介進行整理與傳播。至於動手整理知識時，基本上可以分成以下兩個步驟來進行：

1. **分類、儲存與更新**

知識的分類方法有很多，如果以實用性來講，大致上可以根據知識能否言傳、能否教授、能否用言語表達、使用時能否觀察、以及是否已歸檔等等方式來區分。至於各種類別的知識，都有其相對應的整理方式，特別是對於不能言傳以及無法教授的知識，也就是類似於前面所提到的內隱知識，組織往往就只能扮演促進者的角色，盡量促進知識需求與供給者的互動。此時，製作知識來源的分布圖，就變成知識整理時相當重要的步驟。此外，組織也可以利用專家系統、人工智慧系統等等科技工具，把員工的專業知識精華記錄下來，或者運用獎勵與肯定制度，讓握有關鍵知識的員工留任，這些都是保留知識的可行之道。

2. **製作知識來源分布圖**

---

[20] Davenport, T. & Pursak, L. (1998), *Working Knowledge: How Organizations Manage What They Know*, Boston: Harvard Business School Press.

這雖然不是直接對知識進行整理，卻能夠提供需要知識的人資訊，讓他們知道去哪裡可以找到這種知識。例如，1995 年微軟公司進行了名為「技術開發計畫」的專案，公司把系統開發人員的知識製作成分布圖，這個分布圖裡包括了文件以及結構化的知識與人員。微軟透過四種知識結構的型態來進行知識分類，包括入門能力、基礎知識、地區性或獨特的知識能力、以及全球化知識。每層知識都記載了兩種知識項目，包括外顯與內隱的知識能力，並盡可能地詳細描述能力之內涵。這個分布圖架構被放在 SQC 的伺服器上，全球每名員工需要的話，都可以透過這個分布圖的電子資料庫，查詢到所需要的知識來源。此一知識分布圖展現出微軟的管理階層重視知識的程度，以及支持知識交流的決心。至於知識分布圖的規劃，除了要有明確目的、注意分布圖的準確度、以及讓知識需求者容易取用之外，資料庫與網路能力也是相當重要的。

第三節　知識管理的組織

知識管理的文化

一個可以使組織不斷創新，使組織成員熱愛學習與分享的文化，基本上就有利於組織對知識管理的推行。例如 3M 公司，就提供給員工一個創新且樂於分享知識的環境，每個員工與部門均肩負創新的責任，其組織文化也能夠容忍有創意的錯誤、充分授權，並尊重每一個人的才華，同時也鼓勵員工與其他同事一起合作。因此，3M 的知識管理之所以能夠成功，有一大部分應該歸功於該組織的樂於分享與創新文化所促成。所以組織應該創造一個信任而且開放的環境，對於成員們的持續學習與嘗試，都樂於支持並給予高度評價，以形成一種鼓勵成員學習的氣氛，而鼓勵成員開放且真誠的提供意見，會比禁止成員提供不同意見，有較高的學習成效。

表 14–3 所列舉的，即是一些有利於知識管理的組織文化之特色，其中在知識分享方面，組織內的研究部門，往往就是啟動知識分享的最好場所，組織可藉由研究部門整合各種資訊與溝通工具，然後傳達給組織內的其他成員，讓他們瞭解應該如何使用這些知識來幫助決策。不過就長期來看，

知識分享所需要的技術或工具並不是問題，反而是如何創造員工分享的意願，才是最主要的問題[21]。另一方面，要塑造這樣的組織文化並不容易，其中最大的挑戰應該就是重新設計或修改組織的價值體系及激勵因子，以能夠讓組織成員樂於進行知識的創造與分享[22]。不過如果組織能夠培養出知識導向的文化，那麼對於組織的生存與發展絕對有正向幫助。

表 14–3 知識導向的組織文化

類 型	說 明
創造與應用知識的組織文化	・知識創造有其不確定性 ・組織必須培養出一種鼓勵實驗與接受可能錯誤的文化 ・鼓勵成員使用知識
信賴與團隊合作的組織文化	・培養合作的工作環境 ・藉由人才研修制度、員工職涯發展及誘因制度來取得員工的信賴 ・藉由團結圈資訊的共享，發揮團隊合作的力量，例如鼓勵團隊合作、鼓勵技術與非技術人員的跨功能團隊建立
知識分享的組織文化	・讓所有成員有彼此分享的角色及責任 ・將知識分享行為納入績效評估制度 ・利用誘因激勵成員進行知識分享 ・盡量招募較具有知識分享意願與行為的人進入公司 ・設計各種知識分享的活動，例如舉辦不定時的研討會等等
知識管理的組織文化（將知識管理的內容融入組織的日常活動中）	・讓知識管理與企業活動結合 ・讓知識管理形成組織活動的一部分 ・如此組織成員將更能接受知識管理的各項工作，有助於公司持續的學習與變革

資料來源：整理自廖福祥 (2000)，〈知識管理發展組織核心能耐之研究——以某半導體封裝公司為例〉，《國立雲林科技大學企業管理研究所碩士論文》。

知識管理的結構

配合知識管理而設計的組織結構，其最基本的要求即為提供員工重複且持續地獲得、創造、探索及累積新知識的結構，包括擴大資訊的垂直及

[21] Neidorf, R. (2002), "Knowledge Management: Changing Cultures, Changing Attitude," *Online*, 26 (5), 60–62.

[22] Martin, B. (2000), "Knowledge Management within the Context of Management: An Evolving Relationship," *Singapore Management Review*, 22 (2), 17–36.

水平流向，同時宜結合資訊技術的運用，並制定明顯但具彈性的規範與流程，以提供組織成員遵循，使其能在追求創意與紀律之間平衡，使得資訊、資金、物料和文件獲得整合而發揮綜效，創造及提供組織的產品與服務。

雖然組織結構意圖規範組織成員，希望他們能夠依構想中的協調與整合機制，沿著組織圖的路徑完成工作，並追求功能部門之間的協同合作，以提升組織的整體績效。但是因為大多數組織都會進行部門化 (Departmentalization)，而一旦形成不同的部門之後，各部門之間往往基於門戶之見或是個人主義，反而妨礙了跨部門間的協同合作與知識分享。尤其在「知識就是力量」的因素作祟下，造成部門間知識無法順利流通、分享與協同合作（以免自己因為知識而得到的權力被他人瓜分），縱使資訊技術提供快速的知識存取能力，若是組織結構過於僵化正式，仍將造成部門間或個體間不會主動傳遞高價值的知識，進而遲滯知識流通的速度。因此，組織應該於正式的層級結構之外，另行發展一些並行的、非層級的、自我運作的超連結組織 (Hyperlink Organization)，借助這些平行組織對內外環境的快速連結以及彈性互動，來彌補正式組織在鼓勵知識分享上的不足，表 14–4 即列舉了各種因應知識管理的組織設計。

知識管理的領導

現在許多歐美公司都設有首席知識主管（Chief Knowledge Officer，簡稱 CKO），主要是負責領導知識管理的任務以及協助組織學習，包括倡導知識並從中學習、設計執行以及監督組織的知識架構、為知識在創造和使用的過程中提供關鍵要素、設計與執行組織的知識整理策略等等㉓。其中，有三項任務特別重要，那就是建立組織的知識文化、建立組織的知識管理結構、以及讓知識管理能有財務上的回收。至於一般組織如何安排 CKO 職位，大致上可以有三種方式：①資深人員的獨立職務、②和人力資源管理機能結合的職務、③和資訊系統機能結合的職務。而不論 CKO 如何產生，其對於知識管理的領導，都需要注意以下的幾項基本原則：

㉓ Davenport, T. & Pursak, L. (1998), *Working Knowledge: How Organizations Manage What They Know*, Boston: Harvard Business School Press.

表 14–4 因應知識管理的組織設計例舉

組織類型	說　明
科層組織	• 雖然是傳統的組織類型，但適合處理例行性工作 • 有利於外顯知識的搜尋、累積與開發
專案組織	• 依任務（例如新產品開發）而結合的團隊組織 • 成員來自於跨部門 • 往往專注於對內隱知識的處理及轉換，以進行知識創造
倒轉組織（倒金字塔）	• 組織最重要的活動往往發生在接觸點（例如業務員或是物料採購員等等） • 接觸點就是瞭解問題與知識發生之處 • 組織要提供接觸點人員足夠的資訊，並讓他們得到充分授權 • 此時的直線層級不再是控制或干預接觸點，而是支援接觸點，並對接觸點的要求提出回應
放射組織	• 將常設的獨立單位分割出去 • 以新分割出去的單位來開發新的市場、技術、與知識等等 • 由於新單位的生產規模較小，適於偵測一些市場需求很不確定的創新活動
網絡組織（蜘蛛網組織）	• 組織的客戶以及組織所需要的資源與知識散布各地，於是需要廣設節點 • 透過這些節點尋找問題，以及進行問題的探測與分析 • 每個節點都只是暫時性的合作，用以解決特殊需求或問題 • 未必只有一個權力中心（視問題的情況而定）
大型系統競爭組織	• 建立數個長期的大規模計畫，彼此相互競爭，尋求最佳方案（例如生化公司往往有不同的藥品開發計畫） • 由於這些計畫的成本很高，但具有耐久性，所以重點在於對長期成本的計算、可靠度的確認（要求完整測試），並據以形成其他組織的技術進入障礙
多元獨立的產品線組織	• 不斷生產各種小規模的特殊產品 • 例如 3M
限量發行組織	• 主要是針對特殊的客戶需求 • 例如透過與客戶的共同設計，來開發某些限量供應的產品（因為需求特殊，使用者往往不廣泛），或是一次工作商店 (One-off Job Shop)，也就是每件產品只生產一次

資料來源：1. 摘譯自 Nonaka, I. & Takeuchi, H. (1995), *The Knowledge-Creating Company*, New York: Oxford University Press.
2. 整理自洪明洲譯 (2000)，《知識管理與創新》，臺北：商周。

1. **他們必須決定知識整理的目的何在，若是組織的策略目標在於接近顧客，**

則可能需要選擇與顧客相關的知識，優先進行整理。

2. 他們必須在眾多不同形式的知識中，掌握適合的知識來達成目標。

3. 他們要知道，若要成功的管理知識，組織必須創造出各種不同的角色，才能充分掌握、傳播以及利用知識。

4. 由於知識管理的實質工作，大部分是為了管理特殊領域的專門知識，或是改善和知識有關的活動。因此，他們應該具備專案管理、變革管理以及科技管理的能力。

既然 CKO 要有變革管理的能耐，而變革管理往往需要在穩定與變化之間取得平衡，因為穩定是為了確保產品、服務、以及製造的連續性，而不斷改變將容易使組織迷失方向，一不小心就會追求虛幻而永遠無法實現的成功。其次，CKO 也必須在過去與現在之間取得平衡，心中要知道，今天的生存是因為過去的成功，所以過去並非全然不好，然而組織也只有忘卻過去才能迎向未來，所以最好的方式應該秉持著舊文化或制度是新文化或制度的基礎，而不要主觀認定其為變革的阻礙。

另一方面，CKO 也必須在放任自主與管控之間取得平衡，因為知識管理必須鼓勵決策自主、分享資訊、以及尋求構想，但組織同時也需要員工遵守紀律並界定自由的底線，如此方能將個人的努力化為團隊成就，而使整體價值大於個別價值。最後，CKO 也需要在效率與創新之間取得平衡，因為新構想與新計畫往往需要風險與資金，組織雖然鼓勵冒險與創新，但也同時要努力維持組織的效率，讓所有的冒險在進行之前，都能先明瞭其限制所在，而絕不盲目冒險[24]。

第四節　知識管理的策略

如何推動知識管理

在推動知識管理方面，不同的學者有其不同的闡述重點，其中有人認為，可以透過表 14–5 的八大步驟來進行知識管理。然而，這些步驟每一個環節都不是很容易設計與執行的，不管是在知識的選擇、創造、分享與儲

[24] 李芳齡譯 (2001)，《人力資源最佳實務》，臺北：商周。

表 14–5 知識管理的步驟

步驟	說明
第一步：確認 (Identify)	・包括確定組織的核心競爭力、策略及知識範圍
第二步：捕獲 (Capture)	・主要是捕獲組織內的知識，也就是使既存的知識具形化或是外部化
第三步：篩選 (Select)	・估計知識的相關性、價值及正確性，對有衝突的知識加以處理
第四步：儲存 (Store)	・利用知識資料庫與知識分布圖儲存組織知識
第五步：分享 (Share)	・在以利益及工作為基礎下，自動的貢獻知識給使用者 ・可透過專業團隊在知識工作上合作
第六步：應用 (Apply)	・以知識做決策、解決問題、提供工作援助和工作訓練
第七步：創造 (Create)	・透過研究、實驗和創新，發現新的知識
第八步：販售 (Sell)	・發展和銷售以新知識為基礎的商品和服務

資料來源：整理自王美音譯 (1998)，《知識創新之泉：智價企業的經營》，臺北：遠流。

存方面，都有許多該注意的地方（請見本章第二節說明），而整體的知識管理過程，也會受到組織文化、結構與領導的影響（請見本章第三節說明）。此外，Davenport & Prusak 在分析個案公司的知識管理之後，認為知識管理要成功，除了組織文化、組織結構、以及高階主管的領導配合之外，還需要有其他六項要素，包括：具有效益或價值、執行者的專業、清楚的目標與共同語言、實質的獎勵措施、適當的知識結構、以及建立知識移轉的多元管道，而這些要素的說明整理如表 14–6。

表 14–6　知識管理的成功要素

成功要素	說　明
知識導向的組織文化	‧此為最重要的要素 ‧要營建一種組織變革的氣氛 ‧讓組織文化有對知識的積極導向、樂於分享、以及不會蘊藏知識的阻力等等 ‧知識管理類型要符合組織文化
技術與組織的結構	‧組織具備完整的技術與適當的結構，知識管理專案的成功機率會比較高 ‧找尋資訊技術的解決方案，其選擇標準是能滿足現況的需求，並能預留擴充的彈性
高層主管的支持	‧主管支持程度與專案成功機率呈正比 ‧主管的支持傳達出訊息，使員工瞭解知識管理與組織學習是成功的關鍵 ‧可以透過清除知識管理的障礙、撥款資助知識管理計畫、明確闡釋何種知識形態對組織最為重要等等方式來表達支持
能夠產生經濟效益或價值	‧例如提高組織的聲譽以及顧客滿意度等等
執行者的專業	‧執行者應該對客戶來源、滿意度、員工生產力及服務品質等等有深刻的瞭解，方能有效地進行知識管理過程之設計與執行 ‧一個好的知識管理團隊，其執行者包括一個好的計畫主持人，加上跨部門／跨領域的專家組合，共同推動知識管理團隊的運作
清楚的目標與共同的語言	‧明確定義出企業的問題與解決方法 ‧確認企業問題與知識管理的關係 ‧明確擬定知識管理的目標 ‧確實使知識管理與企業目標相聯結 ‧使用共同的用語
實質評估與獎勵措施	‧為了促成員工樂於創造、分享和利用知識，組織最好能夠進行評估，並提供員工長期性的獎勵措施
發展兼具標準與彈性的知識結構	‧建構結構化的知識資料庫或專家網路系統 ‧分門別類的將知識內容列出，但也要有修正與改變的彈性 ‧經常檢查知識庫的內容品質、知識的分類、以及內容是否反映現實等等
建立知識移轉的多元管道	‧越多的知識傳遞管道，將使得知識在創造、分享與利用上，能夠更加快速，進而增加知識的加值效果。

資料來源：摘譯自 Davenport, T. & Pursak, L. (1998), *Working Knowledge: How Organizations Manage What They Know*, Boston: Harvard Business School Press.

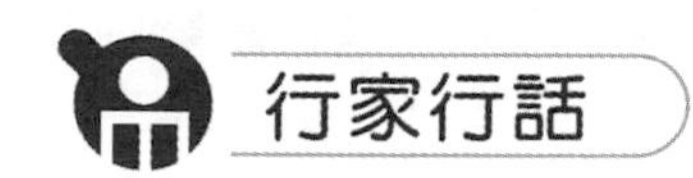

知識管理的知識來源

資料來源：摘譯自 Microsoft 之實踐知識管理，http://www.microsoft.com/dns。

Microsoft 公司認為，人們獲得知識的來源包括他們的經驗、同儕的專業知識、以及對於企業資料（例如銷售與財務報告）等等之分析，而透過這三個來源的知識整合，我們可以建立新的知識，以及產生新的機會。同時，Microsoft 公司也將知識層次分成以下三類：

1. **企業資料**

   這通常包括一系列企業活動及外部環境的事實，而許多組織會在高度結構化的資料庫，例如 ERP 及 MRP 系統中擷取大量資料。此外，大部分的公司也從外部資料來源，訂閱一些與競爭者有關的、與人口統計有關的、以及與其他市場有關的資料。至於如何提高這些企業資料的價值，則端賴於適當的分析、綜合、以及將資料化為資訊及知識的能力。

2. **資　訊**

   這是將一些經驗及構思加以整理的成果，或可稱之為「外顯經驗」(Explicit Experiences)，通常被儲存在半結構化的內容中，例如文件、電子郵件、語音郵件、以及多媒體等等。至於該如何提高資訊的價值，則要對這些半結構化的內容加以管理，使其容易搜尋、可重複使用與學習等等，以使組織能夠透過這些資訊，而不會重蹈覆轍。

3. **知　識**

   這是由個人的「內隱經驗」(Tacit Experiences)，包括其構思、洞察力、價值及判斷等等所組成。內隱經驗基本上是動態的，而且僅能透過與擁有知識的專家合作及溝通才能存取。此時，知識管理系統就必須對分享個人經驗提供誘因，因為這些個人的內隱經驗，以及能否綜合現有的資訊及資料，並與他人合作建立新知識，往往就是一個人對組織的價值所在。

Microsoft 公司並認為，企業必須要將以上這些視為知識資產，盡力管理這些要素以確保組織具有動力、肯創新、反應靈敏等等，而若不妥善地管理這些資產，組織就無法有效率地成長，結果導致資訊流失、經驗無法傳承、工作延宕、任務重複，而且錯失市場良機。

學習型組織

學習型組織 (Learning Organization) 應包括五項要素[25]：1.建立共同願景，以凝聚組織上下的意志力；2.團隊學習，透過集體思考和分析，找出個人弱點；3.改變心智模式，破除個人的舊思維，例如固執己見、本位主義等等；4.自我超越，讓個人與願景之間，有種「創造性的張力」而超越自我；5.系統思考，培養綜觀全局的思考能力，透過資訊蒐集並掌握事件全貌，以免見樹不見林，而能夠看清楚問題的本質，將有助於清楚瞭解因果關係。

知識管理平台

企業在進行知識管理時，往往需要先建構知識管理平臺 (KM platform)，包括：1.建立知識管理桌面，也就是通往一切知識資產的互動起點 (例如架設某個網頁)，透過動態及直接連結到各種知識資料庫與伺服器的能力，提供使用者與他人共享知識資產的機會；2.提供知識管理服務，集中管理組織的核心知識，並確保這些知識資產可以順暢的被傳遞與追蹤；3.建置核心系統，以有效管理各種解決方案；4.提供擷取知識的裝置，讓知識工作者可隨時隨地，毫不受限地存取組織的完整資源；5.提供合作夥伴的選擇，因為每家組織都不相同，所以要藉由廣泛的合作夥伴網路，針對特定業務，選擇能夠提供解決方案的夥伴，以確保組織能夠整合成最佳的解決方案。

企業智商

企業智商 (Corporate IQ) 是指企業機構的集體智慧，包括了企業的知識存量、知識流通機制、員工對於知識學習與分享的共同價值觀、以及企業

---

[25] Senge, P. M. (1990), *The Fifth Discipline : The Art and Practice of the Learning Organization*, New York: Doubleday.

個人與團體的創新能力等等的綜合效果 (Synergy)。

變革管理

變革管理 (Change Management) 意即當組織成長遲緩，內部不良問題叢生，無法因應經營環境時，組織必須要做出組織變革的策略，將內部層級、工作流程以及組織文化，進行必要的調整與改善管理，以達到組織的順利轉型。至於以下的各種現象，可以用以檢驗組織是否已經出現不利的症候群，包括：成員認同感是否下降、組織不同部門的衝突是否加劇、組織決策權力是否集中在少數高階層級、組織既得利益階層是否排斥學習新的技術與知識。

數位學習

數位學習也就是 E-Learning，是一種以電腦等終端設備為輔助工具之學習活動。目前，有越來越多組織提供數位學習或是線上教學的服務，而也有組織基於此一趨勢，進一步提供數位學習的解決方案服務。其中，所謂的數位學習解決方案可以包含數位平臺或工具的提供、專案服務的提供、以及數位內容的提供等等，而這類解決方案的需求者，通常包括了企業、政府與教育服務業者。至於線上教學服務的服務，其對象則往往是以個人為主，而且往往會與傳統的教育服務方式搭配。

在 2002 年時，E-Learning 的市場規模，含數位學習解決方案與線上教學服務，已經達到新臺幣 7.68 億元，2003 年更成長到 13.04 億元，成長率達 69.8%。其中，解決方案市場的規模從新臺幣 4.24 億元成長到 5.84 億元，而線上教學服務則因寬頻網路的普及等等原因，也從新臺幣 3.43 億元成長到 7.21 億元。至於其他國家方面，根據資策會數位學習技術中心的資料顯示，目前世界各先進國家對於促進 E-Learning 產業及應用發展皆不遺餘力。自 1995 年開始，包括加拿大、歐盟、美國、大陸、挪威、荷蘭、澳洲、以及日本等國，皆陸續由國家層級的主導單位負責數位學習計畫的推動與執行，並先後將數位學習的推動成敗作為國家競爭力提升的指標之一。

然而美國 IDC 的研究報告卻預測，我國數位學習產業未來的成長率僅為 14%，在亞洲地區僅略勝紐西蘭，而遠遠落後大陸 (40%)、菲律賓與韓國 (30%)、澳洲與泰國 (22%)，甚至和新加坡、印度、香港、馬來西亞等地區相比較，我國亦皆屬於落後的階段。有鑒於全球各國都在積極投入數位學習，行政院國科會終於在 2002 年通過了「數位學習國家型科技計畫」的構想，預計五年內投入新臺幣四十億元，來進行此一跨部會的計畫。

道氏化學公司有效的無形資產管理、豐厚的有形資產回報

資料來源：節錄整理自 KM China 網站。

具有百年歷史的美國道氏化學公司 (Dow Chemical Co.)，是一家國際化的大型化學公司，生產的化學產品達 2,000 多種，在 1997 年全美最大的 500 家公司中排名第六位，銷售額達 200 億美元。道氏公司已經進行的知識管理，其主要特點是透過對企業無形資產的管理，達到提高經濟效益之目的。

道氏公司的無形資產包括專利、技術訣竅、版權、商標和商業秘密等等。其中專利是其主要形式，總數達 2 萬 9 千多項，每年用於專利的費用為 3,000 萬美元。該公司的管理層認為，專利管理是知識管理中最有可能獲得成功的領域，但該公司的這些專利，原先是處於分散的無組織狀態，所以不易管理。因此，該公司從專利管理入手，建立起企業的無形資產管理系統，分為六個階段，包括計畫、競爭力評測、分類、價值評估、投資、以及組合。

由於該公司已經擁有大量被充分利用的專利技術，因此無形資產管理先從組合階段開始，即對所有專利分別進行有效性鑒別，若屬有效專利，則由公司的各業務部門決定是否對此專利進行投資。第二步是分類，也就是將專利分成正在使用、將要使用、和不在使用三類，然後確定是否允許他人使用或放棄此專利。至於在計畫階段，則是制定專利的利用與業務部門的經營目標實施計畫，而此一階段也與價值評估和競爭力評測的階段互相有關。其中，在價值評估方面，也就是確定無形資產的市場價值方面，道氏公司與一家諮詢機構合作，開發出一套名為「技術因數法」的綜合性無形資產評估方法，方便快速地對無形資產進行財務評估，計算無形資產在企業資產總值中的所佔百分比。另外在競爭力評測的階段，該公司需要對其他競爭對手的知識、能力和無形資產情況進行評估，以便明瞭以及比對組織所處的知識管理狀況。此一部分，該公司是應用所謂的「知識樹圖」來完成，也就是把本身企業和競爭對手的無形資產情況同時放到一張圖上，形成綜合機會圖，從而可以對各自的優勢、無形資產覆蓋範圍和機會空缺等等指標進行評估。

為了實施無形資產的有效管理，該公司建立了一支無形資產經理人網路，任務是開發和實施符合企業策略的無形資產管理計畫。此外，公司還成立了 70 多個跨功能小組，負責無形資產的管理工作。這些團隊根據前面這些階段，可以對組織在知識管理上存在的差距進行分析，進而提供組織策略參考，以決定該採用何種知識的投資，例如對某一項研究的加大投資，或是建立合資企業以從外部獲取專利技術等等的策略。

道氏公司在實施這套無形資產管理模式的四年之後，已經獲得豐厚的經濟回報。根據統計，因為經過有效性鑒別之後放棄不再具有價值的專利，該公司節省了專利稅 4,000 萬美元，而專利的許可使用費收入從 1994 年的 2,500 萬美元，增加到 1.25 億美元。由於專利管理取得的巨大成功，該公司又把知識管理的重點投向訣竅類知識。但訣竅類知識管理的難度明顯大於專利管理，他們打算先清楚各業務部門有哪些訣竅類知識，然後將設計按統一格式存入資料庫，以便進行綜合分析和應用。

討論題綱

1. 試評論，該公司此種作法是否真能有效管理無形的知識呢？
2. 該公司所成立之工作小組其作用為何？是否真能達到其目的？